FPGAs für Maker

Dipl.-Ing. **Cord Elias** hat über 20 Jahre Industrieerfahrung im Bereich »Embedded Systems«. Seit einigen Jahren ist er in diesem Fachgebiet als selbstständiger Berater tätig. Seine Schwerpunkte beinhalten modellbasierte Entwicklung und automatische Codegenerierung.

Cord Elias

FPGAs für Maker

Eine praktische Einführung in programmierbare Logik

dpunkt.verlag

Cord Elias
c.elias@embaix-consulting.de

Lektorat: Dr. Michael Barabas
Copy-Editing: Petra Kienle
Satz: Cord Elias
Grafikentwurf: Gerdi Elias
Bildbearbeitung: Johannes Scherer
Herstellung: Susanne Bröckelmann
Umschlaggestaltung: Helmut Kraus, www.exclam.de
Druck und Bindung: M.P. Media-Print Informationstechnologie GmbH, 33100 Paderborn

Bibliografische Information der Deutschen Nationalbibliothek
Die Deutsche Nationalbibliothek verzeichnet diese Publikation in der Deutschen Nationalbibliografie; detaillierte bibliografische Daten sind im Internet über http://dnb.d-nb.de abrufbar.

ISBN:
Print 978-3-86490-173-7
PDF 978-3-96088-030-1
ePub 978-3-96088-031-8
mobi 978-3-96088-032-5

1. Auflage 2016

Wieblinger Weg 17
69123 Heidelberg

5 4 3 2 1 0

Vorwort

FPGAs – Field Programmable Gate Arrays – sind programmierbare Logikbausteine mit einer recht hohen Komplexität. Dieses Buch möchte Makern – Anwendern, die sich mit der Materie nicht primär aus beruflichem Interesse befassen – einen praktischen Einstieg in die spannende Welt der FPGAs und ihrer Anwendungen geben. Dabei stehen Aspekte wie Spaß an der Sache, das möglichst spielerische und leichte Erlernen von neuen Dingen und das praktische Realisieren von funktionstüchtigen Anwendungen im Vordergrund und nicht eine theoretisch-exakte Abhandlung mit gelegentlich eingestreuten Beispielen. Das Buch ist so angelegt, dass es für längere Zeit nutzbar bleibt. Es greift nicht einen schnelllebigen Hype in Bezug auf eine bestimmte Hardwareplattform auf und ist bezüglich der verwendeten Software-Tools nicht von ganz bestimmten Versionen abhängig.

Der Leser sollte über Grundkenntnisse in Digitaltechnik verfügen, die hier nicht noch einmal wiederholt werden. Das Literaturverzeichnis enthält entsprechende Hinweise ([15], [9], [3], [14]).

Als sinnvolle Erstinvestition neben diesem Buch fällt lediglich der Kauf eines FPGA-Boards an (mit einem FPGA-Baustein von Altera, Lattice, Microsemi oder Xilinx). Wer hier sehr sparsam ist, kommt dafür mit weniger als 30 € aus. Auf solch einem Board befinden sich als Periphierieelemente einige Schalter und Leuchtdioden, weiter Peripherie muss selbst ergänzt werden.

Wer bereit ist, ca. 100 € auszugeben, bekommt ein Board mit guter Ausstattung an Schaltern, Tastern, LEDs etc. Damit lassen sich die meisten Beispiele aus diesem Buch ohne weitere Bastelei sofort umsetzen. Ab ca. 160 € erhält man ein Board, das zusätzlich ein vierstelliges Siebensegment-Display, einen VGA-Ausgang und ggf. weitere Schnittstellen bietet. Damit lassen sich auch komplexere Schaltungen ohne weiteren Aufwand realisieren.

Die erforderliche Entwicklungs-Software ist kostenlos verfügbar, in der Regel für Windows und für Linux.

Aber selbst die Ausgabe für ein FPGA-Board ist nicht unbedingt erforderlich, um sich mit Hilfe dieses Buchs in die Materie einzuarbeiten. Alle hier vorgestellten Beispiele können auch mit einem Simulator nachvollzogen werden. Jede hier vorgestellte Werkzeugkette enthält einen Simulator, außerdem ist mit »GHDL« auch ein Open-Source-Simulator verfügbar.

Zur Erstellung von Designs für das FPGA wird hier die Sprache VHDL benutzt. Es werden keinerlei VHDL-Vorkenntnisse erwartet; die Sprache wird schrittweise und systematisch eingeführt, aber nur mit den hier wirklich notwendigen und nützlichen Sprachelementen, ohne akademische Beschreibungen und Anspruch auf Vollständigkeit. VHDL ist zumindest in Europa der De-facto-Standard in Sachen Hardwarebeschreibung und ermöglicht u.a. auch die Teilnahme an der Open-Source-Community (die es auch für konfigurierbare Hardware gibt).

Neben den bereits erwähnten »Makern«, für welche dieses Buch eigentlich geschrieben wurde, ist es durchaus auch für Studenten technischer Fachrichtungen und andere Interessierte geeignet, die praktische Ergänzungen zu eher theoretischem Unterrichtsmaterial suchen oder sich im Selbststudium in die FPGA-Thematik einarbeiten wollen.

Ich wünsche allen Leserinnen und Lesern viel bei der Beschäftigung mit programmierbarer Logik! Über Hinweise, Anregungen und Verbesserungsvorschläge freue ich mich jederzeit.

Cord Elias
Aachen, August 2016

Inhaltsverzeichnis

Teil I

Einführung

1 Wieso FPGAs für Maker?

»FPGAs – das ist doch nur etwas für Profis, Bastler sollen doch besser bei ihren Arduinos und ähnlichen Boards bleiben, damit haben sie doch genug zu tun«. So lautete der Kommentar eines »Profis« gegenüber dem Autor vor Beginn dieses Buchprojekts. Wie der Leser spätestens jetzt ahnt, sieht der Autor dies anders, sonst wäre dieses Buch nicht entstanden.

Vor einigen Jahren wäre das Vorhaben »FPGAs für Maker« allerdings rein an den Kosten gescheitert. Mittlerweile sind aber FPGA-Entwicklungstools von allen in diesem Buch erwähnten FPGA-Herstellern in kostenlosen Versionen verfügbar, welche für die in diesem Buch vorgestellten Projekte und noch einiges mehr vollkommen ausreichen.

Somit ist es jetzt auch für Maker gut möglich, FPGAs für eigene Projekte einzusetzen. Die schon vorhandene Werkzeugsammlung wird quasi um ein leistungsfähiges Werkzeug erweitert. Das ist vergleichbar mit der Anschaffung eines Schweißgeräts durch einen Maker, der bislang schon Dinge aus Metall hergestellt hat, sich zuvor bei der Verbindungstechnik aber immer auf Schrauben, Kleben und Nieten beschränken musste. Beim Schweißen ist es nicht mit dem Kauf eines Geräts getan, sondern man muss sich auch die entsprechenden Kenntnisse und Fähigkeiten aneignen, um Metallteile mittels Schweißen miteinander zu verbinden. Wenn man einmal über anfängliche »Bruzzeleien« hinauskommt, eröffnen sich sehr viele neue Gestaltungsmöglichkeiten. Mit den FPGAs ist es ähnlich: Man braucht am Anfang ein wenig Geduld und Durchhaltevermögen, aber ab einem gewissen Punkt ist man in der Lage, selbstständig schöne Projekte zu realisieren, die vorher so nicht möglich gewesen wären.

Das Ziel dieses Buchs ist es, den Leser zu diesem Punkt hinzuführen und zu begleiten. Dazu wird mit ganz einfachen, teilweise womöglich banal anmutenden Dingen angefangen. Der Autor weiß aber aus langjähriger Berufspraxis im Embedded-Umfeld, dass es oft gerade diese vermeintlich einfachen Dinge sind, die letztendlich den Unterschied zwischen Erfolg und weniger zufriedenstellenden Ergebnissen ausmachen.

Ein erste Anwendung eines FPGAs für Maker kann der Ersatz des Breadboards sein. Anstatt diskrete Logik-ICs aufzustecken und mit Drähten miteinander zu verbinden, wird ein FPGA eingesetzt. Das bietet bereits bei kleineren Projekten viele Vorteile:

- Einfache Änderbarkeit
- Beliebige Digitalbausteine sind jederzeit verfügbar, weil sie im FPGA enthalten sind (in Form von Grundelementen, die entsprechend konfiguriert werden)
- Anstatt eines schwer zu pflegenden und zu erweiternden »Drahtverhaus« ergibt sich bei Verwendung eines FPGAs ein sauberer Aufbau
- Es können wesentlich höhere Taktfrequenzen erreicht werden (Breadboards setzen da konstruktionsbedingt relativ früh Grenzen)

Der Ersatz von diskreter Digitaltechnik in evtl. bereits schon realisierten Projekten ist *ein* möglicher Weg, um den Umgang mit FPGAs zu lernen und zu vertiefen. Man kann aber auch gleich mit neuen Projekten anfangen. Zu Anfang wird es eher so sein, dass diese Projekte auch mit einem Mikrocontroller realisiert werden könnten. Es lohnt sich aber, für den Einstieg die Anforderungen nicht zu hoch zu setzen.

Wenn man dann die ersten guten Erfahrungen mit einem FPGA gesammelt hat, kann man z.B. die Ansteuerung eines LED-Matrix-Displays angehen, die mit einem Mikrocontroller so einfach (oder überhaupt) nicht zu machen ist.

Und wer dann weitermacht, realisiert vielleicht einen Video-Coprozessor für seinen Lieblings-Mikrocontroller in einem FPGA oder integriert einen Mikrocontroller in Form eines sog. Soft-Cores gleich mit in das FPGA – die Möglichkeiten sind fast unbegrenzt.

2 Struktur und Verwendung dieses Buchs

»FPGAs für Maker« ist so angelegt, dass man es von vorne bis hinten durcharbeiten kann, aber nicht muss. Wer sich mit der Materie noch gar nicht auskennt, fängt am besten wirklich ganz vorne an und arbeitet die Teile »Einführung« und »Einfache Schaltungen« systematisch durch. Wer schon Vorwissen und Vorerfahrung mitbringt, kann an beliebiger Stelle quer einsteigen und sich gleich mit fortgeschritteneren Dingen befassen.

Kapitel 3 »FPGA-Grundlagen« beginnt mit grundlegenden Dingen über Aufbau und Funktionsweise von FPGAs. Es wird eine Einführung in den Workflow zur Entwicklung mit FPGAs inklusive Simulation gegeben und die Hardwarebeschreibungssprache VHDL wird in ihren Grundzügen erläutert. Bemerkungen zu der notwendigen Ausstattung runden dieses Kapitel ab.

In dem folgenden Kapitel 4 »Los geht's – das erste FPGA-Projekt« wird der Leser an die Hand genommen und Schritt für Schritt anhand eines ganz simplen Beispiels durch den FPGA-Entwicklungsprozess geführt. Als FPGA-Entwicklungswerkzeug wird dabei »Vivado« (die kostenlose Web-Edition) von der Firma Xilinx verwendet, als FPGA-Board meistens »Arty« des Herstellers »Digilent Inc.«. Das Vorgehen wird so erläutert, dass es auch auf andere Werkzeugketten und FPGA-Boards übertragbar ist. Weitere für Maker geeignete (= in einer kostenlosen Version verfügbare) FPGA-Entwicklungswerkzeuge werden im Anhang vorgestellt; dort wird der Basis-Workflow anhand eines standardisierten Beispiels in Verbindung mit einem passend gewählten FPGA-Board für jedes dieser Werkzeuge demonstriert:

- Altera: »Quartus Prime Lite Edition«
- Lattice: »Diamond«
- Microsemi: »Libero SoC«
- Xilinx: »ISE« (zur Unterstützung von Designs für die ältere »Spartan-6«-FPGA-Familie)

Am Ende von Kapitel 4 sollte jeder Leser ein einfaches Beispiel mit kombinatorischer Logik auf seinem Board erfolgreich umgesetzt haben.

In Kapitel 5 »Hello World – es blinkt« werden getaktete Digitalsysteme eingeführt. Es wird am Beispiel erklärt, wie solche Systeme in VHDL beschrieben werden. Die für die Welt der eingebetteten Systeme so typische Demo »Blinkende Leuchtdiode« dient als anschauliches Beispiel und Ausgangspunkt für Verfeinerungen.

In Kapitel 6 »VHDL-Intermezzo« wird die Hardwarebeschreibungssprache VHDL ein wenig intensiver beleuchtet. Es werden bereits in vorherigen Kapiteln vorgestellte Merkmale rekapituliert und neue Sprachelemente eingeführt. Eine wichtige Rolle spielt dabei die Behandlung von parallelen und sequentiellen Abläufen, deren Besonderheiten zu Anfang nicht ganz leicht zu fassen sind. Auch auf Datentypen wird eingegangen, als stark typisierte Sprache macht es VHDL dem Anfänger mit diesem Thema nicht immer ganz leicht.

Besonders wichtig ist die Grundstruktur für synchrone Digitalsysteme, die ausführlich erläutert wird. Mit Hilfe dieser Struktur ist es möglich, auch kompliziertere Schaltungen so zu beschreiben, dass sie gut funktionieren und die Beschreibung trotzdem übersichtlich bleibt. Das Kapitel wird mit einfachen Beispielen abgeschlossen, welche diese Grundstruktur verwenden und zum Ausprobieren einladen.

In Kapitel 7 »Bausteine und Entwurfsmuster« werden weitere Elemente für gutes FPGA-Design vermittelt. Hier geht es um Themen wie Clock-Generierung, Entprellung und Zustandsautomaten. Es sind Beispiele in VHDL enthalten, die leicht nachvollziehbar sind.

Die beiden folgenden Kapitel 8 »Siebensegmentanzeigen« und 9 »Spielereien mit Leuchtdioden« enthalten Anwendungsbeispiele, die mit überschaubarem Aufwand nachvollzogen werden können. Die Beispiele sind so aufgebaut, dass immer neue Aspekte dazukommen und sich somit das Know-how des Lesers immer weiter entwickeln kann. Der Fokus wurde bewusst auf »optische Effekte« gelegt, weil diese Anwendungen ohne aufwendige Peripherieelemente auskommen und mit dem Auge beurteilt werden können. Es werden hier auch Zustandsautomaten verwendet, um einfache User-Interfaces zu realisieren. Als Eingabegeräte werden lediglich Schalter und Taster verwendet.

In dem folgenden Teil »Weiterführendes und Projekte« folgen zunächst kurze Hinweise, die beim selbstständigen Entwickeln eigener Anwendungen helfen sollen.

Die beiden folgenden Kapitel enthalten komplexere Projekte, welche sowohl zum Nachbau geeignet sind als auch als Anregung für weitere Projekte dienen sollen.

Den Abschluss ein Kapitel zu der Hardwarebeschreibungssprache Verilog. Dabei ist das Ziel, gerade so viel zu dieser Sprache zu vermitteln, dass in Verilog geschriebene Schaltungsbeschreibungen in eigene VHDL-Projekte eingebunden werden können.

Neben den schon erwähnten Beschreibungen diverser FPGA-Entwicklungsumgebungen und enthält der Anhang einen kurzen Vergleich dieser Toolketten, eine VHDL-Kurzübersicht sowie Kurzbeschreibungen einiger FPGA-Boards, die zur Realisierung der in diesem Buch vorgestellten Schaltungen verwendet werden können.

Auch wenn dieses Buch viele Details enthält – es ist vollkommen unmöglich, hier alle Features, Einstellmöglichkeiten usw. auch nur einer FPGA-Werkzeugkette zu erläutern. Die für den Anwender gedachte Dokumentation eines solchen Werkzeugs mit UserManuals, den wichtigsten Application Notes etc. umfasst viele Hundert bis mehrere Tausend Seiten, je nachdem, wie wissbegierig man ist und mit welchem Werkzeug man arbeitet. Für VHDL gilt das Gleiche. Viele Dinge werden erwähnt, aber längst nicht alles. Wer ambitioniert ist und sich intensiver mit FPGAs und ihren überaus spannenden Möglichkeiten und Anwendungen befasst, wird weitere Literatur hinzuziehen, auch technische Informationen, die sich speziell auf das verwendete FPGA beziehen. Unterlagen zu den Tools und den FPGAs sind auf den Webseiten der FPGA-Hersteller im pdf-Format verfügbar. Zu VHDL findet man im Web auch viele Beiträge unterschiedlicher Qualität. Außerdem enthält das Literaturverzeichnis am Ende des Buchs Verweise auf Bücher zu diesem Thema [1], [2], [4], [5], [6], [7], [8], [10], [11], [12], [13].

Weiterhin finden sich im Web Beschreibungen von FPGA-Projekten, oft auch mit Quellcode. Diese können als Anregung für eigene Projekte dienen.

Zu diesem Buch existiert eine Projektseite, dort ist auch der Quellcode der abgedruckten Beispiele in elektronischer Form verfügbar: `www.dpunkt.de/fpga`.

Noch ein Hinweis zu dem Quellcode: Die meisten Kommentare sind in Englisch gehalten, weil das zu VHDL nach Meinung des Autors am besten passt. Alle Beispiele wurden getestet, trotzdem liegt es natürlich in der Verantwortung eines jeden Lesers dafür zu sorgen, dass keine Schäden an FPGA-Boards etc. entstehen.

Und nun viel Spaß beim Lesen, Lernen und Tüfteln mit FPGAs!

3 FPGA-Grundlagen

3.1 Was ist ein FPGA?

Ein FPGA kann als Ansammlung von Grundelementen wie Gatter, Flip-Flop, Speicherzelle etc. angesehen werden, die in einem gemeinsamen Gehäuse vorhanden sind, aber noch miteinander verdrahtet werden müssen, um eine bestimmte Funktion zu realisieren. Sehr vereinfacht kann ein FPGA auch als vorbestücktes Steckbrett im Mikroformat betrachtet werden. Elemente wie Gatter und Flip-Flops sind schon fertig aufgesteckt, nur die Verdrahtung muss noch vom Anwender vorgenommen werden. Anstatt wie auf dem Steckbrett Drähte einzustecken, werden beim FPGA die elektrischen Verbindungen durch das Schließen von auch schon vorhandenen »Schaltern« vorgenommen. Abbildung 3-1 zeigt den sehr stark vereinfachten prinzipiellen Aufbau eines FPGA.
Man erkennt in Abbildung 3-1 Folgendes:

- Es gibt Grundelemente, die intern flexibel miteinander verbunden werden können (hier: UND-Gatter, Inverter, D-Flip-Flop).
- Die meisten Pins des Chips können flexibel den Ein- bzw. Ausgängen der internen Elemente zugeordnet werden (die hier dargestellte Aufteilung in Eingangs- und Ausgangspins existiert in der Praxis so nicht, vielmehr sind die meisten Pins sowohl als Eingang als auch als Ausgang konfigurierbar).
- Es gibt auch spezielle Pins (hier ein Clock-Eingangs-Pin).
- Weitere spezielle Pins, zum Beispiel zur Spannungsversorgung, sind vorhanden, auch wenn sie hier nicht explizit gezeigt werden.

Die hier als Schalter dargestellten Verbindungspunkte sind bei einem FPGA im Auslieferzustand alle offen. Mit Hilfe der entsprechenden Designsoftware wird festgelegt, welche »Schalter« für die gewünschte Anwendung geschlossen werden. Man kann sofort erkennen, dass beim Definieren der Verbindungspunkte sorgfältig vorgegangen werden muss, weil sonst schnell Fehler passieren können (z.B. das Kurzschließen zweier Eingänge), die unter Umständen zur Zerstörung des Chips führen. Allein aus diesem Grund werden die »Schalterstellungen« nicht manuell definiert, sondern

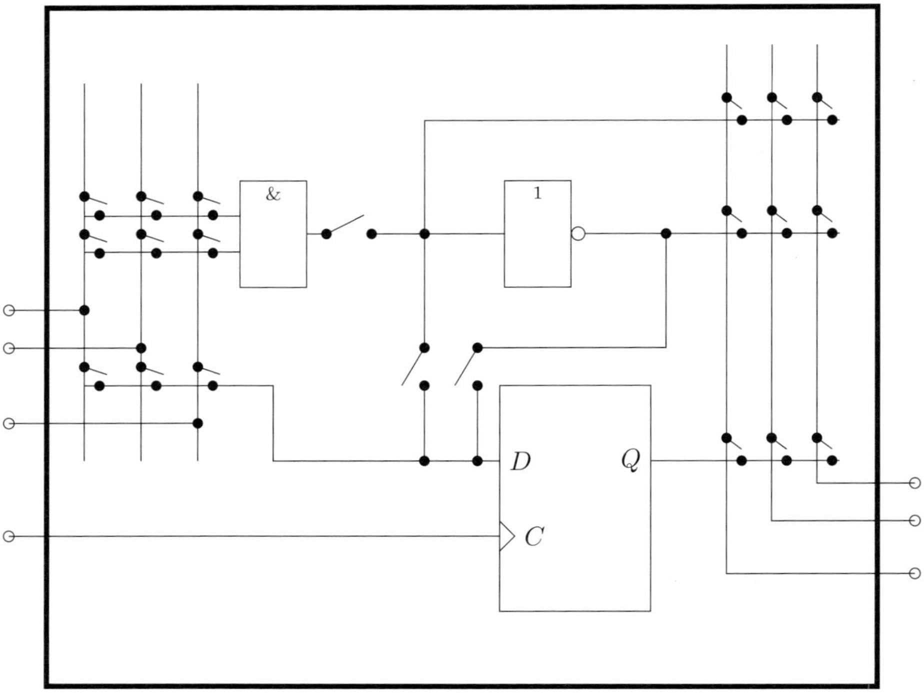

Abbildung 3-1: FPGA – prinzipieller Aufbau

durch eine spezielle Entwicklungssoftware; einmal ganz davon abgesehen, dass selbst einfachste FPGA so komplex sind, dass ein manuelles Definieren der Konfiguration auf Low-Level-Ebene vollkommen unpraktikabel ist.

Weiterhin erwähnenswert ist, dass die Pins in der Regel auch in Hinsicht auf physikalische Details wie I/O-Pegel (z.B. 3.3V, 2.5V, 1.8V; ein FPGA kann auch sehr elegant als Pegel-Konverter eingesetzt werden), max. Ausgangsstrom usw. konfiguriert werden können bzw. müssen. Die spezifischen Details hängen immer vom verwendeten Chip ab und müssen in der Entwicklungspraxis neben vielen anderen Dingen bei der Auswahl eines FPGA für einen bestimmten Anwendungsfall berücksichtigt werden.

Zu den I/O-Pegeln sei an dieser Stelle schon angemerkt, dass heute verfügbare FPGAs in aller Regel nicht 5V-kompatibel sind. Wer z.B. ein FPGA mit einem Arduino Uno »verheiraten« möchte, sollte die Verbindungsleitungen zwischen Arduino und FPGA über für diesen Zweck geeignete Pegelkonverter leiten.

Selbst mit dem in Abbildung 3-1 dargestellten idealisierten Mini-FPGA lassen sich bereits diverse Schaltungen realisieren, von denen in Abbildung 3-2 einige dargestellt sind. Jede Schaltung kann durch einfache Umkonfiguration des FPGA schnell erzeugt werden, ohne dass an der Hardware irgendetwas geändert werden muss. Dieses Merkmal ist besonders für das Rapid Prototyping interessant. FPGAs sind aber auch im Serieneinsatz und haben dort in einigen Bereichen ASICs[1] abgelöst (natürlich auch in Abhängigkeit von Faktoren wie Stückzahlen). Beim Serieneinsatz von FPGAs ist ein interessanter Aspekt, dass auch nach der Auslieferung noch vergleichsweise einfach Änderungen am Hardwaredesign vorgenommen werden können, vergleichbar mit einem Software- bzw. Firmwareupdate.

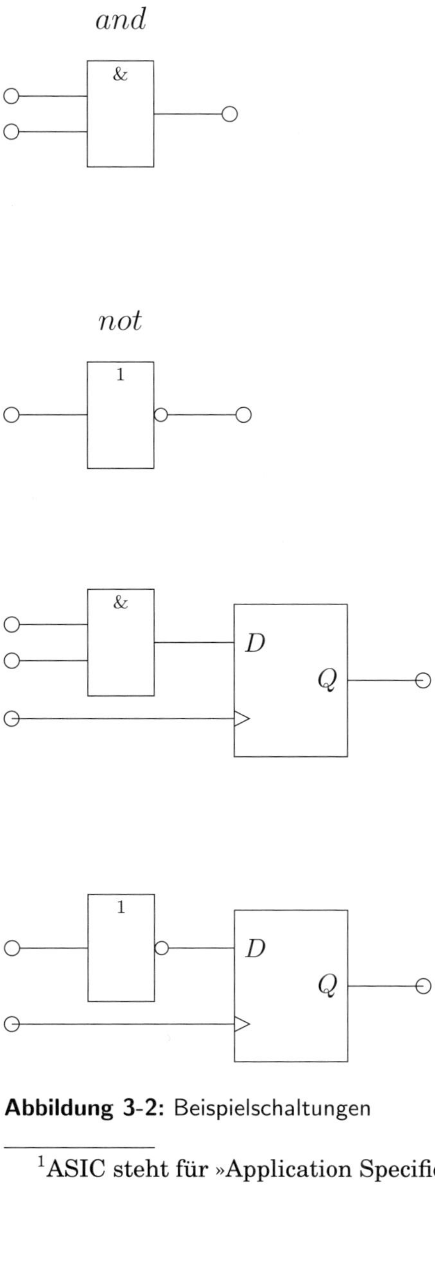

Abbildung 3-2: Beispielschaltungen

[1]ASIC steht für »Application Specific Integrated Circuit«. Siehe auch Glossar.

Zum Speichern der Konfigurationsinformationen in dem FPGA existieren im Wesentlichen zwei Ansätze:

- Statisches RAM (SRAM): Hier gehen die Konfigurationsinformationen komplett verloren, sobald das FPGA von der Spannungsversorgung getrennt wird. Das bedeutet, dass beim Hochfahren der Hardware (= Anlegen der Versorgungsspannung) die Konfiguration jedes Mal wieder neu »eingespielt« werden muss. Dazu gibt es verschiedene Verfahren, verbreitet ist die Verwendung spezieller EEPROMS mit SPI-Schnittstelle.
- Flash-Speicher: Hier bleibt die Konfiguration beim Abschalten erhalten. Auf der anderen Seite benötigt Flash-Speicher mehr Platz auf dem Chip und ist relativ teuer.

In Wirklichkeit ist das Ganze noch wesentlich komplexer als bisher dargestellt. Beispielsweise finden sich in einem typischen FPGA keine einzelnen UND-Gatter etc. Die Basisbausteine bilden vielmehr Elemente, die je nach Hersteller z.B. »Logic elements« oder »Logic Cells« genannt werden. Sie beinhalten als wesentliche Bestandteile ein bis zwei Lookup-Tables und ein oder zwei Flip-Flops sowie Infrastruktur zum Routen der Signale wie Multiplexer (alles abhängig vom Hersteller und vom genauen FPGA-Typ). Mit Hilfe eines Lookup-Table können sämtliche logischen Kombinationen zwischen den Eingangssignalen (für die hier betrachteten FPGAs typisch 3 ... 6) dieses Basisbausteins gebildet werden.

Anhand eines kleinen Beispiels soll ein Lookup-Table erklärt werden. Es soll die Funktion $o = (i1|i2)\&i3$ implementiert werden. Abbildung 3-3 enthält die entsprechende Schaltung.

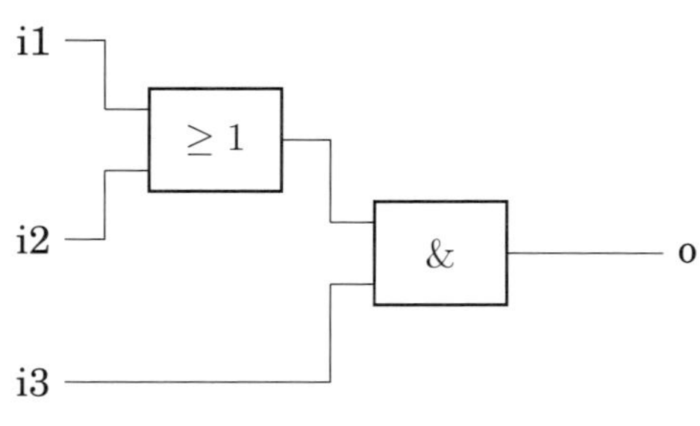

Abbildung 3-3: LUT-Beispielschaltung

Die (booleschen) Eingangssignale ›i1‹, ›i2‹ und ›i3‹ können als Indices für den Lookup-Table angesehen werden, für jede Kombination dieser Eingangswerte ergibt sich ein eindeutiger Ausgangswert ›o‹.

Dieses einfache Beispiel sollte man mit Papier und Bleistift nachvollziehen, wenn es beim ersten Lesen nicht klar ist. Es wäre dann sinnvoll,

i1	i2	i3	o
0	0	0	0
0	0	1	0
0	1	0	0
0	1	1	1
1	0	0	0
1	0	1	1
1	1	0	0
1	1	1	1

Tabelle 3-1: Wahrheitstabelle zu Abbildung 3-3

zunächst den Ausgang des ODER-Gatters als Zwischenwert zu bestimmen und im zweiten Schritt die UND-Verknüpfung dieses Zwischenergebnisses mit dem dritten Eingang zu ermitteln, was dann auch schon das gesuchte Ausgangssignal ›o‹ liefert. Genauso kann man sich auch andere einfache oder auch komplexere Schaltungen überlegen und dazu den entsprechenden Lookup-Table aufstellen. Letztendlich wird man zu dem Schluss kommen, dass jede beliebige kombinatorische Schaltung mit Hilfe eines Lookup-Table realisiert werden kann. Im Web findet man auch Generatoren für Lookup-Tables, z.B. unter `http://programming.dojo.net.nz/study/truth-table-generator/`.

Eine wiederum stark vereinfachte und idealisierte Version einer »Logic Cell« (oder wie auch immer dieses Basiselement vom jeweiligen Hersteller bezeichnet wird) ist in Abbildung 3-4 dargestellt.

Neben dem Lookup-Table (LUT) sind noch ein Multiplexer (MUX) und ein Flip-Flop (FF) dargestellt. Als Flip-Flop-Typ (D, J/K etc.) wird in der Regel das D-Flip-Flop verwendet. Außerdem sind für das Flip-Flop neben Daten- und Clock-Eingang noch Eingänge für Clock-Enable (CE) und Set/Reset (S/R) dargestellt.

Diese Logikzellen werden häufig paarweise zusammengefasst, dieses Konstrukt nennt sich dann zum Beispiel »Slice«. Selbst einfache FPGA, wie sie für Maker interessant sind, enthalten in der Regel wenigstens 1000 Logikzellen.

Neben den Logikzellen befinden sich auf einem FPGA noch weitere Basisbausteine, die hier jetzt nur kurz erwähnt werden (Ausprägung und Menge hängen wieder stark vom FPGA-Typ ab):

- I/O-Zellen: Spezielle Elemente, welche die Verbindung zwischen den Pins und den weiteren Resourcen des FPGAs herstellen. Zum Teil befin-

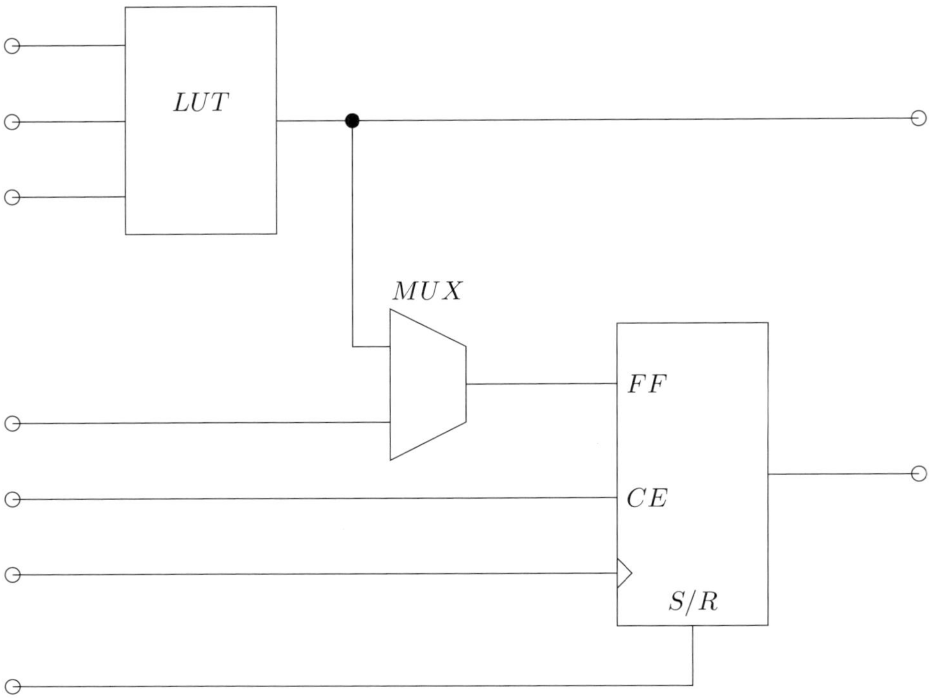

Abbildung 3-4: Idealisierte Logikzelle

den sich dort auch Flip-Flops, welche z.B. zum Abtasten eines Eingangssignals mit der Basisfrequenz des FPGAs verwendet werden können. Auch spezielle Schaltungen z.B. zum Interfacing mit Schnittstellen wie dem PCI-Bus sind dort untergebracht.

- PLLs[2] und Clock-Manager: FPGA-Boards enthalten häufig einen Quarzgenerator mit einer festen Frequenz, z.B. 100 MHz, der das FPGA mit einem zentralen Clock-Signal versorgt. Für verschiedenste Anwendungen werden jedoch Clock-Signale mit einer anderen Frequenz oder sogar mehrere Clock-Signale benötigt. Dafür sind PLLs und Clock-Manager zuständig.
- Embedded Memory: Für manche Anwendungen ist es vorteilhaft, dediziertes RAM zu verwenden, anstatt die in den Logikzellen vorhandenen Flip-Flops als Speicher zu verwenden.
- DSP-Blöcke[3]: Wichtig für die digitale Signalverarbeitung, wo z.B. eine »Multiply and Accumulate«-Operation sehr häufig vorkommt. Diese Funktion steht (neben anderen Merkmalen) in DSP-Blöcken in optimierter Form zur Verfügung.

[2]PLL steht für »Phased Locked Loop«. Siehe auch Glossar.
[3]DSP steht für »Digital Signal Processing«. Siehe auch Glossar.

- Infrastruktur zum Routen und Transportieren von Signalen
- Spezielle Transceiver-Einheiten für die schnelle serielle Kommunikation mit anderen Chips

Es ergibt sich somit für den inneren Aufbau eines FPGA eine Struktur, wie sie in Abbildung 3-5 dargestellt ist. Die dort mit »int« (wie Interconnection) bezeichneten Blöcke stellen die für die Verbindungen zuständige Infrastruktur dar. Mit ein wenig Phantasie kann man sich vorstellen, dass es mit steigender Ressourcenausnutzung des FPGA immer schwieriger wird, die erforderlichen Verbindungen so anzulegen, dass nirgendwo Engpässe entstehen, welche die Funktionalität und Stabilität der im FPGA realisierten Schaltung beeinträchtigen. Dies ist durchaus mit der Situation im Straßenverkehr zu vergleichen, wie wir sie häufig in Deutschland in Ballungsgebieten vorfinden. Ein entscheidender Unterschied bei diesem Vergleich ist jedoch, dass das Umfahren eines Staus im Straßenverkehr zwar lästig, in der Regel aber in Ordnung ist, solange man sicher an sein Ziel kommt. Im FPGA bedeutet ein Umweg jedoch automatisch längere Laufzeiten für die betroffenen Signale. Es muss dann sichergestellt sein, dass dies noch akzeptabel ist und nicht dazu führt, dass sich das algorithmische Verhalten ändert. Dazu gibt es in den Entwicklungswerkzeugen spezielle Tools, z.B. für die Timing-Analyse. Im Kontext dieses Buchs werden wir mit solchen Problemen aber eher nicht konfrontiert, weil die hier vorgestellten Applikationen das FPGA längst nicht so auslasten, dass solche Dinge eine entscheidende Rolle spielen. Als Faustformel kann man sich merken, dass man sich bei einer Ressourcenauslastung von $\leq 50\%$ in der Regel im grünen Bereich bewegt, in dem keine besonderen Anstrengungen erforderlich sind, um das Design sicher zum Laufen zu bekommen.

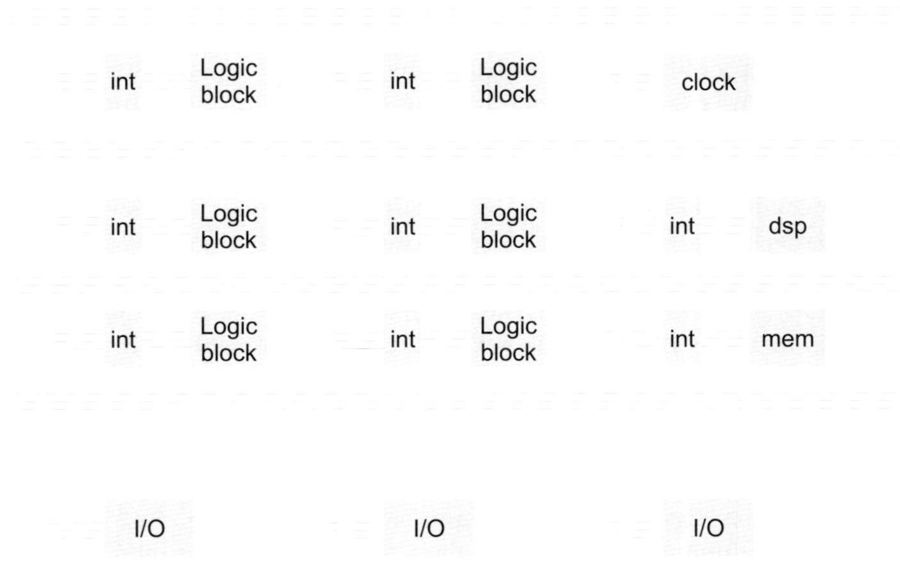

Abbildung 3-5: Prinzip-Blockdiagramm eines FPGA

Bei Betrachtung von Abbildung 3-5 kann man sich außerdem vorstellen, dass man die Eigenheiten und Merkmale des verwendeten FPGA im Detail kennen muss, wenn man ein optimiertes Design erstellen möchte. Von kleinen Ausnahmen abgesehen, werden wir in diesem Buch aber nicht bis zu diesem Level vordringen, sondern in der Regel generische Konstrukte zur Hardwarebeschreibung verwenden, die dann auch für diverse FPGAs von verschiedenen Herstellern nutzbar sind.

3.2 Entwicklungsablauf im Überblick

Nachdem nun zumindest im Prinzip klar ist, wie ein FPGA funktioniert, geht es im nächsten Schritt darum zu beschreiben, wie man ein Design, im Laborjargon formuliert, »auf einem FPGA ans Laufen bekommt«. Mit Design ist hier immer eine Schaltung gemeint! Auch wenn im Folgenden einiges sich so »anfühlt« wie Softwareentwicklung, hier geht es um den Entwurf und die Realisierung von Hardware!

In Abbildung 3-6 ist der grundsätzliche Entwicklungsablauf (oder auf Neudeutsch Workflow) dargestellt, wie wir ihn anwenden werden. Dieser Ablauf wird komplett von jeder (frei verfügbaren) FPGA-

Entwicklungssoftware unterstützt, die in diesem Buch vorgestellt wird. Natürlich gibt es in den Details Unterschiede, aber der grundsätzliche Ablauf ist überall gleich.

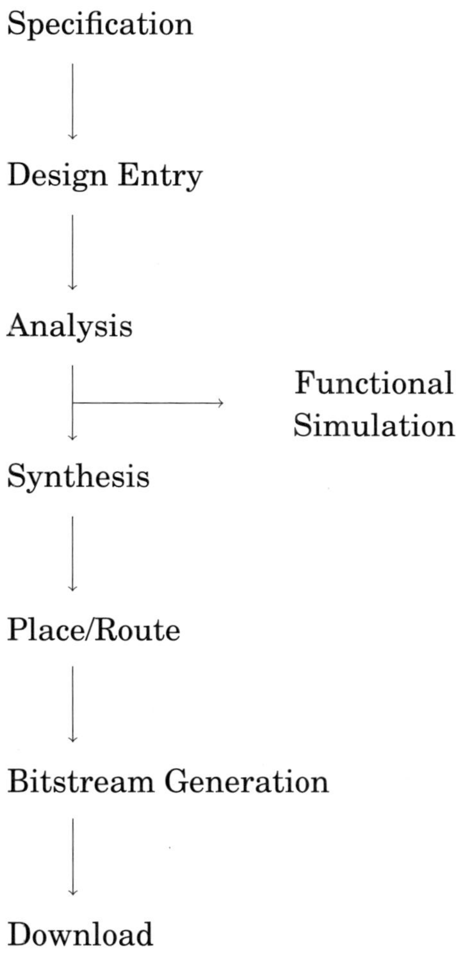

Abbildung 3-6: FPGA-Entwicklungsablauf

Es beginnt mit der Spezifikation. Darin muss festgelegt werden, was die zu entwickelnde Schaltung leisten soll, wie die Schnittstellen zur Außenwelt aussehen, etc. Aus diesen Anforderungen ergibt sich auch, welches FPGA-Board für das Projekt geeignet ist.

Mit »Design Entry« ist die Eingabe des Designs mit der FPGA-Entwicklungssoftware gemeint. In diesem Buch wird zur Hardwarebeschreibung die Sprache »VHDL« benutzt. Neben weiteren Beschreibungssprachen stehen dafür u.a. noch folgende Möglichkeiten zur Verfügung:

- Schematic Entry – Eingabe per Schaltplan. Diese Beschreibungsart wurde früher ausschließlich benutzt. Auf den ersten Blick scheint sie gerade für den Anfänger leichter zu sein als eine Hardwarebeschreibungssprache. Dieser vermeintlichen Einfachheit stehen jedoch schwerwiegende Nachteile entgegen. So sind Schaltpläne kaum von einer FPGA-Entwicklungssoftware in das Paket eines anderen Herstellers portierbar. Dieser Aspekt ist u.a. im Kontext von »Open Source« bzw. »Open Hardware« sehr wichig[4]. Auch können in Schaltplänen nicht wie in einem Texteditor bestimmte Ausdrücke automatisch gesucht und ggfs. ersetzt werden. Ab einem bestimmten Designumfang werden Schaltpläne auch sehr unhandlich.
- Verwendung der MathWorks-Produkte »MATLAB« und »Simulink« zur Modellierung/Simulation und »HDL Coder« zur automatischen Codegenerierung. Dies ist für Maker allein aus Kostengründen kein praktikabler Weg. Absehen von diesem Aspekt ist es aber auch sehr sinnvoll, den Workflow auf die traditionelle Art und Weise zunächst von Grund auf zu lernen, bevor man sich mit automatischer Codegenerierung befasst.
- Verwendung der Programmiersprache C, anschließend halb automatische Konvertierung in eine Hardwarebeschreibungssprache. In diesem Bereich existiert z.B. das Framework »OpenCL«, welches C zur Modellierung heterogener Systeme benutzt. Dieser Weg wird von Altera unterstützt. Von Xilinx gibt es auch einen auf C basierenden Workflow mit dem Namen »HLS« (High Level Synthesis), der seit kurzem sogar im Rahmen der kostenlosen Webpack-Edition von Vivado verfügbar ist. Für diese und andere Lösungen in dieser Richtung gilt nach Meinung des Autors jedoch auch, dass eine Beschäftigung damit erst dann Sinn macht, wenn eine solide Grundlage mit dem klassischen Ansatz – basierend auf einer Hardwarebeschreibungssprache – vorhanden ist.

Nach der der Eingabe des Designs (hier wird von der Verwendung von VHDL ausgegangen) erfolgt sinnvollerweise eine Analyse. Dabei wird die Schaltungsbeschreibung auf Dinge wie syntaktische Korrektheit überprüft. Die Analyse erfolgt entweder als automatischer Hintergrundprozess während der Designeingabe oder wird vom Anwender explizit »angestoßen«.

Wenn die Analyse erfolgreich durchlaufen wurde, kann eine funktionale Simulation durchgeführt werden. Natürlich kann es spannender sein, das Design sofort auf einem Board zu testen, aber durch eine Simulation erkennt man viel besser, ob das Design überhaupt funktionieren kann. Bei komplexeren Projekten ist die erste Designversion meistens nicht fehlerfrei,

[4] Auf der Plattform `OpenCores.org` steht offene Hardware zur Realisierung mit FPGAs zur Verfügung; es werden VHDL und Verilog (je nach Projekt) zur Hardwarebeschreibung eingesetzt.

und in einer Simulation findet man Fehler viel bequemer und schneller als direkt auf einem Board. Um eine Simulation durchführen zu können, muss eine sog. »Testbench« erstellt werden – Details dazu folgen später. An dieser Stelle sei nur noch erwähnt, dass sich dieser Mehraufwand lohnt und dass man die Erstellung einer Testbench nicht lange vor sich herschieben sollte.

Wenn man davon ausgehen kann, dass das Design auch funktional in Ordnung ist, folgt als nächster Schritt die Synthese. Dieser Punkt wird automatisch durch die Software abgearbeitet, manuelle Interaktion ist höchstens zum Einstellen von Parametern erforderlich, welche einen Einfluss auf diesen Prozess haben. In der Synthesephase erfolgt eine Abbildung der verwendeten Designelemente (hier: Konstrukte in VHDL-Code) auf Schaltungselemente, welche das FPGA, für das entwickelt wird, zur Verfügung stellt.

Im Prozessteil Place/Route erfolgt – bei zuvor erfolgreich durchgeführter Synthese – das Platzieren und Verbinden der während der Synthese ermittelten Elemente. Dabei laufen im Hintergrund sehr ausgeklügelte Optimierungsverfahren ab, so dass unter Berücksichtigung vieler Einflussfaktoren (Laufzeiteffekte, Signalintegrität, Datendurchsatz etc.) eine optimale Anordnung und Verschaltung der Basiselemente gefunden wird (wenn alles glatt geht). Im Extremfall kann es auch passieren, dass der Place/Route-Lauf erfolglos abgebrochen wird und man zurück zum Design-Entry gehen muss, um das Design zu ändern. Dies kommt in der industriellen Praxis vor, bei den in diesem Buch vorgestellten Projekten jedoch garantiert nicht.

Wenn Place/Route geklappt hat, ist als Nächstes die Erzeugung der Konfigurationsdaten für das FPGA dran, in den Tools meistens als »Bitstream Generation« bezeichnet. Die Bits dieses »Streams« legen fest, welcher »Konfigurationsschalter« (Bezug: Abbildung 3-1 auf Seite 10) wie gesetzt wird. Auch »Bitstream Generation« läuft vollkommen automatisch ab.

Zum Schluss wird das FPGA mit dem erzeugten Bitstream konfiguriert. Während der Entwicklung läuft dies in den meisten Fällen so ab, dass über ein Download-Utility, welches Bestandteil der jeweiligen FPGA-Entwicklungsumgebung ist, der Bitstream über ein JTAG-Interface[5] (welches wiederum meistens via USB mit dem Entwicklungs-PC verbunden ist) auf das FPGA geladen wird. Bei vielen FPGA-Boards ist das JTAG-Interface bereits auf dem Board vorhanden, ansonsten ist ein externer Adapter erforderlich, der oft als »Download Cable« o.Ä. bezeichnet wird.

[5]Ein standardisiertes Interface zum Testen und Debuggen von Hardware.

3.3 VHDL-Einführung

VHDL ist eine Hardwarebeschreibungssprache. Der Name dieser Sprache ist auch eine Abkürzung und steht für »Very High Speed Integrated Circuits Hardware Description Language«. Die Sprache wurde in den 1980er-Jahren entwickelt und standardisiert, die erste offizielle Version erschien 1987. Weitere Versionen des Standards folgten 1993, 2002 und 2008. Wie bei anderen (Programmier-)Sprachen auch wurden Neuerungen von den Tool-Herstellern nicht immer zeitnah umgesetzt. Bis heute ist der Standard VHDL-2008 längst nicht in allen Werkzeugen vollständig umgesetzt. Daher werden in diesem Buch in der Regel nur VHDL-Konstrukte verwendet, die auch mit VHDL-93 funktionieren (dies ist in manchen Werkzeugen immer noch die Default-Einstellung für den VHDL-Sprachstandard).

»Hardware Description Language« ist aber nicht die ganze Wahrheit. Ein Teil von VHDL dient nämlich nur zur Erstellung von Simulationen (sog. Test Benches). Mit anderen Worten, bestimmte VHDL-Konstrukte können *nicht* in Hardware umgesetzt werden, man spricht dann auch von »nicht synthetisierbaren VHDL-Ausdrücken«. Alle synthetisierbaren VHDL-Konstrukte können aber auch zur Simulation verwendet werden (mit der Ausnahme von speziellen herstellerspezifischen Anweisungen zur Steuerung der Synthese, die von den Simulationswerkzeugen normalerweise einfach ignoriert werden).

Die komplette Sprache ist ziemlich umfangreich. Zudem lebt VHDL, ähnlich wie die Programmiersprache C, auch von Libraries, ohne die VHDL gar nicht sinnvoll eingesetzt werden kann. In diesem Buch wird daher nur ein Subset von VHDL verwendet, der für den Einstieg und anschließende Projekte vollkommen reicht.

Neben VHDL gibt es u.a. noch Verilog (bzw. System Verilog als neueste Version) zur Beschreibung von Hardware und den zugehörigen Simulationen. Beide Sprachen haben ihre speziellen Merkmale, die je nach Betrachtungsweise als Vor- oder Nachteil angesehen werden können. Verilog wird in den USA bevorzugt, während in Europa VHDL stärker vertreten ist.

Auch wenn in diesem Buch VHDL benutzt wird, folgt weiter hinten ein kurzes Kapitel zu Verilog. Dort geht es vor allem um die Integration von in Verilog geschriebenen Modulen in VHDL-Projekte; Verilog und VHDL können in der Regel (das hängt letztendlich von den verwendeten Werkzeugen ab) sowohl für die Synthese als auch die Simulation im Gemischtbetrieb genutzt werden.

Das Standardbuch für VHDL ist [2], dort wird der gesamte Sprachumfang ausführlich erläutert.

3.4 Eine erste Dosis VHDL

Nach dieser Vorrede kommt nun ein erstes Beispiel zur Einführung von VHDL.

Die Spezifikation lautet: Zwei Eingangssignale ›in1‹ und ›in2‹ sollen UND-verknüpft werden, das Ergebnis soll ›out_and‹ sein. Bei einer Realisierung mit einem FPGA-Board würden die Eingangssignale durch Schalter gespeist, das Ausgangssignal würde auf eine Leuchtdiode geschaltet.

Das folgende Listing (Listing 3-1) zeigt das File `and_logic.vhd`; die Zeilennummern tauchen hier nur zu Referenzzwecken auf und sind in dem eigentlichen Quellfile nicht enthalten. In diesem File wird die gerade spezifizierte Funktionalität implementiert.

Listing 3-1: and_logic.vhd

```
1   -- and_logic.vhd
2
3   library ieee;
4   use ieee.std_logic_1164.all;
5
6   entity and_logic is
7     port
8     (
9       in_1 : in std_logic;
10      in_2 : in std_logic;
11      out_and : out std_logic
12    );
13  end and_logic;
14
15  architecture impl of and_logic is
16  begin
17    out_and <= in_1 and in_2;
18  end impl;
```

Zeile 1 ist eine Kommentarzeile. Kommentare in VHDL beginnen mit der Zeichenkette `--`.

Zeile 2 ist einfach eine Leerzeile. In Bezug auf sog. Whitespace (also Leerzeichen, Tabs, Zeilenumbrüche, Leerzeilen) verhält sich VHDL gutmütig. Dies gilt auch für Groß-/Kleinschreibung, sie hat in VHDL keinerlei Bedeutung!

In Zeile 3 wird eine Library eingebunden, hier »ieee«. In Zeile 4 wird auf diese Library Bezug genommen, ein Teil von »ieee« wird zur Verwendung in diesem VHDL-File definiert, der komplette Inhalt (».all«) des Teils »std_logic_1164« (was sich dahinter verbirgt, wird später erläutert). Wer die

Programmiersprache C kennt, fühlt sich jetzt wahrscheinlich an Header-Files erinnert; diese Assoziation passt auch ganz gut. Auch in VHDL sind wesentliche Teile des Sprachumfangs in Libraries definiert. Ein VHDL-File ohne wenigstens ein `library`- und `use`-Statement zu Beginn ist sinnlos.

Die Zeilen 6 bis 13 enthalten ein `entity`-Konstrukt. Damit wird beschrieben, welche Ein- und Ausgänge die Schaltung hat und wie sie heißt. Wenn man sich die Schaltung exklusiv in einem Gehäuse vorstellt, entspricht dies der Beschreibung der »Verpackung« im Sinne einer Black Box. Es wird festgelegt, welche Signale hinein- und hinausgehen, welche Namen sie haben und welchen Datentyp. Es wird an dieser Stelle jedoch nichts darüber ausgesagt, wie die Black Box intern arbeitet. Auch wird hier nicht festgelegt, auf welche realen I/O-Pins des FPGAs die Ein- und Ausgänge »aufgelegt« werden (wie das geschieht, folgt später). Hier enthält das `entity`-Konstrukt als Unterelement `port`[6], worin jedes Eingangs- und Ausgangssignal des »Chips« aufgelistet wird.

Die I/O-Defininition ist eigentlich recht einfach: In Zeile 9 wird beispielsweise beschrieben, dass es ein Signal mit dem Namen `in_1` gibt, das ein Eingangssignal ist (`in`-Attribut nach dem Doppelpunkt) und das den Datentyp `std_logic` [7] hat.

Die Zeilen 15 bis 18 enthalten ein `architecture`-Konstrukt. Damit wird die eigentliche Funktion der Schaltung beschrieben. Der Bezeichner `impl` in Zeile 15 ist willkürlich gewählt und steht für »implementation«. Oft sieht man an dieser Stelle auch »behavioral« oder »rtl« (für »register transfer level«). Dieser Bezeichner ist auch nur erforderlich, weil VHDL die Möglichkeit bietet, zu einer `entity`-Definition mehrere `architecture`-Definitionen anzulegen. Das kann z.B. interessant sein, wenn man verschiedene Implementierungsvarianten durchspielen will. Es muss dann natürlich festgelegt werden, welche Architektur verwendet werden soll. Solange nur ein `architecture`-Konstrukt auftaucht, ist die Sache eindeutig.

In Zeile 17 erfolgt eine Zuweisung an `out_and` mit Hilfe der Zeichenkette `<=` (also *nicht* `=`). Auf der rechten Seite von `<=` erfolgt die UND-Verknüpfung der beiden Eingangssignale, dazu wird in VHDL das Schlüsselwort `and` benutzt. Auch wenn sich Zeile 17 fast wie ein Statement in C liest, wird hier keine Anweisung für einen Prozessor erzeugt, sondern eine UND-Schaltung in Hardware mit zwei Eingängen und einem Ausgang, vgl. Abbildung 3-7!

---

[6]Es sind noch weitere Unterelemente außer `port` möglich, die im Moment jedoch noch nicht wichtig sind.

[7]Für den Moment sehen wir den Datentyp `std_logic` einfach als »boolean« mit den möglichen Werten ›0‹ und ›1‹ an. Das ist eine starke Vereinfachung; mehr Details folgen später, sobald sie benötigt werden.

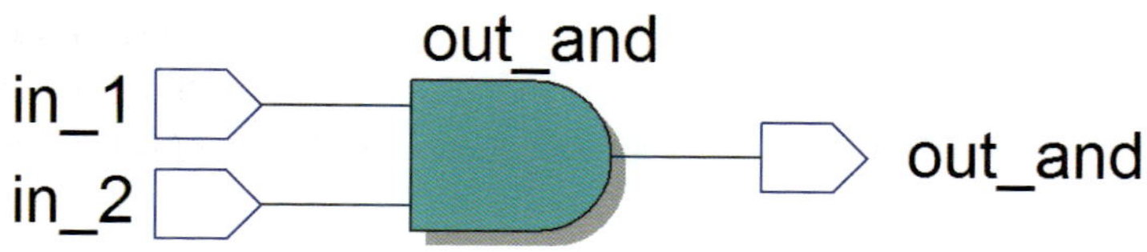

Abbildung 3-7: Generiertes UND-Gatter

Noch deutlicher wird der Unterschied zwischen Programmiersprache und Hardwarebeschreibungssprache, wenn neben der UND-Verknüpfung der beiden Eingangssignale noch zusätzlich eine ODER-Verknüpfung dieser Signale festgelegt wird: `out_or = in_1 or in_2;`. Listing 3-2 zeigt den kompletten Code.

Listing 3-2: simple_logic.vhd

```
-- simple_logic.vhd

library ieee;
use ieee.std_logic_1164.all;

entity simple_logic is
  port
  (
    in_1 : in std_logic;
    in_2 : in std_logic;
    out_and : out std_logic;
    out_or : out std_logic
  );
end simple_logic;

architecture impl of simple_logic is

begin
  out_and <= in_1 and in_2;
  out_or <= in_1 or in_2;
end impl;
```

Es wird parallel zu dem UND- noch ein ODER-Gatter generiert, vgl. Abbildung 3-8.

Beide logischen Operationen werden auf der Hardware absolut parallel (oder nebenläufig) ausgeführt. Bei einer Realisierung auf einem Mikrocontroller würden die beiden Operationen *nacheinander* ausgeführt.

Gerade wenn man bereits einige Erfahrung mit hardwarenaher Programmierung (z.B. mit Arduino, Raspberry Pi, ...) hat, muss man sich immer wieder klarmachen, dass beim FPGA die Dinge gleichzeitig ablaufen, auch wenn im VHDL-Code das Statement für die UND- bzw. ODER-Operation hintereinander stehen.

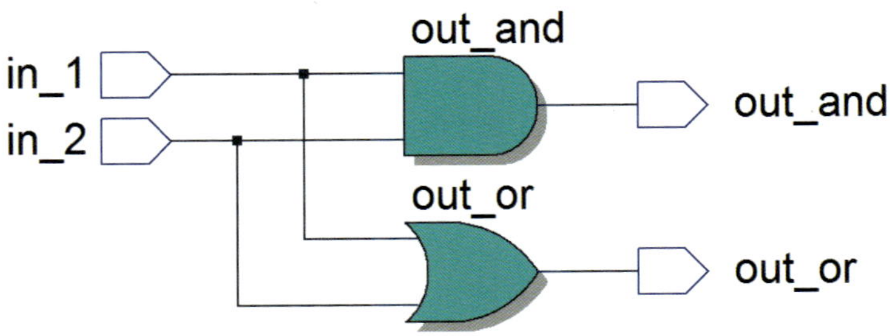

Abbildung 3-8: Parallelschaltung von UND- und ODER-Gatter

3.4.1 Erste Testbench

Der nächste Schritt ist, die entworfene Schaltung zu simulieren. Dazu wird – ebenfalls in VHDL – eine sog. Testbench erstellt. Das ist ein VHDL-File, welches das eigentliche Design einbindet und mit Stimulus-Signalen an den Eingängen versorgt. Mit einem Simulator (Bestandteil der FPGA-Entwicklungsumgebung) wird die Testbench ausgeführt (dazu wird die Testbench automatisch compiliert), als Ergebnis erhält man einen Plot von Ein- und Ausgangssignalen, anhand dessen man die Funktion überprüfen kann[8].

Listing 3-3 zeigt die Testbench für `simple_logic.vhd`. Die Testbench selbst ist hier in der Datei `simple_logic_tb.vhd` untergebracht. Das Anhängen von `_tb` an den Dateinamen des Files mit der zu testenden Schaltung ist lediglich eine sinnvolle Konvention, aber kein »Muss«.

Listing 3-3: simple_logic_tb.vhd

```
-- simple_logic_tb.vhd
--
-- test bench for simple_logic

library ieee;
use ieee.std_logic_1164.all;

```

[8] Es stehen neben der visuellen Überprüfung auch Möglichkeiten zur Verfügung, eine automatische Verifikation durchzuführen.

```
entity simple_logic_tb is
end simple_logic_tb;

architecture sim of simple_logic_tb is
  component simple_logic
    port
    (
      in_1 : in std_logic;
      in_2 : in std_logic;
      out_and : out std_logic;
      out_or : out std_logic
    );
  end component;

  signal in_1_sim : std_logic;
  signal in_2_sim : std_logic;
  signal out_and_sim : std_logic;
  signal out_or_sim : std_logic;

begin
  dut : simple_logic
  port map
  (
    in_1 => in_1_sim,
    in_2 => in_2_sim,
    out_and => out_and_sim,
    out_or => out_or_sim
  );

  process
  begin
    in_1_sim <= '0';
    in_2_sim <= '0';

    wait for 50 ns;
    in_1_sim <= '1';
    in_2_sim <= '0';

    wait for 50 ns;
    in_1_sim <= '0';
    in_2_sim <= '1';

    wait for 50 ns;
```

```
51          in_1_sim <= '1';
52          in_2_sim <= '1';
53
54          wait;
55        end process;
56
57    end sim;
```

In den Zeilen 8 und 9 wird in `simple_logic_tb.vhd` eine leere »Entity« angelegt, da in der Testbench selbst keine neue Hardware beschrieben wird, sondern bereits zuvor definierte Hardware getestet werden soll.

Ab Zeile 11 folgt der `architecture`-Teil. Es fällt in `simple_logic_tb.vhd` im Vergleich mit `simple_logic.vhd` auf, dass zwischen den Schlüsselworten `architecture` (Zeile 11) und `begin` (Zeile 27) nun VHDL-Statements stehen, während dieser Bereich in `simple_logic.vhd` leer ist.

In den Zeilen 12 bis 20 erscheint ein `component`-Konstrukt. Damit wird Bezug genommen auf eine Hardwaredefinition, die schon (außerhalb des aktuellen Files) vorgenommen wurde und die nun verwendet werden soll. Beim Vergleich der Zeilen 12 bis 20 in `simple_logic_tb.vhd` mit den Zeilen 6 bis 14 in `simple_logic.vhd` (Listing 3-2) bemerkt man, dass sich jeweils nur die erste und die letzte Zeile voneinander unterscheiden. Der eigentliche Inhalt – die Beschreibung der I/O-Schnittstelle der Schaltung, die durch den Code in `simple_logic_tb.vhd` getestet werden soll – ist gleich!

Die Zeilen 22 bis 25 von `simple_logic_tb.vhd` enthalten `signal`-Definitionen. In VHDL wird `signal` für schaltungsinterne Verbindungen genutzt, die nicht von außen »sichtbar« sind. Daher werden die `signal`-Elemente auch in dem Abschnitt `architecture` angelegt und *nicht* in `entity`. Für jedes Ein- bzw. Ausgangssignal des zu testenden Systems (DUT, »Device Under Test«) wird hier das »Gegenstück« angelegt. Sehr häufig bekommen diese Signale denselben Namen wie das korrespondierende Ein- bzw. Ausgangssignal des DUT, was aber gerade für Anfänger verwirrend sein kann. Daher wird hier für die internen Signalnamen die Endung `_sim` benutzt.

In Zeile 28 wird in der Testbench eine Instanz von `simple_logic` angelegt. In den Zeilen 29 bis 35 wird diese Instanz mit den oben angelegten Signalen der Testbench verbunden. Somit ergibt sich die in Abbildung 3-9 dargestellte Situation.

In den Zeilen 37 bis 55 werden die Stimuli für die Eingänge des DUT generiert[9]. Nachdem alle Stimuli erzeugt wurden, wird die Simulation quasi in den Wartemodus versetzt (`wait`, Zeile 54).

[9] Eine Erläuterung zu `process` folgt später.

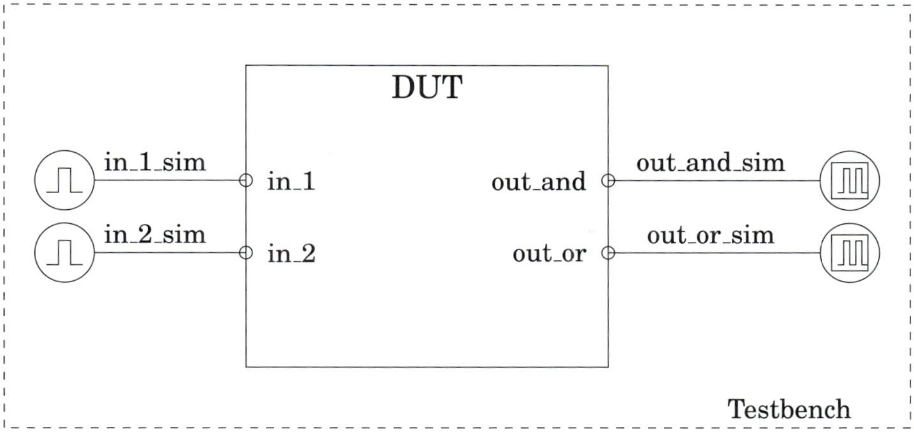

Abbildung 3-9: Verbindung von Testbench und DUT

Wenn die Testbench syntaktisch korrekt ist, kann sie mit einem VHDL-Simulator ausgeführt werden. Abbildung 3-10 zeigt das Ergebnis eines Testlaufs. Alle in der Testbench definierten Signale werden automatisch angezeigt, dazu sind keine separaten Statements erforderlich.

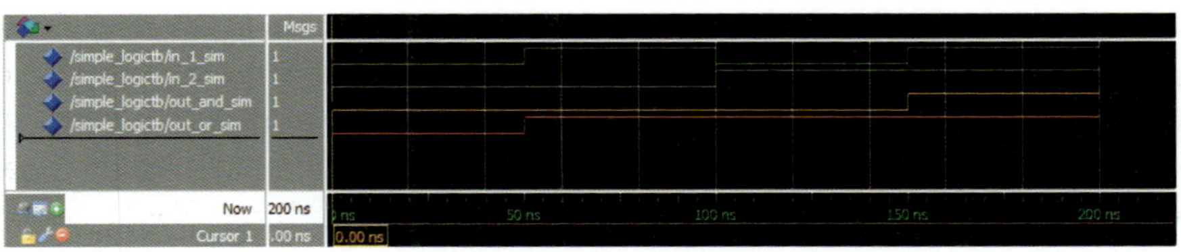

Abbildung 3-10: Simulationsergebnis für `simple_logic`

3.5 Notwendige Ausstattung

Wer bis hier aktiv mitgemacht bzw. eher mitgedacht hat, möchte nun sicherlich die erlernte Theorie in der Praxis anwenden. Es gibt jetzt folgende Möglichkeiten:

1. Der finanzielle Aufwand soll zunächst minimal sein. Daher wird nur VHDL-Code entwickelt und simuliert. Ein FPGA-Board wird zunächst nicht angeschafft. Zur Simulation kann entweder die kostenlose Version der FPGA-Entwicklungsumgebung eines beliebigen FPGA-Herstellers verwendet werden oder »GHDL«[10].

[10] GHDL ist ein Open-Source-Simulator für VHDL.

2. Es wird ein FPGA-Board beschafft bzw. ein schon vorhandenes Board wird benutzt. Das Board wird entsprechend den Ambitionen und dem zur Verfügung stehenden Budget ausgewählt. Man kann ein Board kaufen, das von einem größeren Hersteller stammt, sämtliche gewünschten Peripherieelemente enthält, mit einer guten Dokumentation daherkommt und noch viel »Luft« für Projekte bietet, die man in der fernen Zukunft evtl. einmal angehen möchte (z.B. ein System-On-Chip-Design mit Mikrocontroller-Core und FPGA-Anteil). Oder man wählt zunächst ein kleineres Board, das nicht sämtliche Peripherie bietet, die man vielleicht einmal benutzen möchte, wo die Dokumentation evtl. nicht ganz so gut ist, welches dafür aber billiger zu bekommen ist. Peripherie kann man ggfs. auch selbst später »andocken«, wenn man z.B. auch noch Spaß am ganz klassischen Hardwaredesign (mit Platinenlayout etc.) hat, oder man kauft fertig verfügbare Module dazu. Im Anhang finden sich Informationen, die bei der Frage »Welches Board soll ich nehmen?« weiterhelfen.

Die meisten Maker werden wahrscheinlich Möglichkeit 2 wählen, dem wird im Folgenden auch entsprechend Rechnung getragen. Sobald man sich für ein Board entschieden hat, ergibt sich daraus auch, welche FPGA-Entwicklungsumgebung verwendet wird, nämlich die des entsprechenden FPGA-Herstellers. Es macht zu Anfang nicht wirklich Sinn, gleich mit mehreren verschiedenen Entwicklungsumgebungen parallel zu arbeiten. Erst nachdem man mit einer Umgebung ein gewisse Vertrautheit erlangt hat, sollte man erwägen, eine weitere FPGA-Entwicklungsumgebung auszuprobieren.

Wenn man noch kein Board hat und auch noch nie mit einer FPGA-Entwicklungsumgebung gearbeitet hat, kann man aber auch so vorgehen, dass man vor dem Kauf eines FPGA-Boards die entsprechende Entwicklungsumgebung installiert und sie ausprobiert. Wenn sie einem gar nicht zusagt, kann man sich dann immer noch für ein Board mit einem FPGA eines anderen Herstellers (und somit auch einer anderen FPGA-Entwicklungsumgebung) entscheiden.

Teil II

Einfache Schaltungen

4 Los geht's – das erste FPGA-Projekt

4.1 Einführung

Unser erstes Projekt ist eine Logikdemo. Wir realisieren logische Grundschaltungen (AND, OR, ...) und benutzten ein FPGA-Board zum Ausprobieren. Als Außenbeschaltung verwenden wir zwei Schalter, welche die Eingangspegel der logischen Grundschaltungen festlegen, sowie Leuchtdioden (entsprechend der Anzahl der logischen Grundschaltungen). Als Startpunkt verwenden wir das bereits im vorherigen Kapitel vorgestellte VHDL-File `simple_logic.vhd` (Listing 3-2).

Im Folgenden wird die Realisierung für das FPGA-Board »ARTY« ausführlich dargestellt[1]. ARTY – Abbildung 4-1 zeigt dieses Board – enthält ein Xilinx-FPGA der Artix-7-Familie, benutzt wird die Toolkette »Vivado« in der kostenfreien »WebPACK«-Version. Äquivalente Beschreibungen für weitere Boards (mit anderen FPGAs und anderen Toolketten von Altera, Lattice, Microsemi und Xilinx (die ältere ISE-Umgebung)) befinden sich im Anhang. Dort wird auf das VHDL-Projekt `fpga_basic` Bezug genommen, welches später vorgestellt wird und ein wenig mehr als logische Grundschaltungen enthält.

[1]Die Erläuterungen können sehr leicht auf ein anderes Board übertragen werden, für das auch mit Vivado entwickelt wird. Die Übertragung auf eine andere FPGA-Entwicklungsumgebung ist auch nicht sehr kompliziert; in diesem Fall sollte die entsprechende Workflow-Anleitung aus dem Anhang mitbenutzt werden. Jede Werkzeugkette ist komplex und bietet für viele Aufgabenstellungen mehr als ein Bedienkonzept. Wer bestimmte Details genau wissen möchte, kommt nicht darum herum, die (zum Teil sehr umfangreiche) Dokumentation des Herstellers zu lesen.

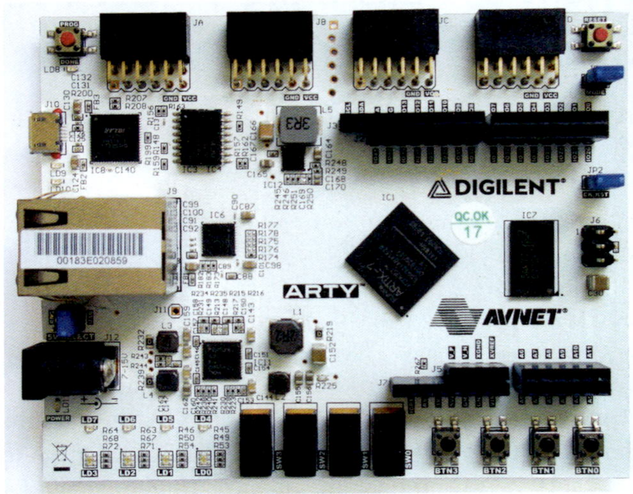

Abbildung 4-1: ARTY

Der erste Schritt vor der Verwendung eines neuen FPGA-Boards ist neben dem Kauf des Boards die Beschaffung von Informationen:

- Benutzerhandbuch: Ist in der Regel auf der Homepage des Herstellers beziehungsweise Distributors verfügbar. Falls kein solches Dokument verfügbar ist, sollte man (auf jeden Fall als Anfänger) die Finger von dem Board lassen.
- Schaltplan: siehe Benutzerhandbuch
- Support-Files für das Board, insb. ein sog. Constraints-File (wird weiter hinten erklärt)
- Das Board sollte über ein »eingebautes« Debug- bzw. Programmier-Interface mit USB-Schnittstelle verfügen, so dass außer einem USB-Kabel keine weitere Hardware zum Übertragen der Konfigurationsdaten von dem Entwicklungs-PC auf das Board erforderlich ist. Allein ein JTAG-Interface reicht nicht; dann ist meistens noch ein sog. »Programming Cable« erforderlich, das schnell mit einem dreistelligen Euro-Betrag zu Buche schlägt.
- Bietet das Board die Peripherieelemente (Schalter, Taster, LEDs), die benötigt bzw. gewünscht werden? Hier sollte ggfs. vor der Auswahl des Boards der Schaltplan studiert werden, denn nur daraus lassen sich alle Details [2] entnehmen.

[2]Manche Board-Designer haben sämtliche auf Stift- und Buchsenleisten (auch bei sog. Pmod-Anschlüssen) gelegten I/O-Anschlüsse des FPGAs mit Längswiderständen ausgestattet, die zum Schutz des FPGAs bei Anwenderfehlern dienen, z.B. wenn versehentlich zwei Chip-Ausgänge miteinander verbunden werden. Die-

- Gut sind auch ein oder mehrere Referenzdesigns. Hier muss beachtet werden, dass solche Designs manchmal auch nur mit Verilog-Quellfiles (anstatt VHDL) verfügbar sind.

Für das Board »ARTY« stehen diese Informationen und noch viel mehr (u.a. Referenzdesigns) zur Verfügung:

`https://reference.digilentinc.com/arty`

Ganz ohne Englischkenntnisse geht es beim Lesen und Auswerten solcher Websites leider nicht, das trifft aber auch auf die Benutzung der Tools zu (bei Vivado stehen neben Englisch noch Japanisch und Chinesisch zur Auswahl).

Die folgende Beschreibung stützt sich nur auf das »Reference Manual« (`https://reference.digilentinc.com/arty/refmanual`) und das Constraints-File[3] (`https://raw.githubusercontent.com/Digilent/Arty/master/Resources/XDC/Arty_Master.xdc`). So wird gezeigt, wie man ein Board auch ohne das Vorhandensein von Referenzdesigns etc. in Betrieb nimmt.

Zur Realisierung des Beispiels `simple_logic` werden an Peripherieelementen Schalter und Leuchtdioden benötigt. In dem ARTY-Manual, Abschnitt »9 Basic I/O«, befindet sich ein Blockschaltplan mit diesen Elementen. Abbildung 4-2 zeigt die wesentlichen Aspekte.

---

ses an und für sich gerade für Anfänger sinnvolle Feature kann aber auch stören, wenn sehr schnelle Signale übertragen werden sollen, weil die Längswiderstände zusammen mit den immer vorhandenen Leitungskapazitäten als Tiefpass wirken, der die Signalanstiegszeit begrenzt und so die Übertragung von wirklich schnellen Signalen verhindert. Solche Details werden auch in eigentlich guten Manuals oft *nicht* erwähnt.

[3]Constraints-Files werden in Abschnitt 4.2.5 erklärt.

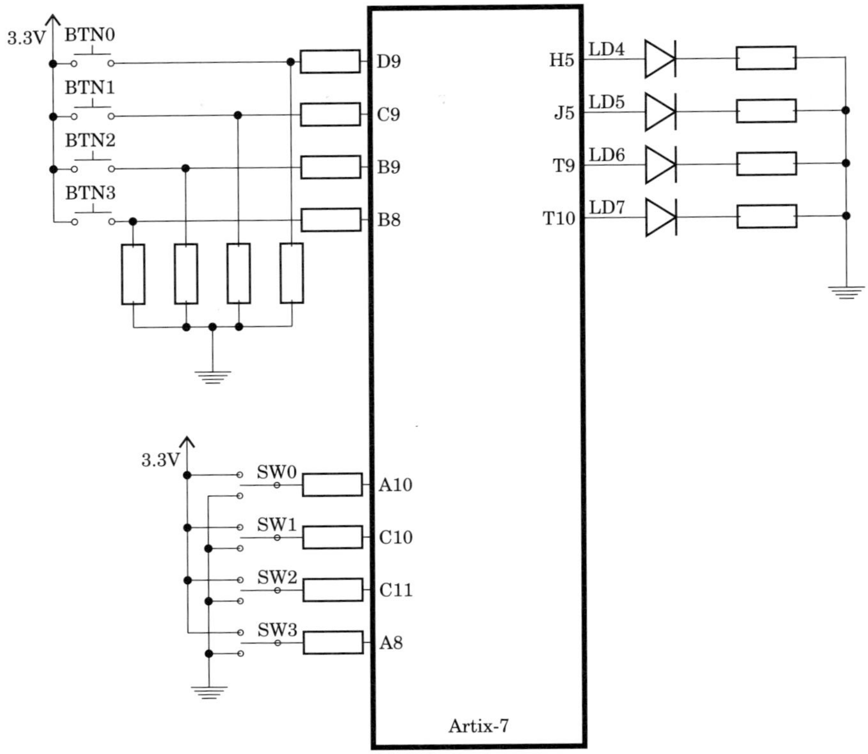

Abbildung 4-2: ARTY: I/O

Man erkennt, dass Taster (Buttons), Schiebeschalter (Slide Switches) und LEDs direkt an das FPGA angeschlossen sind. Die Bezeichner wie ›H5‹ für LED »LD4« geben den entsprechenden Pin des FPGA an[4]. Es ist auch ersichtlich, dass die Schiebeschalter zwischen den definierten Pegeln ›GND‹ und ›3.3V‹ umschalten, die einzige Unbekannte ist noch, welche Schalterstellung ›0‹ bzw. ›1‹ entspricht. Das wird jetzt einfach ausprobiert.

4.2 Vorbereitendes Experiment und Workflow

4.2.1 Anlegen eines Projekts

Wir starten daher mit einem ganz einfachen Experiment: Wir wollen LED »LD4« mit Schalter »SW0« schalten. Die im FPGA zu realisierende Schaltung besteht also lediglich aus »einem Stück Draht«!

[4]Wenn diese Informationen aus einem User Manual o.Ä. nicht ersichtlich sind, bleibt nur der Blick in den Schaltplan.

Um loslegen zu können, muss die Xilinx-Software »Vivado« auf einem PC installiert sein (mit Unterstützung für Artix-7-Bausteine); am besten gleich mit der Xilinx-Dokumentenverwaltungsapplikation »DocNav«. Wenn das geschehen ist (inkl. Registrierung und Erhalt/Installation eines Lizenzcodes), kann es losgehen.

Nach dem ersten Start von Vivado landet man auf der Startseite (Abbildung 4-3).

Abbildung 4-3: Vivado: Auszug Startbildschirm

Dort sollten zunächst einige generelle Einstellungen vorgenommen werden. Dazu klickt man auf »Tools/Options« (Abbildung 4-4).

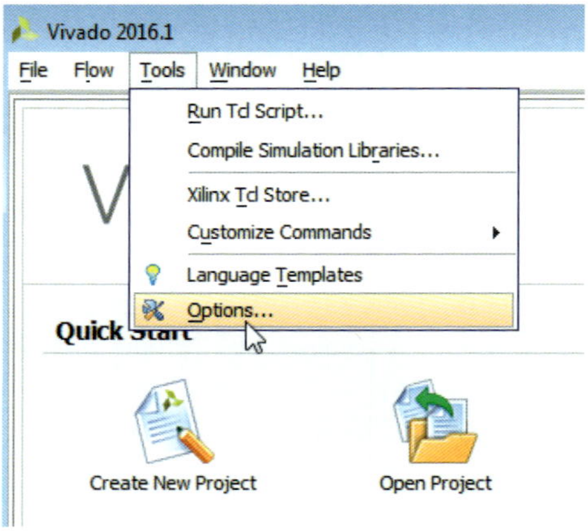

Abbildung 4-4: Vivado: Auswahl der Tool-Optionen

Wichtig ist, unter »General« als »Target Language« »VHDL« zu wählen, der Rest kann erst einmal so bleiben (Abbildung 4-5).

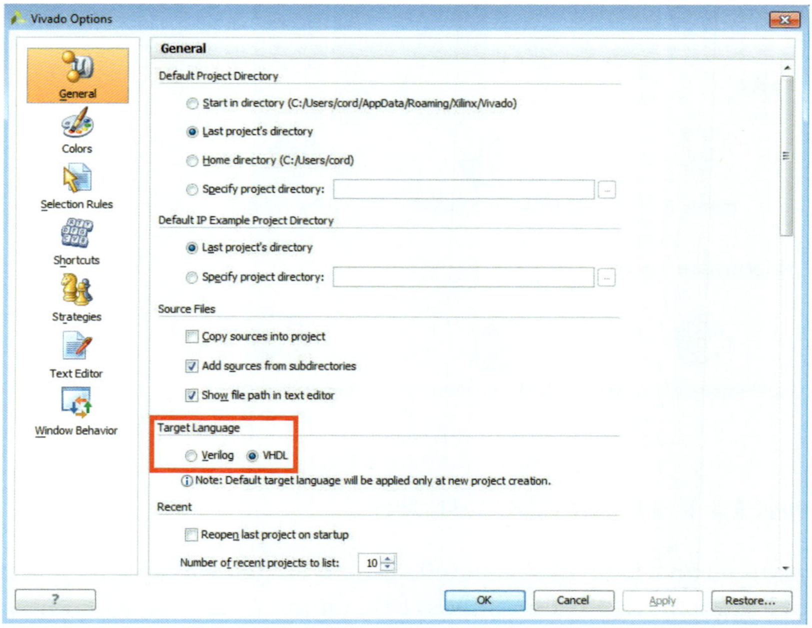

Abbildung 4-5: Vivado: Auswahl der HDL-Sprache

Bevor es weitergeht, wird auf dem Entwicklungs-PC ein FPGA-Projektverzeichnis angelegt, hier `d:\fpga`. Danach wird mit »Create New Project« ein neues Vivado-Projekt angelegt (Abbildung 4-6).

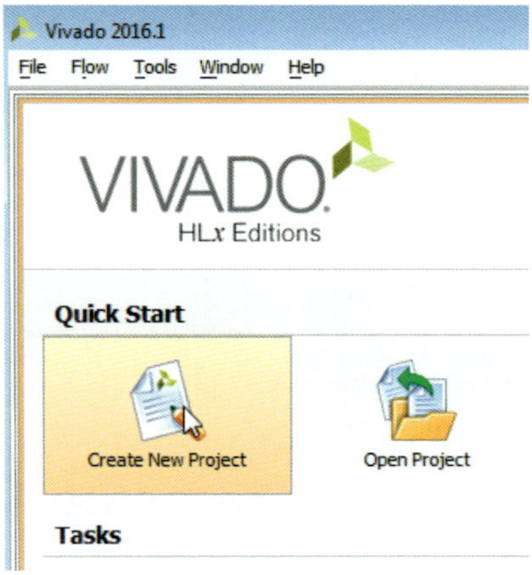

Abbildung 4-6: Vivado: Anlegen eines neuen Projekts

In dem sich dann öffnenden Dialog »New Project« werden Projektverzeichnis und Projektname eingetragen. Sehr sinnvoll ist, für jedes Projekt automatisch ein neues Unterverzeichnis anlegen zu lassen (Abbildung 4-7).

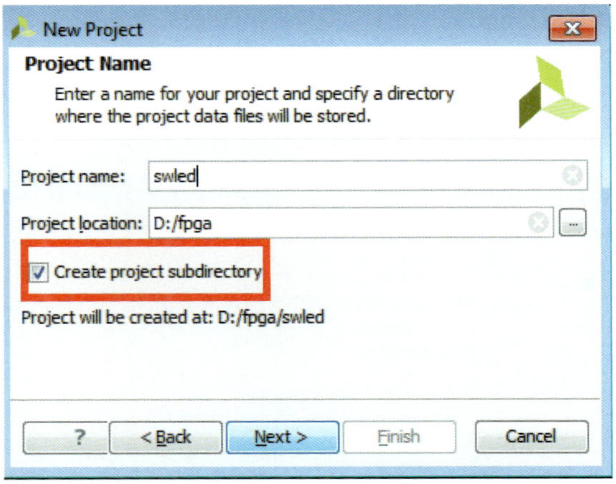

Abbildung 4-7: Vivado: Einstellungen für neues Projekt

Mit »Next« geht es zum nächsten Dialog, dort wird als Projekttyp »RTL Project« gewählt und der Import von Source-Files abgewählt (wir werden die nötigen Files innerhalb von Vivado anlegen), siehe Abbildung 4-8.

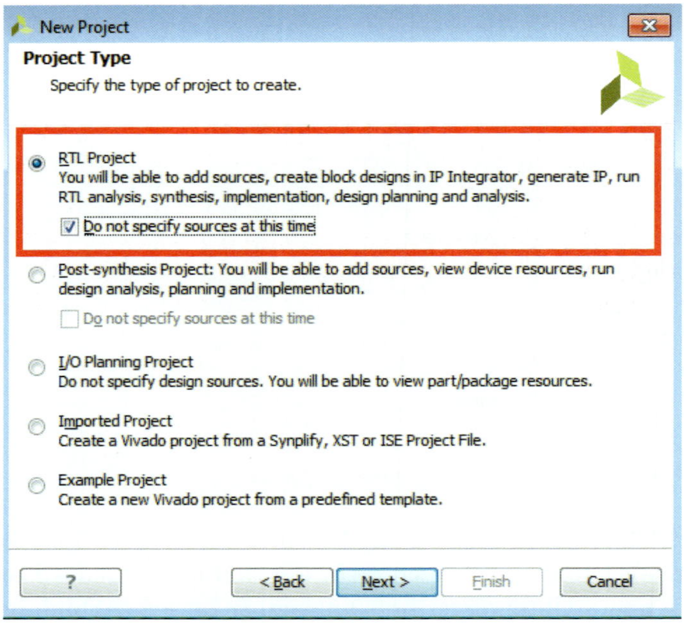

Abbildung 4-8: Vivado: Auswahl des Projekttyps

Ein Klick auf »Next« führt zu dem Dialog zur FPGA-Auswahl (Abbildung 4-9).

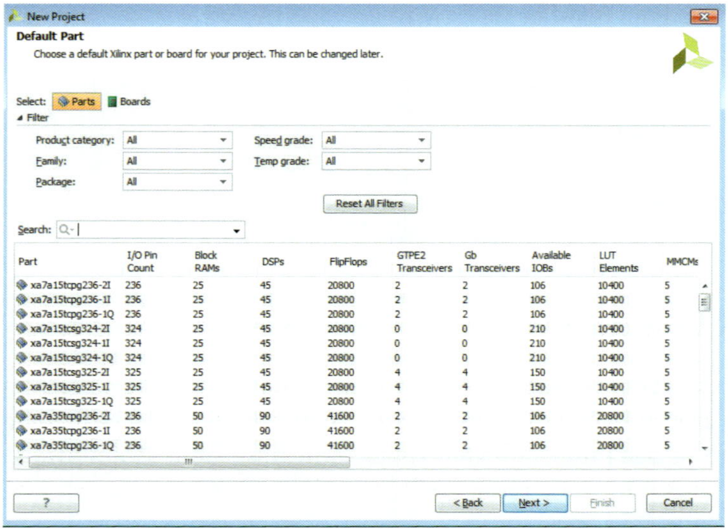

Abbildung 4-9: Vivado: Auswahl des FPGA

Die benötigten Informationen liest man am besten auf dem FPGA ab oder entnimmt sie der Dokumentation. Hier (Board »ARTY«) handelt es sich um ein FPGA der Familie »Artix-7« im Gehäuse »CSG324« mit »Speed grade« »-1« (Im Zweifelsfall bitte die Angaben des vorliegenden Boards eintragen!). Um den Aufdruck auf dem Chip zu »dechiffrieren«, ist gegebenenfalls ein Blick in ein entsprechendes Dokument des Chipherstellers erforderlich. In diesem Fall wird man in `ug476_7Series_Pkg_Pinout.pdf` in Kapitel 6 »Package Marking« fündig. Wenn man die genannten Angaben im Auswahldialog einträgt, verkleinert sich die Liste der möglichen Kandidaten erheblich und der richtige Eintrag ist schnell gefunden (»XC7A35T ...«), siehe Abbildung 4-10[5].

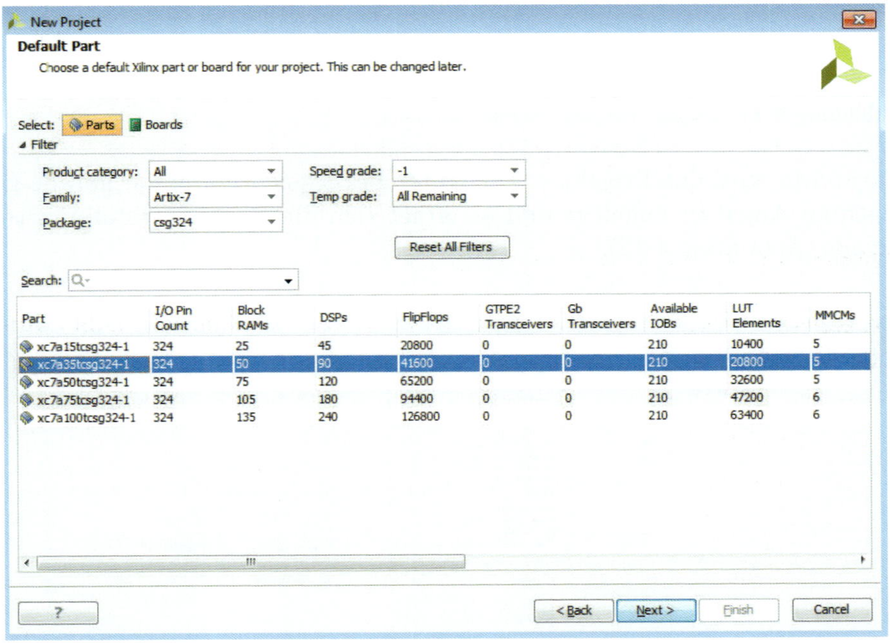

Abbildung 4-10: Vivado: Auswahl des FPGA (2)

»Next« führt zu einer Zusammenfassung (Abbildung 4-11), die mit »Finish« verlassen wird.

[5]Einfacher und schneller funktioniert die Auswahl des FPGA über »Boards« anstelle »Parts«. Dann muss allerdings für das verwendete Board ein sog. »board file« installiert sein. Für »Arty« ist solch ein File auf der Homepage des Board-Herstellers Digilent Inc. verfügbar.

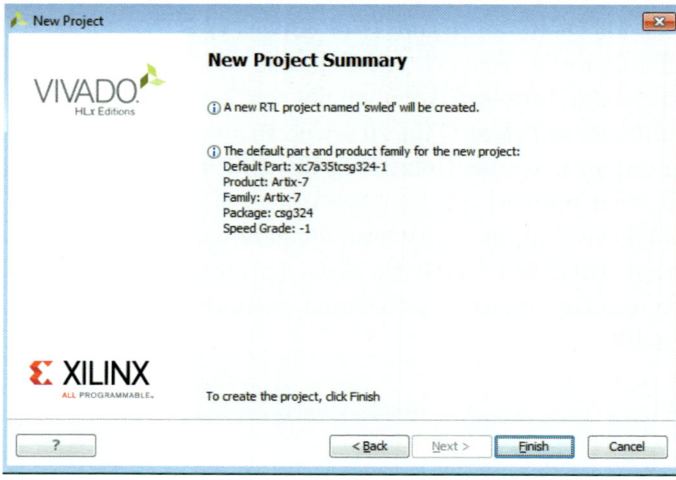

Abbildung 4-11: Vivado: Projektzusammenfassung

Daraufhin wird das Projekt `swled` unter Berücksichtigung der gerade gemachten Angaben angelegt und es öffnet sich die Projektdarstellung von Vivado (Abbildung 4-12).

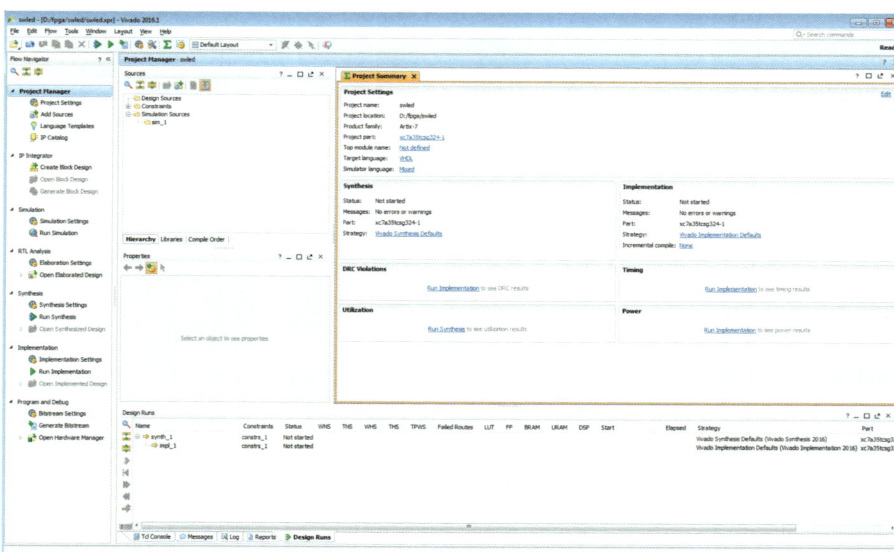

Abbildung 4-12: Vivado: Neues Projekt, Projektansicht

4.2.2 Anlegen einer neuen VHDL-Quelldatei

Als Nächstes wird eine neue VHDL-Quelldatei angelegt. Dazu wird links oben im »Project Manager«-Teil des »Flow Navigator« auf »Add Sources« geklickt (Abbildung 4-13).

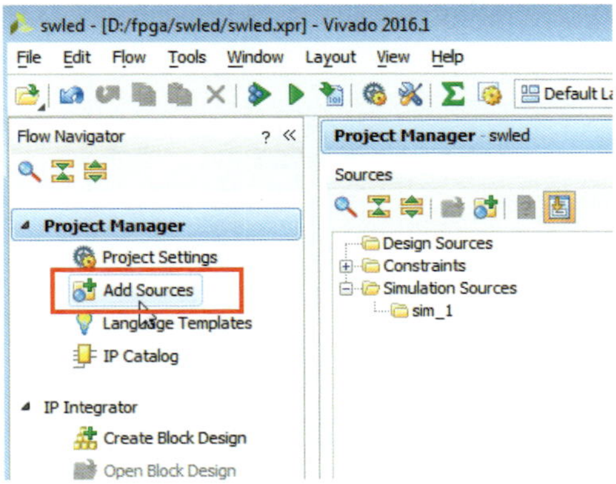

Abbildung 4-13: Vivado: Quellfile hinzufügen

Im sich daraufhin öffnenden Dialog wird »Add or create design sources« gewählt und mit »Next« bestätigt (Abbildung 4-14).

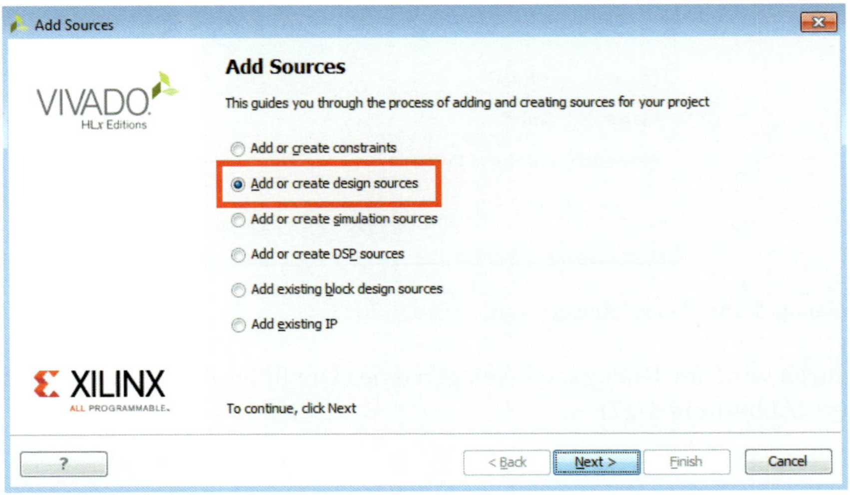

Abbildung 4-14: Vivado: Wahl des Sourcefile-Typs

Dies führt zu dem Dialog »Add or Create Design Sources« (Abbildung 4-15). Dort wird auf »Create File« geklickt.

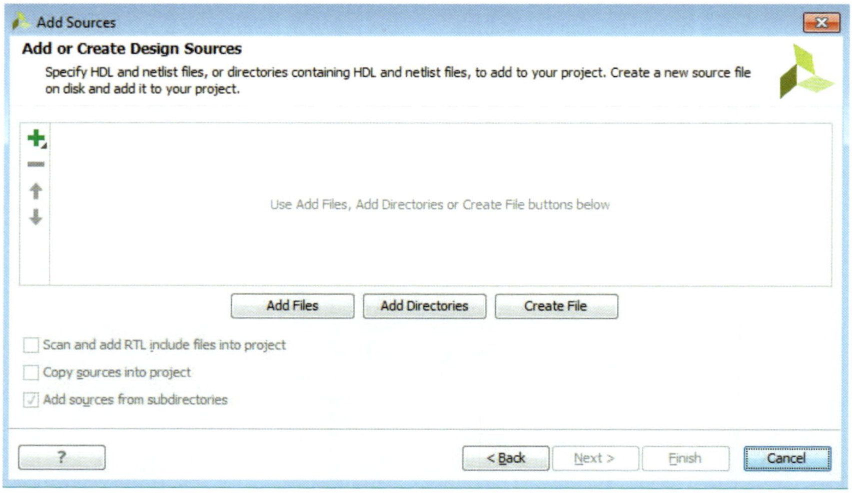

Abbildung 4-15: Vivado: Anlegen eines Quellfiles

Im sich nun wiederum öffnenden Dialog wird unter »File name« »swled« eingetragen und mit »OK« bestätigt (Abbildung 4-16).

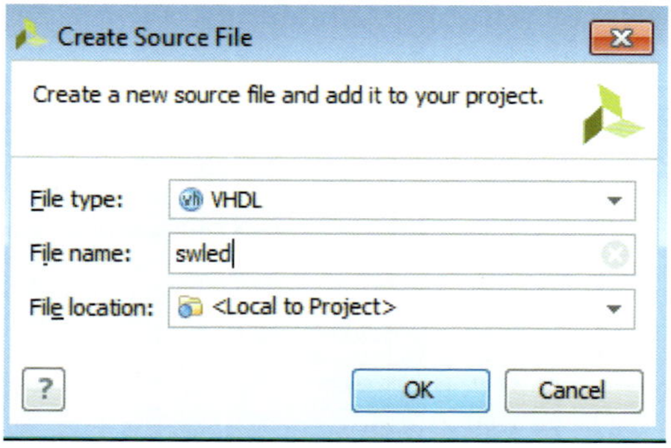

Abbildung 4-16: Vivado: Anlegen von `swled.vhd`

Dadurch wird der Dialog zum Anlegen eines Quellfiles entsprechend aktualisiert (Abbildung 4-17).

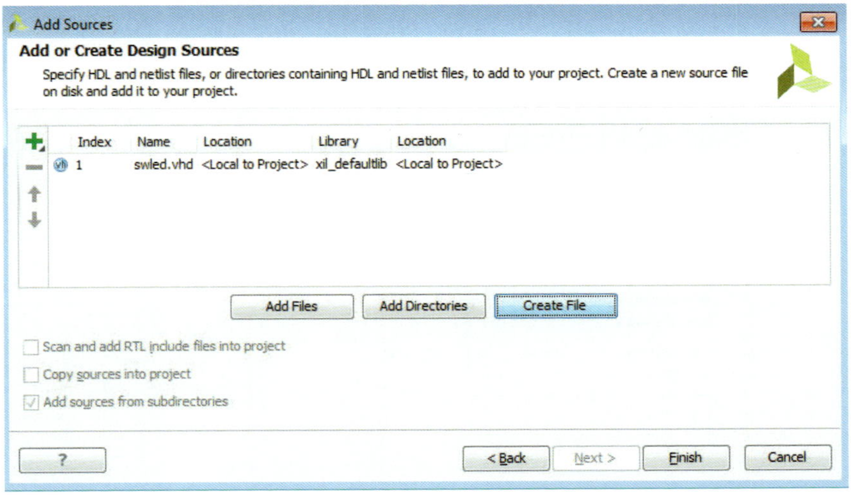

Abbildung 4-17: Vivado: Neues Quellfile

Mit »Finish« geht es weiter. Es öffnet sich ein neuer Dialog (Abbildung 4-18), dort kann das Interface (in VHDL: »entity«) der Schaltung definiert werden.

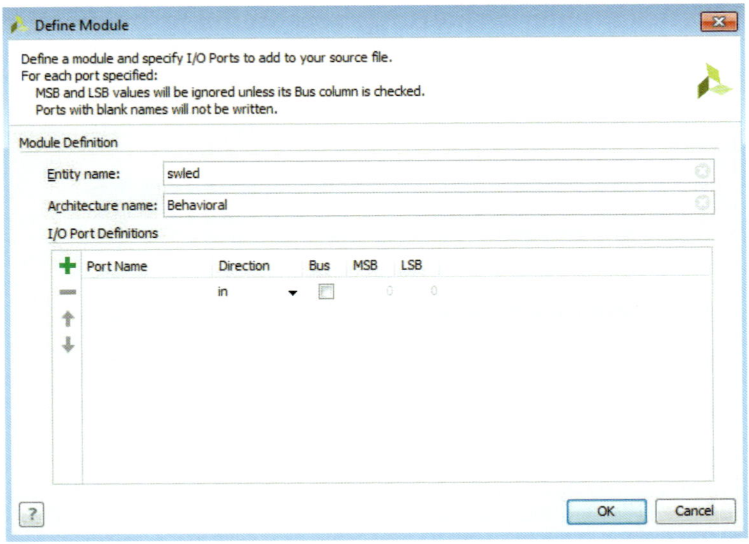

Abbildung 4-18: Vivado: Eingabe der Moduldefinition

Weiter vorne wurde bereits festgelegt, dass das einzige Eingangssignal der Schaltung von Schalter ›SW0‹ stammt und das einzige Ausgangssignal LED ›LD4‹ ansteuert, beides sind 1-bit-Signale (und damit *kein* Bus). Die entsprechenden Informationen werden in den Dialog eingetragen (Abbildung

4-19) und mit »OK« bestätigt. Als »Architecture name« wird hier abweichend von der Voreinstellung »impl« gewählt, aber dieses Detail ist nicht entscheidend.

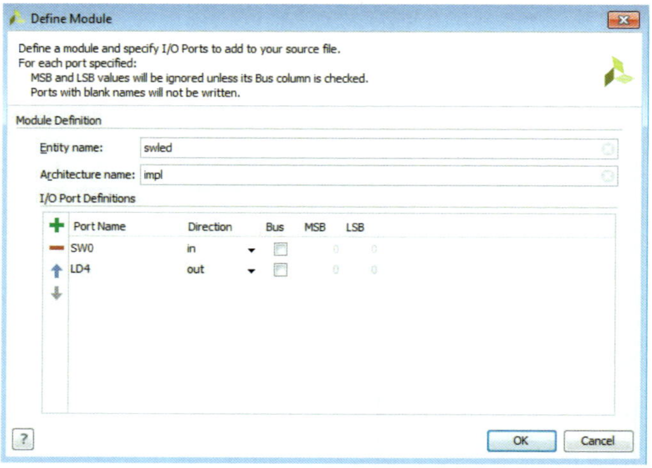

Abbildung 4-19: Vivado: Moduldefinition für `swled`

4.2.3 Erstellen einer Schaltungsbeschreibung in VHDL

Im Vivado Project Manager wird nun das soeben angelegte Sourcefile `swled.vhd` angezeigt (Abbildung 4-20).

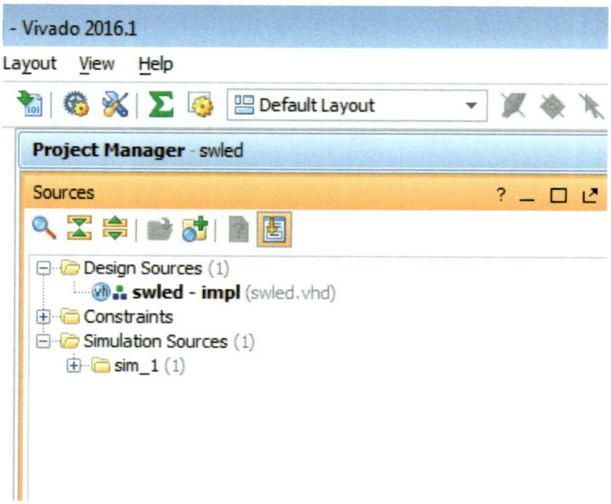

Abbildung 4-20: Vivado: Neues Sourcefile im Project Manager

Ein Doppelklick auf den Eintrag `swled - impl` im Project Manager öffnet `swled.vhd` im Texteditor von Vivado (Abbildung 4-21).

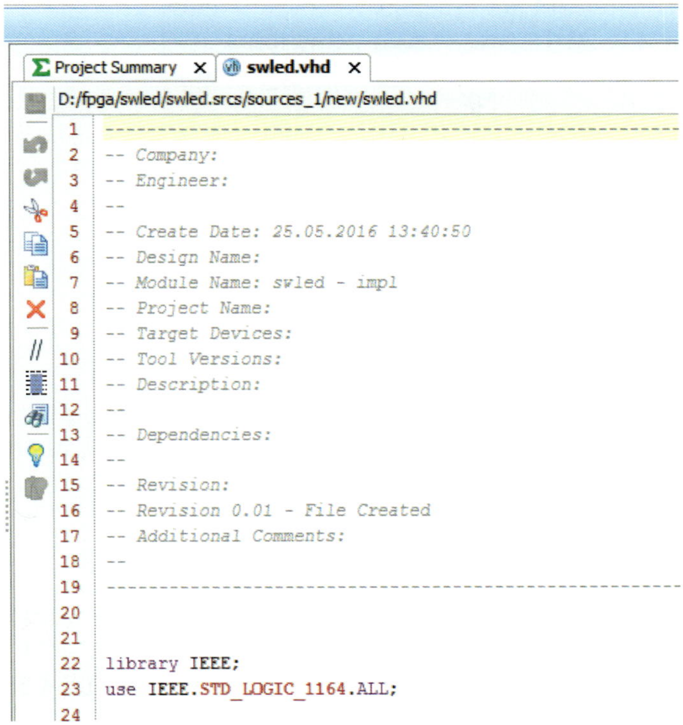

Abbildung 4-21: Vivado: Editor mit `swled.vhd`

Die Zeilen 34 bis 44 enthalten (mit Ausnahme der erforderlichen Library-Statements in den Zeilen 22 bis 23) das komplette VHDL-Code-Gerüst (Abbildung 4-22).

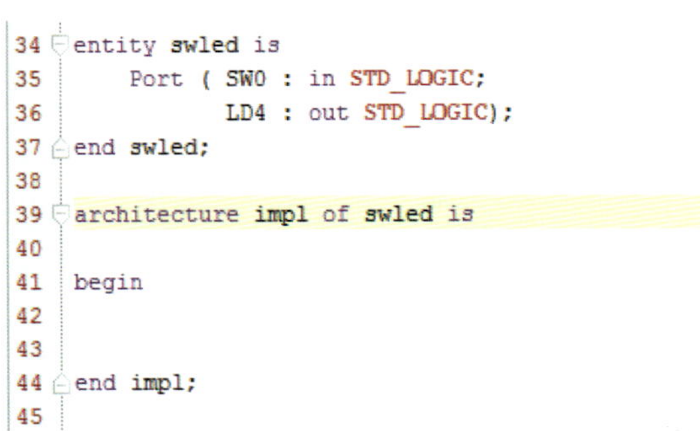

Abbildung 4-22: Vivado: `swled.vhd`

Hier fehlt nur »das Stück Draht« zwischen Eingang und Ausgang, das in Zeile 43 ergänzt wird: `LD4 <= SW0;`.

```
34 entity swled is
35     Port ( SW0 : in STD_LOGIC;
36            LD4 : out STD_LOGIC);
37 end swled;
38
39 architecture impl of swled is
40
41 begin
42
43   LD4 <= SW0;
44 end impl;
45
```

Abbildung 4-23: Vivado: `swled.vhd`, geändert

Das File wird gesichert (unter Windows am einfachsten durch die Tastenkombination `Strg-S`) und sollte nun vom Inhalt her mit Abbildung 4-23 übereinstimmen.

4.2.4 Überprüfen der ersten Schaltung

Jetzt kann getestet werden, ob dieser VHDL-Code die gewünschte Schaltung darstellt. Dazu wird im Flow Navigator der Knoten »RTL Analysis / Open Elaborated Design« expandiert (Abbildungen 4-24 und 4-25).

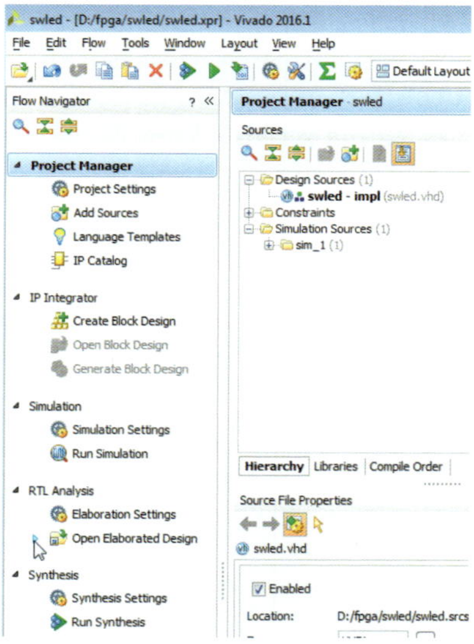

Abbildung 4-24: Vivado: RTL Analysis

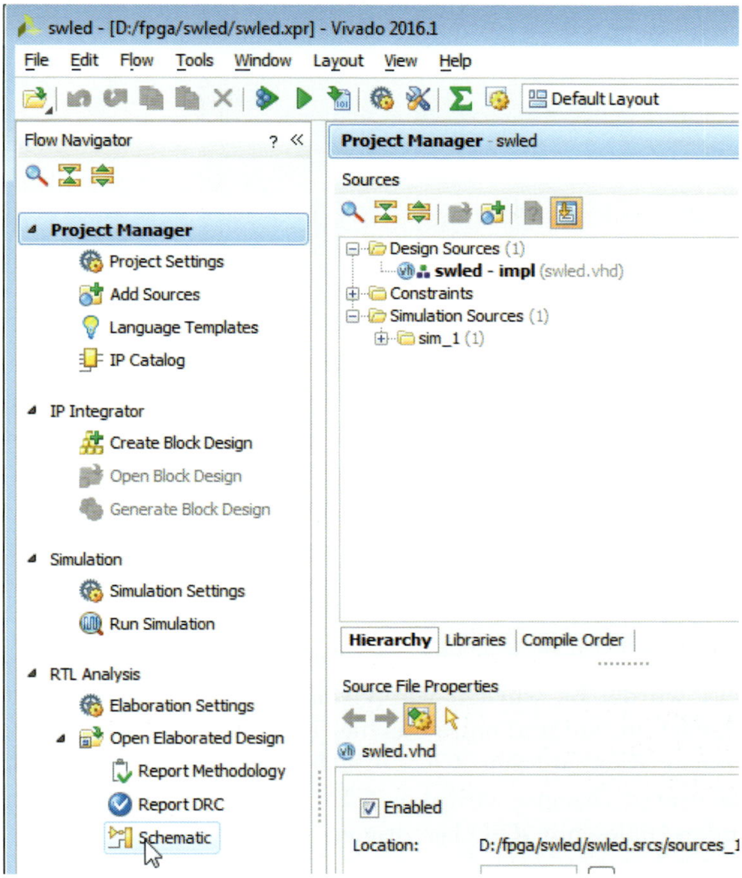

Abbildung 4-25: Vivado: RTL Analysis aufgeklappt

Durch einen Klick auf `Project Manager / RTL Analysis / Open Elaborated Design / Schematic` öffnet sich der in Abbildung 4-26 gezeigte Dialog.

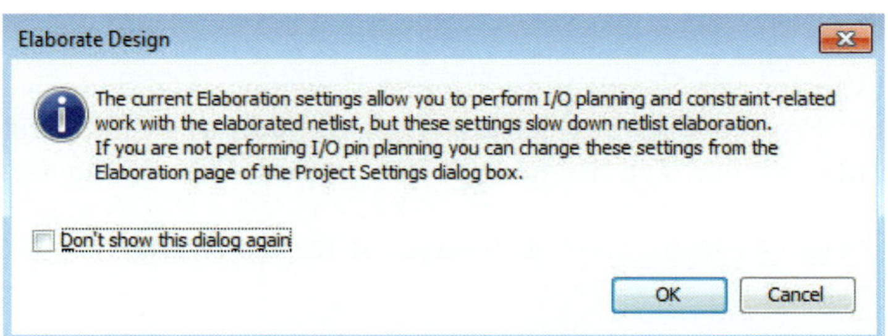

Abbildung 4-26: Vivado: Info zu Elaborate Design

Ein Klick auf »OK« führt – nach einer kleinen Wartezeit, während der das Design analysiert wird – zu der gewünschten schematischen Darstellung (Abbildung 4-27).

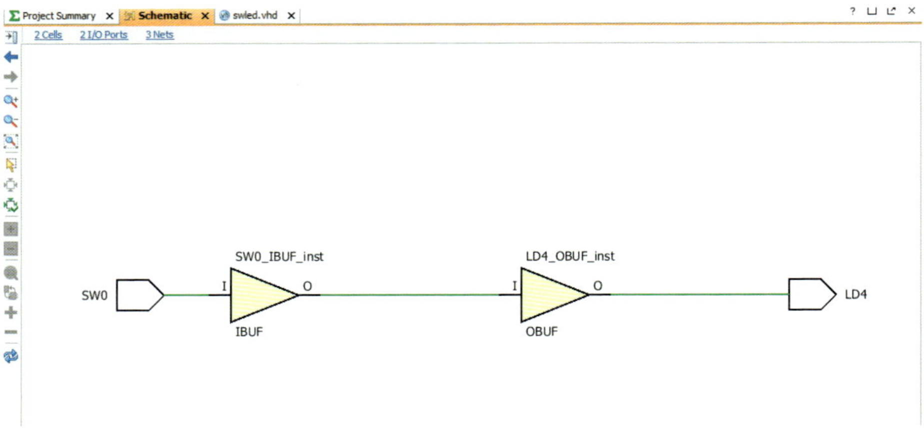

Abbildung 4-27: Vivado: RTL Schematic

Man erkennt, dass die gewünschte direkte Verbindung von ›SW0‹ zu ›LD4‹ hergestellt wurde. Es wurden von Vivado automatisch zwei Buffer eingefügt; das ist normal und muss uns hier nicht weiter beschäftigen.

Mit einem Klick auf den »Close«-Button (Kreuz rechts oben) des Fensters »Elaborated Design« wird die RTL-Darstellung geschlossen (im entsprechenden Dialog mit »OK« bestätigen).

4.2.5 Die Verbindung zwischen Schaltung und FPGA-Pins definieren

Jetzt muss nur noch die Zuordnung von den beiden I/O-Ports unserer Schaltung (›SW0‹ und ›LD4‹) zu den entsprechenden Pins des FPGA hergestellt werden. Dazu legen wir ein weiteres neues File an, ein sog. »Constraints«-File . Mit »Constraints« sind hier ergänzende Attribute zu I/O-Signalen[6] gemeint.

Zum Anlegen des Constraints-Files wird wieder »Add Sources« im Flow Navigator / Project Manager benutzt (vgl. Abbildung 4-13). Diesmal wird »Constraints« für den Typ des neuen Files gewählt (Abbildung 4-28).

[6]Es gibt weitere Klassen von Constraints, z.B. für das Timing.

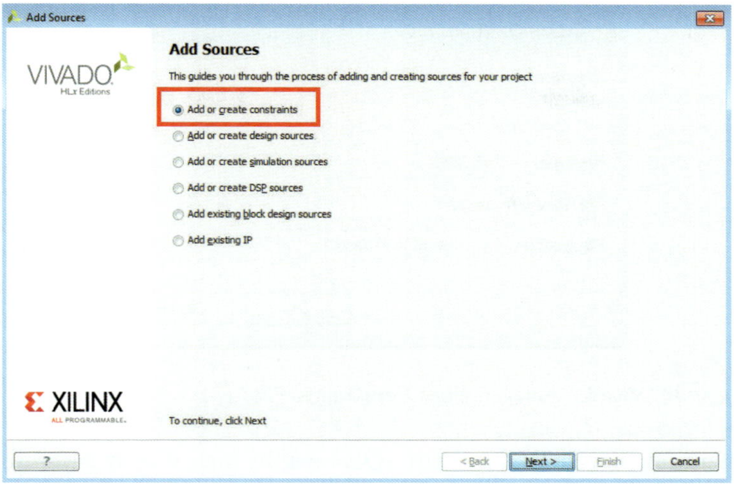

Abbildung 4-28: Vivado: Anlegen eines Constraints-Files

Mit »Next« erfolgt der Übergang zum nächsten Dialog (Abbildung 4-29), dort geht es mit »Create File« weiter.

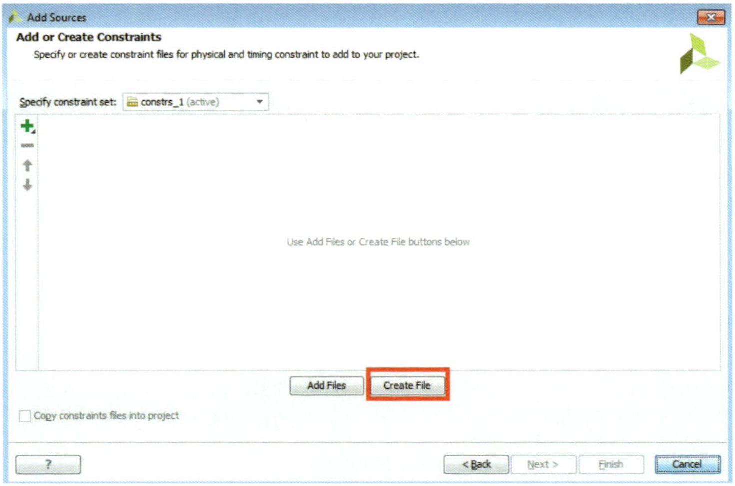

Abbildung 4-29: Vivado: Anlegen eines Constraints-Files (2)

Im sich dann öffnenden Dialog muss unter »File name« der Name des Constraints-Files eingegeben werden. Im Prinzip kann dieser Name beliebig gewählt werden, es ist jedoch gute Praxis, wie hier den Projektnamen zu verwenden (Abbildung 4-30).

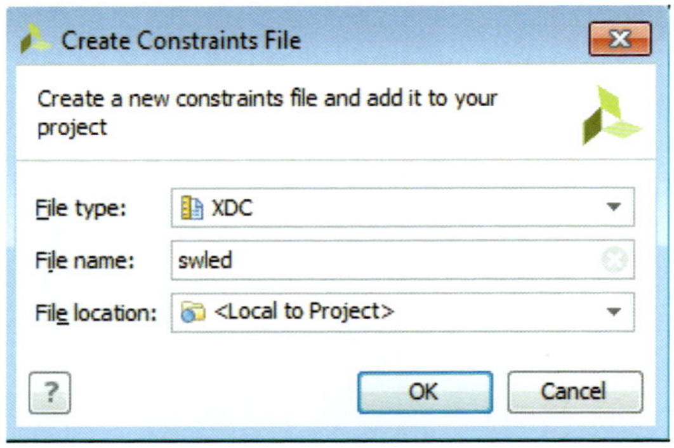

Abbildung 4-30: Vivado: Anlegen eines Constraints-Files (3)

Nach Beenden dieses Dialogs mit »OK« ergibt sich die in Abbildung 4-31 dargestellte Situation. Das Constraints-File hat automatisch die Endung ›.xdc‹[7] erhalten. Mit einem Klick auf »Finish« wird der Vorgang abgeschlossen.

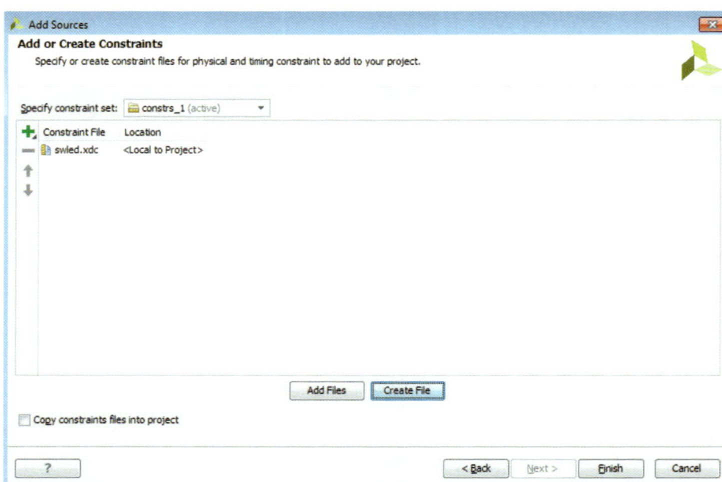

Abbildung 4-31: Vivado: Constraints-File angelegt

Im Project Manager ist das neue Constraints-File nun auch zu sehen (Abbildung 4-32). Ein Doppelklick auf diesen Eintrag öffnet `swled.xdc` im Vivado-Texteditor.

[7] In der älteren Xilinx-Entwicklungsumgebung »ISE« ist die File-Endung eines Constraints-Files ›.ucf‹. Die beiden Formate haben eine unterschiedliche Syntax.

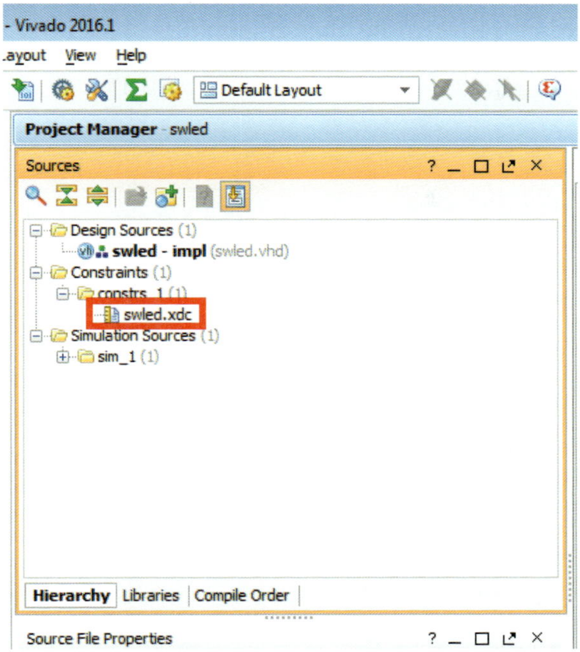

Abbildung 4-32: Vivado: Neues Constraints-File im Project Manager

Das noch leere File muss jetzt Einträge für ›SW0‹ und ›LD4‹ erhalten, welche die Pin-Zuordnung und den I/O-Pegel festlegen. Am einfachsten ist es, diese Einträge aus dem vom Hersteller (Digilent Inc.) bereitgestellten Master-XDC-File (`https://raw.githubusercontent.com/Digilent/Arty/master/Resources/XDC/Arty_Master.xdc`) zu kopieren und ggfs. anzupassen. Nach dem Kopieren der betreffenden beiden Zeilen aus `Arty_Master.xdc` nach `swled.xdc` ergibt sich folgendes Bild (Abbildung 4-33):

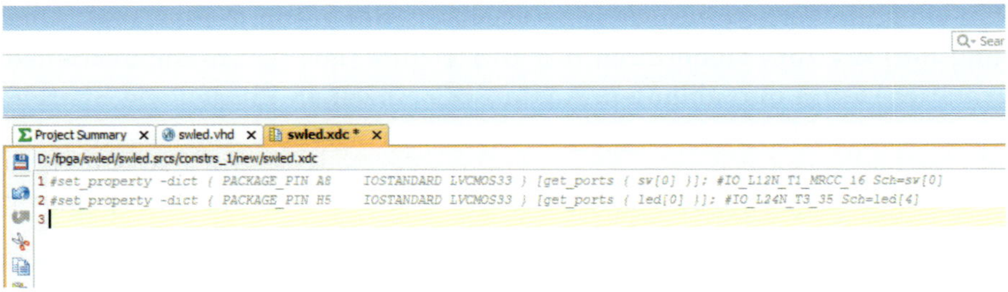

Abbildung 4-33: Vivado: `swled.xdc` im Editor

Beide Zeilen sind noch auskommentiert, in xdc-Files ist ›#‹ das Kommentarzeichen. Außerdem müssen die Signalnamen noch den Gegebenheiten in `swled.vhd` angepasst werden. Danach ergibt sich die in Abbildung 4-34 dargestellte Situation.

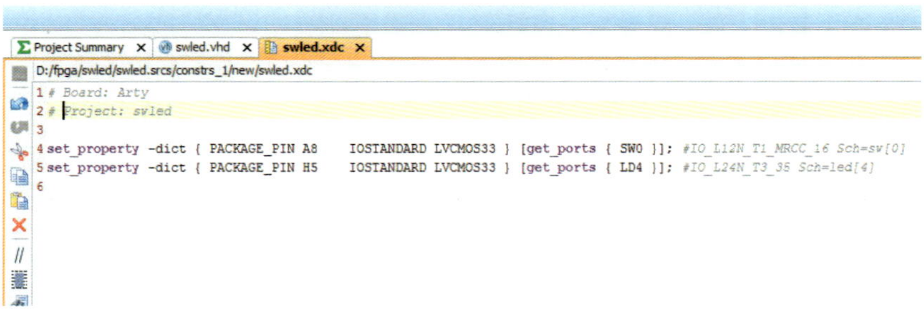

Abbildung 4-34: Vivado: geänderte Datei `swled.xdc` im Editor

Hier noch einmal der Inhalt von `swled.xdc` als Listing:

Listing 4-1: swled.xdc

```
# Board: Arty
# Project: swled

set_property -dict { PACKAGE_PIN A8    IOSTANDARD
    LVCMOS33 } [get_ports { SW0 }]; #
    IO_L12N_T1_MRCC_16 Sch=sw[0]
set_property -dict { PACKAGE_PIN H5    IOSTANDARD
    LVCMOS33 } [get_ports { LD4 }]; #IO_L24N_T3_35
    Sch=led[4]
```

4.2.6 »Herstellen« der Schaltung

Nun sind alle Vorbereitungen abgeschlossen, der gesamte Flow (vgl. Abbildung 3-6) bis zum Generieren des Bitstreams (mit der Konfigurationsinformation) kann nun ablaufen. Anstatt die einzelnen Phasen wie Synthese etc. einzeln nacheinander zu starten, klicken wir im Flow Navigator auf `Program and Debug / Generate Bitstream` (Abbildung 4-35).

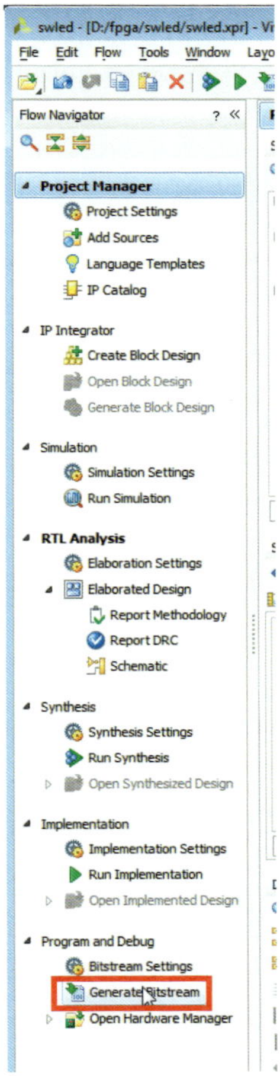

Abbildung 4-35: Vivado: Erzeugung des Bitstreams starten

Es erscheint ein Dialog, der auf die oben beschriebene Situation hinweist (Abbildung 4-36). Mit einem Klick auf »Yes« geht es weiter.

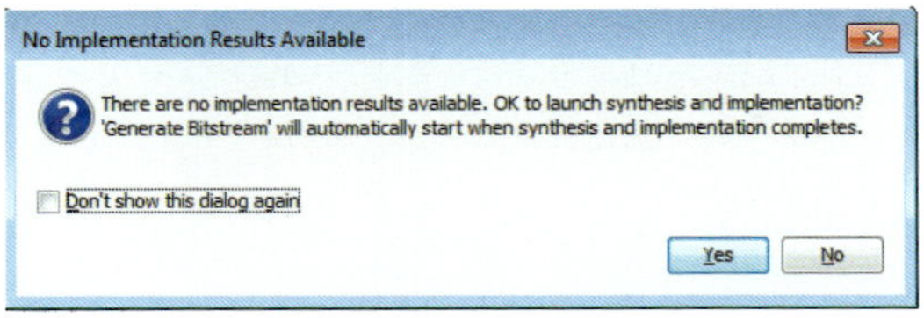

Abbildung 4-36: Vivado: Dialog »No implementation results«

Jetzt muss man einige Minuten Geduld aufbringen, bis Vivado den ganzen Prozess abgearbeitet hat. Am Schluss sollte ein Dialog mit der Erfolgsmeldung »Bitstream Generation Completed« erscheinen (Abbildung 4-37).

Abbildung 4-37: Vivado: »Bitstream Generation Completed«

4.2.7 Download der Konfiguration auf das FPGA-Board

Um das Ergebnis der Anstrengungen (»Und das alles für ein Stück Draht ...«) jetzt direkt auszuprobieren, sollte das Arty-Board per USB mit dem Rechner verbunden werden. In der Default-Konfiguration erfolgt auch die Spannungsversorgung des Boards über USB. Die rote »Power«-LED auf dem Board sollte leuchten, wahrscheinlich werden auch Treiber installiert. Wenn das Board »tot« ist, sollten die für die Spannungsversorgung relevanten Jumperstellungen überprüft werden.

In dem in Abbildung 4-37 gezeigten Dialog sollte nun »Open Hardware Manager« ausgewählt und mit »OK« bestätigt werden. Daraufhin wird der Hardware Manager aktiv, der Status ist zunächst »unconnected« (Abbildung 4-38).

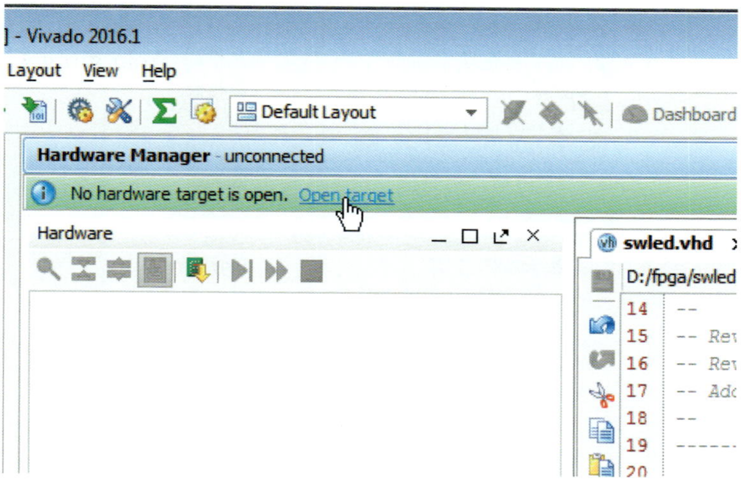

Abbildung 4-38: Vivado: Hardware Manager, noch keine Verbindung zum Board

Mit einem Klick auf »Open Target« wird das geändert. Am besten wird dann »Auto Connect« gewählt (Abbildung 4-39).

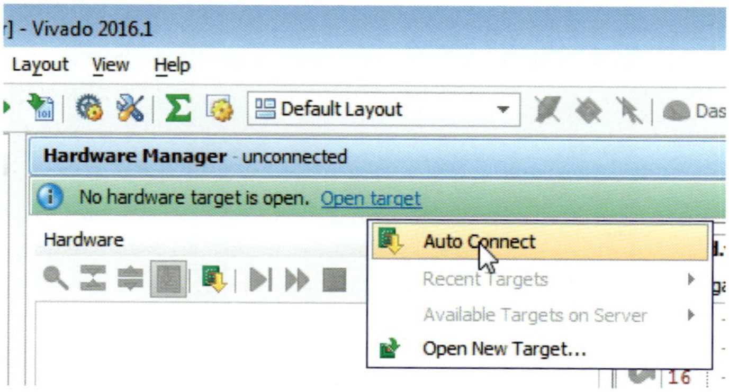

Abbildung 4-39: Vivado: Hardware Manager, Auto Connect

Danach sollte sich die in Abbildung 4-40 gezeigte Situation einstellen.

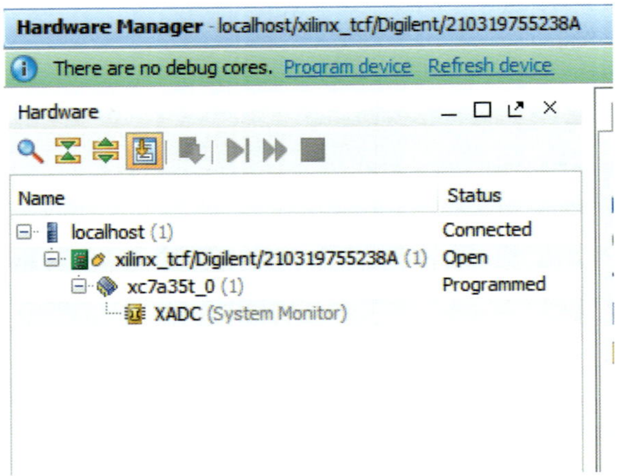

Abbildung 4-40: Vivado: Hardware Manager, verbunden

Ein Klick auf »Program Device« zeigt alle Chips des angeschlossenen Boards an, die programmiert werden können. In diesem Fall besitzt das Board lediglich ein FPGA des Typs »XC7A35« (Abbildung 4-41), ein Klick auf diesen Eintrag startet den Programmierprozess.

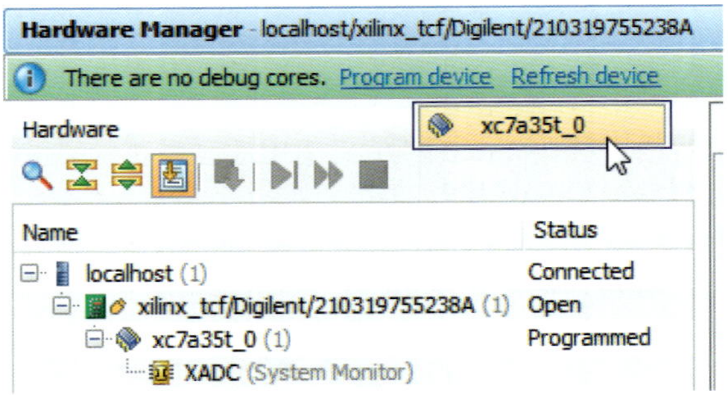

Abbildung 4-41: Vivado: Hardware Manager, Auswahl des zu programmierenden Chips

Es erscheint der Dialog »Program Device« (Abbildung 4-42).

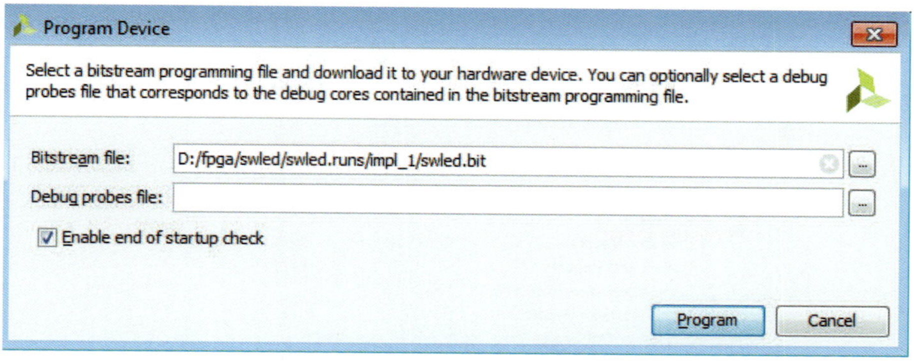

Abbildung 4-42: Vivado: Programmierdialog

Der Eintrag unter »Bitstream file« sollte noch überprüft werden; wenn das richtige Bitstream-File dort erscheint, erfolgt ein Klick auf »Program«. Dann startet der eigentliche Programmiervorgang, der hier nur Sekunden dauert.

4.2.8 Austesten der Schaltung auf dem FPGA-Board

Nun kann endlich ausprobiert werden, ob sich die Schaltung wie gewünscht verhält. Dabei findet man auch heraus, dass die Schalterstellung »0« in der Position »Schalter in Stellung Board-Außenkante« ist.

Wenn wider Erwarten auf dem Board nicht das passiert, was man erwartet, wird die Ursache gesucht. Zunächst sollte überprüft werden, ob die Ports des Designs auch wirklich mit den Pins des Chips verbunden wurden, die im Constraints-File (hier: `swled.xdc`, Listing 4-1) festgelegt wurden[8]. Zu dieser Überprüfung wird anhand des IO-Reports, der während der »Place & Route«-Phase generiert wird, die Zuordnung für jeden relevanten Pin überprüft. Auf den IO-Report bekommt man in Vivado Zugriff über den »Report«-Tab des unteren Fensters der Entwicklungsumgebung, Abbildung 4-43.

[8]Es schadet auch nicht, diesen Schritt *vor* dem ersten Download durchzuführen.

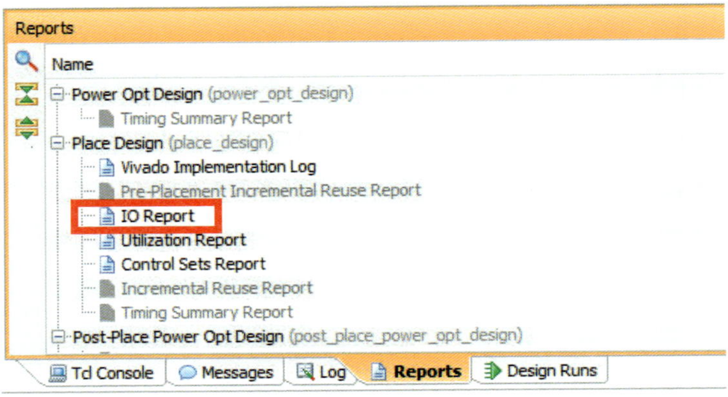

Abbildung 4-43: Vivado: Reports

Ein Doppelklick auf den Eintrag »IO Report« öffnet im »Project Manager«-Bereich darüber ein neues Fenster mit diesem Report (Abbildung 4-44).

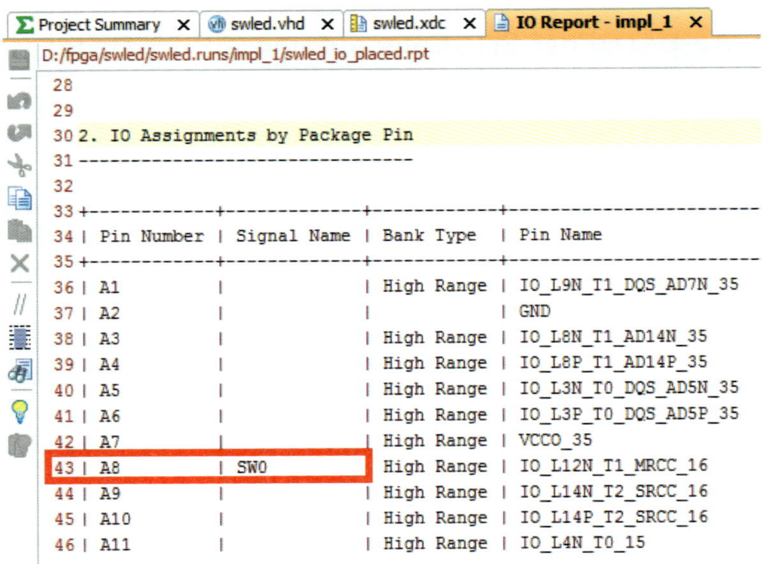

Abbildung 4-44: Vivado: IO-Report

Darin wird nun überprüft, ob die Zuordnungen zwischen Ports und Pins stimmen.

Wenn das nicht weiterhilft, macht es am meisten Sinn, per Simulation (Abschnitt 4.4) das Schaltungsdesign zu überprüfen.

4.2.9 Durchführung von Schaltungsänderungen

Wenn das alles soweit klappt, sollte man auch andere Schalter bzw. Taster ausprobieren, indem man mehr als eine »Drahtbrücke« in der Schaltung einsetzt. Dabei ist zu beachten, dass nicht nur `swled.vhd` angepasst werden muss, sondern auch `swled.xdc`.

Um zum Beispiel mit Taster »BTN3« LED »LD7« anzusteuern, sind folgende Änderungen erforderlich:

Listing 4-2: Auszug swled.vhd mit Änderungen

```
entity swled is
    Port ( SW0 : in STD_LOGIC;
           LD4 : out STD_LOGIC;
           BTN3 : in STD_LOGIC;
           LD7 : out STD_LOGIC
          );
end swled;

architecture impl of swled is

begin

  LD4 <= SW0;
  LD7 <= BTN3;
end impl;
```

Listing 4-3: swled.xdc mit Änderungen

```
# Board: Arty
# Project: swled

set_property -dict { PACKAGE_PIN A8    IOSTANDARD LVCMOS33 } [get_ports { SW0 }]; # IO_L12N_T1_MRCC_16 Sch=sw[0]
set_property -dict { PACKAGE_PIN H5    IOSTANDARD LVCMOS33 } [get_ports { LD4 }]; #IO_L24N_T3_35 Sch=led[4]
set_property -dict { PACKAGE_PIN B8    IOSTANDARD LVCMOS33 } [get_ports { BTN3 }]; # IO_L12P_T1_MRCC_16 Sch=btn[3]
set_property -dict { PACKAGE_PIN T10   IOSTANDARD LVCMOS33 } [get_ports { LD7 }]; # IO_L24N_T3_A00_D16_14 Sch=led[7]
```

Nach Durchführung dieser Änderungen kann man im Flow Navigator einfach auf »Generate Bitstream« klicken. Die Anzeige in der rechten oberen Ecke des Vivado-Fensters gibt Auskunft über den Status (Abbildung 4-45).

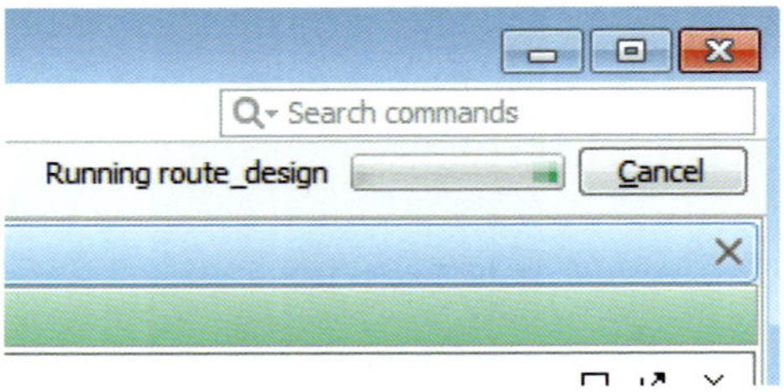

Abbildung 4-45: Vivado: Statusanzeige

Nach Beendigung des ganzen Prozesses erscheint wieder der »Bitstream Generation Completed«-Dialog. Sofern der Hardware Manager noch geöffnet ist, kann man mit »Cancel« weitermachen, ansonsten wählt man »Hardware Manager« aus und bestätigt mit »OK«. Der Programmiervorgang wird ausgelöst, wie bereits oben beschrieben.

Nachdem jetzt die FPGA-Entwicklungsumgebung zu einem gewissen Grad vertraut ist und auch der Workflow ein wenig eingeübt wurde, ist es nicht mehr schwer, die eingangs dieses Kapitels erwähnte Schaltung mit Logik-Gattern zu realisieren.

4.3 Logik-Gatter

Die Schaltung `simple_logic` wurde bereits in Kapitel 3.4 vorgestellt und beschrieben.

Hier noch einmal das Listing:

Listing 4-4: simple_logic.vhd

```
-- simple_logic.vhd
--
-- basic logic operations

library ieee;
use ieee.std_logic_1164.all;

entity simple_logic is
  port
  (
    in_1 : in std_logic;
```

```
      in_2 : in std_logic;
      out_and : out std_logic;
      out_or : out std_logic
    );
  end simple_logic;

  architecture impl of simple_logic is

  begin
    out_and <= in_1 and in_2;
    out_or <= in_1 or in_2;
  end impl;
```

Es scheint nun naheliegend, `simple_logic.vhd` wie folgt zu modifizieren: ›in_1‹ wird gegen ›SW0‹ ausgetauscht, ›in_2‹ gegen ›SW1‹, ›out_and‹ gegen ›LD4‹ und ›out_or‹ gegen ›LD5‹. Das Constraints-File `swled.xds` könnte, ggfs. mit kleinen Anpassungen, übernommen werden. Das funktioniert auch ohne Probleme und wer mag, möge es einfach ausprobieren.

Es gibt jedoch einen besseren Weg: Es wird ein »Wrapper« um `simple_logic` (so, wie es ist, ohne Modifikationen) gelegt. Der Wrapper, der hier den Namen »logic_demo« bekommt, kümmert sich um sämtliche erforderlichen Anpassungen zwischen der Außenwelt und dem existierenden Interface von `simple_logic` (wie es durch dessen `entity` beschrieben wird). Dieser Ansatz hat folgende Vorteile:

- Ein bereits existierendes Modul kann ohne Anpassungen in unterschiedlichen Schaltungen wiederverwendet werden.
- Anpassungen an eine bestimmte Umgebung werden im Wrapper vorgenommen (saubere Trennung zwischen Kernfunktionalität und Interface). Je nach Board kann es z.B. sein, dass ein Taster in der gedrückten Position eine ›0‹ liefert und in der Stellung »nicht gedrückt« eine ›1‹ (negative Logik). Wenn im Wrapper das Signal dieses Tasters negiert wird, »sieht« das Anwendungsmodul ein Tastersignal mit positiver Logik; das Anwendungsmodul ist dann viel leichter zu verstehen und wiederzuverwenden, als wenn solche Interface-Details darin eingearbeitet werden.
- Ein Anwendungsmodul, das nur mit positiver Logik arbeitet, ist darüber hinaus auch viel einfacher zu testen als ein Modul, welches sowohl mit positiver und negativer Logik klarkommen muss.
- Es entsteht durch den Wrapper *kein* Overhead. Dies ist ein Unterschied zu ähnlichen Konzepten in der Softwarewelt.

Zur Beschreibung in VHDL verwenden wir `swled` als Ausgangspunkt. Wir speichern das Projekt unter dem neuen Namen `logic_demo`. Anschließend wird der Abschnitt `entity` den Anforderungen von `logic_demo` angepasst, also mit zwei binären Eingängen und zwei binären Ausgängen versehen, die durch Schiebeschalter angesteuert werden bzw. LEDs treiben. Dann wird der Abschnitt architecture so geändert, dass das Modul simple_logic eingebunden und benutzt wird.

Es wird davon ausgegangen, dass Vivado gestartet wurde und das Projekt swled geladen ist. Im Startbildschirm von Vivado kann man übrigens bequem aus einer Liste der zuletzt bearbeiteten Projekte eines auswählen (Abbildung 4-46).

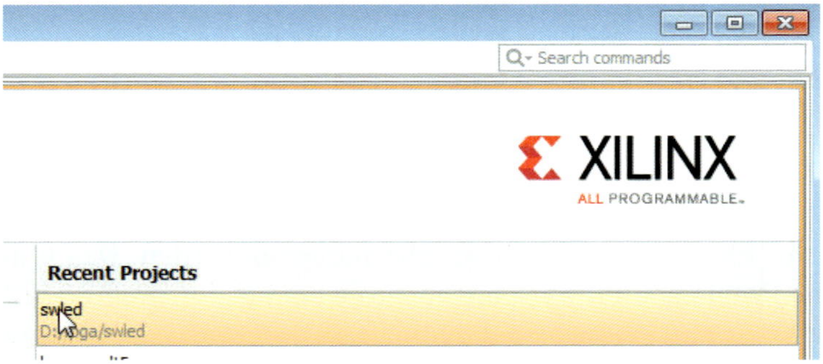

Abbildung 4-46: Vivado: Auswahl eines bereits bearbeiteten Projekts beim Start

Im File-Menü von Vivado gibt es den Unterpunkt Save Project As .... Dabei bitte nicht vergessen, Create project subdirectory zu aktivieren. Man erhält so ein neues Projekt mit dem gewünschten Namen, die Namen der Sourcefiles sind allerdings noch die alten.

Im Projekt logic_demo sollen die Quellfiles logic_demo.vhd und logic_demo.xdc verwendet werden. Hier ist es am einfachsten, auf Betriebssystemebene swled.vhd nach logic_demo.vhd und swled.xds nach logic_demo.xds zu kopieren. Dabei ist zu beachten, dass in Vivado erzeugte Quellfiles in einer durch Vivado vorgegebenen Verzeichnisstruktur innerhalb des Projekts angelegt werden.

Für unser Beispiel sind die vollständigen Pfadnamen fpga/logic_demo/logic_demo.srcs/sources_1/new/swled.vhd und fpga/logic_demo/logic_demo.srcs/constrs_1/new/swled.xdc. Anschließend werden die Dateien in Vivado im neuen Projekt logic_demo im Project Manager mit Hilfe des Features Replace with ... ausgetauscht (Abbildung 4-47).

Dabei muss beachtet werden, dass im Replace with-Dialog zunächst jeweils das alte Verzeichnis (hier dasjenige des Projekts swled) angezeigt wird und man erst in das neue Verzeichnis (des Projekts logic_demo) wechseln muss (dort werden dann auch das alte und das neue Quellfile angezeigt). In der Verzeichnisstruktur von Projekt `logic_demo` können `swled.vhd` und `swled.xdc` anschließend gelöscht werden.

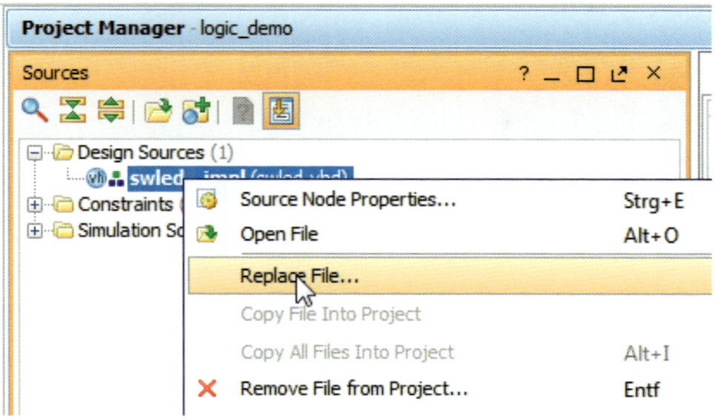

Abbildung 4-47: Vivado: Austausch eines Files

Beide Files werden jetzt angepasst (Name des Moduls, I/O). Als Ergebnis ergibt sich der in den Listings 4-5 und 4-6 wiedergegebene Code (eventuell mit kleinen Abweichungen):

Listing 4-5: logic_demo.vhd

```
-- logic_demo.vhd

library IEEE;
use IEEE.STD_LOGIC_1164.ALL;


entity logic_demo is
    Port ( SW0 : in STD_LOGIC;
           SW1 : in STD_LOGIC;
           LD4 : out STD_LOGIC;
           LD5 : out STD_LOGIC
         );
end logic_demo;

architecture impl of logic_demo is

begin

  LD4 <= SW0;
  LD5 <= SW1;
end impl;
```

Listing 4-6: logic_demo.xds

```
# Board: Arty
# Project: logic_demo

set_property -dict { PACKAGE_PIN A8    IOSTANDARD LVCMOS33 } [get_ports { SW0 }]; # IO_L12N_T1_MRCC_16 Sch=sw[0]
set_property -dict { PACKAGE_PIN C11   IOSTANDARD LVCMOS33 } [get_ports { SW1 }]; # IO_L13P_T2_MRCC_16 Sch=sw[1]
set_property -dict { PACKAGE_PIN H5    IOSTANDARD LVCMOS33 } [get_ports { LD4 }]; #IO_L24N_T3_35 Sch=led[4]
set_property -dict { PACKAGE_PIN J5    IOSTANDARD LVCMOS33 } [get_ports { LD5 }]; #IO_25_35 Sch=led[5]
```

Das ist funktional betrachtet noch nichts Neues im Vergleich zu `simple_logic`, aber es kann trotzdem nicht schaden, einen Bitstream generieren zu lassen und das Ganze schnell auf dem Board auszuprobieren.

Wenn das erfolgreich war, folgt als nächster Schritt die Einbindung des Moduls `simple_logic`. Dazu wird das VHDL-File `simple_logic.vhd` benötigt. Diesmal erstellen wir es nicht in Vivado, sondern extern und fügen es dann dem Projekt `logic_demo` hinzu[9].

Im FPGA-Arbeitsverzeichnis (`d:\fpga`) wird ein Unterverzeichnis `simple_logic` angelegt. In diesem Verzeichnis wird (mit einem beliebigen Texteditor wie `notepad++`[10]) das File `simple_logic.vhd` mit dem in Listing 4-4 gezeigten Inhalt angelegt.

Als Nächstes wird `simple_logic.vhd` dem Projekt `logic_demo` hinzugefügt. Dazu wird zunächst wie in den Abbildungen 4-13 und 4-14 gezeigt vorgegangen. Dann wird allerdings (Bezug: Abbildung 4-14) »Add Files« gewählt. Im sich dann öffnenden Dialog wird `simple_logic.vhd` gewählt (Abbildung 4-48).

[9] Dieser Weg wird hier jetzt beschritten, um ihn auch zu demonstrieren, rein inhaltlich macht es keinen Unterschied, wo das File erzeugt wird.

[10] notepad++ verfügt auch über einen VHDL-Modus.

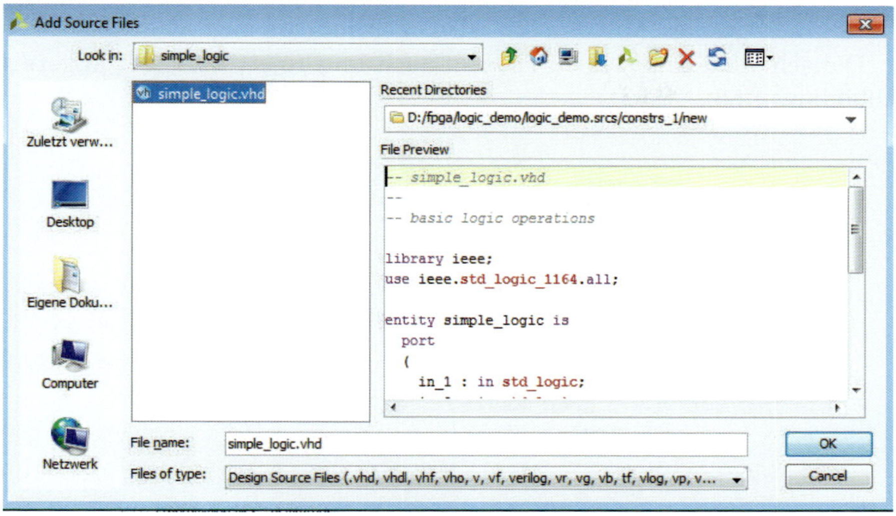

Abbildung 4-48: Vivado: Hinzufügen eines Files (`simple_logic.vhd`)

Dieser Dialog wird mit »OK« abgeschlossen, daraufhin öffnet sich ein weiteres Dialogfenster (Abbildung 4-49).

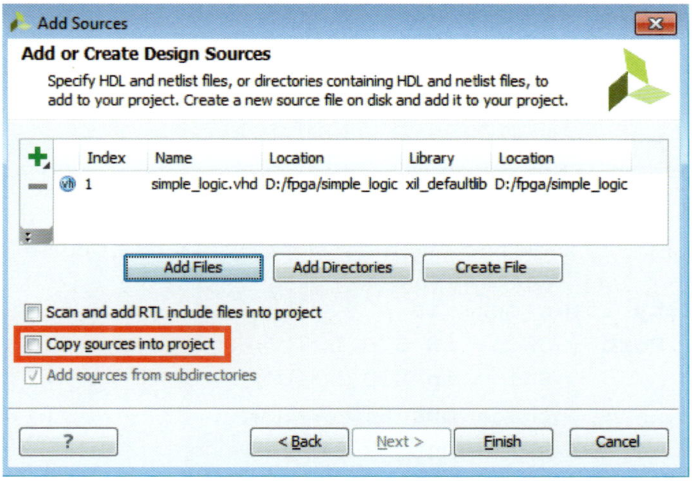

Abbildung 4-49: Vivado: Hinzufügen eines Files, zweiter Schritt

Hie muss entschieden werden, ob das zum Projekt hinzuzufügende Sourcefile physisch kopiert wird oder ob *keine* Kopie angelegt und es referenziert wird. Das Referenzieren bietet den Vorteil, dass spätere Änderungen am hinzugefügten File nur an einer zentralen Stelle vorgenommen werden müssen und sich auf alle Projekte auswirken, in denen dieses File benutzt wird. Daher bleibt hier »Copy sources into project« deaktiviert, wie in Abbildung 4-49 gezeigt. Mit »Finish« wird das Einfügen abgeschlossen.

Danach wird `simple_logic.vhd` auch im Project Manager angezeigt (Abbildung 4-50).

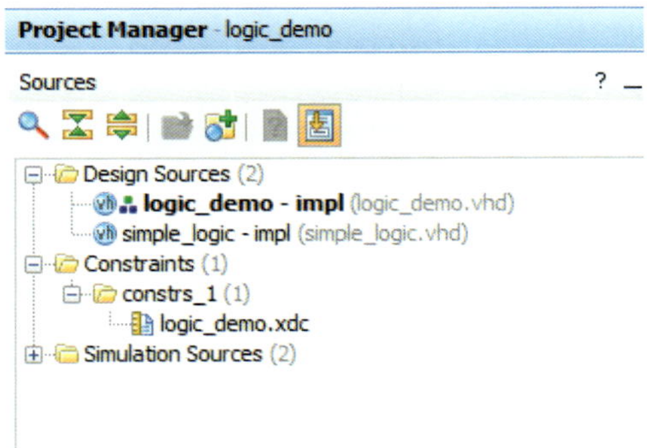

Abbildung 4-50: Vivado: Project Manager mit hinzugefügtem File `simple_logic.vhd`

Jetzt muss `simple_logic` noch auf VHDL-Ebene in `logic_demo` integriert werden. Die entsprechend überarbeitete Version von `logic_demo.vhd` wird in Listing 4-7 gezeigt, es folgt eine Schritt-für-Schritt-Erklärung des Vorgehens und der Zusammenhänge.

Listing 4-7: logic_demo.vhd

```
-- logic_demo.vhd

library IEEE;
use IEEE.STD_LOGIC_1164.ALL;


entity logic_demo is
    Port ( SW0 : in STD_LOGIC;
           SW1 : in STD_LOGIC;
           LD4 : out STD_LOGIC;
           LD5 : out STD_LOGIC
          );
end logic_demo;

architecture impl of logic_demo is
component simple_logic
  port
  (
    in_1 : in std_logic;
```

```
20        in_2 : in std_logic;
21        out_and : out std_logic;
22        out_or : out std_logic
23      );
24    end component;
25    begin
26    my_logic : simple_logic
27      port map
28      (
29        in_1 => SW0,
30        in_2 => SW1,
31        out_and => LD4,
32        out_or => LD5
33      );
34    end impl;
```

1. simple_logic.vhd öffnen (per Doppelklick auf diesen Eintrag im Vivado-Project-Manager)
2. Den kompletten Abschnitt entity aus simple_logic.vhd in logic_demo.vhd direkt unter der architecture-Zeile einfügen
3. In diesem Abschnitt entity durch component ersetzen (vgl. Zeile 16 in Listing 4-7) sowie beim end-Statement simple_logic gegen component (vgl. Zeile 24 in Listing 4-7)
4. Durch das so erstellte component-Statement wird dem Modul logic_demo mitgeteilt, dass das Modul simple_logic eingebunden werden soll und wie das Interface von simple_logic aussieht. Über die innere Mechanik von simple_logic »weiß« logic_demo nichts und wird es auch nicht »erfahren«.
5. Als Nächstes wird simple_logic einmal[11] instantiiert, Zeilen 26 bis 33 in Listing 4-7.
   - In Zeile 26 wird eine Instanz von simple_logic mit dem Namen my_logic angelegt; der Name ist willkürlich gewählt.
   - Die Zeilen 27, 27 und 33 bilden die äußere Struktur des Mappings des I/O von simple_logic auf die Infrastruktur von logic_demo.
   - Die Zeilen 29 bis 32 enthalten diese Abbildung für jeden einzelnen »Pin« der (virtuellen) Schaltung simple_logic. Links vom Mapping-Operator => steht immer der port-Name des instantiierten Moduls, rechts von diesem Operator der gewünschte »Anschluss« in der »auf-

[11] Es sind auch mehrfache Instantiierungen möglich.

nehmenden« Schaltung. Hier sind das direkt die Ports (»Pins«) der äußeren Schaltung, das muss aber nicht so sein.[12]

Ein Erstellen des »RTL Schematic« (Vorgehensweise wie in Abbildung 4-25 und folgenden gezeigt) liefert eine Darstellung, welche diese Zusammenhänge noch einmal illustriert (Abbildungen 4-51 und 4-52).

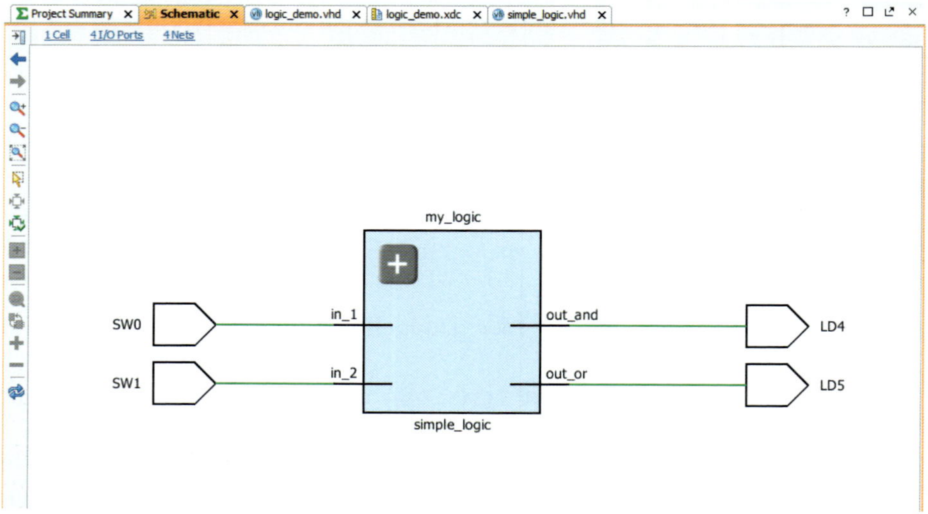

Abbildung 4-51: Vivado: RTL-Schaltbild von `logic_demo` (1)

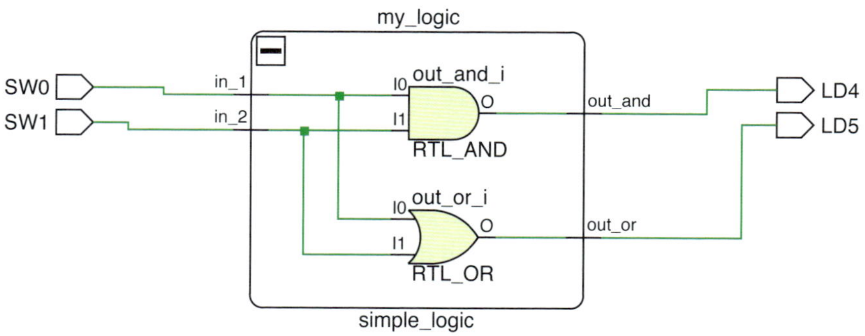

Abbildung 4-52: Vivado: RTL-Schaltbild von `logic_demo` (2)

Bei der Betrachtung von Listing 4-7 fällt auf, dass im `architecture`-Teil von `logic_demo.vhd` keine expliziten Zuweisungen wie »`LD4 <= SW0 and`

[12]Eine Zuweisung ist auch an interne Signale der aufnehmenden Schaltung möglich, welche es in diesem Beispiel allerdings nicht gibt.

`SW1;`« vorkommen. Allein durch die Instantiierung von `simple_logic` (mit entsprechendem Port-Mapping) werden die notwendigen Verbindungen hergestellt, wie man in Abbildung 4-52 schön erkennen kann.

Es folgen Bitstream-Generierung für `logic_demo`, Programmierung des Boards mit diesem Bitstream und das Ausprobieren.

4.4 Simulation

Sie konnten bis hierhin hoffentlich gut folgen und haben Ihre Version von `logic_demo` inzwischen erfolgreich mit Ihrem FPGA-Board ausprobiert.

Das Thema »Simulation« wurde bereits in Abschnitt 3.4.1 prinzipiell erklärt. Hier folgt die Simulationspraxis, auch wenn sie eigentlich vor dem Test auf dem Board hätte kommen sollen. Aber als Maker muss man das nicht immer so eng sehen ... Getestet wird nun `logic_demo` (während das Testbench-Beispiel in Abschnitt 3.4.1 nur `simple_logic` testet). Dazu muss eine sog. »Testbench« erzeugt werden, welche für die zu testende Schaltung (auf Neudeutsch »DUT« – Device Under Test) die Testumgebung bereitstellt. Dazu werden in der Testumgebung Stimulussignale für alle DUT-Eingänge erzeugt. Ausgeführt wird die Simulation von einem VHDL-Simulator. Es gibt in die FPGA-Entwicklungsumgebungen integrierte Simulatoren und Standalone-Simulatoren (die oft aus der Entwicklungsumgebung automatisch aufgerufen werden können). Hier wird der in Vivado integrierte Simulator benutzt.

Die Testbench für `simple_logic` wurde bereits in Listing 3-3 vorgestellt. Die Testbench für `logic_demo` kann daraus leicht abgeleitet werden (Listing 4-8):

Listing 4-8: logic_demo_tb.vhd

```
-- logic_demo_tb.vhd
--
-- test bench for logic_demo

library ieee;
use ieee.std_logic_1164.all;

entity logic_demo_tb is
end logic_demo_tb;

architecture sim of logic_demo_tb is
  component logic_demo
    port
    (
```

```
        SW0 : in std_logic;
        SW1 : in std_logic;
        LD4 : out std_logic;
        LD5 : out std_logic
      );
    end component;

    signal SW0_sim : std_logic;
    signal SW1_sim : std_logic;
    signal LD4_sim : std_logic;
    signal LD5_sim : std_logic;

begin
    dut : logic_demo
    port map
    (
      SW0 => SW0_sim,
      SW1 => SW1_sim,
      LD4 => LD4_sim,
      LD5 => LD5_sim
    );

    process
    begin
      SW0_sim <= '0';
      SW1_sim <= '0';

      wait for 50 ns;
      SW0_sim <= '1';
      SW1_sim <= '0';

      wait for 50 ns;
      SW0_sim <= '0';
      SW1_sim <= '1';

      wait for 50 ns;
      SW0_sim <= '1';
      SW1_sim <= '1';

      wait;
    end process;

end sim;
```

Der Inhalt dieses Listings wird in der Datei `logic_demo_tb.vhd` gespeichert, welche im Projektverzeichnis des Projekts `logic_demo` angelegt wird[13]. Über den nun schon bekannten Mechanismus »Add Sources« in Vivado wird `simple_logic.vhd` dem Projekt `logic_demo` hinzugefügt, dabei muss beachtet werden, dass jetzt ein Quellfile zu *Simulationszwecken* hinzugefügt wird (Abbildung 4-53).

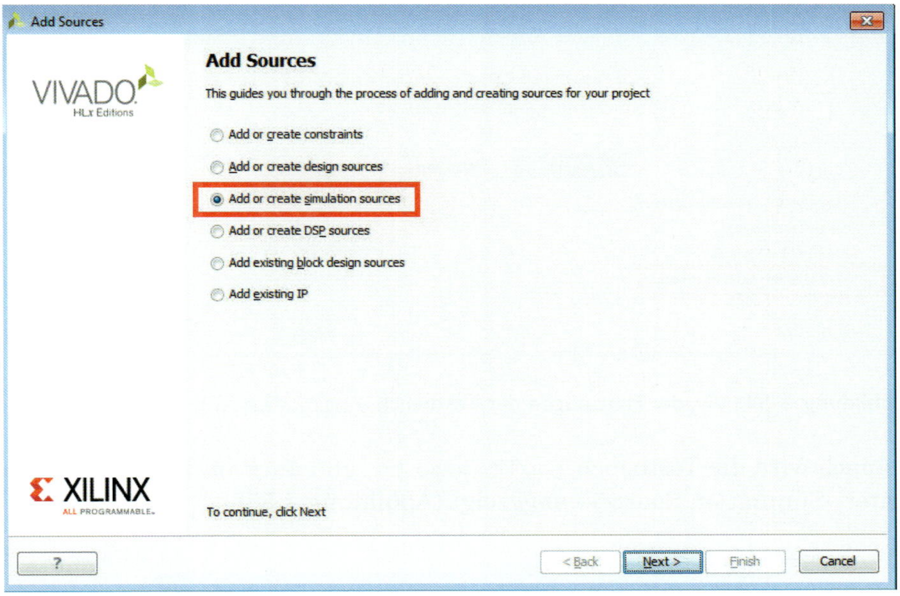

Abbildung 4-53: Vivado: Hinzufügen eines Quellfiles zur Simulation

In Abbildung 4-54 wird der entsprechende Bestätigungsdialog gezeigt, der wieder mit »Finish« abgeschlossen wird. Dabei sollte »Include all design sources for simulation« aktiviert sein; falls das vergessen wird, kann das auch später im Project Manager von Vivado ausgebügelt werden. Der Dialog wird mit »Finish« abgeschlossen.

[13]Im Prinzip ist es egal, wo dieses File gespeichert wird. Es sollte so abgelegt werden, dass man es leicht dem zu testenden Modul zuordnen kann.

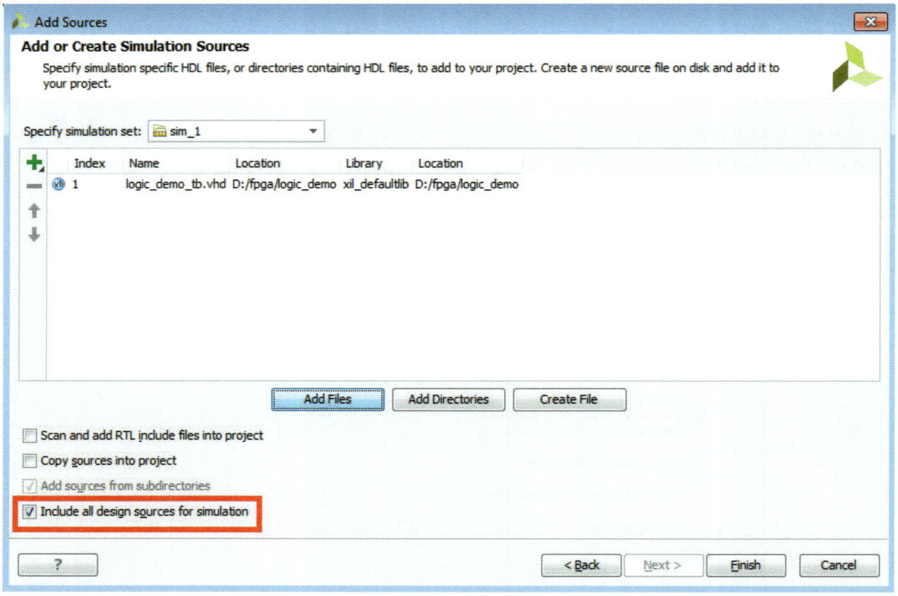

Abbildung 4-54: Vivado: Hinzufügen der Testbench `logic_demo_tb.vhd`

Danach wird die Testbench `logic_demo_tb.vhd` auch im Project Manager unter »Simulation Sources« angezeigt (Abbildung 4-55).

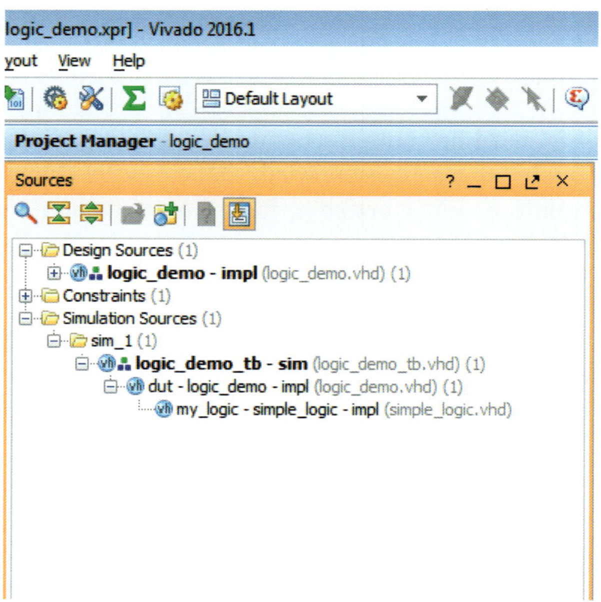

Abbildung 4-55: Vivado: Testbench `logic_demo_tb.vhd` im Project Manager

Falls `logic_demo_tb.vhd` nicht, wie in Abbildung 4-55 dargestellt, »fett gedruckt« angezeigt wird, erfolgt ein rechter Mausklick auf diesen Eintrag und dann die Aktion »Set as Top«. Für die Simulation muss die Testbench `logic_demo_tb.vhd` das oberste Modul in der Dateihierachie [14] sein, sonst ergeben sich vollkommen sinnlose Simulationsergebnisse!

Vor dem ersten Start der Simulation wird noch wenigstens ein Simulationsparameter gesetzt – die Simulationszeit. Aus Listing 4-8 ist ersichtlich, dass die Stimulussignale einen Zeitraum von 200 ns abdecken; wir wählen hier daher 250 ns, so dass am Ende noch ein wenig Zeitreserve vorhanden ist. Ein Klick im Flow Navigator auf »Simulation / Simulation Settings« öffnet den in Abbildung 4-56 dargestellten Dialog.

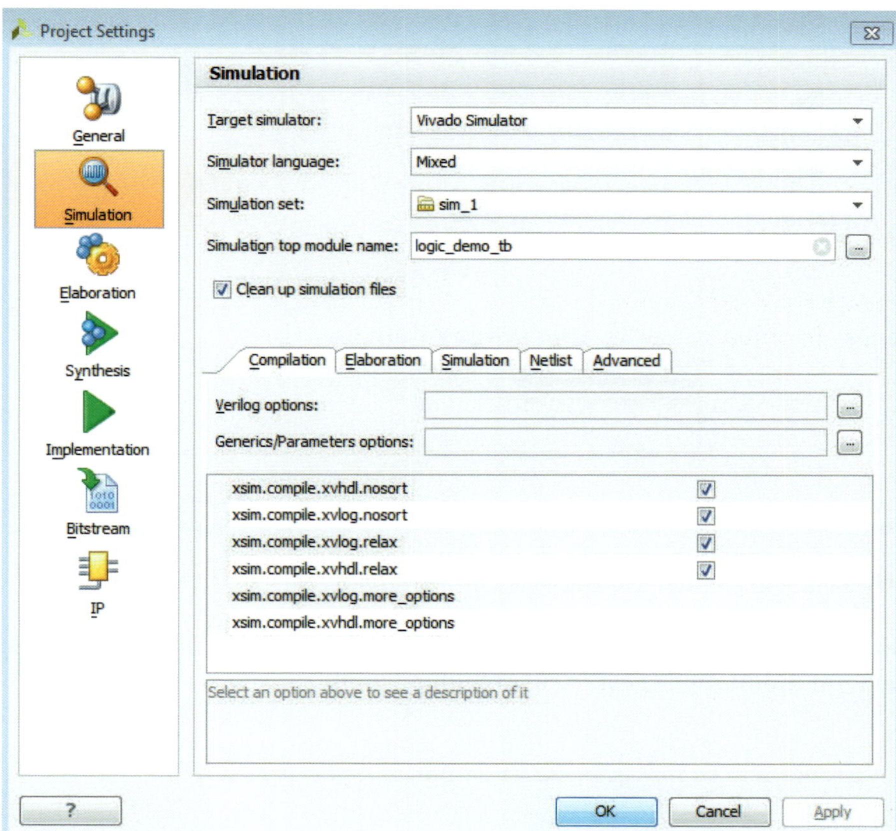

Abbildung 4-56: Vivado: Simulationseinstellungen

[14] Erkennbar am Fettdruck und dem Symbol mit den drei pyramidenartig angeordneten Quadraten

Im Tab »Simulation« wird die Simulationszeit wie gewünscht gewählt (Abbildung 4-57) und der Dialog mit »OK« beendet.

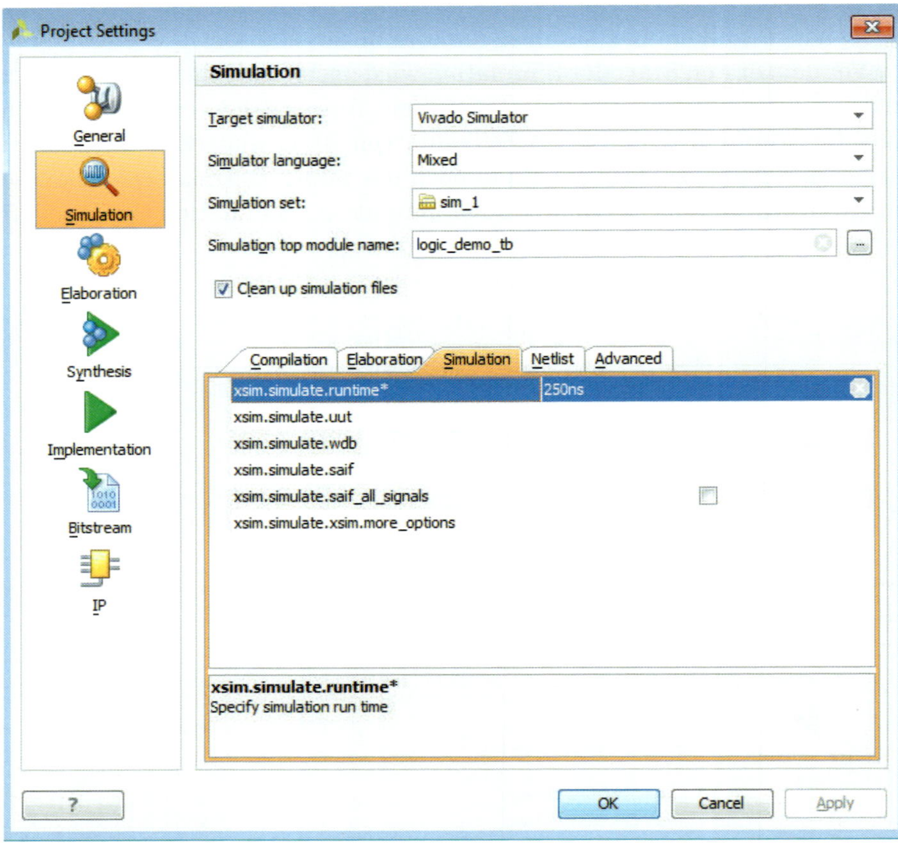

Abbildung 4-57: Vivado: Einstellen der Simulationszeit

Nun wird die Simulation durch einen Klick auf »Run Simulation / Run Behavioral Simulation« gestartet (Abbildung 4-58).

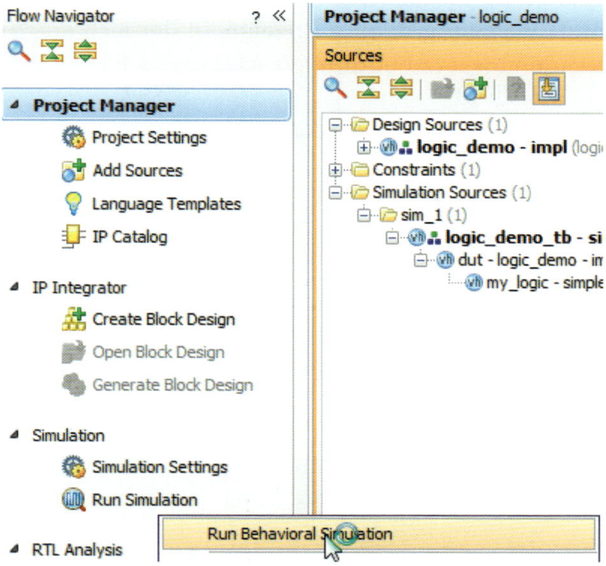

Abbildung 4-58: Vivado: Starten der Simulation

Nach einer kurzen Wartezeit (während der die Simulation durchgeführt wird) öffnet sich – sofern alle Sourcefiles syntaktisch in Ordnung sind – ein Fenster wie in Abbildung 4-59 dargestellt.

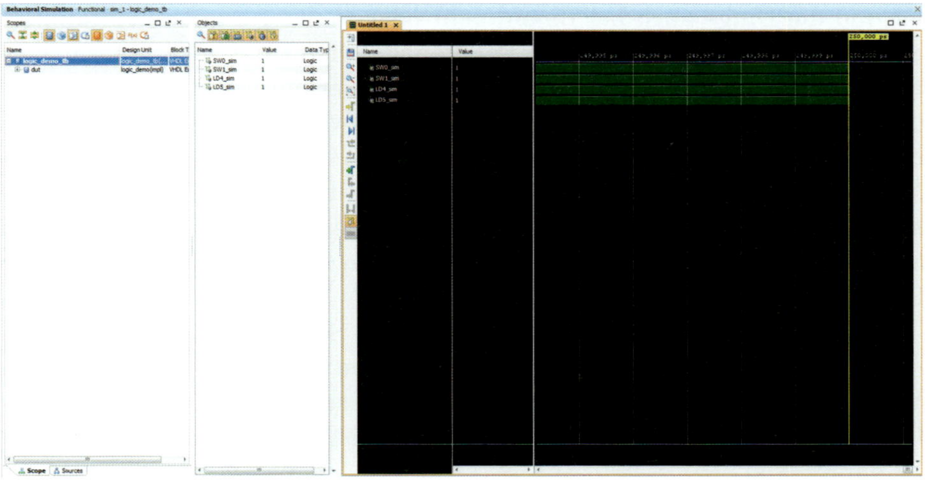

Abbildung 4-59: Vivado: Simulationsergebnis für `logic_demo`

Ein rechter Mausklick im rechten Teil mit den Signalverläufen und Aktivierung von »Full View« ergibt eine Anzeige, in der sich das Simulationsergebnis gut erkennen lässt (Abbildungen 4-60 und 4-61).

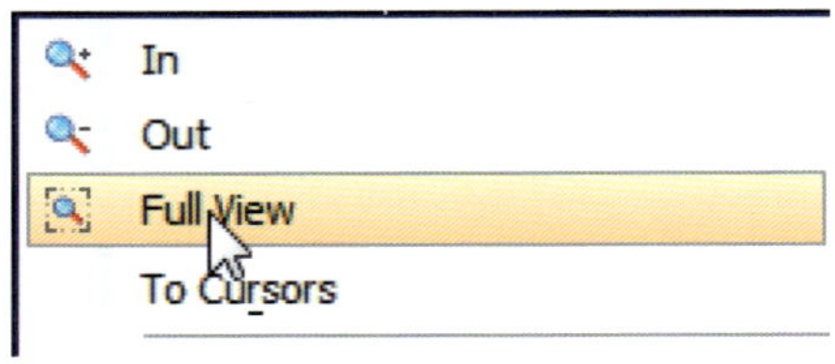

Abbildung 4-60: Vivado: Simulator, Anzeige auf vollen Bereich setzen

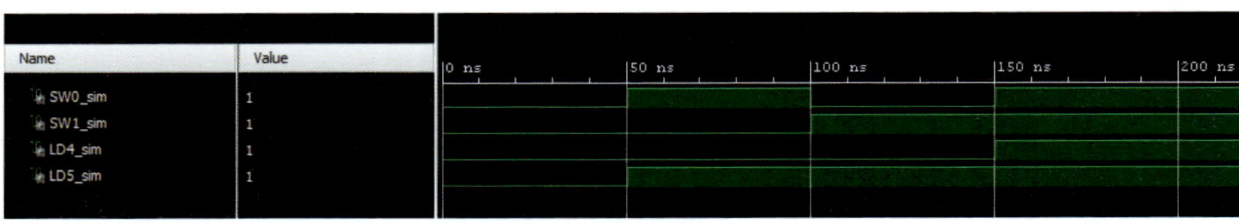

Abbildung 4-61: Vivado: Simulator, Signalverläufe für `logic_demo`

Es lässt sich schnell erkennen, dass hier das Simulationsergebnis der Erwartung entspricht.

Auch wenn in diesem Beispiel auf der Hardware alles glatt gelaufen ist und die Dinge auch bei Ihnen mehr oder weniger auf Anhieb funktioniert haben: Von sehr einfachen Fällen abgesehen ist es meistens so, dass die erste Realisierung eines Designs noch Fehler enthält. Die Fehlersuche ohne Simulation ist in der Regel erheblich aufwendiger, als wenn man vor dem ersten Versuch mit Hardware simuliert. Außerdem kann es auch passieren, dass durch das voreilige Austesten auf dem FPGA-Board Schäden an der Hardware verursacht werden. Daher ist es sinnvoll, zunächst eine Simulation durchzuführen, auch wenn es schwerfällt, nicht sofort »unter Spannung« zu testen.

Als kleine Übung bietet sich nun an, die Schaltung um weitere logische Gatter zu ergänzen, z.B. »xor«, »nand« und »nor«. Die entsprechenden VHDL-Operatoren haben praktischerweise dieselben Namen. Ein Logik-Gatter darf auch mehr als zwei Eingänge haben, der VHDL-Ausdruck lautet dann z.B. »`LD6 <= SW0 and SW1 and SW2;`«. Wie wäre es, diesmal zuerst zu simulieren und erst danach auf der Hardware zu testen?

4.5 Zusammenfassung

Die bisher verwendeten Logik-Operationen wie

Listing 4-9: »concurrent code« in VHDL

```
LD4 <= SW0 and SW1;
LD5 <= SW0 or SW1;
```

werden in der Hardware so realisiert, dass sie (im Gegensatz zu einer vergleichbaren Lösung auf einem Mikrocontroller) parallel arbeiten (weil eben zwei Gatter in Hardware verwendet werden). Die entsprechenden VHDL-Statements werden daher auch als »concurrent« bezeichnet oder es ist von »concurrent code« die Rede.

concurrent
Als »concurrent« werden Schaltungen (oder Teile von Schaltungen) bezeichnet, deren Ausgangswerte alleine durch die Eingangswerte bestimmt werden. Die »Vorgeschichte« spielt keine Rolle. Technisch formuliert bedeutet dies, dass *keine* Speicherelemente (Flip-Flops) vorhanden sind.
Beispiele für »concurrent«-Elemente sind Logik-Gatter und Lookup-Table.

Es muss doch aber auch möglich sein, in VHDL Abläufe zu beschreiben, die nicht parallel ablaufen, sondern hintereinander!?

Diese Möglichkeit besteht und wir haben sie auch schon benutzt, ohne uns viele Gedanken darum zu machen, nämlich in der zuletzt verwendeten Testbench (vgl. Listing 4-8)!

Ein kleiner Auszug (ab Zeile 37 im Originallisting) daraus zeigt, wie sequentielle Abläufe in VHDL beschrieben werden können:

Listing 4-10: »sequential code« in VHDL

```
process
begin
  SW0_sim <= '0';
  SW1_sim <= '0';

  wait for 50 ns;
  SW0_sim <= '1';
  SW1_sim <= '0';

  ...

  wait;
end process;
```

VHDL stellt ein `process`-Statement zur Verfügung, welches »sequential code« ermöglicht. Die hier dargestellte Variante der Verwendung von `process` ist *nur* für die Simulation gedacht, *nicht* für die Synthese (also die Generierung von Hardware). In Kapitel 5 wird `process` für die Synthese verwendet, dort folgt auch eine ausführlichere Erklärung dieses wichtigen VHDL-Statements.

5 »Hello World« – es blinkt

In diesem Kapitel werden wir »richtige« Digitalsysteme betrachten und implementieren. Damit sind Schaltungen gemeint, die auch ein Clock-Signal als Eingang haben. Dieses Clock-Signal steuert innere Abläufe, es gibt den Takt vor. In Kapitel 4 haben wir nur Schaltungen betrachtet, die (zumindest dort) ohne Clock-Signal auskommen.

Zum Einstieg folgt ein Abschnitt über getaktete Digitalsysteme, in dem schnell einige wichtige Grundlagen dargestellt werden. Danach wird die Realisierung/Beschreibung solcher Systeme in VHDL erklärt. Dann wird dieses Wissen angewendet, um ganz profan eine Leuchtdiode blinken zu lassen – das »Hello world«-Beispiel in der Hardwarewelt; nicht mit einer Frequenz von 100 MHz oder ähnlich, was zwar sehr schnell implementiert wäre, sondern mit ca. 1 Hz. In diesem Zusammenhang werden auch weitere VHDL-Details erklärt.

5.1 Getaktete Digitalsysteme

Das Basisschaltelement eines getakteten Digitalsystems ist ein Flip-Flop. Es gibt verschiedene Arten von Flip-Flops, hier wird nur auf das sog. »D-Flip-Flop« eingegangen.

5.1.1 D-Flip-Flop

Ein D-Flip-Flop, oder kurz »DFF«, ist ein Element mit einem Dateneingang (›D‹), einem Clock-Eingang (›Clk‹) und einem Datenausgang (›Q‹). Bei jeder steigenden Flanke[1] des Clock-Signals wird der Wert des Eingangssignals übernommen und auf den Ausgang gelegt. Das bedeutet, dass das Ausgangssignal sich immer nur bei der steigenden Flanke des Eingangssignals ändern kann und ansonsten stabil denselben Wert hat. Somit ist ein D-Flip-Flop auch ein Speicher für 1 Bit: Der Eingangswert wird eingelesen und gespeichert, und solange er nicht geändert wird, bleibt er am Ausgang erhalten.

[1] Es könnte theoretisch auch die fallende Flanke sein, der Einfachheit halber beschränken wir uns hier auf die steigende Flanke.

Abbildung 5-1 zeigt das Schaltsymbol eines D-Flip-Flops[2].

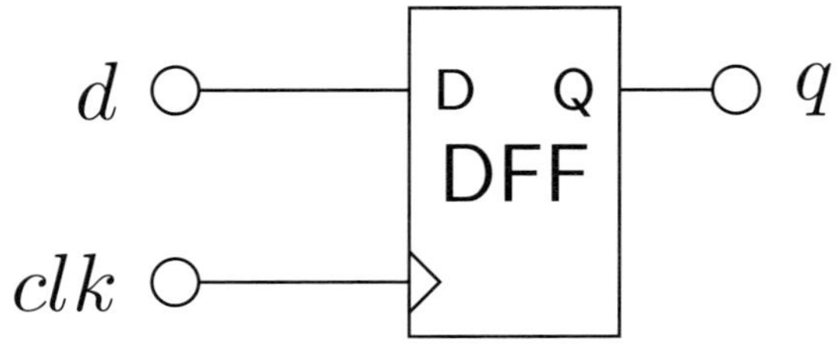

Abbildung 5-1: D-Flip-Flop

In Abbildung 5-2 wird das Verhalten eines D-Flip-Flops gezeigt. Der zeitliche Verlauf des Eingangssignals ›d‹ ist nicht lehrbuchmäßig, kann in der Praxis aber so vorkommen. Man erkennt, dass eine Änderung des Ausgangssignals ›q‹ nur mit der steigenden Flanke des Clock-Signals ›clk‹ erfolgt und dass die »Störung« auf dem Eingangssignal ›d‹ keine Auswirkung auf den zeitlichen Verlauf des Ausgangssignals ›q‹ hat.

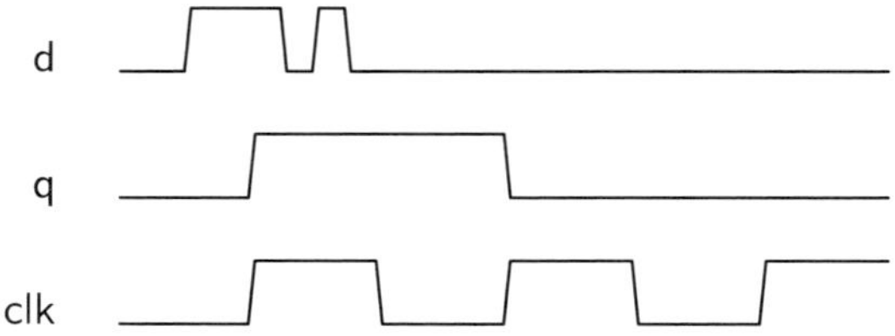

Abbildung 5-2: Verhalten eines D-Flip-Flop

In der Praxis des Entwurfs von Digitalschaltungen müssen noch weitere Details beachtet werden. Zum Beispiel muss das Eingangssignal ›d‹ eine gewisse Zeit (»Setup Time«) vor der steigenden Flanke des Clock-Signal ›clk‹ anliegen; diese Zeit ist chip-spezifisch und kann dem jeweiligen Datenblatt entnommen werden. Weiterhin müssen auch Laufzeiteffekte (beim FPGA auf dem Chip) mit berücksichtigt werden und andere Dinge mehr. Das alles mündet bei komplexen Designs für FPGAs dann in einem Prozessschritt, der »Timing Closure« genannt wird; letztendlich muss (mit sehr viel Tool-Unterstützung) so lange optimiert werden, bis das Design unter Berücksichtigung aller Anforderungen, zu denen auch Parameter wie die Umgebungstemperatur zählen, bei der geforderten Taktfrequenz sicher arbeitet. Aber keine Angst, unsere Designs sind so einfach, dass wir mit diesen komplizierten Details nicht wirklich in Berührung kommen werden.

[2]Versionen mit weiteren Eingängen wie Clock-Enable und Reset folgen.

D-Flip-Flops sind die »Arbeitspferde« eines FPGA (vgl. auch Abbildung 3-4), mit ihrer Hilfe werden Strukturen wie Schieberegister, Zähler usw. realisiert. Die von den FPGAs zur Verfügung gestellten D-Flip-Flops haben noch weitere Anschlüsse (wobei es feine Unterschiede gibt, die vom FPGA-Typ abhängen):

- `Set (S)`: Setzen des Ausgangs
- `Reset (R)`: Rücksetzen des Ausgangs
- `Clock Enable (CE)`: Clock-Signal wirkt nur, wenn dieser Enable-Eingang ›1‹ ist

Auf die Verwendung dieser Eingänge wird später eingegangen.

Listing 5-1 zeigt den VHDL-Code zur Generierung eines D-Flip-Flops.

Listing 5-1: »D-Flip-Flop« in VHDL

```
1   library ieee;
2   use ieee.std_logic_1164.all;
3
4   entity dff is
5     port
6     (
7       clk : in std_logic; -- clock input
8       d : in std_logic; -- data input
9       q : out std_logic  -- data output
10    );
11  end dff;
12
13  architecture impl of dff is
14  begin
15    process (clk)
16    begin
17      if rising_edge(clk) then
18        q <= d;
19      end if;
20    end process;
21  end impl;
```

Die Zeilen 1 bis 14 enthalten Konstrukte, die schon bekannt sind. In den Zeilen 15 bis 20 werden VHDL-Elemente benutzt, die jetzt erklärt werden. Es ist wichtig, diesen Abschnitt bis ins Detail zu verstehen, darauf baut das meiste auf, das noch folgt. Auch wenn es nicht viel Code ist, er stellt das Grundgerüst sämtlicher sog. »Sequential Statements« in VHDL dar, welche essentiell zur Beschreibung getakteter Systeme sind.

In Zeile 15 beginnt ein `process`-Statement[3], in Zeile 20 wird es mit `end process` abgeschlossen. Der Teil `(clk)` in Zeile 15 ist die sog. »sensitivity list« von `process`. In ihr werden diejenigen Signale angegeben, bei deren *Änderung* `process` aktiv wird. Falls mehrere Signale in dieser Liste auftauchen, reicht die Änderung eines Signals zur Aktivierung. Hier taucht nur `clk` auf.

In Zeile 17 wird ein `if`-Statement begonnen, welches in Zeile 19 endet. `If`-Statements sind nur in sequentiellem VHDL-Code zulässig. Hier wird abgefragt, ob es sich bei der Änderung des Signals ›clk‹ um die steigende Flanke handelt – ohne eine Änderung von ›clk‹ würde das `if`-Statement erst gar nicht »greifen«, was wiederum an Zeile 15 liegt.

Falls die Auswertung durch `rising_edge` ergibt, dass es sich um die steigende Flanke von ›clk‹ handelt, kommt Zeile 18 zum tragen, wo der Wert von ›d‹ an ›q‹ zugewiesen wird. Diese Zuweisung erfolgt allerdings nicht direkt (durch »ein Stück Draht«), sondern in Form eines Flip-Flops, was wiederum daran liegt, dass das Statement `q <= d;` *innerhalb* von `process` auftaucht.

Als kleine Übung könnte nun das D-Flip-Flop umgesetzt und simuliert werden ...

Als Unterstützung dazu wird in Listing 5-2 gezeigt, wie man in der Testbench mit Hilfe von `process` einen Clock-Generator für die Simulation generieren kann:

Listing 5-2: »Testbench-Rumpf für D-Flip-Flop« in VHDL

```
architecture sim of dff_tb is

...

signal clk_sim : std_logic;
signal d_sim : std_logic;
signal q_sim : std_logic;

constant clk_period : time := 400ns;

begin

...

 process
 begin
```

[3] `process` ist uns in anderer Form schon bei dem Thema »Testbench« begegnet, zum Beispiel in Listing 3-3.

```
17         clk_sim <= '1';
18         wait for clk_period/2;
19         clk_sim <= '0';
20         wait for clk_period/2;
21       end process;
22
23     ...
24
25     end sim;
```

In Zeile 9 wird mit einer Konstanten mit Datentyp `time` die Periodendauer (willkürlich) festgelegt, hier sind es 400 ns.

In den Zeilen 15 bis 21 wird eine `process`-Struktur zur Erzeugung des Clock-Signals verwendet. Diesmal ist in Zeile 15 *keine* »sensitivity list« vorhanden, andererseits wird in den Zeilen 18 und 20 jeweils ein `wait`-Statement benutzt. Diese Art der Verwendung von `process` ist *nicht* synthetisierbar ($\Leftrightarrow$ kann nicht in VHDL-Code benutzt werden, der zur Generierung von Konfigurationsdaten für ein FPGA eingesetzt wird), sie wird nur zur Simulation verwendet!

5.1.2 D-Latch

Ein D-Flip-Flop darf nicht mit einem D-Latch verwechselt werden, auch wenn sich diese Bauelemente ziemlich ähnlich sind.

Im Gegensatz zum D-Flip-Flop wird bei einem D-Latch quasi eine durchgehende Verbindung zwischen Eingang ›d‹ und Ausgang ›q‹ hergestellt, solange das Clock-Signal aktiv ist (hier ›1‹, Abbildung 5-3).

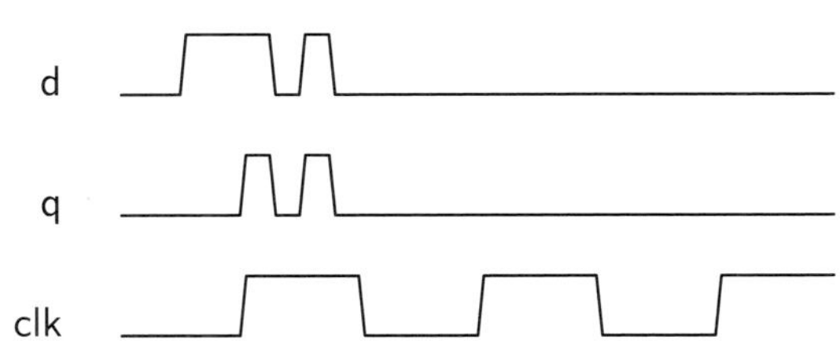

Abbildung 5-3: Verhalten eines D-Latch

Sobald das Clock-Signal von aktiv auf inaktiv (hier ›0‹) wechselt, wird der letzte Wert von ›Q‹ vor dem Wechsel »festgehalten«. Der Unterschied ist also, dass das D-Flip-Flop nur auf die aktive Clock-Flanke reagiert, während das D-Latch auf den aktiven Clock-Pegel reagiert, es ist bei aktivem Clock-Signal »transparent«. Dadurch ergeben sich, abhängig von der konkreten Schaltung, kaum spürbare bis drastische Unterschiede beim Verhalten der Schaltung. Latches führen potentiell dazu, dass eine Schaltung instabil wird. Ein gutes Design für FPGAs ist ein synchrones Design[4], und darin haben Latches nichts verloren. In der Regel wird man vom FPGA-Entwicklungstool auch darauf aufmerksam gemacht (in den »Warnings« der Synthesephase, vgl. Abbildung 5-4), dass ein Latch oder mehrere Latches vorhanden sind. Man sollte dann nicht einfach weitermachen, sondern diese Latches sofort konsequent beseitigen.

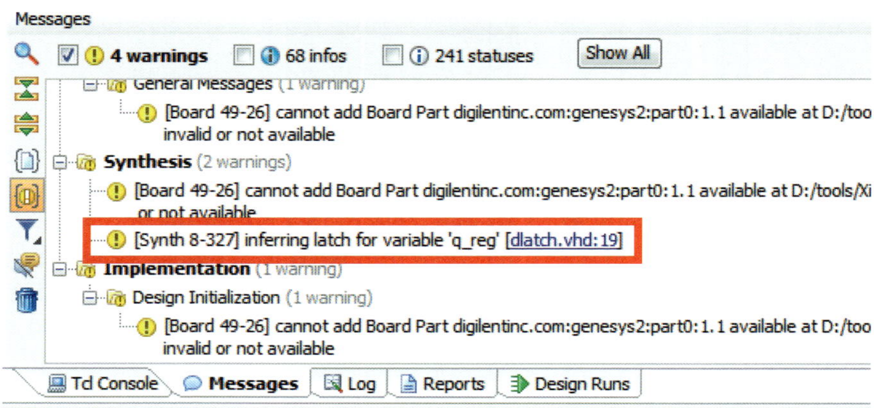

Abbildung 5-4: Vivado: Latch-Warnung

5.2 Zähler

Als erstes Beispiel eines getakteten Systems realisieren wir einen synchronen Binärzähler, zunächst nur mit 2 Bit. Nach Erläuterung des entsprechenden VHDL-Codes folgt die Simulation. Danach wird die »Breite« des Zählers, also die Anzahl der zum Zählen benutzten Bits, so erhöht, dass mit Hilfe des Zählers eine Leuchtdiode im Sekundentakt zum Blinken gebracht wird.

Listing 5-3 enthält die erste Schaltungsbeschreibung eines 2-Bit-Binärzählers in VHDL.

[4] siehe Kapitel 6.7.

Listing 5-3: `bincntr.vhd`; 2 Bit-Binärzähler in VHDL; 1. Version

```
1   library ieee;
2   use ieee.std_logic_1164.all;
3
4
5   entity bincntr is
6     port
7     (
8       clk : in std_logic;
9       counter : out std_logic_vector(1 downto 0)
10    );
11  end bincntr;
12
13  architecture impl of bincntr is
14  signal cntr : std_logic_vector(1 downto 0) := "00";
15  begin
16    process (clk)
17    begin
18      if rising_edge(clk) then
19        cntr <= cntr + 1;
20      end if;
21    end process;
22    counter <= cntr;
23  end impl;
```

In Bezug auf VHDL gibt es einige neue Punkte:

- In Zeile 9: Als Datentyp wird hier `std_logic_vector` benutzt, während zuvor immer nur `std_logic` zum Einsatz kam. `std_logic_vector` wird verwendet, wenn mehr als ein Bit benötigt wird. Der Ausdruck `(1 downto 0)` gibt an, dass 2 Bits verwendet werden und dass das Bit mit Index ›1‹ das höchstwertige Bit ist, also den Wichtungsfaktor 2 hat, wenn man die beiden Bits von ›cntr‹ als Binärzahl interpretiert.
- In Zeile 14 wird das Signal `cntr` definiert. Konzeptionell ist das der eigentliche Zähler. `counter` kann so, wie dieser Port in Zeile 9 definiert ist, nur als Ausgang verwendet werden. Die Schaltung kann den Wert von `counter` daher nicht einlesen[5], was zur Realisierung eines Zählers aber notwendig ist. In Zeile 22 wird dem Ausgang `counter` der aktuelle Zählerstand `cntr` zugewiesen.
- In Zeile 19 steht die Zuweisung `cntr <= cntr + 1;`. Mit ›cntr‹ soll hier also eine Rechenoperation durchgeführt werden, die zunächst noch Pro-

[5] In solch einem Fall kann in VHDL auch das Attribut `buffer` (anstatt `out`) verwendet werden; diese Möglichkeit wird hier nicht weiter vertieft.

bleme bereitet. Die grundlegende Idee bei diesem Konstrukt ist, `cntr` so lange um ›1‹ zu erhöhen, bis der Endwert erreicht ist, in diesem Fall ist das ›3‹ (ein 2-Bit-Zähler hat den Wertebereich $0 \ldots 3$). An der Stelle $3 + 1$ ergibt sich ein Überlauf, anstatt des Werts ›4‹ (der mit 2 Bit im Binärformat nicht mehr darstellbar ist) ergibt diese Operation den Wert ›0‹, der Zähler »springt« nach Erreichen des Endwerts also jedes Mal wieder auf den Anfangswert ›0‹ zurück, wenn über den Endwert hinaus weiter hochgezählt wird.

Bereits bei der Eingabe des Codes aus Listing 5-3 in Vivado ist anhand der roten geschlängelten Linie im Vivado-Editor erkennbar, dass mit dieser Zeile »etwas nicht stimmt«. Wenn man Vivado zwingt, diesen Code genauer zu analysieren, beispielsweise durch Versuch, das RTL-Schaltbild zu öffnen (»RTL Analysis / Open Elaborated Design / Schematic«), erhält man eine Fehlermeldung wie in Abbildung 5-5 dargestellt.

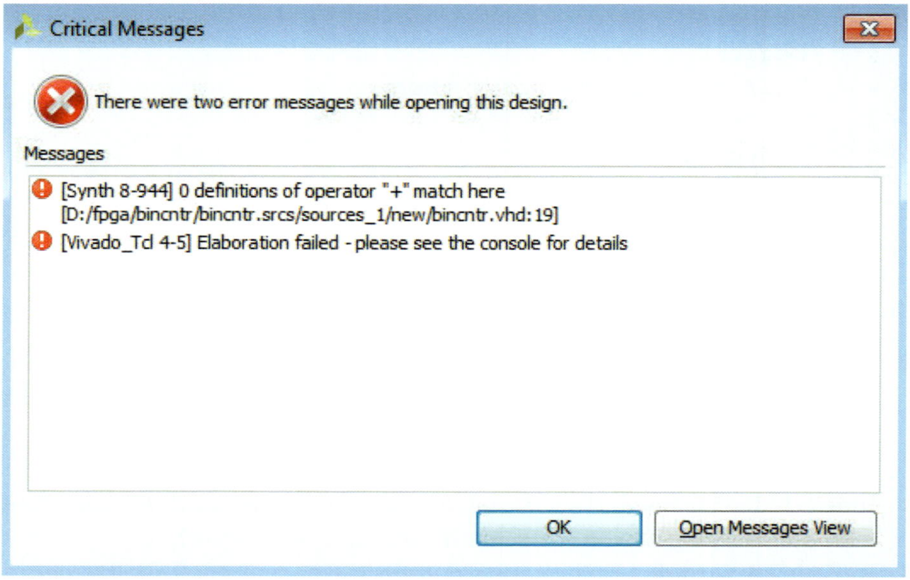

Abbildung 5-5: Vivado: Synthesefehler

Man bekommt aufgrund der Fehlermeldung die Idee, dass die »+«-Operation (noch) nicht richtig passt. Es liegt daran, dass ›cntr‹ den Datentyp »std_logic_vector« hat, für den der +-Operator nicht definiert ist. Darauf kommt man ohne ein wenig VHDL-Erfahrung nicht unbedingt.

Zur Lösung des Problems sind Modifikationen des Codes notwendig:

- Es wird ein weiteres Library-Package namens »numeric_std« eingebunden. Dies geschieht durch Hinzufügen dieses Statements in Zeile 3:
  `use ieee.numeric_std.all;`
- Der Datentyp des Zählers `cntr` wird in `unsigned` geändert. Im Gegensatz zu `std_logic_vector` können mit diesem Datentyp Rechenoperationen wie ›+‹ durchgeführt werden.
- Aufgrund der Datentypänderung von `cntr` muss bei Zuweisung des Zählerstands an den Ausgang `counter` in Zeile 22 eine Datentypkonvertierung (»Cast«) eingefügt werden:
  `counter <= std_logic_vector(cntr);`

Eine ausführliche Beschreibung von VHDL-Datentypen und den damit verbundenen Herausforderungen folgt in Kapitel 6.5.4.

Das vollständige Listing sieht nun so aus (Listing 5-4):

Listing 5-4: `bincntr.vhd`; 2 Bit-Binärzähler in VHDL; 2. Version

```
1   library ieee;
2   use ieee.std_logic_1164.all;
3   use ieee.numeric_std.all;
4
5   entity bincntr is
6     port
7     (
8       clk : in  std_logic;
9       counter : out std_logic_vector(1 downto 0)
10    );
11  end bincntr;
12
13  architecture impl of bincntr is
14  signal cntr : unsigned(1 downto 0);
15  begin
16    process (clk)
17    begin
18      if rising_edge(clk) then
19        cntr <= cntr + 1;
20      end if;
21    end process;
22    counter <= std_logic_vector(cntr);
23  end impl;
```

Damit ist das File `bincntr.vhd` syntaktisch korrekt und »RTL Analysis / Open Elaborated Design / Schematic« liefert das in Abbildung 5-6 gezeigte Schaltbild.

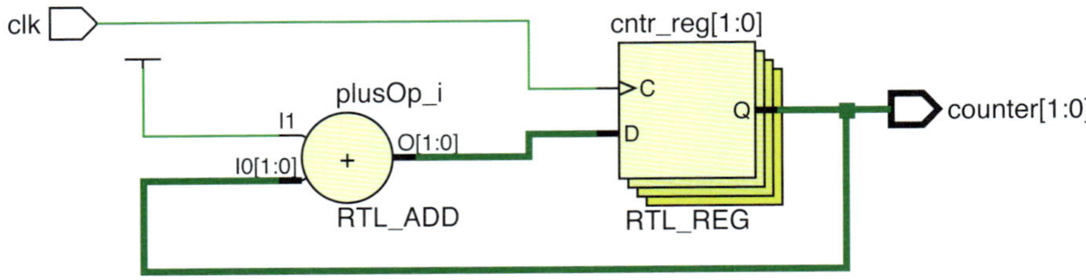

Abbildung 5-6: Vivado: RTL-Schaltbild eines 2-Bit-Binärzählers

Die Addition (Zeile 19 in Listing 5-4) wird durch das Element »RTL_ADD« realisiert, für ›cntr‹ wird das hier aus zwei D-Flip-Flops bestehende Element »RTL_REG« verwendet.

Man kann in dem Schaltbild auch schön erkennen, dass das Signal `cntr` überhaupt nicht auftaucht; es dient lediglich als Hilfsmittel zur Beschreibung der Schaltung.

5.3 Simulation des Binärzählers

Nun führen wir eine Simulation unseres Binärzählers durch. Dabei ist die Taktfrequenz 1 kHz (willkürlich gewählt), daraus folgt eine Periodendauer für den Clock-Eingang von 1 ms ($T = 1/f$).

Die Testbench für `bincntr` ist in Listing 5-5 dargestellt.

Listing 5-5: `bincntr_tb.vhd`; Testbench für `bincntr`

```
library ieee;
use ieee.std_logic_1164.all;

entity bincntr_tb is
end bincntr_tb;

architecture sim of bincntr_tb is
component bincntr is
  port
  (
    clk : in std_logic;
    counter : out std_logic_vector(1 downto 0)
  );
end component;

signal clk_sim : std_logic;
signal counter_sim : std_logic_vector(1 downto 0);
```

```

constant clk_period : time := 1ms;

begin
  dut : bincntr
  port map
  (
    clk => clk_sim,
    counter => counter_sim
  );

  clk_gen : process
  begin
    clk_sim <= '1';
    wait for clk_period/2;
    clk_sim <= '0';
    wait for clk_period/2;
  end process clk_gen;

  sim_proc : process
  begin
    wait for 10ms;
    wait;
  end process sim_proc;
end sim;
```

Ein Ausführen dieser Testbench mit einer Simuationszeit von 10 ms ergibt das in Abbildung 5-7 dargestellte Ergebnis.

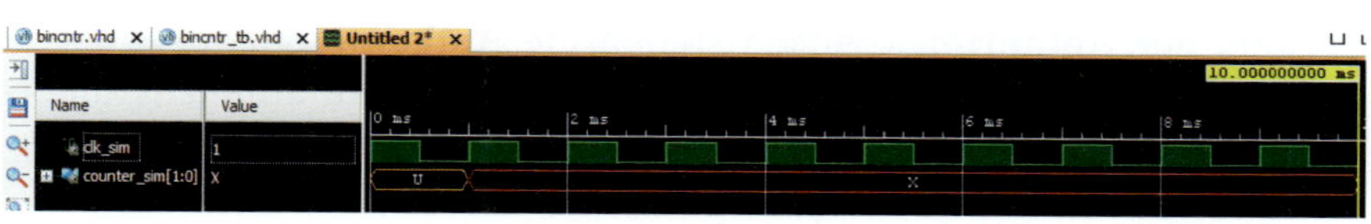

Abbildung 5-7: Vivado: 1. Simulationsergebnis für `bincntr`

Das ist zunächst enttäuschend, denn der Signalverlauf für ›counter_sim‹ ist unbestimmt (›X‹, rot dargestellt). Der Anfang von ›counter_sim‹ allerdings, vor der ersten steigenden Flanke von ›clk_sim‹ zum Zeitpunkt 10 ms, ist mit ›U‹ wie undefiniert gekennzeichnet! `cntr` in File `bincntr.vhd` hat keinen definierten Startwert, daher ergibt sich jetzt dieses Verhalten.

Daher wird `bincntr.vhd` noch einmal geändert, siehe Listing 5-6:

Listing 5-6: Auszug von `bincntr.vhd`; 2-Bit-Binärzähler in VHDL; 3. Version

```
1   library ieee;
2   use ieee.std_logic_1164.all;
3   use ieee.numeric_std.all;
4
5   entity bincntr is
6     port
7     (
8       clk : in  std_logic;
9       counter : out std_logic_vector(1 downto 0)
10    );
11  end bincntr;
12
13  architecture impl of bincntr is
14  signal cntr : unsigned(1 downto 0) := "00";
15  begin
16    process (clk)
17    begin
18      if rising_edge(clk) then
19        cntr <= cntr + 1;
20      end if;
21    end process;
22    counter <= std_logic_vector(cntr);
23  end impl;
```

Der Unterschied besteht in der Zuweisung eines Initialwerts an ›cntr‹ am Ende von Zeile 14:

```
signal cntr : unsigned(1 downto 0) := "00";
```

Innerhalb der Anführungszeichen stehen die Anfangsbinärwerte der beiden Bits von ›cntr‹. Mit dieser Änderung liefert die Simulation ein anderes, zufriedenstellendes Ergebnis, Abbildung 5-8.

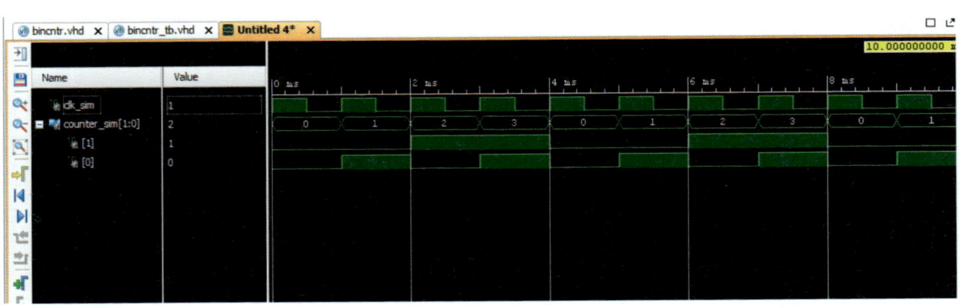

Abbildung 5-8: Vivado: 1. Simulationsergebnis für `bincntr`

Man kann schön erkennen, dass sich Bit 0 des Zählers nur halb so schnell ändert wie das Clock-Signal, also die halbe Clock-Frequenz hat. Die Frequenz von Bit 1 beträgt entsprechend ein Viertel der Clock-Frequenz.

5.4 Ein Teiler für die LED

Von dieser Erkenntnis ist es bis zur Auslegung eines Frequenzteilers zur Ansteuerung einer Leuchtdiode, die mit ca. $1\,\mathrm{Hz}$ blinken soll, nicht mehr weit. Diese Schlüsse lassen sich ziehen:

- Benötigt wird ein Binärzähler, der so viele Bits besitzt, dass sich sein höchstwertigstes Bit in etwa im Sekundentakt ändert.
- Der gewünschte Effekt wird erzielt, wenn die Leuchtdiode von dem höchstwertigsten Zählerbit angesteuert wird.
- Die benötigte Bitbreite N des Zählers hängt von der Clock-Frequenz ab. Es gilt: $f_{LED} = \frac{f_{Clock}}{2^N}$.

Für N ergibt sich somit: $N = \texttt{ceil}(\log_2 \frac{f_{Clock}}{f_{LED}})$[6].

Das ARTY-Board hat einen Clock-Generator mit einer Frequenz von $100\,\mathrm{MHz}$. Weil die LED-Frequenz $1\,\mathrm{Hz}$ betragen soll, ist die Rechnung sehr einfach:

$$\log_2(100 * 10^6) = 26.575$$

Aufgerundet ergibt das eine Zählerbreite von 27 Bit.

5.5 Blinken mit Hardware

Damit nun endlich eine Leuchtdiode auf dem FPGA-Board (hier: ARTY) blinkt, legen wir ein neues Projekt `blink` an.

Das Haupt-VHDL-File ist `blink.vhd`, es hat folgenden Inhalt (Listing 5-7):

Listing 5-7: `blink.vhd`

```
library ieee;
use ieee.std_logic_1164.all;

entity blink is
```

[6] Ins Deutsche übersetzt: Clock-Frequenz durch LED-Frequenz teilen, davon den Zweier-Logarithmus berechnen, das Ergebnis zur nächstgrößeren ganzen Zahl aufrunden. Wenn auf dem Taschenrechner der Zweier-Logarithmus nicht als Funktion verfügbar ist, wendet man $\log_2(x) = \frac{\log(x)}{\log(2)}$ an.

```
5    port
6    (
7      CLK100MHZ : in std_logic;
8      led_blink : out std_logic
9    );
10 end blink;
11
12 architecture impl of blink is
13 component bincntr is
14   port
15   (
16     clk : in std_logic;
17     counter : out std_logic_vector(26 downto 0)
18   );
19 end component;
20 begin
21   mycntr : bincntr
22   port map
23   (
24     clk => CLK100MHZ,
25     counter(26) => led_blink,
26     counter(25 downto 0) => open
27   );
28 end impl;
```

`bincntr` aus dem vorherigen Abschnitt wird hier wiederverwendet (beim Hinzufügen von `bincntr.vhd` zum Projekt `blink` »Copy sources into project« aktivieren!). Die Breite des Zählers wird von 2 auf 27 Bit erhöht, die Initialisierung wird angepasst. Es wird nur das höchstwertigste Bit verwendet, die anderen Bits des Zählers werden nicht verwendet (Zeilen 25 und 26 in `blink.vhd`).

Mit diesen Aktualisierungen ergibt sich folgender VHDL-Code für den Zähler (Listing 5-8):

Listing 5-8: `bincntr.vhd`; geänderte Version

```
library ieee;
use ieee.std_logic_1164.all;
use ieee.numeric_std.all;

entity bincntr is
  port
  (
    clk : in std_logic;
```

```
9        counter : out std_logic_vector(26 downto 0)
10     );
11   end bincntr;
12
13   architecture impl of bincntr is
14   signal cntr : unsigned(26 downto 0) := (others =>
         '0');
15   begin
16     process (clk)
17     begin
18       if rising_edge(clk) then
19         cntr <= cntr + 1;
20       end if;
21     end process;
22     counter <= std_logic_vector(cntr);
23   end impl;
```

Erwähnenswert ist die Initialisierung von `cntr` in Zeile 14 mit Hilfe des Konstrukts `(others => '0');` eine Erläuterung dazu findet sich in Abschnitt A.6.

Das Constraints-File ist in Listing 5-9 wiedergegeben, es basiert auf `Arty_Master.xdc`.

Listing 5-9: `blink.xdc`

```
1   # Clock signal
2
3   set_property -dict { PACKAGE_PIN E3    IOSTANDARD
        LVCMOS33 } [get_ports { CLK100MHZ }]; #
        IO_L12P_T1_MRCC_35 Sch=gclk[100]
4   create_clock -add -name sys_clk_pin -period 10.00 -
        waveform {0 5} [get_ports {CLK100MHZ}];
5
6   set_property -dict { PACKAGE_PIN H5    IOSTANDARD
        LVCMOS33 } [get_ports { led_blink }]; #
        IO_L24N_T3_35 Sch=led[4]
```

Neu im Vergleich zu vorherigen Projekten sind die Einträge zum Clock-Signal (Zeilen 3 und 4). Das Board »ARTY« besitzt einen Quarz-Generator zur Clock-Generierung mit einer Frequenz von 100 MHz, der an Pin »E3« des FPGA angeschlossen ist.

In Abbildung 5-9 wird das RTL-Schaltbild des Projekts `blink` gezeigt.

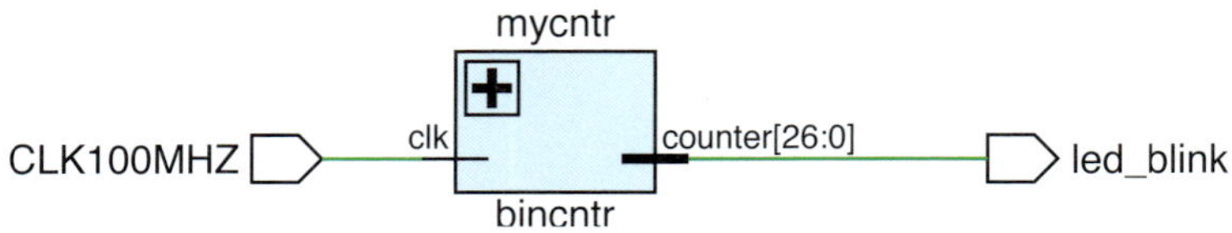

Abbildung 5-9: Vivado: `blink`, RTL-Schaltbild

Es ist gut zu erkennen, dass eine Instanz von `bincntr` mit dem Namen »mycntr« verwendet wird, deren Eingang von dem Clock-Signal »CLK100MHZ« gespeist wird, der Ausgang der Gesamtschaltung ist »led_blink«.

Nun wird für das Projekt `Blink` der Bitstream erzeugt und dann auf das Board geladen. Die Leuchtdiode »LD4« sollte jetzt mit ca. 1 Hz blinken.

5.6 Verfeinerter Binärzähler

Bei Betrachtung der im Abschnitt 5.5 verwendeten Lösung fällt auf, dass ziemlich viele Änderungen im VHDL-Code (Bezug: Listings 5-7 und 5-8) erforderlich sind, wenn die Blinkfrequenz geändert werden soll:

- Der Abschnitt `entity` in `bincntr.vhd` muss geändert werden. Das hat zur Folge, dass in einem VHDL-File (hier `blink.vhd`), in dem eine Instanz von `bincntr` angelegt wird, der zu `bincntr` gehörende `component`-Abschnitt ebenfalls geändert werden muss.
- In `blink.vhd` muss der Instantiierungscode auch entsprechend der Bitbreite des Zählers angepasst werden.
- Es ist nicht gerade elegant, dass in `blink.vhd` nur ein Bit des Zählers benutzt wird und die restlichen Zähler-Bits ungenutzt bleiben und auf `open` gesetzt werden.

Listing 5-10 zeigt eine Realisierung eines synchronen Binärzählers in VHDL, bei der die Breite des Zählers in Bit einfach gewählt und geändert werden kann, ohne große Eingriffe im VHDL-Code.

Listing 5-10: `bincntr_g.vhd`

```
library ieee;
use ieee.std_logic_1164.all;
use ieee.numeric_std.all;

entity bincntr_g is
  generic
  (
```

```
8        N : integer := 27
9      );
10     port
11     (
12       clk : in std_logic;
13       cnt_h : out std_logic
14     );
15   end bincntr_g;
16
17   architecture impl of bincntr_g is
18   signal cntr : unsigned(N-1 downto 0) := (others =>
        '0');
19
20   begin
21     process (clk)
22     begin
23       if rising_edge(clk) then
24         cntr <= cntr + 1;
25       end if;
26     end process;
27     cnt_h <= cntr(N-1);
28   end impl;
```

Die entscheidende Neuerung ist der Abschnitt `generic` in den Zeilen 6 bis 9. ›N‹ wird als Integer-Zahl definiert und erhält den Default-Wert ›27‹. In dem Abschnitt `port` erscheint anstelle des gesamten Zählers jetzt nur das Ausgangs-Bit ›cnt_h‹.

Im Abschnitt `architecture` wird anstelle von festen Zahlenwerten jetzt ›N‹ an allen Stellen benutzt, an denen in irgendeiner Form die Breite des Zählers (in Bit) eine Rolle spielt. In Zeile 27 wird nur das höchstwertigste Bit des Zählers »ausgekoppelt« und dem 1-Bit-Ausgang `cntr_h` zugewiesen.

Listing 5-11 zeigt, wie dieser Zähler benutzt wird.

Listing 5-11: `blink2.vhd`

```
library ieee;
use ieee.std_logic_1164.all;

entity blink2 is
  port
  (
    CLK100MHZ : in std_logic;
    led_blink : out std_logic
```

```
9      );
10   end blink2;
11
12   architecture impl of blink2 is
13   component bincntr_g is
14     generic
15     (
16       N : integer := 27
17     );
18     port
19     (
20       clk : in std_logic;
21       cnt_h : out std_logic
22     );
23   end component;
24   begin
25     mycntr : bincntr_g
26     generic map
27     (
28       N => 25
29     )
30     port map
31     (
32       clk => CLK100MHZ,
33       cnt_h => led_blink
34     );
35   end impl;
```

Die Definition der Komponente `bincntr_g` erfolgt in den Zeilen 13 bis 23, sie entspricht der schon bekannten Praxis, im Wesentlichen die `entity`-Beschreibung der Komponente zu übernehmen und leicht anzupassen.

Die Instantiierung von `bincntr_g` steht in den Zeilen 25 bis 34. Neu ist hier, dass in den Zeilen 26 bis 29 auch ein »Generic-Mapping« vorgenommen wird. Es wird festgelegt, dass die Bitbreite des Zählers nur 25 Bit anstatt 27 Bit beträgt, die Leuchtdiode soll im Vergleich zum Ursprungsbeispiel `blink` hier jetzt mir vierfacher Frequenz blinken. Wenn für ›N‹ der Default-Wert ›27‹ verwendet werden soll, können die Zeilen 26 bis 29 auch ganz entfallen. In Bezug auf die VHDL-Syntax ist hier zu beachten, dass am Ende des »Generic-Mappings« in Zeile 29 weder ein Komma noch ein Semikolon steht!

Zum Ändern der Blinkfrequenz muss jetzt lediglich Zeile 28 in `blink2.vhd` geändert werden.

5.7 Zusammenfassung

In diesem Kapitel wurden getaktete Digitalsysteme eingeführt. Das wichtigste Element solcher Systeme bei der Realisierung mit FPGAs ist das D-Flip-Flop. VHDL-Code zur Erzeugung von D-Flip-Flops wird als »sequential« bezeichnet.

sequential
Als »sequential« werden Schaltungen (oder Teile von Schaltungen) bezeichnet, deren Ausgangswerte auch von der »Vorgeschichte« abhängen. Technisch formuliert bedeutet dies, dass Speicherelemente (in der Praxis Flip-Flops) in solchen Schaltungen vorhanden sind. Beispiele für »sequential«-Schaltungselemente sind Zähler und Schieberegister.

Es wurde auch erläutert, was ein Latch ist und warum man es nicht verwenden sollte.

Schaltungen mit dem Merkmal »sequential« sowie ihre Beschreibung in VHDL wurden anhand von Binärzählern erläutert. Dabei wurde zum Schluss auch darauf eingegangen, wie man mit Hilfe des `generic`-Konstrukts von VHDL Schaltungsbeschreibungen so erstellen kann, dass sie leicht für bestimmte Verwendungszwecke angepasst werden können.

6 VHDL-Intermezzo

In diesem Kapitel werden die bisher erläuterten VHDL-Konstrukte noch einmal zusammengefasst und erweitert. Besonderes Augenmerk wird dabei auf eine relativ leicht zu lernende Art und Weise zur Beschreibung von beliebigen synchronen Digitalsystemen gelegt. Das Ziel ist es dabei, robuste Schaltungen zu erzeugen, die sicher funktionieren und somit auch Spaß machen.

6.1 Sprachstandards

VHDL ist eine »alte« Sprache, der erste Sprachstandard stammt aus dem Jahr 1987 (»IEEE 1076-1987«). Weitere Versionen wurden in den Jahren 1993 (VHDL-93), 2002 (VHDL-2002) und 2008 (VHDL-2008) veröffentlicht.

Bei allen FPGA-Entwicklungsketten ist eine Standardversion voreingestellt, oft noch die Version VHDL-93. Ein Grund dafür mag sein, dass der Standard von 2008 leider noch längst nicht von allen Anbietern komplett unterstützt wird.

In diesem Buch wird daher nur der Standard VHDL-93 verwendet. Gemäß Standard ist die Version von 2008 vollständig aufwärtskompatibel zu der Version von 1993. Somit ist es egal, ob bei den Tool-Einstellungen »(«VHDL-93) oder »VHDL-2008« verwendet wird[1].

6.2 Struktur eines VHDL-Files

An dieser Stelle soll der generelle Aufbau eines VHDL-Files noch einmal vergegenwärtigt werden.

[1]Eine generelle Garantie für diese Aussage kann natürlich nicht übernommen werden. Jede Software von der Komplexität eines FPGA-Entwicklungswerkzeugs hat Bugs. Bei unerwartetem Verhalten des Tools macht es immer Sinn, zuerst den Fehler bei sich selbst zu suchen, dann in Web-Foren u.Ä. nach Hinweisen und Lösungen zu schauen.

Listing 6-1: Generelle Struktur eines VHDL-Files

```
1   -- Library-Teil
2   library ieee;
3   use ieee.std_logic_1164.all;
4
5    -- Entity-Teil
6   entity beispiel is
7     port
8     (
9       in1 : in std_logic;
10      in2 : in std_logic;
11      out1 : out std_logic
12    );
13  end beispiel;
14
15  -- Architecture-Teil
16  architecture impl of beispiel is
17  signal temp : std_logic;
18  begin
19    temp <= in1 and in2;
20    out <= not temp;
21  end impl;
```

Unter Bezug auf Listing 6-1 lässt sich für ein VHDL-File festhalten:

- Library-Teil: Hier werden Bibliotheken geladen, die Elemente enthalten, welche *nicht* zum Standardsprachumfang von VHDL gehören. Dies trifft überraschenderweise auch auf den meistgebrauchten Datentyp »std_logic« zu, der in dem IEEE-Library-Package »std_logic_1164« definiert wird. Jedes praktisch brauchbare VHDL-File beginnt daher mit dem oben gezeigten Library-Abschnitt (Zeilen 2 und 3), je nach Bedarf werden noch weitere Library-Packages eingebunden.
- Entity-Teil: Hier steht die Beschreibung der Außensicht der in dem jeweiligen VHDL-File beschriebenen Schaltung. Jeder `Port`-Eintrag steht für einen Anschluss dieser Schaltung.
- Architecture-Teil: Dieser Teil enthält den inneren Aufbau der Schaltung, also all das, was *in* dem Gehäuse des virtuellen Chips steckt.

Library ›work‹
Das FPGA-Entwicklungswerkzeug legt für alle generierten Elemente automatisch im Hintergrund eine Library an, die per Default den Namen »work« trägt. In diesem Buch wird konsequent das »component«-Konstrukt benutzt, wenn in einem VHDL-File eine Komponente benutzt wird, die in einem anderen VHDL-File definiert wurde. Eine Alternative zu diesem Vorgehen besteht in der expliziten Verwendung von `work`, z.B. `use work.bincntr;`. Das Statement `library work;` kann dabei entfallen, es ist quasi automatisch »eingebaut«.

6.3 VHDL-Statement

Ein VHDL-Statement ist eine Aneinanderreihung von VHDL-Schlüsselwörtern, Zahlen und weiteren Elementen. Ein VHDL-Statement wird in der Regel mit einem Semikolon abgeschlossen. Aufpassen muss man bei Statements wie z.B. `port`, die in ihrem Inneren eine Liste mit mehreren Elementen enthalten. Alle Listenelemente eines `port`-Konstrukts bis auf das *letzte* Element müssen mit einem Semikolon abgeschlossen werden. Ein fehlendes oder überflüssiges Semikolon führt zu Fehlermeldungen, aus denen die eigentliche Fehlerursache – z.B. ein Semikolon zu viel am Ende einer `port`-Liste – oft kaum oder gar nicht hervorgeht.

Die Listings 6-2 und 6-3 illustrieren diesen Fall.

Listing 6-2: Falsches `port`-Konstrukt

```
entity falsch is
  port
  (
    in1 : in std_logic;
    out1 : out std_logic; -- Semikolon zu viel am Zeilenende!
  );
end falsch;
```

Listing 6-3: Richtiges `port`-Konstrukt

```
entity richtig is
  port
  (
    in1 : in std_logic;
    out1 : out std_logic -- hierhin gehört kein Semikolon!
```

```
6    );
7  end richtig;
```

Der entscheidende Unterschied ist das Zeilenende von Zeile 5 (ohne Beachtung des Kommentars).

Ein weiterer »Klassiker« in diesem Zusammenhang ist das »Port Mapping« bei der Instantiierung einer Komponente (`component`), wie in den Listings 6-4 und 6-5 dargestellt.

Listing 6-4: Falsches `port map`-Konstrukt

```
1  ...
2  architecture impl_falsch of beispiel is
3    myclk : clkgen
4    port map
5    (
6      clk_in => clk; -- hier gehört kein Semikolon hin!
7      clk_out => clk50
8    );
9    ...
10 end impl_falsch;
```

Listing 6-5: Richtiges `port map`-Konstrukt

```
1  ...
2  architecture impl_richtig of beispiel is
3    myclk : clkgen
4    port map
5    (
6      clk_in => clk, -- das Komma ist an dieser Stelle richtig!
7      clk_out => clk50 -- kein Komma beim letzten Element!
8    );
9    ...
10 end impl_richtig;
```

Der entscheidende Unterschied ist hier in Zeile 6 zu finden: Alle Elemente bis auf das letzte eines Port-Mapping werden mit einem Komma und *nicht* mit einem Semikolon abgeschlossen!

6.4 Concurrent ↔ Sequential

Die Begriffe »concurrent statements« und »sequential statements« wurden bereits verwendet. Während diese Konstrukte in den vorangegangenen Abschnitten eher intuitiv benutzt und induktiv eingeführt wurden, folgt nun eine systematische Erklärung.

Es ist wichtig, diese Details verstanden zu haben, wenn man selbst komplexere Schaltungen entwerfen und dabei systematisch vorgehen möchte, anstatt so lange herumzuprobieren, bis es irgendwann und irgendwie funktioniert[2]. In diesem Zusammenhang sei auch zum wiederholten Male auf die Nützlichkeit von Simulationen hingewiesen. Am besten ist es, kleine Schaltungsteile zu beschreiben[3] und zu simulieren, um Einsicht in Prinzipien und Wirkungsweisen zu gewinnen.

Bei diesen Begriffen muss ganz deutlich unterschieden werden zwischen VHDL-Statements und Schaltungen.

Wenn eine Schaltung als `concurrent` bezeichnet wird, ist damit gemeint, dass sie keinen internen Speicher hat, ihre Ausgangssignale sich also unmittelbar aus den Eingangssignalen ergeben[4]. Auf der Basis von `concurrent`-VHDL-Statements können ausschließlich Schaltungen mit concurrent-Charakter, also *ohne* Speicherelemente, synthetisiert werden[5]. Insofern ist `concurrent` einfach zu fassen.

Anders sieht es mit `sequential` aus. Eine als `sequential` bezeichnete Schaltung *hat* interne Speicherelemente, ihre Ausgangssignale hängen ganz von den Eingangssignalen *und* dem Inhalt (oder auch Zustand oder »State«) der internen Speicherelemente ab. Ein wenig vertrackt ist es mit `sequential`-VHDL-Statements. Sie können sowohl zum Generieren von Schaltungen oder Schaltungsteilen *mit* internem Speicher – `sequential` – als auch zum Erzeugen von Elementen *ohne* internen Speicher verwendet werden – `concurrent`.

`Concurrent` bedeutet, dass Dinge parallel, zur gleichen Zeit stattfinden. In VHDL ist alles, was nicht innerhalb einer `Process`-Umgebung[6] auftaucht, per definitionem `concurrent`.

---

[2]Der »Trial and Error«-Ansatz hat gerade hier auch den großen Nachteil, dass Änderungen und Erweiterungen meistens erst recht nicht gut klappen.

[3]Es macht viel Sinn, aus großen Schaltungsbeschreibungen kleinere Teile zwecks Untersuchung und Simulation zu extrahieren.

[4]Signallaufzeiten und die sich daraus eventuell ergebenden »Speicher«-Effekte werden hier nicht berücksichtigt und sind für diese Betrachtung auch nicht maßgebend.

[5]Diese Schaltungen werden auch mit dem Begriff »kombinatorische Logik« charakterisiert.

[6]Damit ist der Bereich ab `process begin` bis `end process;` gemeint.

Es ist meistens vergleichsweise leicht (mit einer gewissen Übung und Erfahrung), sich zu diesen VHDL-Konstrukten direkt eine Schaltung vorzustellen.

Bestimmte VHDL-Statements stehen *nur* im `concurrent`-Kontext zur Verfügung:

- `when`: sorgt für bedingte Ausführung
- `select`: sorgt für bedingte Ausführung

Mit `Sequential` wird ausgedrückt, dass es eine Reihenfolge gibt, in der Dinge stattfinden. Wiederum gibt es VHDL-Statements, die nur in diesem Kontext verwendbar sind:

- `process`: »Sequentielle« Umgebung; ob durch die innerhalb von `process` verwendeten Statements auch sequentielle Schaltungselemente erzeugt werden, hängt von der Ausgestaltung dieser Statements ab und kann *nicht* pauschal angenommen werden.
- `if`: sorgt für bedingte Ausführung
- `wait`: nur für die Simulation relevant
- `loop`: Generierung von komplexen Ausdrücken mit iterativen Ausdrucksmitteln, *keine* iterative/sequentielle Ausführung
- `case`: sorgt für bedingte Ausführung

Die Statements, die *innerhalb* einer `process`-Umgebung stehen, sind dazu gedacht, eine Abarbeitung in einer gewissen Reihenfolge zu beschreiben. Innerhalb des `architecture`-Teils taucht eine `process`-Umgebung meistens zusammen mit anderen `concurrent`-Statements auf; häufig sind auch mehrere `process`-Umgebungen dort zu finden. Für all diese Elemente gilt wiederum, dass sie sich `concurrent` zueinander verhalten, also parallel ablaufen! Daher ist es auch vollkommen egal, in welcher Reihenfolge sie innerhalb des `architecture`-Teils auftauchen.

Ein `process`-Konstrukt kann in Bezug auf zu synthetisierende Schaltungsbeschreibungen für zwei Fälle eingesetzt werden:

- Das Erzeugen von Schaltungselementen *mit* Speicher. Dieser Anwendungsfall ist in bereits vorliegendem VHDL-Code normalerweise einfach zu erkennen und nachzuvollziehen. Die generierten Schaltungselemente sind mit ein wenig Übung gut vorhersehbar und vorstellbar.
- Das Erzeugen von komplizierten Strukturen von Logik *ohne* Speicher, also im Grunde genommen etwas, das in die `concurrent`-Domäne fällt. Dieser Anwendungsfall ist ein wenig kompliziert und nicht auf den ersten Blick nachvollziehbar. Es fällt oft nicht leicht, sich die generierten Schaltungen auf Basis des vorliegenden VHDL-Codes vorzustellen. Wenn man nicht aufpasst, bekommt man durch die Synthese leicht nicht

gewollte Speicherelemente wie Latches generiert. Hier gilt es aufzupassen (z.B. durch Lesen der »Warnings«), das (Synthese-)Tool kann keine Gedanken lesen, und es gilt, wie so oft in der Technik, »garbage in – garbage out«.

6.4.1 process zur Generierung von sequentiellen Schaltungselementen

Der VHDL-Code-Ausschnitt in Listing 6-6 zeigt, wie ein Schaltungselement *mit* Speicherfunktion generiert wird.

Listing 6-6: Verwendung von `process` zur Generierung von Registern

```
1   ...
2   architecture
3     ...
4     process (clk)
5     begin
6       if rising_edge(clk) then
7         state_reg <= state_next;
8       end if;
9     end process;
10  ...
```

Der Anteil von Zeile 4 in runden Klammern ist eine sog. »sensitivity list«. Dort werden alle Signale aufgeführt, deren *Änderung* dazu führen soll, dass der Prozess ausgeführt wird. Entscheidend ist Zeile 6: Nur wenn die steigende Flanke[7] des Taktsignals `clk` auftritt, wird das Zuweisungs-Statement in Zeile 7 ausgeführt. `state_reg` behält seinen Wert bis zur nächsten steigenden Flanke des Taktsignals, wird also (für die Dauer eines Clock-Zyklus) *gespeichert*.

6.4.2 VHDL-Code mit process für die Simulation

Ein `process`-Statement muss entweder eine »sensitivity list« haben oder innerhalb der `process`-Umgebung muss mindestens ein `wait`-Statement auftauchen, sonst liegt ein Syntaxfehler vor. Üblicherweise wird die Version mit `wait`-Statement *nicht* für die Synthese verwendet, sondern nur für

[7]Anstelle des eigentlich selbsterklärenden Konstrukts `if rising_edge(clk) then` findet man in vielen Texten noch `if (clk'event and clk='1') then`. Der Ausdruck `clk'event` ist wahr, falls sich das Signal `clk` geändert hat. Beide Konstrukte haben bis auf eine kleine Ausnahme, auf die hier nicht weiter eingegangen wird, die gleiche Wirkung. Die Version mit `rising_edge` ist zu bevorzugen und wird in diesem Buch ausschließlich verwendet.

Simulationszwecke. In diesem Buch wird diese sehr sinnvolle Konvention ausnahmslos eingehalten.

Listing 6-7 zeigt einen Auszug aus einer Testbench, hier den Anwendungsfall »Generieren eines Clock-Signals«.

Listing 6-7: Verwendung von `process` zur Generierung eines Clock-Signals bei der Simulation

```
1   ...
2   constant clpk : time := 10ns;
3   begin
4   ...
5     process
6     begin
7       clk_sim <= '1';
8       wait for clkp/2;
9       clk_sim <= '0';
10      wait for clkp/2;
11    end process;
```

In den Zeilen 7 und 9 wird das `wait`-Statement eingesetzt, um eine bestimmte Zeit (hier: die halbe Periodendauer des Clock-Signals) zu warten, bevor der Prozess weiterläuft.

6.4.3 `process` zum Erzeugen von kombinatorischer Logik

Listing 6-8 zeigt ein (zugegebenermaßen akademisches) Beispiel zur Verwendung von `process` zur Erzeugung von kombinatorischer Logik.

Listing 6-8: Verwendung von `process` zur Generierung von kombinatorischer Logik

```
-- or_complicated.vhd

library ieee;
use ieee.std_logic_1164.all;

entity or_complicated is
  port
  (
    in0 : in std_logic;
    in1 : in std_logic;
    out0 : out std_logic
  );
end or_complicated;

```

```
15  architecture impl of or_complicated is
16
17  begin
18    process (in0, in1)
19    begin
20      if (in0 = '1') or (in1 = '1') then
21        out0 <= '1';
22      else
23        out0 <= '0';
24      end if;
25    end process;
26  end impl;
```

Wie wir schon ziemlich zu Anfang dieses Buchs gesehen haben, würde man »normalerweise« anstelle der Zeilen 18 bis 25 »kurz und knackig« schreiben:

```
out0 <= in0 or in1;
```

Wenn man mit einer FPGA-Entwicklungsumgebung für beide Versionen ein RTL-Schaltbild erstellt, ist das Ergebnis dasselbe, siehe Abbildung 6-1.

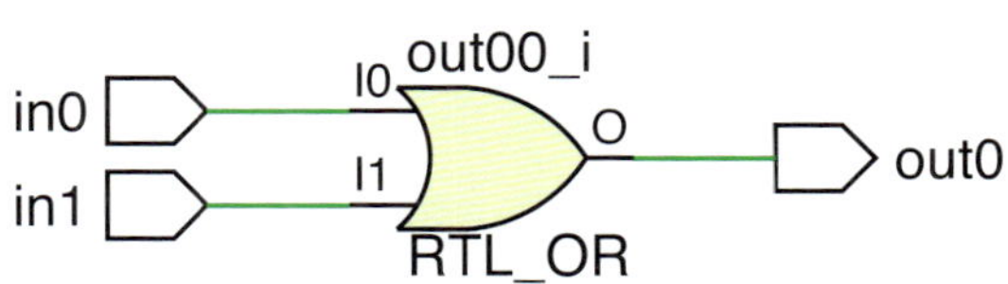

Abbildung 6-1: OR-Statement als Schaltbild

Dieses Bild ändert sich aber sofort, wenn man einen kleinen Fehler begeht und den `else`-Teil des `if`-Statements weglässt (Zeilen 22 und 23 in Listing 6-1).

Listing 6-9 zeigt den modifizierten VHDL-Code, die eben erwähnten Zeilen wurden einfach auskommentiert.

Listing 6-9: Verwendung von `process` zur Generierung von kombinatorischer Logik; fehlerhafte Version

```
-- or_complicated_error.vhd

library ieee;
use ieee.std_logic_1164.all;

entity or_complicated is
  port
  (
```

```
      in0 : in std_logic;
      in1 : in std_logic;
      out0 : out std_logic
  );
end or_complicated;

architecture impl_error of or_complicated is

begin
  process (in0, in1)
  begin
    if (in0 = '1') or (in1 = '1') then
      out0 <= '1';
    -- else                  -- injected error
    --   out0 <= '0';        -- latch will be generated
    end if;
  end process;
end impl_error;
```

Abbildung 6-2 zeigt die Auswirkung der nicht vollständigen Beschreibung innerhalb der `process`-Umgebung für das Ausgangssignal `out0`.

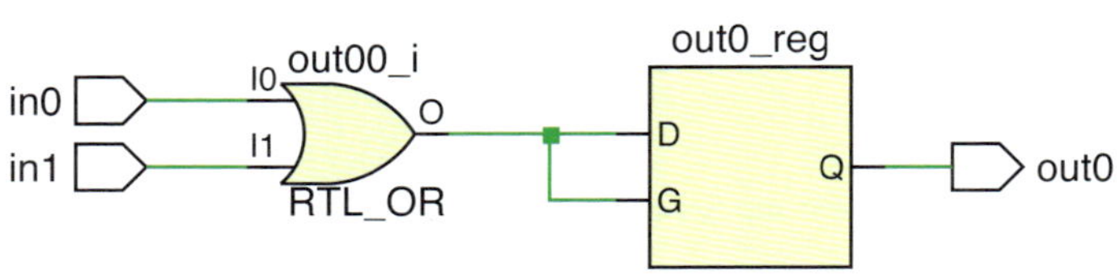

Abbildung 6-2: OR-Statement als Schaltbild

Ein »hässliches« Latch wird generiert! Spätestens bei der Synthese hat man die Chance, diesen unerwünschten Fall durch aufmerksames Lesen der Warnhinweise mitzubekommen. Falls man diese Gelegenheit verpasst, ist die Chance groß, dass dieses Latch auch in der Endversion der Schaltung enthalten ist.

Listing 6-10 zeigt eine Alternative zu Listing 6-8, die ebenfalls die gewünschte, korrekte Schaltung liefert (wie in Abbildung 6-1 gezeigt).

Listing 6-10: Verwendung von `process` zur Generierung von kombinatorischer Logik; alternative korrekte Version

```
-- or_complicated_ok2.vhd

library ieee;
```

```
4  use ieee.std_logic_1164.all;
5
6  entity or_complicated is
7    port
8    (
9      in0 : in std_logic;
10     in1 : in std_logic;
11     out0 : out std_logic
12   );
13 end or_complicated;
14
15 architecture impl_ok2 of or_complicated is
16
17 begin
18   process (in0, in1)
19   begin
20     out0 <= '0';
21     if (in0 = '1') or (in1 = '1') then
22       out0 <= '1';
23     end if;
24   end process;
25 end impl_ok2;
```

Der Unterschied zur ursprünglichen, auch korrekten, Version besteht darin, dass nun zu Beginn des Prozesses `out0` einen Wert zugewiesen bekommt, siehe Zeile 20. Sofern dieser Wert nicht »überschrieben« wird (durch das Statement in Zeile 22), wird er am Ende »bestehen«, womit `out0` komplett spezifiziert ist.

In Listing 6-11 wird gezeigt, wie eine praxisgerechte Anwendung von `process` zur Erzeugung von kombinatorischer Logik aussehen kann. Es handelt sich um einen Auszug aus Listing 9-4.

Listing 6-11: Verwendung von `process` zur Generierung von kombinatorischer Logik; Zustandsautomat

```
...
 ta_plus_proc : process (ta_plus_state_reg, ta_plus)
  begin
    ta_plus_state_next <= ta_plus_state_reg; --
      default
    ta_plus_pulse <= '0'; --default
    case ta_plus_state_reg is
      when released =>
        if ta_plus = '1' then
```

```
9            ta_plus_state_next <= pressed;
10         end if;
11       when pressed =>
12         if ta_plus = '0' then
13           ta_plus_state_next <= pulse;
14         end if;
15       when pulse =>
16         ta_plus_pulse <= '1';
17         ta_plus_state_next <= released;
18     end case;
19   end process ta_plus_proc;
20 ...
```

Hier wird die Logik eines kleinen Zustandsautomaten[8] implementiert. Ohne die Verwendung von sequentiellen VHDL-Statements sähe diese Beschreibung deutlich umständlicher und schlechter verständlich aus. Es sei noch einmal auf die Wichtigkeit der vollständigen Spezifizierung sämtlicher Zuweisungen an Signale erinnert; hier wird diese Anforderung durch die Statements in den Zeilen 4 und 5 umgesetzt. Diese Art ist meistens einfacher und damit auch besser, als die Verwendung von vielen `elsif`- bzw. `else`-Statements zur Erzielung desselben Effekts.

6.5 Ein wenig mehr VHDL

Es folgen kürzere Abschnitte zu wichtigen Details von VHDL, die bisher schon verwendet wurden, aber noch nicht unbedingt explizit erläutert wurden.

Die komplette VHDL-Syntax und -Semantik sind sehr umfangreich, [2] ist neben dem offiziellen VHDL-Sprach-Standard-Dokument quasi *die* Referenz. In dem Buch, das Sie gerade lesen, wird nur ein Teil von VHDL benutzt und überhaupt erwähnt.

Das Wichtigste bei der Beschäftigung mit VHDL bleibt, sich immer wieder klar zu machen, dass hier Hardware beschrieben und *nicht* programmiert wird, auch wenn es auf den ersten Blick anders aussehen mag. Man sollte sich beim Schreiben von VHDL-Code immer vorstellen, wie der Schaltplan dessen aussieht, was man mit VHDL textuell beschreibt. Dabei sollte man seine eventuell vorhandenen Erfahrungen mit Programmiersprachen wie C (oder »Ada«, diese Sprache ist VHDL noch ähnlicher als C) soweit wie möglich ausblenden, denn das Denken »wie ein Programmierer« ist beim Hardwaredesign wirklich kontraproduktiv! Dann sollte man schon

[8]Was Zustandsautomaten sind und wie sie funktionieren, wird in Kapitel 7.4 erklärt.

lieber an Sprachen wie »OpenSCAD« denken, die der ein oder andere Leser vielleicht schon einmal verwendet hat, um Bauteile zu konstruieren, die anschließend mit einem 3D-Drucker hergestellt wurden.

6.5.1 Kommentare

Kommentarzeilen werden in VHDL mit der Zeichenkette `--` begonnen. Eine spezielle Syntax zum Kommentieren ganzer Code-Blöcke (wie in C mit `/* ... */`) gibt es in VHDL-93 nicht. Ein brauchbarer VHDL-Editor (z.B. »notepad++« und die integrierten Editoren der in diesem Buch vorgestellten Entwicklungsumgebungen) bietet jedoch die Möglichkeit, mehrere Zeilen Code auf einmal »auszukommentieren« bzw. zu »entkommentieren«.

6.5.2 Schlüsselwörter

Einige VHDL-Schlüsselwörter sind schon implizit vorgestellt worden, z.B. `library`, `use`, `entity`, `architecture`, `begin`, `end`, `process`, `or`.

VHDL-Schlüsselwörter dürfen *nicht* als Portname etc. verwendet werden. Eine vollständige Liste aller VHDL-Schlüsselwörter wird hier nicht abgedruckt, man findet sie in Büchern wie [2] oder schnell im Web (mit einer Suche nach »vhdl reserved words«).

6.5.3 Groß- und Kleinschreibung, »white space«

Groß- bzw. Kleinschreibung haben in VHDL fast[9] *keine* syntaktische Bedeutung. Dasselbe gilt für sog. »white space«, also mehrere Leerzeichen, Tabulatorzeichen, Zeilenumbrüche etc. Selbstverständlich macht es Sinn, seinen Code unter Zuhilfenahme dieser Attribute vernünftig zu strukturieren.

Eine oft anzutreffende Praxis ist es, Ausdrücke mit »konstantem« Inhalt groß zu schreiben. Ein Nachteil (neben der schlechteren Lesbarkeit) dabei ist, dass oft vergessen wird, bei der Umwandlung eines Ausdrucks aufgrund einer Schaltungsmodifikation vom Typ `constant` in z.B. `unsigned` alle vorkommenden Stellen dieses Ausdrucks im VHDL-Code von Groß- auf Kleinschreibung umzustellen (auch wenn dies im Editor mit »Suchen und Ersetzen« leicht möglich wäre). In diesem Buch wird daher in der Regel durchgängig Kleinschreibung benutzt.

Bezüglich der Verwendung von »white space« wird in diesem Buch ein »hausgemachter« Standard verwendet. Ein wesentliches Merkmal ist, dass z.B. bei der Auflistung der Ports in dem `entity`-Teil für jeden Eintrag eine Zeile verwendet wird. Es ist in VHDL durchaus zulässig, mehrere Einträge mit *identischem Datentyp* wie folgt zusammenzufassen:

[9] Auf Ausnahmen wird explizit hingewiesen.

```
entity alarm1 is
  port
  (
    sw1, sw2, ta : in std_logic;
    led, relais : out std_logic
  );
end alarm1;
```

Das spart zwar Platz, wird aber schnell unübersichtlich und bietet *nicht* die Möglichkeit, hinter jeden Eintrag einen kurzen, individuellen Kommentar zu setzen:

```
entity alarm2 is
  port
  (
    sw1 : in std_logic; -- Schalter Alarm Ein/Aus
    sw2 : in std_logic; -- Schalter "Stumm"
    ta : in std_logic; -- Taster "Scharfschalten"
    led : out std_logic; -- LED Bereitschaft
    relais : out std_logic -- Relaisansteuerung Sirene
  );
end alarm2;
```

6.5.4 Datentypen

Wie Programmiersprachen besitzt auch die Sprache VHDL ein Datentypenkonzept. Im Wesentlichen wurde bisher der Datentyp `std_logic` einfach benutzt, ohne weiter auf Details einzugehen.

Hier werden nur die wichtigsten VHDL-Datentypen vorgestellt, eine umfassende Darstellung aller Datentypen findet sich z.B. in [2].

- `integer`: ganze Zahlen; der Wertebereich ist nicht scharf definiert, er kann durch den Kontext bestimmt werden. Die minimale Breite in Bit einer Integer-Zahl ist 32, was einem Wertebereich von $2^{-32} \ldots 2^{32}$ entspricht. Abgeleitet von Integer sind diese Datentypen:
  - `natural`: positive `integer` *mit* ›0‹
  - `positive`: positive `integer` *ohne* ›0‹
- `bit`: hat die Werte ›0‹ und ›1‹; praktische Bedeutung nur als Basis für abgeleitete Datentypen
- `bit_vector`: ein Vektor mit mehreren Daten vom Typ `bit`; Bedeutung wie `bit`

Um weitere Datentypen zur Verfügung zu haben (und auch um Operatoren wie ›+‹ auf sie anwenden zu können), müssen Libraries eingebunden werden. Am bekanntesten ist das Library-Package »IEEE std_logic_1164«, dessen Einbindung zu Beginn eines jeden VHDL-Files erscheint:

```
library ieee;
use ieee.std_logic_1164.all;
```

Nach Einbindung dieses Package stehen `std_logic` und `std_logic_vector` zur Verfügung. Diese Datentypen tragen den Besonderheiten von Hardware Rechnung, indem sie u.a. folgende Werte annehmen können; dabei muss man sich wirklich Punkte in einer Schaltung wie Ausgänge, Messpunkte u.Ä. vorstellen:

- `0` und `1`: Schaltungspunkte werden durch Treiberstufen auf diese logischen Pegel »gezogen«.
- `U`: nicht initialisiert. Bei Simulationen relevant, wird im Signal-Plot als Pegel für ein Signal angezeigt, dessen (Start-)Wert nicht spezifiziert wurde.
- `Z`: Schaltungspunkt ist hochohmig, wird nicht »getrieben«.

`std_logic` bzw. `std_logic_vector` sollten unbedingt *ausschließlich* in dem `port`-Teil eines VHDL-Moduls verwendet werden!

Sehr oft macht die Verwendung des Datentyps `unsigned`Sinn. Er steht zur Verfügung, wenn das IEEE-Package `numeric_std` [10] eingebunden wird (`use ieee.numeric_std.all;`). `unsigned` ist ein Array mit Elementen vom Typ `std_logic`. Der Clou ist, dass mit einem Signal vom Typ `unsigned` Berechnungen wie das Inkrementieren eines Zählers einfach durchgeführt werden können, mit `std_logic_vector` ist das nicht so einfach.

Außerdem kann die Dimension eines `unsigned`-Signals genauso spezifiziert werden wie bei `std_logic_vector`:

```
signal s1 : unsigned(3 downto 0);
```

VHDL ist eine streng typisierte Sprache; das bedeutet, dass bestimmte Operationen nur für bestimmte Datentypen definiert sind und dass Signale mit verschiedenen Datentypen nicht einfach miteinander gemischt werden können (sondern es sind Datentypkonvertierungen notwendig).

Eine vermeintlich einfache Sache ist das Inkrementieren eines Zählers, siehe Listing 6-12.

[10]Dieses Package stellt auch den Datentyp `signed` zur Verfügung, der für vorzeichenbehaftete Zahlen verwendet wird.

Listing 6-12: Inkrementieren eines Zählers (1) – mit Fehler

```
1   library ieee;
2   use ieee.std_logic_1164.all;
3
4
5   entity cntr01 is
6     port
7     (
8       clk : in std_logic;
9       led : out std_logic
10    );
11  end cntr01;
12
13  architecture impl of cntr01 is
14  signal cntr : std_logic_vector(24 downto 0);
15
16  begin
17    process (clk)
18    begin
19      if rising_edge(clk) then
20        cntr <= cntr + 1;
21      end if;
22    end process;
23
24    led <= cntr(24);
25
26  end impl;
```

Die FPGA-Entwicklungsumgebung meldet einen Fehler in Bezug auf Zeile 19, die +-Operation ist für den Datentyp `std_logic_vector` nicht definiert.

Listing 6-13 zeigt eine fehlerfreie Version.

Listing 6-13: Inkrementieren eines Zählers (2) - empfohlene Lösung

```
library ieee;
use ieee.std_logic_1164.all;
use ieee.numeric_std.all;

entity cntr01 is
  port
  (
    clk : in std_logic;
    led : out std_logic
  );
```

```
11  end cntr01;
12
13  architecture impl of cntr01 is
14  signal cntr : unsigned(24 downto 0);
15
16  begin
17    process (clk)
18    begin
19      if rising_edge(clk) then
20        cntr <= cntr + 1;
21      end if;
22    end process;
23
24    led <= cntr(24);
25
26  end impl;
```

- Es wird zusätzlich das IEEE-Package `numeric_std` eingebunden, Zeile 3.
- Der Zähler erhält den Datentyp `unsigned` anstatt `std_logic_vector`, Zeile 14.

So ist der VHDL-Code gut lesbar und verständlich. Diese Lösung sollte immer gewählt werden!

Es werden noch zwei weitere Lösungsmöglichkeiten vorgestellt, die beide suboptimal sind.

Listing 6-14 zeigt einen Ansatz, der mit Datentypkonvertierungen arbeitet.

Listing 6-14: Inkrementieren eines Zählers (3) - unschön

```
library ieee;
use ieee.std_logic_1164.all;
use ieee.numeric_std.all;

entity cntr01 is
  port
  (
    clk : in std_logic;
    led : out std_logic
  );
end cntr01;

architecture impl of cntr01 is
```

```
14  signal cntr : std_logic_vector(24 downto 0);
15
16  begin
17    process (clk)
18    begin
19      if rising_edge(clk) then
20        cntr <= std_logic_vector(unsigned(cntr) + 1);
21      end if;
22    end process;
23
24    led <= cntr(24);
25
26  end impl;
```

Hier wird auch `ieee.numeric_standard` benutzt, allerdings wird für das Signal `cntr` wie in der ursprünglichen Version der Datentyp `std_logic_vector` benutzt. Daher müssen in Zeile 24 gleich zwei Cast-Operationen verwendet werden:

- `cntr` wird von `std_logic_vector` in `unsigned` gewandelt, zu dem Ergebnis dieser Operation wird ›1‹ addiert.
- Anschließend wird die Summe vom Datentyp `unsigned` in den Datentyp `std_logic_vector` konvertiert.

Das ist syntaktisch korrekt, aber schlecht lesbar. *Nicht* empfohlen! Listing 6-15 zeigt eine weitere Möglichkeit.

Listing 6-15: Inkrementieren eines Zählers (4)

```
-- cntr01.vhd

library ieee;
use ieee.std_logic_1164.all;
use ieee.std_logic_unsigned.all;

entity cntr01 is
  port
  (
    clk : in std_logic;
    led : out std_logic
  );
end cntr01;

architecture impl of cntr01 is
signal cntr : std_logic_vector(24 downto 0);
```

```

begin
  process (clk)
  begin
    if rising_edge(clk) then
      cntr <= cntr + 1;
    end if;
  end process;

  led <= cntr(24);

end impl;
```

Die einzige Änderung gegenüber der fehlerhaften Ursprungsversion (Listing 6-12) ist das Einbinden des Package `std_logic_unsigned`. Allerdings ist dies *kein* Standard-Package[11], auch wenn es die meisten Tool-Hersteller einfach so zur Verfügung stellen, dass man bei der Anwendung diesen feinen Unterschied nicht bemerkt (`use ieee.std_logic_unsigned`). In Bezug auf den Ansatz von VHDL, eine stark typisierte und standardisierte Sprache zu sein, macht die Verwendung von `std_logic_unsigned` einen nicht ganz »sauberen« Eindruck (nur durch das Einbinden eines nicht zum Standard gehörenden Library-Package funktioniert etwas, das der Standardsprachumfang eigentlich verhindert). Auf der anderen Seite kann man es auch pragmatisch sehen und einfach das verwenden, was funktioniert.

Wer mit einer Entwicklungsumgebung arbeitet, die VHDL-2008 gut unterstützt, kann den zuletzt vorgestellten Ansatz in modifizierter Form anwenden und anstelle von `std_logic_unsigned` ein anderes Package verwenden: VHDL-2008 stellt im Standardumfang das Library-Package `numeric_std_unsigned` zur Verfügung; eingebunden wird es mit `use ieee.numeric_std_unsigned.all`. Diesmal ist das Präfix `ieee` »nicht gemogelt«.

Egal, welchen Ansatz man in seinen Designs verwendet, man sollte bei einem Weg bleiben und auf keinen Fall innerhalb eines Projekts oder gar eines Files die Vorgehensweisen mischen. In diesem Buch wird der in Listing 6-13 dargestellte Ansatz verwendet.

6.5.4.1 Vektor-Signale

Oft hat man es mit Signalen zu tun, die sich aus mehreren Bits zusammensetzen, z.B. einem Datenbus bei einem Mikrocontroller. Es ist praktisch, wenn man diese Signale mit einem gemeinsamen Namen behandeln kann,

[11] Es stammt von der Firma Synopsis.

zum Zugriff auf einzelne Elemente wird ein Index verwendet. In diesem Buch wird ausschließlich folgende Darstellung verwendet:

```
signal data_bus : std_logic_vector(31 downto 0);
```

data_bus ist ein 32 Bit breites Signal vom Typ std_logic_vector. Bit 31 ist das »Most Significant Bit« (MSB), Bit 0 das »Least Significant Bit« (LSB).

Auf Bit 5 von data_bus kann man so zugreifen: data_bus(5). Auch der Zugriff auf Teile des Busses ist möglich: data_bus(3 downto 0) ist ein Zugriff auf die vier niedrigstwertigen Bits von data_bus.

Operatoren lassen sich auch auf Vektor-Signale anwenden, ein Beispiel dazu:

Listing 6-16: Vektor-Operation

```
1    -- vector_op.vhd
2
3   library ieee;
4   use ieee.std_logic_1164.all;
5
6   entity vector_op is
7     port
8     (
9       vin0 : in std_logic_vector(1 downto 0);
10      vin1 : in std_logic_vector(1 downto 0);
11      vout : out std_logic_vector(1 downto 0)
12    );
13  end vector_op;
14
15  architecture impl of vector_op is
16  begin
17    vout <= vin0 and vin1;
18  end impl;
```

Das Statement in Zeile 17 ist im Grunde eine Kurzschreibweise für diese Statements:

```
vout(0) <= vin0(0) and vin1(0);
vout(1) <= vin0(1) and vin1(1);
```

6.5.5 Operatoren

Einige Operatoren wurden in den Code-Beispielen der früheren Kapitel bereits verwendet. Hier (Tabelle 6.5.5) folgt eine Liste mit den Operatoren, die in diesem Buch benutzt werden. Sie sind nach Priorität geordnet, von hoch nach niedrig. Eine vollständige Liste ist z.B. in [2] zu finden oder im Web (nach »vhdl operators« suchen).

Operator	Bedeutung
$**$	Exponential-Operator
not	Negierung
$*$	Multiplikation
/	Division
$+$	positives Vorzeichen
$-$	negatives Vorzeichen
$+$	Addition
$-$	Subtraktion
&	Concatenation (Aneinanderhängen)
$=$	Test auf Gleichheit
$/=$	Test auf Ungleichheit
$<$	Test auf kleiner
$<=$	Test auf kleiner gleich
$>$	Test auf größer
$>=$	Test auf größer gleich
and	Und
or	Oder
nand	Nand (Und mit anschließender Negation)
nor	Nor (Oder mit anschließender Negation)
xor	Xor (Exklusiv-Oder)
xnor	Xnor (Exklusiv-Oder mit anschließender Negation)

Tabelle 6-1: VHDL-Operatoren

Beim Verwenden von Operatoren macht es immer Sinn, lieber ein Klammerpaar zu viel als zu wenig einzusetzen, um die gewünschte Priorität in komplexeren Ausdrücken mit mehreren Operatoren klar zu kennzeichnen; ein eigentlich nicht notwendiges Klammerpaar schadet nicht, ein Klammerpaar zu wenig, das zu einem vollkommen anderen Verhalten der Schaltung führen kann, hingegen sehr.

Dazu ein Beispiel: Der Ausdruck $-2 * *2$ ergibt ›-4‹ und nicht ›4‹, weil der Exponential-Operator $**$ Vorrang vor dem Vorzeichen-Operator $-$ hat. $(-2) * *2$ hingegen ergibt ›4‹.

Wenn man solche Dinge schnell ausprobieren möchte, kann man das ganz einfach mit einem VHDL-Simulator und der Verwendung des (nicht synthetisierbaren) VHDL-Schlüsselworts `report` machen.

Listing 6-17 zeigt, wie das geht.

Listing 6-17: Testbench zum Ausprobieren von VHDL-Ausdrücken

```
1   -- report_tb.vhd
2
3   library ieee;
4   use ieee.std_logic_1164.all;
5
6   entity report_tb is
7   end report_tb;
8
9   architecture sim of report_tb is
10  begin
11    process
12    begin
13      report "-2**2 ergibt : " & integer'image(-2**2);
14      report "(-2)**2 ergibt : " & integer'image((-2)
          **2);
15    wait;
16    end process;
17  end sim;
```

Diese minimalistische Testbench weist außer dem notwendigen Rahmen nur 2 »interessante« Zeilen auf, 13 und 14. Dort wird das oben erwähnte Beispiel aufgegriffen und in beiden Varianten berechnet.

`report` gibt einen String auf die Textkonsole aus. Hier besteht dieser String jeweils aus zwei Teilstrings, die mit dem `&`-Operator miteinander verbunden werden. Der Teilstring links vom `&`-Operator ist einfach Text und bedarf keiner weiteren Erklärung. Der rechte Teil ist ein wenig komplizierter. Das Konstrukt `integer'image` liefert den String eines Integer-Wertes, der Ausdruck in dem Klammernpaar wird als Integer-Zahl interpretiert, die entsprechend den VHDL-Regeln ermittelt wird. In diesem Beispiel wird gezeigt, wie sich die Priorität der VHDL-Operatoren auswirkt.

Da in diesem Beispiel keine Signale verarbeitet werden, wird vom Simulator nach dem Ausführen dieser Testbench auch kein Wave-Fenster angezeigt. Die `report`-Statements führen vielmehr dazu, dass in einem Konsolen-Fenster auf Basis dieser Statements Text angezeigt wird (Abbildung 6-3).

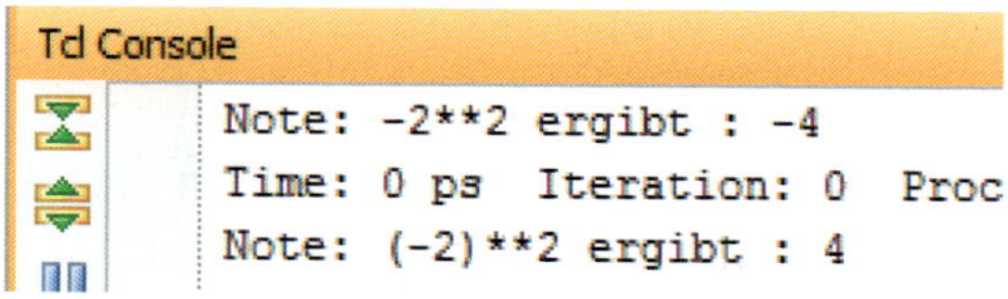

Abbildung 6-3: VHDL-Simulator: Konsolen-Output aufgrund von Report-Statements

6.6 Ausgewählte VHDL-Konstrukte und -Designmuster

In diesem Abschnitt werden einige VHDL-Konstrukte und -Designmuster vorgestellt, die in noch folgenden Schaltungsbeispielen in diesem Buch verwendet werden. Die Auswahl ist keineswegs vollständig, mit solchen Beispielen ließe sich ohne Probleme ein ganzes Buch füllen.

[7] enthält in Kapitel 4 eine große Anzahl von einfachen Designmustern, in VHDL und SystemVerilog. Wer bereits ein wenig VHDL beherrscht und Verilog bzw. SystemVerilog lernen möchte, ist daher mit [7] gut bedient.

6.6.1 Enable

Wer sich mit Flip-Flops schon ein wenig auskennt, hat wahrscheinlich bereits ein D-Flip-Flop mit sogenanntem »Enable«-Eingang gesehen.

Dieser Eingang hat folgende Funktion: Nur wenn das Enable-Signal aktiv ist (in der Regel bedeutet das, dass Enable »logisch eins« ist), hat das Clock-Signal eine Wirkung. Alle D-Flip-Flops in FPGAs haben normalerweise Enable-Eingänge; wenn diese Eingänge im Design nicht explizit benutzt werden, legt die Entwicklungssoftware die Enable-Eingänge aller vom Design verwendeten Flip-Flops, deren »Enable« im Design nicht aktiv verwendet wird, während der Synthesephase auf ›1‹, so dass diese Flip-Flops ständig »enabled« sind.

Somit stellen sich die Fragen, wie der Enable-Eingang eines Flip-Flops in VHDL aktiv genutzt wird und warum man ihn überhaupt verwenden sollte.

Zuerst das »Wie«, dann das »Warum«.

Listing 6-18: D-Flip-Flop mit Enable-Eingang in VHDL

```
library ieee;
use ieee.std_logic_1164.all;

entity dff_en is
  port
```

```
6      (
7        clk : in std_logic; -- clock input
8        d : in std_logic; -- data input
9        en : in std_logic; -- enable input
10       q : out std_logic  -- data output
11     );
12   end dff_en;
13
14   architecture impl of dff_en is
15   begin
16     process (clk)
17     begin
18       if rising_edge(clk) then
19         if en = '1' then
20           q <= d;
21         end if;
22       end if;
23     end process;
24   end impl;
```

Ein Vergleich mit Listing 5-1 zeigt, dass im Vergleich zu der Basisform eines D-Flip-Flops der Enable-Eingang dazugekommen ist (Zeile 9 in Listing 6-18) sowie ein `if`-Konstrukt (Zeilen 19 und 21 in Listing 6-18). Diese Erweiterungen bewirken, dass das Flip-Flop nur bei einer ›1‹ am Enable-Eingang seinen Zustand ändern kann.

Durch ein geeignetes Signal am Enable-Eingang kann z.B. das betreffende Flip-Flop mit einer niedrigeren Frequenz als der Frequenz des am Clock-Eingang anliegenden Clock-Signals getaktet werden. In Abschnitt 7.1 folgen Details zu diesem Thema.

6.6.2 Reset und Initialisierungen

Bei dem Begriff »Reset« denkt der Leser mit Mikrocontroller-Erfahrung wahrscheinlich an einen Reset-Eingang. Bei einem FPGA kann man *nicht* pauschal davon ausgehen, dass ein dedizierter Reset-Eingang vorhanden ist[12].

Trotzdem ist »Reset« auch bei FPGAs ein wichtiges Thema, auch wenn es nicht wie bei einem Mikrocontroller die Notwendigkeit gibt, einen »Program Counter« auf einen fest definierten Startwert zu setzen. Bei einem

[12] Das ist nicht zu verwechseln mit dedizierten Pins zum Konfigurieren oder Programmieren des FPGAs. Selbstverständlich kann von außen erzwungen werden, dass das FPGA neue Konfigurationsdaten erhält und somit »neu startet«. Diese Maßnahme ist aber *kein* funktionaler Reset.

FPGA geht es vielmehr darum, als Abschluss der Konfiguration (bei einem SRAM-basierten FPGA bei jedem Power-On) den Inhalt bestimmter Register auf definierte Startwerte zu setzen. Auch wenn ›0‹ oft der »natürliche« Startwert eines Registers ist, muss in etlichen Fällen ›1‹ verwendet werden.

Wie diese Initialwerte in die Register gelangen, hängt vom verwendeten FPGA und der zur Entwicklung verwendeten Toolkette ab. Hier hilft nur, die Dokumentation für die gegebene Konstellation zu lesen oder es auszuprobieren.

Die aktuelle, generelle Empfehlung für moderne Xilinx-FPGAs beispielsweise lautet, dedizierte Set- bzw. Reset-Signale nach Möglichkeit zu vermeiden und anstatt dessen, wo erforderlich, für Signale bei der Signaldefinition einen Default- bzw. Startwert anzugeben. Allerdings kann diese Empfehlung nicht einfach auf die FPGAs anderer Hersteller übertragen werden. Es gibt FPGAs, bei denen ein solcher Initialwert während der Synthese nicht entsprechend umgesetzt wird, in solch einem Fall müssen dedizierte Reset-Signale (bzw. Set-Signale) verwendet werden. Aber selbst falls es mit den Initialwerten klappt, gibt es Fälle, in denen dennoch dedizierte Reset-Signale verwendet werden müssen. Ein Beispiel ist eine per FPGA realisierte Stoppuhr. Hier ist es notwendig, eine »Reset«-Taste zu verwenden; ein Druck auf diese Taste wird dann letztendlich auch zu einem Reset der Register führen, mit denen der eigentliche Zähler implementiert ist, der das Herzstück dieser Anwendung ausmacht. Wenn dedizierte Resets erforderlich sind, gibt es zwei Möglichkeiten, hier am Beispiel eines D-Flip-Flops dargestellt:

- Asynchroner Reset: Das Reset-Signal hat keinen festgelegten zeitlichen Bezug zum Clock-Signal, es kann jederzeit aktiv werden und setzt den Ausgang ›Q‹ sofort auf ›0‹.
- Synchroner Reset: Dieses Reset-Signal kann nur mit der aktiven Flanke (also meistens mit der steigenden Flanke) des Clock-Signals aktiv werden; wenn das synchrone Reset-Signal dann aktiv ist, wird der Ausgang ›Q‹ auf ›0‹ gesetzt, auch wenn am Eingang ›D‹ eine ›1‹ anliegt.

Es folgen VHDL-Beschreibungen für ein D-Flip-Flop mit asynchronem und synchronem Reset.

6.6.2.1 Asynchroner Reset

Listing 6-19 enthält VHDL-Code für ein D-Flip-Flop mit *asynchronem* Reset.

Listing 6-19: D-Flip-Flop mit asynchronem Reset

```
1   library ieee;
2   use ieee.std_logic_1164.all;
3
4   entity dff_ar is
5     port
6     (
7       clk : in std_logic; -- clock input
8       d : in std_logic; -- data input
9       reset_a : in std_logic; -- asynchronous reset input
10      q : out std_logic  -- data output
11    );
12  end dff_ar;
13
14  architecture impl of dff_ar is
15  begin
16    process (clk, reset_a)
17    begin
18      if reset_a = '1' then
19        q <= '0';
20      elsif rising_edge(clk) then
21        q <= d;
22      end if;
23    end process;
24  end impl;
```

Die »sensitivity list« des Prozesses in Zeile 16 enthält sowohl das Clock-Signal `clk` als auch das Reset-Signal `reset_a`. Sobald dieses Reset-Signal den Wert ›1‹ annimmt, erfolgt unmittelbar die in Zeile 19 definierte Reaktion der Flip-Flop-Schaltung, der Ausgang ›Q‹ wird auf ›0‹ gesetzt.

6.6.2.2 Synchroner Reset

In Listing 6-20 wird der VHDL-Code für ein D-Flip-Flop mit *synchronem* Reset wiedergegeben.

Listing 6-20: D-Flip-Flop mit synchronem Reset

```
1  library ieee;
2  use ieee.std_logic_1164.all;
3
4  entity dff_sr is
5    port
6    (
7      clk : in std_logic; -- clock input
8      d : in std_logic; -- data input
9      reset : in std_logic; -- synchronous reset input
10     q : out std_logic  -- data output
11   );
12 end dff_sr;
13
14 architecture impl of dff_sr is
15 begin
16   process (clk)
17   begin
18     if rising_edge(clk) then
19       if reset = '1' then
20         q <= '0';
21       else
22         q <= d;
23       end if;
24     end if;
25   end process;
26 end impl;
```

Das Reset-Signal `reset` taucht *nicht* in der »sensitivity list« in Zeile 18 auf, dort ist diesmal nur das Clock-Signal `clk` enthalten. Somit ergibt sich ein fundamentaler Unterschied zu dem zuvor beschriebenen D-Flip-Flop mit asynchronem Reset:

Hier wird das Reset-Signal nur berücksichtigt, wenn eine steigende Flanke des Clock-Signals vorliegt, Zeile 18 und Zeile 19. Aufgrund der Reihenfolge innerhalb des in Zeile 19 beginnenden `if`-Statements hat der Reset Vorrang gegenüber der Zuweisung `q <= d;` in Zeile 22.

6.6.2.3 Wahl des Reset-Typs

In der Regel sollte dem synchronen Reset unbedingt der Vorzug gegenüber dem asynchronen Reset gegeben werden. Alle bereits zu den Themen »Flip-Flops/Latches« und »synchrones Design« getroffenen Aussagen unterstützen dies.

Der Grund für einen asynchronen Reset ist dann gegeben, wenn nicht sichergestellt ist, dass das Clock-Signal vorhanden ist, wenn der Reset ausgelöst wird. Ohne das Clock-Signal kann der synchrone Reset nicht ausgeführt werden!

Spezielle Schaltungen zu Clock-Generierung sind von allen Herstellern als kostenloses IP-Modul verfügbar (Details finden sich im Kapitel 7.1). Diese Schaltungen bieten in der Regel einen Reset-Ausgang. Dieser Reset-Ausgang kann in Form eines asynchronen Resets verwendet werden, er »hält« die gesamte Schaltung dann so lange im Reset-Zustand, bis ein stabiles Clock-Signal zur Verfügung steht. Alle anderen Reset-Aktivitäten (wie z.B. das Rücksetzen des Zählregisters einer elektronischen Stoppuhr bei Druck einer dafür vorgesehenen Reset-Taste) sollten als synchrone Resets ausgelegt werden, sofern es nicht einen zwingenden Grund für die asynchrone Variante gibt.

Beim Thema »Reset« gibt es noch weitere Feinheiten zu beachten, auf die hier allerdings im Wesentlichen nicht weiter eingegangen wird. Um eine Idee zu geben: Die »Polarität« des Reset-Signals spielt eine Rolle dabei, ob das Design die Architektur und die Ressourcen eines bestimmten FPGAs optimal ausnutzt. Um diese Informationen zu erhalten, muss die spezifische Dokumentation studiert werden.

6.6.3 Multiplexer

Ein Multiplexer (im Laborjargon »Mux«) dient dazu, mit Hilfe eines Steuersignals eines von mehreren Eingangssignalen auszuwählen und auf den einzigen Ausgang durchzuschalten.

Die einfachste Version eines Multiplexers hat zwei 1-Bit-Eingänge, ein 1-Bit-Steuersignal und einen 1-Bit-Ausgang und wird in Listing 6-21 gezeigt.

Listing 6-21: Einfacher Multiplexer

```
-- mux.vhd
library ieee;
use ieee.std_logic_1164.all;

entity mux is
  port
  (
    in0 : in std_logic;
    in1 : in std_logic;
    sel : in std_logic;
    out0 : out std_logic
  );
```

```
end mux;

architecture impl of mux is
begin
  out0 <= in0 when sel = '0' else in1;
end impl;
```

6.6.4 Tri-State-Buffer

Manchmal gibt es Bedarf, den Ausgang einer Schaltung in einen hochohmigen Zustand schalten zu können. Ein Beispiel sind serielle Kommunikationsschnittstellen, bei denen sich mehrere Teilnehmer eine Datenleitung teilen und immer nur ein Teilnehmer senden darf. Alle anderen Teilnehmer müssen ihren Sendeausgang dann in einen passiven Zustand versetzen, was mit einem Tri-State-Buffer realisiert werden kann.

Listing 6-22 zeigt den entsprechenden VHDL-Code.

Listing 6-22: Tri-State-Buffer

```
1   -- tristate.vhd
2
3   library ieee;
4   use ieee.std_logic_1164.all;
5
6   entity tristate is
7     port
8     (
9       data_in : in std_logic;
10      control : in std_logic;
11      data_out : out std_logic
12    );
13  end tristate;
14
15  architecture impl of tristate is
16
17  begin
18    data_out <= data_in when control = '1' else 'Z';
19  end impl;
```

In Zeile 18 wird der Ausgang data_out durch die bedingte Zuweisung von ›Z‹[13] in den hochohmigen Zustand versetzt, wenn der Steuereingang

[13] Hier muss ein großes ›Z‹ verwendet werden!

`control` ungleich ›1‹ ist. Bei einer ›1‹ am Steuereingang wird der Dateneingang `data_in` auf den Ausgang durchgeschaltet.

Abbildung 6-4 zeigt das zugehörige Schaltbild.

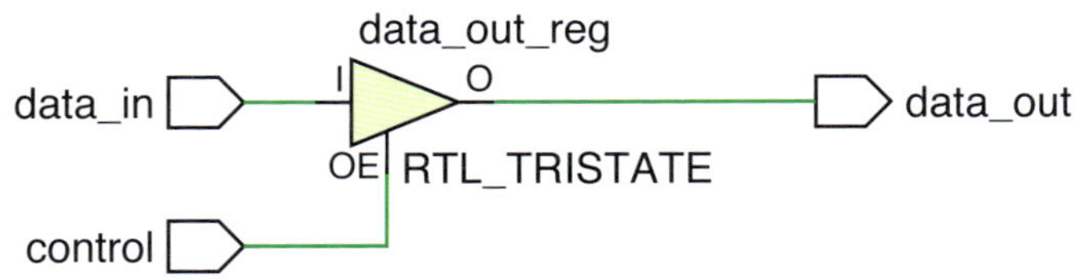

Abbildung 6-4: Tri-State-Buffer

6.7 Synchrone Digitalsysteme

Bekanntlich führen viele Wege nach Rom. Ähnliches gilt auch für die Beschreibung digitaler Systeme mit einer Hardwarebeschreibungssprache. Zur Realisierung einer bestimmten Funktionalität in Hardware gibt es meistens viele verschiedene Möglichkeiten. Auch wenn all diese Möglichkeiten auf den ersten Blick identische Ergebnisse liefern (in dem Sinn, dass die verschiedenen Schaltungsrealisierungen bei gleichen Eingangswerten gleiche Ausgangswerte liefern), sind sie dennoch nicht gleichwertig. Einige Lösungen sind stabil (z.B. liefern sie auch dann noch die erwarteten Ergebnisse, wenn die Eingangssignale nicht aussehen wie aus dem Lehrbuch, sondern mit Störungen behaftet sind), andere sind es nicht.

Die gewünschte Stabilität und Robustheit wird erreicht, wenn Digitalschaltungen *synchron* implementiert werden. Solch eine Schaltung entspricht diesen Kriterien:

1. Sämtliche Clock-Eingänge (von Flip-Flops) werden von einem (globalen) Clock-Signal gespeist; die Datenübernahme erfolgt mit der steigenden Flanke des Clock-Signals.
2. Alle externen Eingangssignale werden synchronisiert[14]; so werden metastabile Zustände durch Verletzung der Timing-Anforderungen der FPGA-Hardware vermieden.
3. Alle Ausgangssignale, die externe Komponenten treiben, werden ggf. von Registern getrieben. So wird verhindert, dass eventuell auftretende Störimpulse in Folge von Schaltvorgängen (sog. »Glitches«) negative Auswirkungen haben. Um den zeitlichen Bezug mehrerer Signale zu-

[14] Synchronisation wird in Kapitel 7.3 erklärt.

einander zu wahren, müssen ggf. Register für alle Signale einer solchen Gruppe vorgesehen werden.

6.8 Universelle Grundstruktur

Abbildung 6-5 enthält die schematische Darstellung einer universellen Grundstruktur für synchrone Digitalsysteme. In [4] wird diese Struktur ausführlich erklärt und es finden sich dort weitere Informationen zum Thema »synchrones Design«, die über den Rahmen dieses Buchs hinausgehen.

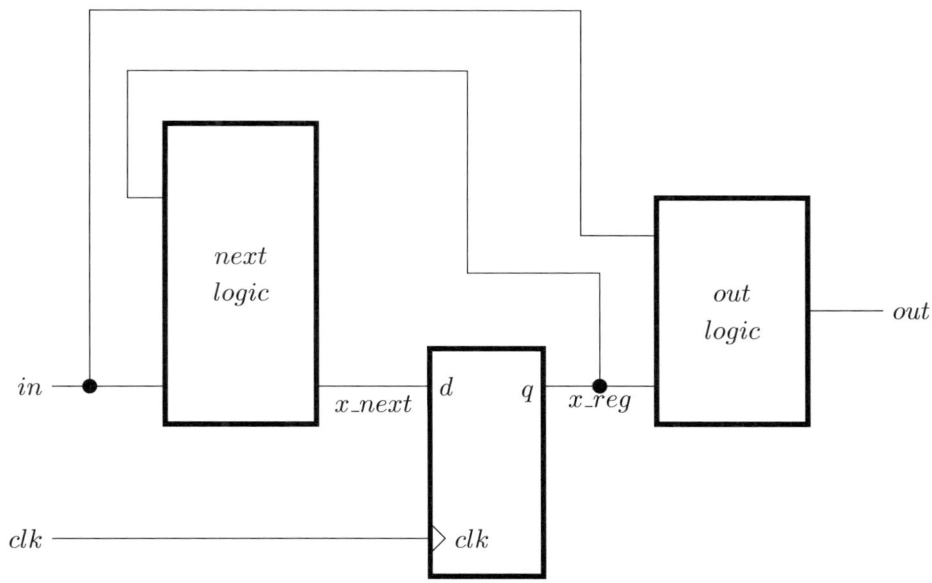

Abbildung 6-5: Synchrones Digitalsystem

Wird die in Abbildung 6-5 gezeigte Schaltung als »Black Box« betrachtet, hat sie die beiden Eingangssignale ›in‹ und ›clk‹ sowie das Ausgangssignal ›out‹. Für die folgende Betrachtung wird unterstellt, dass diese Signale den in Kapitel 6.7 gestellten Anforderungen genügen: ›in‹ ist synchronisiert, ›clk‹ ist *das* Clock-Signal der gesamten Schaltung, ›out‹ wird noch über ein Ausgangsregister geleitet, falls es ein Port ist (also mit einem Ausgangs-Pin des FPGAs verbunden wird).

Die Grundidee ist, für jedes Signal, das in einem Flip-Flop (oder »Register«) gespeichert (oder »registriert«) werden soll, jeweils ein dediziertes Signal für den Registereingang und den Registerausgang vorzusehen. In Abbildung 6-5 ist dies anhand des Signals ›x‹ dargestellt, für welches die Signale ›x_next‹ (Eingang des Flip-Flops) und ›x_reg‹ (Ausgang des Flip-Flops) verwendet werden. ›x_reg‹ ist immer für einen Zeitschritt (eine Periodenlänge des Clock-Signals ›clk‹) stabil, während dieser Zeit haben die mit »next logic« und »out logic« gekennzeichneten Blöcke mit kombinatorischer Logik Zeit, die Werte von ›x_next‹ bzw. ›out‹ zu bestimmen. Solange die dabei eventuell relevanten Signallaufzeiteffekte u.Ä. kleiner als die Periodendauer des Clock-Signals sind, wird das System sicher funktionieren.

In dem Diagramm lässt sich gut erkennen, dass ›x_next‹ durch logische Verknüpfungen zwischen dem Eingangssignal ›in‹ und dem »registrierten« Signal ›x_reg‹ bestimmt wird, während das Ausgangssignal ›out‹ sich auf Basis logischer Verknüpfungen zwischen dem Eingangssignal ›in‹ und dem Register-Signal ›x_reg‹ ergibt.

Zur Illustrierung dieses Konzepts folgen einige Beispiele, auf die in den weiteren Kapiteln zurückgegriffen wird. Wer bereits Erfahrung mit VHDL gesammelt hat und schon Beispiele zu ähnlichen Designmustern kennt, wird im ersten Moment evtl. denken: »Das kenne ich aber anders, der neue Ansatz sieht auf den ersten Blick komplizierter aus«. Wie schon mehrfach in diesem Buch betont wurde, gibt es oft mehrere Wege, um zum Ziel zu kommen. Hier wird ein Ansatz gezeigt, der aufgrund der strikten Einhaltung der Regeln des synchronen Designs stabile Ergebnisse liefert. Außerdem entsteht durch die klare Trennung zwischen den Teilen »Aktualisierung der Register« und »Implementierung von logischen Verknüpfungen« eine übersichtliche Struktur, die auch bei größeren Projekten noch gut überschaubar und relativ leicht änderbar und erweiterbar ist.

6.8.1 Binärzähler – noch einmal

Listing 6-23 enthält den VHDL-Code eines 2-Bit-Binärzählers, wie er bereits in Kapitel 5.2 vorgestellt wurde.

Listing 6-23: `bincntr_std.vhd`; 2 Bit-Binärzähler in VHDL; Standardversion

```
library ieee;
use ieee.std_logic_1164.all;
use ieee.numeric_std.all;

entity bincntr is
  port
  (
    clk : in std_logic;
    counter : out std_logic_vector(1 downto 0)
  );
end bincntr;

architecture impl of bincntr is
signal cntr : unsigned(1 downto 0);
```

```
begin
  process (clk)
  begin
    if rising_edge(clk) then
      cntr <= cntr + 1;
    end if;
  end process;
  counter <= std_logic_vector(cntr);
end impl;
```

Abbildung 6-6 enthält das zugehörige Blockschaltbild.

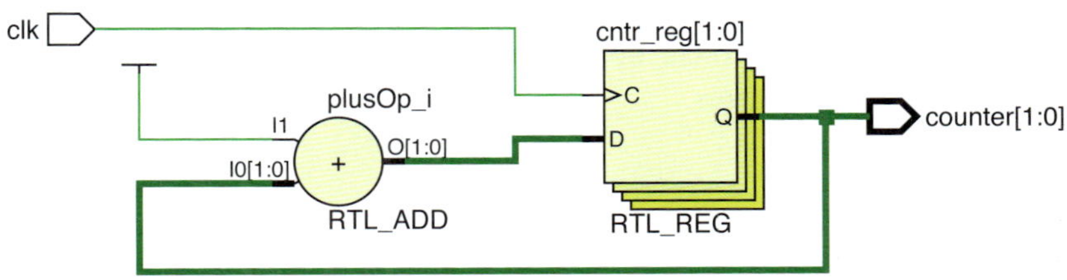

Abbildung 6-6: RTL-Blockdiagramm eines 2-Bit-Binärzählers, »Standardversion«

Listing 6-24 enthält den VHDL-Code für einen 2-Bit-Binärzähler, der nach der oben vorgestellten Methode entwickelt wurde.

Listing 6-24: `bincntr_sd.vhd`; 2 Bit-Binärzähler in VHDL; Version »Synchrones Design«

```
library ieee;
use ieee.std_logic_1164.all;
use ieee.numeric_std.all;

entity bincntr is
  port
  (
    clk : in std_logic;
    counter : out std_logic_vector(1 downto 0)
  );
end bincntr;

architecture impl of bincntr is
signal cntr_reg : unsigned(1 downto 0) := "00";
signal cntr_next : unsigned(1 downto 0);
begin
```

```
    -- register update
    process (clk)
    begin
      if rising_edge(clk) then
        cntr_reg <= cntr_next;
      end if;
    end process;
    -- next logic
    cntr_next <= cntr_reg + 1;
    -- out logic
    counter <= std_logic_vector(cntr_reg);
  end impl;
```

Abbildung 6-7 stellt das zugehörige RTL-Blockdiagramm dar. Ein Vergleich mit Abbildung 6-6 zeigt, dass beide Schaltungsbeschreibungen zu einem identischen Ergebnis führen.

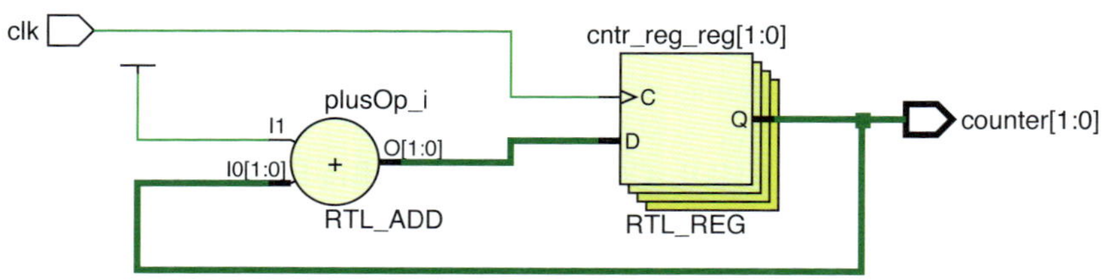

Abbildung 6-7: RTL-Blockdiagramm eines 2-Bit-Binärzählers, synchrones Design

6.8.2 Modulozähler

Nun wird ein 2-Bit-Zähler konstruiert, der von ›0‹ bis ›2‹ zählt. Auch wenn diese Aufgabenstellung zunächst nur wie eine Fingerübung aussieht, das zugrunde liegende Prinzip wird später benötigt, z.B. wenn aus einer Frequenz von 100 MHz ein Signal mit einer Frequenz von *exakt* einem Hertz abgeleitet wird.

Mit einem reinen Binärzähler, wie vorher beschrieben, ist diese Aufgabe nicht zu lösen. Ein 1-Bit-Zähler deckt den Bereich $0 \dots 1$ ab, während ein 2-Bit-Zähler im Bereich $0 \dots 3$ arbeitet.

Listing 6-25 zeigt eine Realisierung in VHDL für einen Modulozähler (unter Verwendung des ›Synchron‹-Paradigmas).

Listing 6-25: `cntr_mod.vhd`; 2-Bit-Modulozähler in VHDL

```
1  library ieee;
2  use ieee.std_logic_1164.all;
3  use ieee.numeric_std.all;
4
5  entity cntr_mod is
6    port
7    (
8      clk : in std_logic;
9      cntr_out : out std_logic_vector(1 downto 0)
10   );
11 end cntr_mod;
12
13 architecture impl of cntr_mod is
14 signal cntr_reg : unsigned(1 downto 0) := "00";
15 signal cntr_next : unsigned(1 downto 0);
16 begin
17   -- register update
18   process (clk)
19   begin
20     if rising_edge(clk) then
21       cntr_reg <= cntr_next;
22     end if;
23   end process;
24   -- next logic
25   cntr_next <= "00" when (cntr_reg = "10") else
          cntr_reg + 1;
26   -- out logic
27   cntr_out <= std_logic_vector(cntr_reg);
28 end impl;
```

Der entscheidende Unterschied zu dem »gewöhnlichen« Binärzähler liegt in Zeile 25 (Listing 6-25): Dort steht nun eine bedingte Zuweisung, die dafür sorgt, dass der Zähler bereits bei Erreichen des Zählerstands ›2‹ (Binär: `10`) beim nächsten Takt wieder auf ›0‹ gesetzt wird, anstatt das automatische »Wrap around« auszunutzen, das beim Binärzähler (Listing 6-24) beim Erreichen des Endwerts ›3‹ dafür sorgt, dass dieser Zähler beim nächsten Takt den Wert ›0‹ erhält.

Abbildung 6-8 zeigt das entsprechende RTL-Blockdiagramm.

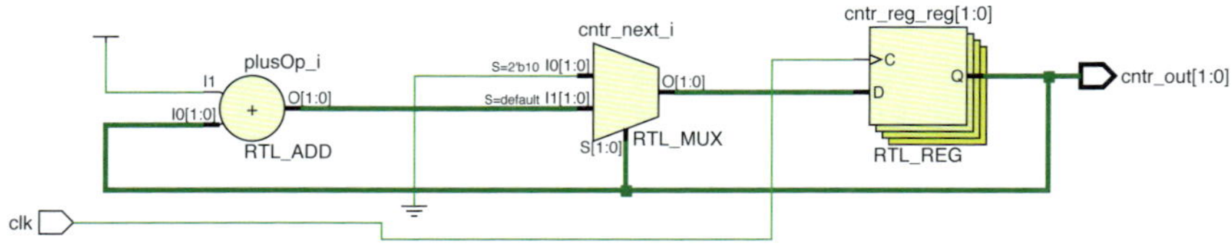

Abbildung 6-8: RTL-Blockdiagramm eines 2-Bit-Modulozählers mit Endwert 2

Hier wird der Eingang des Flip-Flops über einen Multiplexer angesteuert: Eine ›2‹ (Binär: `10`) am Registerausgang führt dazu, dass im nächsten Takt das Register auf ›0‹ gesetzt wird; wenn die Reset-Bedingung *nicht* erfüllt ist, übernimmt das Register im nächsten Taktschritt den Ausgangswert des Addierers.

6.8.3 Schieberegister

Schieberegister spielten bereits in der klassischen Digitaltechnik mit diskreten Bausteinen eine wichtige Rolle. Ein Schieberegister besteht aus einer Kaskade von Flip-Flops. Der Ausgang (›Q‹) des ersten Flip-Flops ist mit dem Eingang (›D‹) des zweiten Flip-Flops verbunden, der Ausgang des zweiten Flip-Flops mit dem Eingang des dritten Flip-Flops usw. Bei den diskreten Digitalbausteinfamilien gibt es verschiedene Ausführungen von Schieberegisterbausteinen, hier eine kleine Auswahl:

- Mit seriellem Eingang und seriellem Ausgang
- Mit seriellem Eingang, seriellem Ausgang und parallelem Load-Eingang
- Mit seriellem Eingang, seriellem Ausgang und parallelem Ausgang

Mit Schieberegistern kann man u.a. Signale um eine bestimmte Anzahl von Takten verzögern und seriell-parallel-Wandlungen sowie parallel-seriell-Wandlungen durchführen. All diese Varianten von Schieberegistern und deren Anwendungen lassen sich hervorragend mit FPGAs realisieren.

6.8.3.1 Schieberegister Serial-In, Serial-Out

Als erstes Schieberegister-Beispiel wird eine vierstufige Version mit seriellem Eingang, seriellem Ausgang und synchronem Reset vorgestellt.

Listing 6-26: Schieberegister mit seriellem Ein- und Ausgang sowie synchronem Reset

```
1  -- shiftreg_simple.vhd
2  library ieee;
3  use ieee.std_logic_1164.all;
4
5  entity shiftreg_simple is
6    port
7    (
8      clk : in std_logic;
9      reset : in std_logic;
10     sh_in : in std_logic;
11     sh_out : out std_logic
12   );
13 end shiftreg_simple;
14
15 architecture impl of shiftreg_simple is
16 signal shift_reg : std_logic_vector(3 downto 0) := "
     0000";
17 signal shift_next : std_logic_vector(3 downto 0);
18 begin
19   -- register update
20   process (clk)
21   begin
22     if rising_edge(clk) then
23       if reset = '1' then
24         shift_reg <= "0000";
25       else
26         shift_reg <= shift_next;
27       end if;
28     end if;
29   end process;
30   -- next logic
31   shift_next <= shift_reg(2 downto 0) & sh_in;
32   -- out logic
33   sh_out <= shift_reg(3);
34 end impl;
```

Die eigentliche Schiebeoperation findet in Zeile 31 statt: Dort werden die Bits 2 bis 0 mit dem Eingangsignal `sh_in` mit Hilfe des »concatentation«-Operators ›&‹ zu einem neuen 4-Bit-Wort verbunden. Das Eingangssignal nimmt den Platz des vorherigen Bit ›0‹ ein, welches wiederum das neue Bit ›1‹ wird, usw. . In Zeile 33 wird Bit ›3‹ des Registers »ausgekoppelt« und an den Ausgang `sh_out` weitergeleitet.

Abbildung 6-9 zeigt das Ergebnis einer Simulation dieses Schieberegisters.

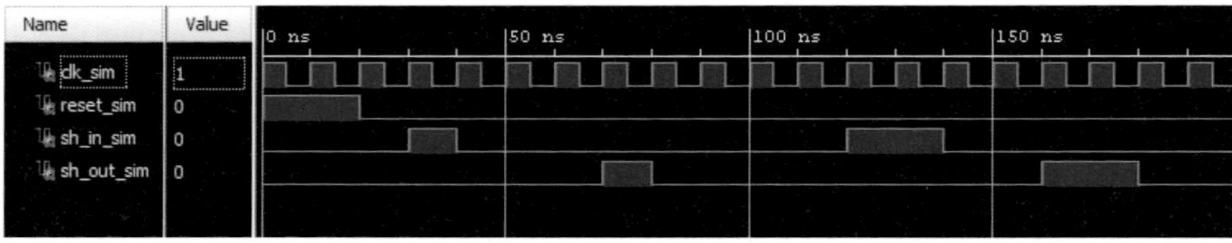

Abbildung 6-9: Simulation: shiftreg_simple

Listing 6-27 enthält das dieser Simulation zugrunde liegende VHDL-File mit der Testbench.

Listing 6-27: Testbench für shiftreg_simple

```
-- shiftreg_simple_tb.vhd
library ieee;
use ieee.std_logic_1164.all;

entity shiftreg_simple_tb is
end shiftreg_simple_tb;


architecture sim of shiftreg_simple_tb is
component shiftreg_simple is
  port
  (
    clk : in std_logic;
    reset : in std_logic;
    sh_in : in std_logic;
    sh_out : out std_logic
  );
end component;

signal clk_sim : std_logic;
signal reset_sim : std_logic := '0';
signal sh_in_sim : std_logic := '0';
signal sh_out_sim : std_logic;

constant clkp : time := 10ns;

begin

```

```
    dut : shiftreg_simple
    port map
    (
      clk => clk_sim,
      reset => reset_sim,
      sh_in => sh_in_sim,
      sh_out => sh_out_sim
    );

    process
    begin
      clk_sim <= '1';
      wait for clkp/2;
      clk_sim <= '0';
      wait for clkp/2;
    end process;

    process
    begin
      reset_sim <= '1';
      wait for clkp*2;
      reset_sim <= '0';
      wait for clkp*1;
      sh_in_sim <= '1';
      wait for clkp*1;
      sh_in_sim <= '0';
      wait for clkp*8;
      sh_in_sim <= '1';
      wait for clkp*2;
      sh_in_sim <= '0';

      wait;
    end process;
  end sim;
```

6.8.3.2 Schieberegister mit Rotation

Das im vorherigen Abschnitt vorgestellte Schieberegister wird nun so geändert, dass der Ausgang auf den Eingang zurückgekoppelt wird. Der Reset-Eingang wird hier der Einfachheit halber weggelassen, stattdessen werden ein 4 Bit breiter ›Load‹-Eingang sowie ein ›ls‹-Eingang (»Load Strobe«) verwendet.

Die VHDL-Realisierung wird in Listing 6-28 gezeigt.

Listing 6-28: Schieberegister mit Rotation und Load-Eingang

```
1   -- shiftreg_rot.vhd
2   library ieee;
3   use ieee.std_logic_1164.all;
4
5   entity shiftreg_rot is
6     port
7     (
8       clk : in std_logic;
9       ls : in std_logic;
10      load : in std_logic_vector(3 downto 0);
11      reg_out : out std_logic_vector(3 downto 0)
12    );
13  end shiftreg_rot;
14
15  architecture impl of shiftreg_rot is
16  signal shift_reg : std_logic_vector(3 downto 0) := "
       0000";
17  signal shift_next : std_logic_vector(3 downto 0);
18  begin
19    -- register update
20    process (clk)
21    begin
22      if rising_edge(clk) then
23        shift_reg <= shift_next;
24      end if;
25    end process;
26    -- next logic
27    shift_next <= shift_reg(2 downto 0) & shift_reg(3)
28                  when ls = '0' else load;
29    -- out logic
30    reg_out <= shift_reg;
31  end impl;
```

In Zeile 27 erfolgt die »Rückkopplung« von Bit ›3‹ in Bit ›0‹ des Schieberegisters. Zeile 28 enthält die Bedingung für das parallele Laden: Wenn das Load-Strobe-Signal `ls` ›0‹ ist, findet der »Schiebebetrieb« statt; ist `ls` ›1‹, wird das Register über den Eingang `load` mit einem neuen Bitmuster geladen.

Listing 6-29 enthält eine VHDL-Testbench für das Schieberegister »mit Rotation«.

Listing 6-29: Testbench für shiftreg_rot

```
-- shiftreg_rot_tb.vhd
library ieee;
use ieee.std_logic_1164.all;

entity shiftreg_rot_tb is
end shiftreg_rot_tb;


architecture sim of shiftreg_rot_tb is
component shiftreg_rot is
  port
  (
    clk : in std_logic;
    ls : in std_logic;
    load : in std_logic_vector(3 downto 0);
    reg_out : out std_logic_vector(3 downto 0)
  );
end component;

signal clk_sim : std_logic;
signal ls_sim : std_logic := '0';
signal load_sim : std_logic_vector(3 downto 0) := "0000";
signal reg_out_sim : std_logic_vector(3 downto 0);

constant clkp : time := 10ns;

begin

  dut : shiftreg_rot
  port map
  (
    clk => clk_sim,
    ls => ls_sim,
    load => load_sim,
    reg_out => reg_out_sim
  );

  process
  begin
    clk_sim <= '1';
    wait for clkp/2;
```

```
42          clk_sim <= '0';
43          wait for clkp/2;
44        end process;
45
46        process
47        begin
48          wait for clkp*2;
49          load_sim <= "0100";
50          wait for clkp*1;
51          ls_sim <= '1';
52          wait for clkp*1;
53          ls_sim <= '0';
54          wait for clkp*2;
55          load_sim <= "1001";
56          wait for clkp*8;
57          ls_sim <= '1';
58          wait for clkp*1;
59          ls_sim <= '0';
60
61          wait;
62        end process;
63      end sim;
```

In den Zeilen 51 bis 53 und 57 bis 59 wird jeweils ein »Load Strobe«-Impuls generiert, der dafür sorgt, dass jeweils mit der nächsten steigenden Flanke des Clock-Signals die am Eingang `load` anliegenden Daten in das Schieberegister übernommen werden. In dem Ergebnis-Plot dieser Simulation ist gut erkennbar, wie das so geladene Bitmuster anschließend »rotiert«.

Diese Art von Schieberegister ist die Basis für ein LED-Lauflicht , das in einem folgenden Kapitel vorgestellt wird.

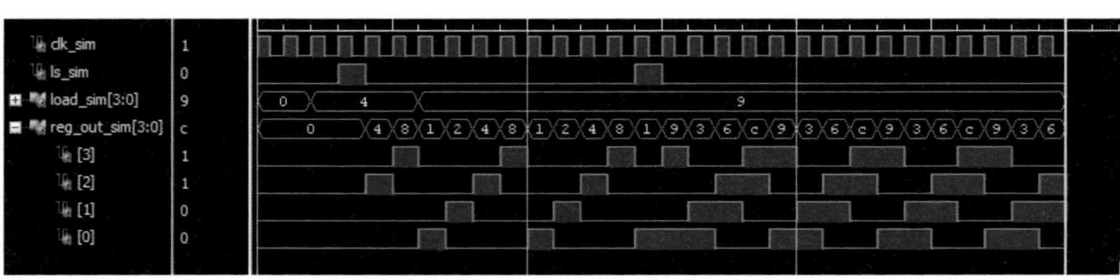

Abbildung 6-10: Simulation: shiftreg_rot

6.9 Zusammenfassung

In diesem Kapitel wurden zunächst einige ausgesuchte Details zu VHDL erklärt. Zusammen mit Anhang A steht damit Material zur Verfügung, das immer wieder zum Vertiefen und Nachschlagen verwendet werden kann. Für weitere VHDL-Details sei auf die Literatur verwiesen, entsprechende Hinweise finden sich im Literaturverzeichnis.

Besonders wichtig ist Abschnitt 6.8, in dem eine universelle Grundstruktur für synchrone Digitalsysteme vorgestellt wurde. Mit Hilfe dieser Vorgehensweise lassen sich auch komplexe Schaltungen so realisieren, dass sie stabil funktionieren. Diese Struktur wird in diesem Buch intensiv angewandt.

7 Bausteine und Entwurfsmuster

In diesem Kapitel werden wichtige Bausteine und Entwurfsmuster vorgestellt. Sie können nicht rein auf VHDL-Ebene betrachtet werden, sondern müssen im Zusammenhang mit der Hardware gesehen werden, die zum Teil auf dem FPGA-Chip selbst vorhanden ist, zum Teil extern an das FPGA angeschlossen wird.

Die hier gegebenen Hinweise zielen darauf ab, robuste und stabil funktionierende Schaltungen zu erzeugen. Durch eine kleine Unachtsamkeit oder das Verwenden von VHDL-Code, den man nicht genau versteht, kann es schnell passieren, dass ein an und für sich gutes Design im späteren Betrieb auf der Hardware nicht immer so funktioniert wie noch in der Simulation. Besonders ärgerlich ist es, wenn aufgrund solcher »Kleinigkeiten« z.B. der Quadcopter mit selbstgebauter Steuerung auf FPGA-Basis abstürzt.

7.1 Clock-Signale

An mehreren Stellen dieses Buchs wurde bereits betont, wie wichtig ein »gutes« Clock-Signal für das stabile Funktionieren von digitalen Schaltungen ist, wie sie hier besprochen werden.

Daher werden hier zunächst zwei häufiger anzutreffende Design-Muster präsentiert, die für FPGA-Implementierungen *nicht* zu empfehlen sind[1].

7.1.1 Clock-Signal für langsame Schaltungsteile

Häufig hat man die Herausforderung, dass Teile einer Schaltung mit einer geringeren Frequenz betrieben werden sollen als der Rest der Schaltung. Eine ganz intuitive – wenn auch nicht gute – Vorgehensweise ist, sich mit einem Zähler den gewünschten »langsamen Takt« aus dem Haupt-Taktsignal zu erzeugen und dieses so generierte Signal als Clock-Signal für die »langsamen« Schaltungsteile zu verwenden.

[1]Diese Muster sind für den Entwurf von Schaltungen, die mit ASICs realisiert werden, hingegen üblich.

Listing 7-1 zeigt diesen Ansatz, zugegebenermaßen mit einer »gestellten« Situation, die man in der Praxis so nicht antreffen wird.

Listing 7-1: Schlechter Clock-Teiler; `clkdiv_bad.vhd`

```
-- clkdiv_bad.vhd

library ieee;
use ieee.std_logic_1164.all;
use ieee.numeric_std.all;

entity clkdiv_bad is
  port
  (
    clk : in std_logic;
    led_fast : out std_logic;
    led_slow : out std_logic
  );
end clkdiv_bad;

architecture impl of clkdiv_bad is
signal cntr1_reg : unsigned(23 downto 0) := (others => '0');
signal cntr1_next : unsigned(23 downto 0);

signal cntr2_reg : unsigned(2 downto 0) := (others => '0');
signal cntr2_next : unsigned(2 downto 0);

signal clk_slow : std_logic;
begin
  process (clk)
  begin
    if rising_edge(clk) then
      cntr1_reg <= cntr1_next;
    end if;
  end process;
  cntr1_next <= cntr1_reg + 1;
  led_fast <= cntr1_reg(23);

  clk_slow <= cntr1_reg(23);
  process (clk_slow)
  begin
    if rising_edge(clk_slow) then
```

```
38            cntr2_reg <= cntr2_next;
39          end if;
40        end process;
41        cntr2_next <= cntr2_reg + 1;
42        led_slow <= cntr2_reg(2);
43      end impl;
```

Mit dieser Schaltung sollen zwei LEDs angesteuert werden, von denen eine (`led_fast`) schnell blinken soll und die andere (`led_slow`) langsam. Mit einem Binärzähler, durch `cntr1_reg` im VHDL-Code repräsentiert, wird der Systemtakt auf den Takt für die schnelle LED heruntergeteilt. Dieses Signal (Bit 23 von `cntr1_reg`) wird nun als »langsames« Clock-Signal `clk_slow` zum Takten eines weiteren Zählers (`cntr2_reg`) benutzt. In den Zeilen 35 bis 40 existiert ein eigener Prozess für diesen langsamen Zähler, in dessen »sensitivity list« taucht nur `clk_slow` auf.

Abbildung 7-1 zeigt das zugehörige Schaltbild.

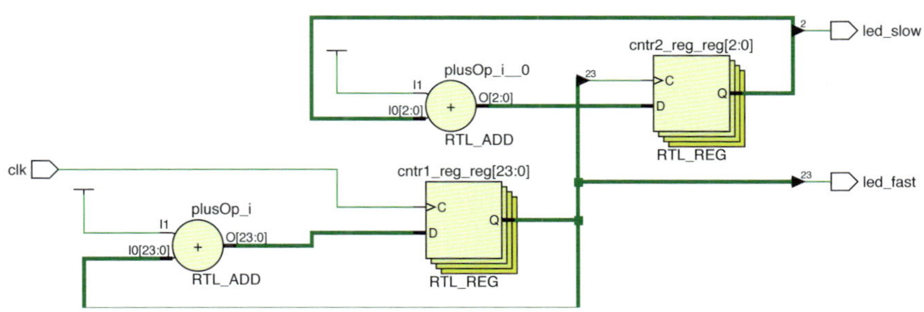

Abbildung 7-1: Clock-Teiler: schlechte Realisierung mit abgeleitetem Clock-Signal

Es ist gut zu erkennen, dass Bit 23 des ersten Registers auch als Clock-Signal für das zweite Register dient.

Diese Schaltung kann man auf einem FPGA-Board ausprobieren und sie wird sich wie erwartet verhalten und keine Probleme bereiten. Wenn die langsame LED einmal nicht ganz im gewünschten Takt sein sollte, fällt das überhaupt nicht auf.

Problematisch an dieser Schaltung ist das Clock-Signal `clk_slow`. Ein FPGA besitzt zur Verteilung von Clock-Signalen besondere Ressourcen. Wenn ein Signal jedoch sowohl für »allgemeine« Zwecke als auch als Clock-Signal wie in diesem Beispiel verwendet wird, werden die eigentlich für die Clock-Verteilung gedachten FPGA-Ressourcen (schnelle Leitungen, spezielle Clock-Buffer usw.) für dieses Signal nicht verwendet (jedenfalls nicht ohne erhebliche manuelle Eingriffe). Wenn dann in einer komplexeren Schaltung anstelle eines kleinen Zählers mit 3 Bit eine größere Struktur mit dem Clock-Signal `clk_slow` versorgt wird, die womöglich auch über den

Chip räumlich verteilt ist, kann es passieren, dass die Flip-Flops, die mit `slow_clk` getaktet werden, einmal *nicht* im Gleichtakt sind. Das wiederum kann zu einem totalen Fehlverhalten der gesamten Schaltung führen.

Listing 7-2 zeigt, wie es besser geht.

Listing 7-2: Guter Clock-Teiler; `clkdiv_good.vhd`

```
-- clkdiv_good.vhd

library ieee;
use ieee.std_logic_1164.all;
use ieee.numeric_std.all;

entity clkdiv_good is
  port
  (
    clk : in std_logic;
    led_fast : out std_logic;
    led_slow : out std_logic
  );
end clkdiv_good;

architecture impl of clkdiv_good is
signal cntr1_reg : unsigned(23 downto 0) := (others => '0');
signal cntr1_next : unsigned(23 downto 0);

signal cntr2_reg : unsigned(2 downto 0) := (others => '0');
signal cntr2_next : unsigned(2 downto 0);

signal slow_pulse : std_logic;
begin
  process (clk)
  begin
    if rising_edge(clk) then
      cntr1_reg <= cntr1_next;
    end if;
  end process;
  cntr1_next <= cntr1_reg + 1;
  led_fast <= cntr1_reg(23);

  slow_pulse <= '1' when cntr1_reg = X"FFF" else '0';
```

```
35      process (clk)
36      begin
37        if rising_edge(clk) and slow_pulse = '1' then
38          cntr2_reg <= cntr2_next;
39        end if;
40      end process;
41      cntr2_next <= cntr2_reg + 1;
42      led_slow <= cntr2_reg(2);
43    end impl;
```

Hier wird in Zeile 34 aus dem Wert des »schnellen« Zählers (`cntr1_reg`) das Signal `slow_pulse` abgeleitet. Es ist nur bei einem der 2^{24} möglichen Werte dieses Zählers ›1‹, hier wurde dazu der Zählerstand ausgewählt, bei dem alle Bits ›1‹ sind.

Dieser Impuls dient nun als Enable-Signal für die Flip-Flops, die »langsam« getaktet werden. Der in den Zeilen 35 bis 40 definierte Prozess verwendet `slow_pulse` als Enable-Signal, in der »sensitivity list« taucht `clk` auf, das jetzt *einzige* Clock-Signal der gesamten Schaltung.

Abbildung 7-2 zeigt das Schaltbild dazu.

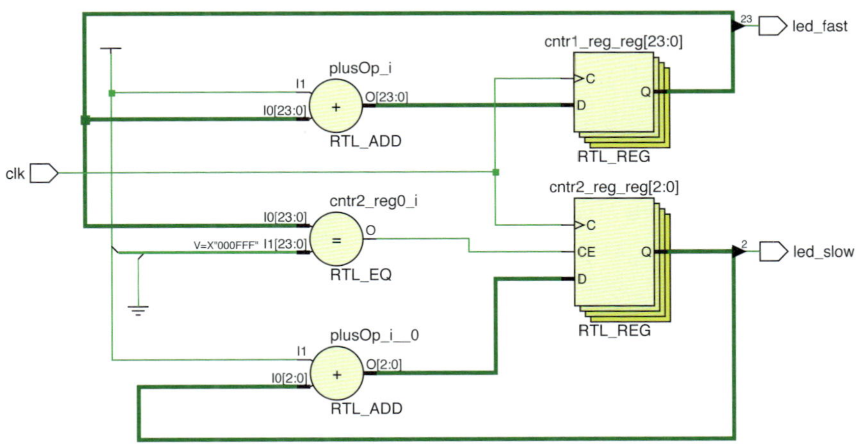

Abbildung 7-2: Clock-Teiler: gute Realisierung mit Enable-Signal

Dass man »im richtigen Leben« die hier zugrunde liegende Aufgabenstellung, das Ansteuern von zwei LEDs mit unterschiedlicher Blinkfrequenz, auch mit einem (entsprechend »breiteren«) Zähler viel einfacher lösen kann, liegt auf der Hand.

7.1.2 Kontrolle eines Clock-Signals

Aus der ASIC-Welt stammt ein Design-Muster mit dem Namen »gated clock«. Hier geht es darum, das Clock-Signal für ausgesuchte Schaltungsteile mit Hilfe eines Kontrollsignals (hier: `en`) ganz abschalten zu können, z.B. um Strom zu sparen, wenn diese Schaltungsteile in einem bestimmten Betriebszustand der Gesamtschaltung keine Funktion haben.

Listing 7-3 zeigt das Prinzip eines von außen kontrollierten Clock-Signals in der für FPGA-Designs *nicht* empfehlenswerten Version.

Listing 7-3: Schlechte Clock-Kontrolle; `clockenable_bad.vhd`

```
-- clockenable_bad.vhd

library ieee;
use ieee.std_logic_1164.all;

entity clockenable_bad is
  port
  (
    clk : in std_logic;
    en : in std_logic;
    data_in : in std_logic;
    data_out : out std_logic
  );
end clockenable_bad;

architecture impl of clockenable_bad is
signal data_reg : std_logic;
signal data_next : std_logic;
signal clk_en : std_logic;
begin
  clk_en <= clk and en;

  process (clk_en)
  begin
    if rising_edge(clk_en) then
      data_reg <= data_next;
    end if;
  end process;
  data_next <= data_in;
  data_out <= data_reg;
end impl;
```

In Zeile 21 wird aus dem Clock-Signal `clk` und dem externen Kontrollsignal `en` ein neues Clock-Signal `clk_en` gebildet, welches dann wie ein »ordentliches« Clock-Signal verwendet wird.

Abbildung 7-3 zeigt dieses Prinzip schematisch.

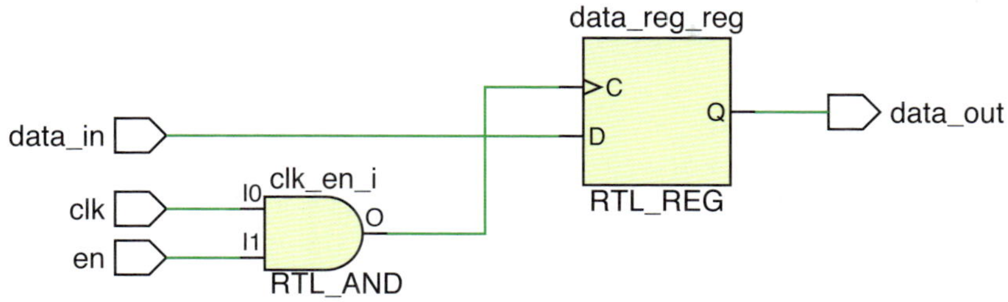

Abbildung 7-3: Clock-Signal-Kontrolle: schlechte Realisierung mit »gated clock«

Die negativen Effekte und möglichen Auswirkungen dieses Schaltungsprinzips sind dieselben wie im vorherigen Abschnitt 7.1.1 beschrieben und werden daher hier nicht noch einmal aufgeführt.

Listing 7-4 enthält eine für FPGAs vernünftige Lösung. Dabei wird das externe Enable-Signal auch noch zur Sicherstellung der Stabilität dieses Signals über ein Flip-Flop geleitet, bevor es zur Kontrolle des Clock-Signals benutzt wird.

Listing 7-4: Gute Clock-Kontrolle; `clockenable_good.vhd`

```
-- clockenable_good.vhd

library ieee;
use ieee.std_logic_1164.all;

entity clockenable_good is
  port
  (
    clk : in std_logic;
    en : in std_logic;
    data_in : in std_logic;
    data_out : out std_logic
  );
end clockenable_good;

architecture impl of clockenable_good is
signal data_reg : std_logic;
signal data_next : std_logic;
```

```
19   signal en_reg : std_logic;
20   signal en_next : std_logic;
21   begin
22     process (clk)
23     begin
24       if rising_edge(clk) then
25         en_reg <= en_next;
26       end if;
27     end process;
28     en_next <= en;
29
30     process (clk)
31     begin
32       if rising_edge(clk) and en_reg = '1' then
33         data_reg <= data_next;
34       end if;
35     end process;
36     data_next <= data_in;
37     data_out <= data_reg;
38   end impl;
```

In den Zeilen 21 bis 28 wird das Clock-Kontroll-Signal »stabilisiert«, das Ergebnis liegt in en_reg vor. In Zeile 32 wird en_reg in schon bekannter Weise so verwendet, dass die Flip-Flops der zu kontrollierenden Schaltungsteile (in dieser Demonstration ist es nur ein Flip-Flop) über ihren Clock-Enable-Eingang gesteuert werden und ansonsten das globale Clock-Signal (hier clk) verwenden. Somit ergibt sich ein stabiler Betrieb.

Abbildung 7-4 zeigt das zugehörige Schaltbild für die »gute« Lösung.

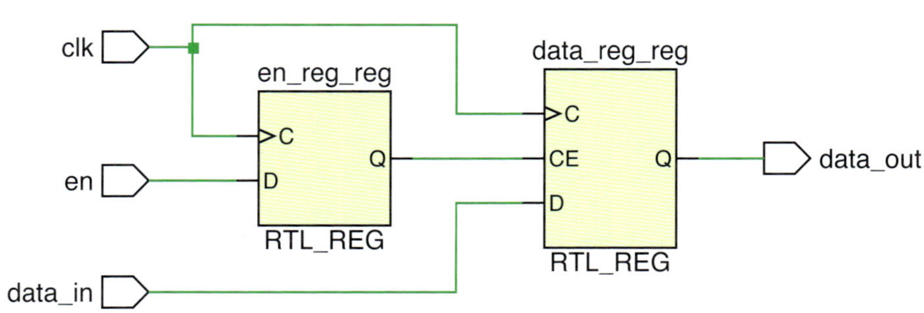

Abbildung 7-4: Clock-Signal-Kontrolle: gute Realisierung mit Clock-Enable

7.2 Verwendung von IP

Bisher wurde in allen Beispielen als Systemtakt ein Signal verwendet, das auf einem FPGA-Board in der Regel von einem Quarz-Oszillator stammt, der nicht auf dem FPGA integriert, sondern ein externer Chip ist. Es wurde bereits in Beispielen gezeigt, wie aus diesem Systemtakt z.B. mit einem Binärzähler ein Signal mit einer anderen Frequenz abgeleitet werden kann.

Bei einigen Anwendungen besteht jedoch der Bedarf, im FPGA mit einer höheren Systemfrequenz zu arbeiten, als sie das vom externen Quarz-Oszillator gelieferte Signal besitzt. Oder man benötigt eine »krumme« Systemfrequenz, weil man ein Video-Interface mit einem exotischen Pixeltakt implementieren möchte.

Für solche und andere Fälle gibt es auf allen FPGAs spezielle Schaltungen (PLLs, ClockManager). Um dem Anwender die Verwendung solcher speziellen Hardwareelemente zu erleichtern, liefern alle Anbieter von kompletten FPGA-Entwicklungstools Bibliotheken mit Interface-Schaltungen zu diesen Elementen aus. Solche Bibliotheken werden IP-Bibliotheken genannt, weil sie »Intellectual Property« – geistiges Eigentum – enthalten, das dem Anwender zur Verfügung gestellt wird (im Fall von Clock-Generierung kostenlos, sonst z.T. auch kostenpflichtig).

Diese IP-Module wurden von jedem Hersteller für seine FPGA-Familien jeweils individuell angepasst und optimiert. Das bedeutet, dass IP-Module immer Chip-spezifisch sind; ein bestimmtes IP-Modul ist auch nicht unbedingt für alle FPGAs eines Herstellers verfügbar.

Anhand eines Xilinx-FPGA der Familie »Artix-7« und der Xilinx-Entwicklungsumgebung »Vivado« wird nun demonstriert, wie ein IP-Modul zum Clock-Management verwendet wird. Dabei wird ein Weg beschritten, der nicht alle Möglichkeiten von »Vivado« ausschöpft, aber recht gut auf die Werkzeugketten anderer Hersteller und deren FPGAs übertragbar ist.

7.2.1 IP-Instantiierung

Zunächst wird in Vivado ein neues Projekt angelegt, hier hat es den Namen `clk_ip`. Dann wird in diesem Projekt ein neues Quellfile `clk_ip_arty.vhd` angelegt. Es werden ein Eingang `clk100` und ein Ausgang `clk5` benötigt, jeweils mit dem Datentyp `std_logic`.

Anschließend wird aus dem Flow Navigator/Project Manager heraus »IP Catalog« aufgerufen, siehe Abbildung 7-5.

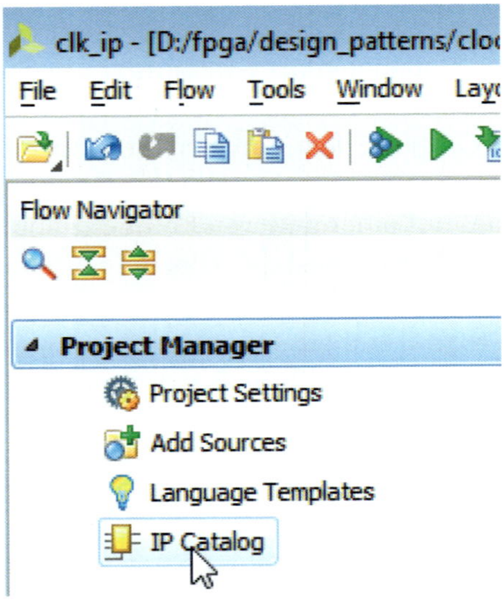

Abbildung 7-5: Vivado: Öffnen des IP Catalog

Es öffnet sich die Gesamtansicht mit allen in der Vivado-Installation verfügbaren IP-Bibliotheken, wie in Abbildung 7-6 dargestellt.

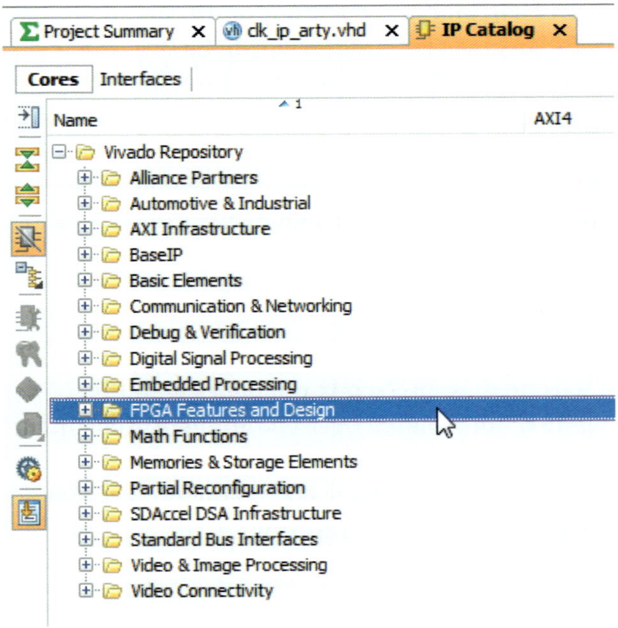

Abbildung 7-6: Vivado: IP Catalog, Gesamtansicht

Unter dem Eintrag »FPGA Features and Design« ist »Clocking« verfügbar, darunter wiederum »Clocking Wizard«, siehe Abbildung 7-7.

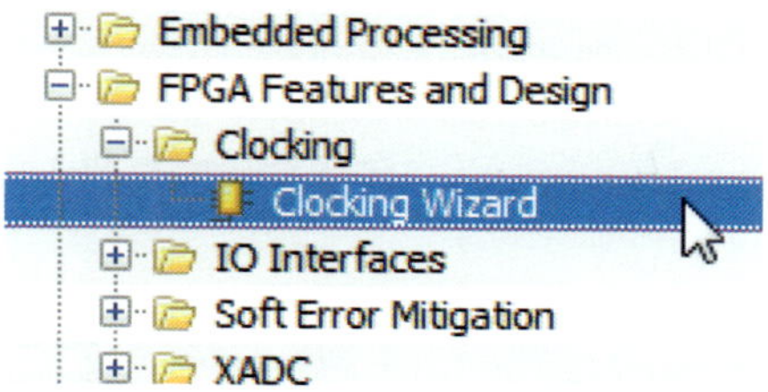

Abbildung 7-7: Vivado: IP Catalog, Eintrag »Clocking Wizard«

Ein Doppelklick auf »Clocking Wizard« startet den Assistenten zum Konfigurieren des Clock-IP-Core. Abbildung 7-8 zeigt den entsprechenden Dialog, wie er sich direkt nach dem Start darstellt.

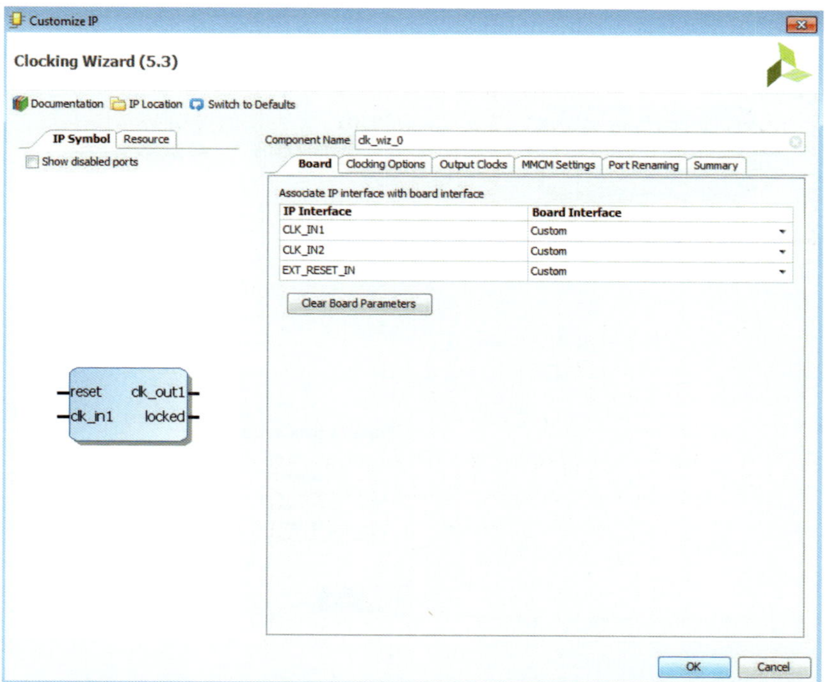

Abbildung 7-8: Vivado: Clocking Wizard

In unserem Fall müssen nur in dem Reiter »Output Clocks« Änderungen vorgenommen werden, siehe Abbildung 7-9.

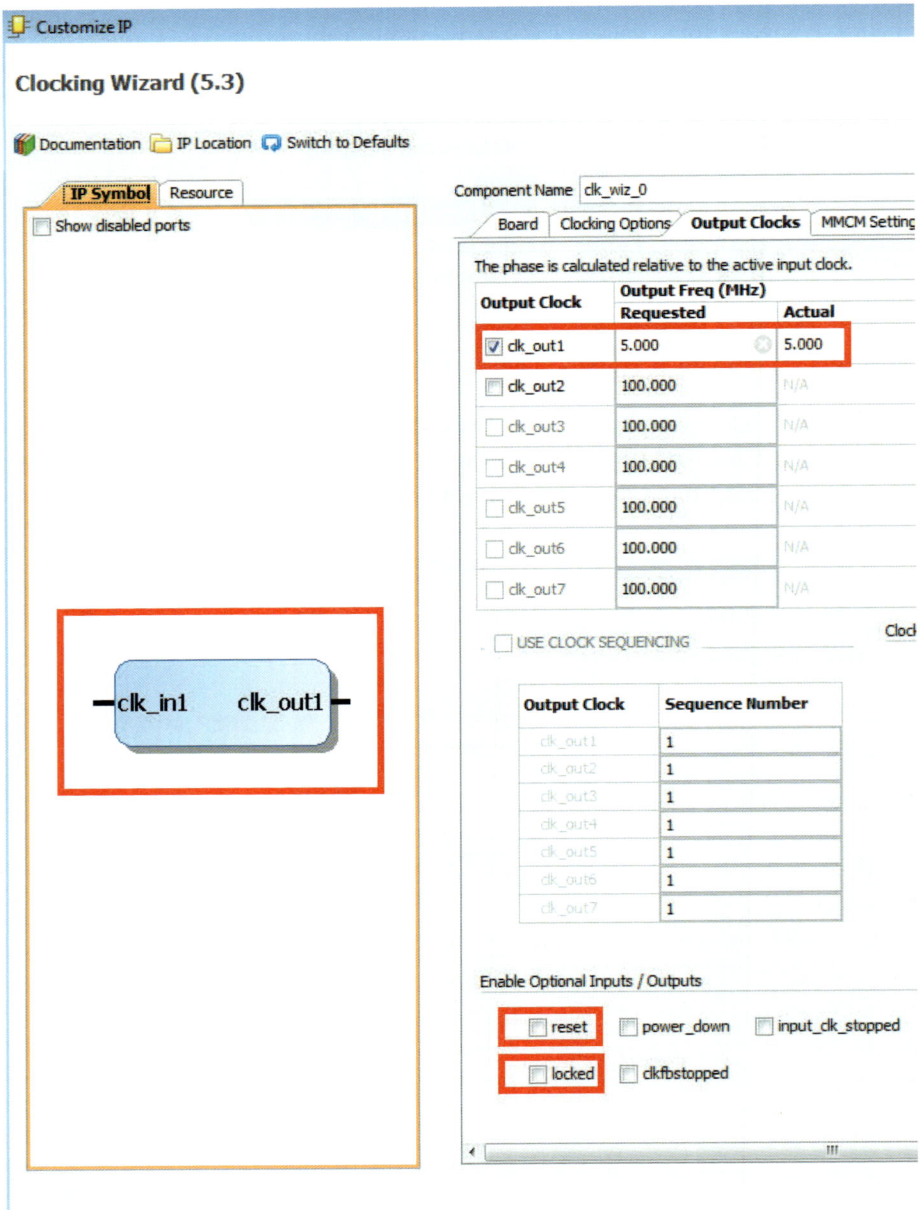

Abbildung 7-9: Vivado: Clocking Wizard, Einstellungen für Ausgänge

- Es wird nur der Ausgang `clk_out1` benötigt. Als Frequenz für diesen Ausgang wird für dieses Beispiel 5 MHz gewählt. Die wählbare Frequenz ist nicht beliebig, die Grenzen werden durch die auf dem FPGA vorhandene Clock-Generierungs-Hardware bestimmt.

- Der `reset`-Ausgang wird hier nicht benötigt und daher »abgewählt«.
- Der `locked`-Ausgang wird ebenfalls deaktiviert.

Ein Wechsel zu dem Reiter »Summary« zeigt eine Zusammenfassung, siehe Abbildung 7-10.

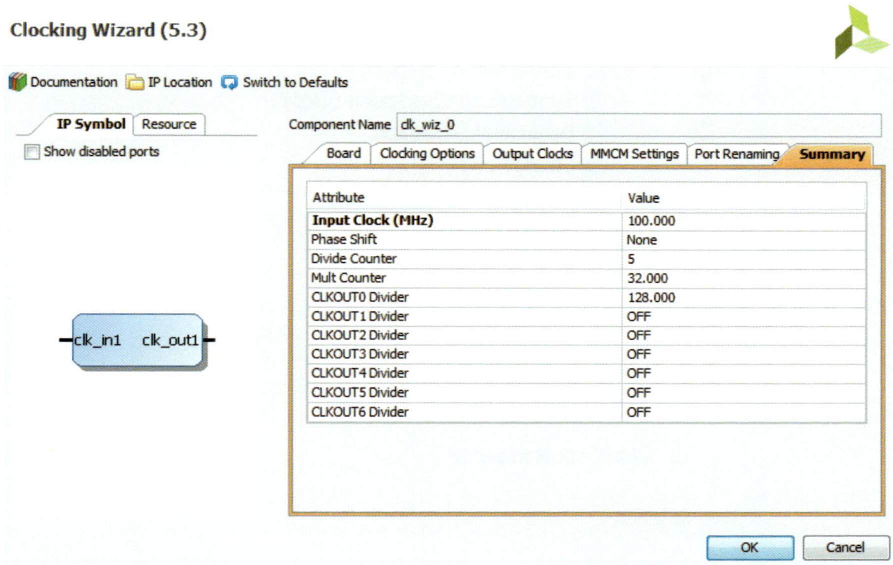

Abbildung 7-10: Vivado: Clocking Wizard, Zusammenfassung

Es werden die aufgrund der Benutzerangaben automatisch vorgenommenen Einstellungen von internen Registern des Clock-IP-Core angezeigt. Wenn man Details über die Funktionsweise des IP-Core nachlesen möchte: Oben links in dem Dialogfenster befindet sich ein Link zu der entsprechenden Dokumentation.

Mit einem Klick auf »OK« wird der Dialog verlasssen. Daraufhin öffnet sich das in Abbildung 7-11 dargestellte Fenster.

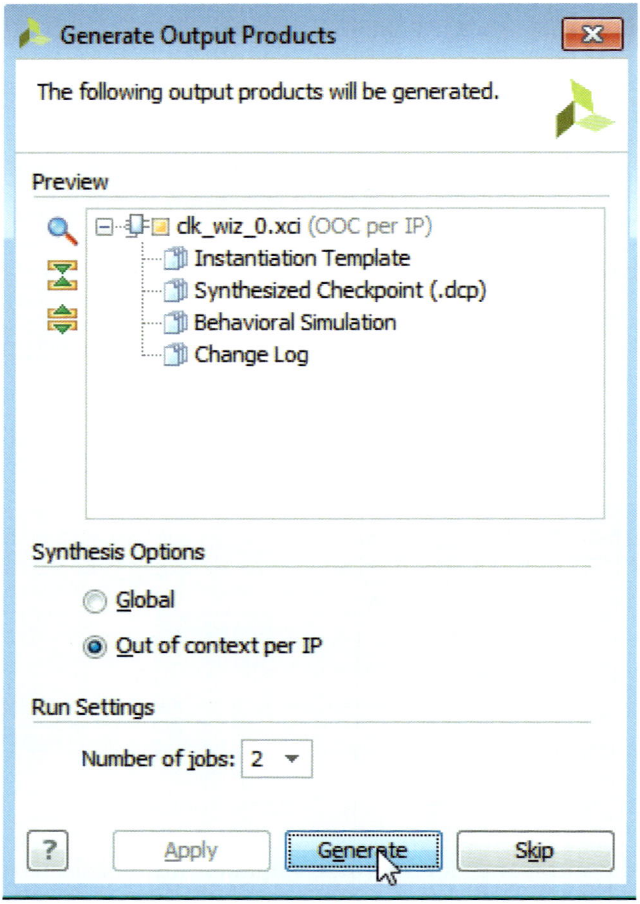

Abbildung 7-11: Vivado: IP-Generierung

Durch Anklicken von »Generate« wird die automatische Generierung von verschiedenen Files gestartet, die zu der weiteren Verwendung des Clock-IP-Core in dem Projekt benötigt werden. Es wird automatisch eine Komponente generiert, die aufgrund der im »Clocking Wizard« vorgenommenen Einstellungen bereits fertig parametriert ist. Nach Beendigung dieses Prozesses wird die automatisch generierte Komponente im Project Manager dargestellt, siehe Abbildung 7-12.

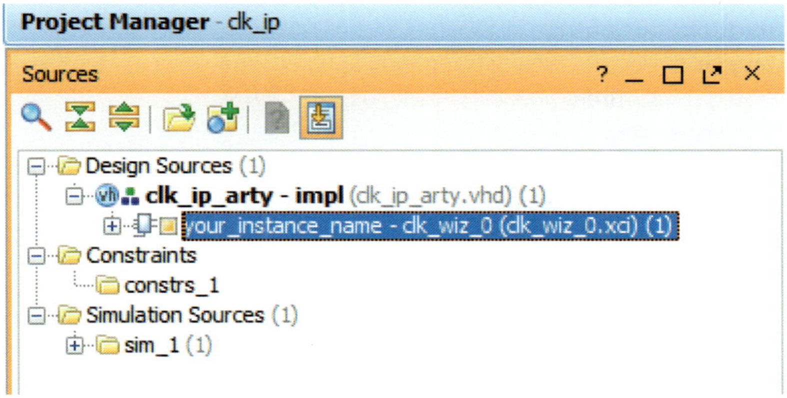

Abbildung 7-12: Vivado: IP-Generierung

Falls noch Änderungen an der automatisch generierten Komponente vorgenommen werden sollen, kann man den »Clocking Wizard« durch einen Doppelklick auf diesen Eintrag im Project Manager noch einmal starten und die gewünschten Änderungen durchführen.

Die weitere Integration findet auf Quelltextebene in der Datei `clk_ip_arty.vhd` statt. Listing 7-5 zeigt das Endergebnis.

Listing 7-5: Demo zur Verwendung des Clock-IP-Core; `clk_ip_arty.vhd`

```
-- clk_ip_arty.vhd

library ieee;
use ieee.std_logic_1164.all;

entity clk_ip_arty is
  port
  (
    clk100 : in std_logic;
    clk5 : out std_logic
  );
end clk_ip_arty;

architecture impl of clk_ip_arty is
component clk_wiz_0
port
 (-- Clock in ports
  clk_in1            : in     std_logic;
  -- Clock out ports
  clk_out1           : out    std_logic
```

```
21    );
22    end component;
23    begin
24    your_instance_name : clk_wiz_0
25       port map (
26       -- Clock in ports
27       clk_in1 => clk100,
28      -- Clock out ports
29       clk_out1 => clk5
30    );
31    end impl;
```

Die Zeilen 15 bis 22 und 24 bis 30 wurden aus der Datei `clk_wiz_0.vho` übernommen, welche automatisch während der IP-Generierung erzeugt wurde. Sie ist ein wenig schwierig zu finden, der Pfadname innerhalb des Projektverzeichnisses `clk_ip` ist `clk_ip.ip_user_files/ip/clk_wiz_0/clk_wiz_0.vho`[2].

In Zeile 24 wird schließlich noch der Name der Instanz von `your_instance_name` in `my_clk` geändert.

Abbildung 7-13 zeigt das Schaltbild zu dieser Schaltung.

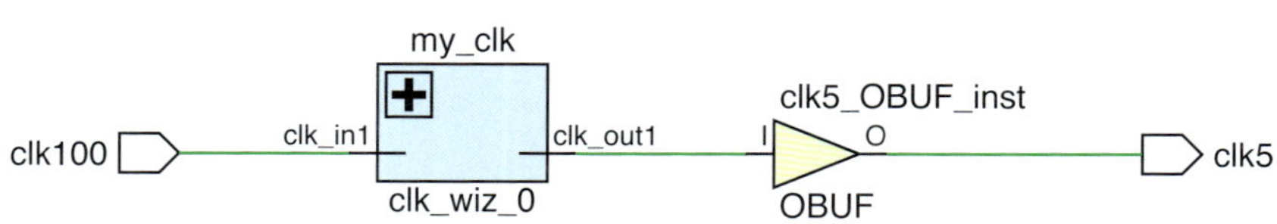

Abbildung 7-13: Instantiierung des »Clock«-IP-Core

Wenn ein Oszilloskop vorhanden ist, kann man nun ein Constraints-File für dieses kleine Projekt anlegen, den Bitstream generieren, das FPGA-Board mit dem Bitstream konfigurieren und dann nachmessen, ob das Ausgangssignal `clk5` die gewünschte Frequenz hat.

7.3 Synchronisierung und Entprellung

Viele auf einem FPGA realisierte Schaltungen verwenden externe Eingangssignale. Dies können die Ausgänge von Schaltern und Tastern sein,

[2] `.vho`-Dateien enthalten bei Xilinx/Vivado VHDL-Code, der beim Instantiieren von IP-Cores helfen soll. Diese Dateien werden dynamisch erzeugt, ihr Inhalt kann sich bei einer Änderung des jeweiligen IP-Core ändern.

aber auch Interfaces wie SPI[3] zur Kommunikation mit einem A/D-Wandler und ähnliche Dinge.

Diese von außen kommenden Signale sind nicht immer »ideal«. Sie können mit Störungen behaftet sein, die elektromagnetisch eingekoppelt werden, z.B. vom Niederspannungsnetz oder von Mobiltelefonen. Es kann auch sein, dass ein sehr simpler Taster verwendet wird, der beim Betätigen ein erhebliches Kontaktprellen aufweist. Aber auch schon ein kurzer, kleiner Störimpuls kann zu erheblichen Störungen führen.

Diese Effekte können dazu führen, dass sich die an und für sich gut durchdachte und entwickelte Schaltung manchmal oder auch öfter ganz anders verhält, als sie es soll. Wenn der eben erwähnte Taster ohne eine Maßnahme zum Entprellen verwendet wird, ist es sehr wahrscheinlich, dass bei einem Tastendruck von der Schaltung gleich mehrere Tastendrücke registriert werden. Das Gemeine an diesen und ähnlich gelagerten Fällen ist, dass das Ganze unter Umständen zunächst ohne Gegenmaßnahmen anstandslos funktioniert, sich jedoch irgendwann ein merkwürdiges Verhalten der Schaltung zeigt, das man dann nicht sofort auf Effekte wie Prellen zurückführt, sondern womöglich mühselig und ohne Erfolg den Fehler an einer ganz anderen Stelle sucht. Daher sollte man die nachfolgend vorgestellten Maßnahmen bei Schaltungen für den »produktiven« Einsatz (wie immer das jeder Maker für sich definiert) von vornherein verwenden, um unnötigen Frust zu vermeiden. Die Beispiele in diesem Buch enthalten sie in der Regel nicht, um nicht von dem eigentlichen Anliegen des jeweiligen Beispiels abzulenken. Am Ende dieses Kapitels wird jedoch gezeigt, wie solche Beispiele für den »harten« Einsatz erweitert werden sollten.

Eine erste Gegenmaßnahme ist das sog. Synchronisieren von Eingangssignalen. In »schwereren« Fällen ist eine Entprellung (engl. Debouncing) erforderlich. Beide Verfahren werden im Folgenden vorgestellt.

7.3.1 Synchronisierung

Ein in der Praxis bewährtes Verfahren zum Synchronisieren ist eine einfache Schaltung, die aus der Reihenschaltung von zwei Flip-Flops besteht; in der Literatur ist sie meistens unter der englischen Bezeichnung »synchronizer« zu finden. Die Flip-Flops werden mit demselben Clock-Signal getaktet wie auch alle anderen Flip-Flops der gesamten Schaltung. Nach Durchlaufen dieser beiden Synchronisierungsstufen ist normalerweise gewährleistet, dass das so konditionierte Eingangssignal allen Timing-Anforderungen[4]

[3] Serial Peripheral Interface, ein synchroner, serieller Bus.

[4] Diese Timing-Anforderungen sind Parameter des konkret verwendeten FPGA und können dem entsprechenden Datenblatt entnommen werden.

wie Setup-Time und Hold-Time genügt. Somit können durch diese Signale dann auch keine metastabilen Zustände[5] hervorgerufen werden.

Listing 7-6 enthält den VHDL-Code der Synchronisierungsschaltung.

Listing 7-6: Synchronisierungsschaltung; `sync.vhd`

```
1   -- snyc.vhd
2
3   library ieee;
4   use ieee.std_logic_1164.all;
5
6   entity sync is
7     port
8     (
9       clk : in std_logic;
10      inp : in std_logic;
11      inp_sync : out std_logic
12    );
13  end sync;
14
15  architecture impl of sync is
16  signal inp_reg : std_logic_vector(1 downto 0) := "00";
17  signal inp_next : std_logic_vector(1 downto 0);
18
19  begin
20    process (clk)
21    begin
22      if rising_edge(clk) then
23        inp_reg <= inp_next;
24      end if;
25    end process;
26
27    inp_next <= inp_reg(0) & inp;
28    inp_sync <= inp_reg(1);
29
30  end impl;
```

In Zeile 16 wird das zweistufige Synchronisierungsregister definiert, welches als Mini-Schieberegister mit seriellem Ein- und Ausgang betrieben

[5]Ein metastabiler Zustand liegt bei einem Flip-Flop vor, wenn sein Ausgang eine Spannung zwischen dem höchsten zulässigen »Low«-Pegel und dem niedrigsten zulässigen »High«-Pegel einnimmt. Dieser Zustand ist nicht wirklich stabil, besteht jedoch lange genug, um Probleme zu bereiten.

wird. In Zeile 27 wird diese Schiebeoperation beschrieben. In Zeile 28 wird die synchronisierte Version des Eingangssignals ausgekoppelt.

Abbildung 7-14 zeigt die Schaltung; dieses Schaltbild wurde nach der Synthese erstellt.

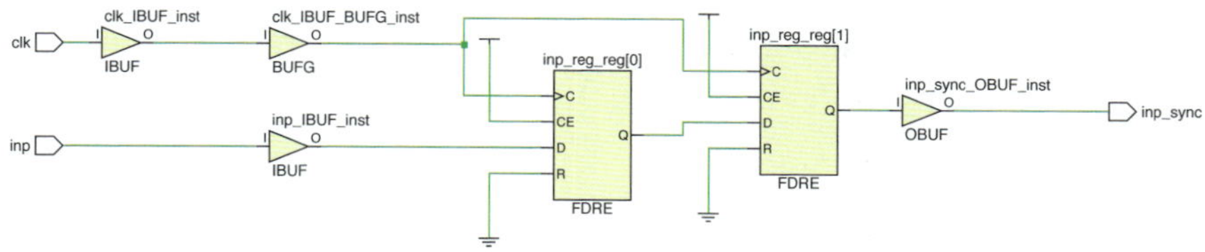

Abbildung 7-14: Schaltbild der Synchronisierungseinheit, nach der Synthese

Man erkennt gut die Reihenschaltung der beiden Flip-Flops.

7.3.2 Entprellen

7.3.2.1 Motivation

Wenn davon ausgegangen werden muss, dass ein Eingangssignal mit Störungen beaufschlagt ist (was man im Grunde immer tun sollte), reicht eine Synchronisierung wie vorher beschrieben nicht. Es muss vielmehr sichergestellt werden, dass das Eingangssignal nach einer Änderung seines Pegels den aktuellen Wert für eine bestimmte Zeit ohne weitere Änderung hält. Wie lang diese Zeit ist, kann nicht pauschal angegeben werden.

Bei einem Taster kann man durch Messung mit einem Oszilloskop herausfinden, wie groß die Dauer des Tastenprellens ist, siehe Abbildung 7-15.

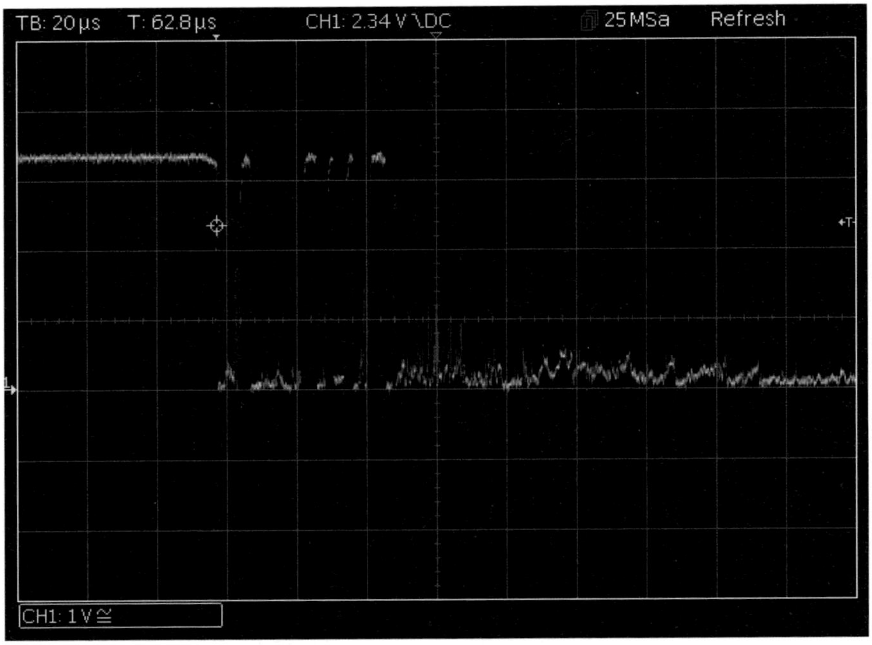

Abbildung 7-15: Tastenprellen

Wenn Messen nicht die passende Option ist, sollte versucht werden, mit Informationen wie Datenblättern weiterzukommen, oder man greift auf bewährte »Praxiswerte« zurück.

7.3.2.2 Prinzip und Realisierung

Eine Entprellschaltung verwendet als Eingangsstufe immer eine Synchronisierschaltung. Danach folgt ein Schaltungsteil mit einem Zähler. Es wird überprüft, ob das bereits synchronisierte Eingangssignal für eine gewisse Anzahl von Clockzyklen konstant bleibt, nur dann wird sein Wert an den Ausgang der Entprellschaltung weitergegeben.

Listing 7-7 enthält eine Entprellschaltung – oder kurz Debouncer – für ein 1-Bit-Signal; das Prinzip kann problemlos auf Signale mit mehreren Bits erweitert werden.

Listing 7-7: Entprellschaltung; `debounce.vhd`

```
-- debounce.vhd

library ieee;
use ieee.std_logic_1164.all;
use ieee.numeric_std.all;
-- use ieee.math_real.all;

entity debounce is
  generic
  (
    num_cons_cycles : integer := 2000;
    cntr_size : integer := 11
  );
  port
  (
    clk : in std_logic;
    data_in : in std_logic;
    data_deb : out std_logic
  );
end debounce;

architecture impl of debounce is
-- constant cntr_size : integer := integer(ceil(log2 (real(num_cons_cycles))));
signal cntr_reg : unsigned(cntr_size-1 downto 0) := (others => '0');
signal cntr_next : unsigned(cntr_size-1 downto 0);

signal syncbuf_reg : std_logic_vector(2 downto 0) := (others => '0');
signal syncbuf_next : std_logic_vector(2 downto 0);

signal deb_reg : std_logic;
signal deb_next : std_logic;


begin
  reg_proc : process (clk)
  begin
    if rising_edge(clk) then
      syncbuf_reg <= syncbuf_next;
      cntr_reg <= cntr_next;
```

```
40          deb_reg <= deb_next;
41        end if;
42      end process reg_proc;
43
44      syncbuf_next <= syncbuf_reg(1 downto 0) & data_in;
45
46      deb_proc : process(syncbuf_reg(2 downto 1),
           cntr_reg, deb_reg, data_in)
47      begin
48        deb_next <= deb_reg; -- default
49        cntr_next <= cntr_reg; -- default
50        if syncbuf_reg(1) = syncbuf_reg(2) then -- sync.
              data stable?
51          if cntr_reg = num_cons_cycles then
52            deb_next <= syncbuf_reg(2);
53          else
54            cntr_next <= cntr_reg + 1;
55          end if;
56        else
57          cntr_next <= (others => '0');
58        end if;
59      end process deb_proc;
60      data_deb <= deb_reg;
61    end impl;
```

In Zeile 11 wird die Anzahl der Clock-Zyklen festgelegt, für deren Dauer sich das Eingangssignal nicht ändern darf, um als stabil angesehen zu werden. Zeile 12 enthält die dazu passende Größe eines Binärzählers in Bit; in Zeile 24 wird das zugehörige Register definiert. Das kann man prinzipiell auch in VHDL automatisieren. Die auskommentierten Zeilen 6 und 23 zeigen, wie man das machen kann; Zeile 12 würde bei Aktivierung dieser Zeilen entfallen. Weil dies aber nicht stressfrei mit jeder FPGA-Entwicklungsumgebung klappt, wird diese Möglichkeit hier lediglich dokumentiert.

In Zeile 27 wird das Register für die Synchronisierungsstufe direkt am Eingang definiert. Sie ist hier dreistufig, weil für das Entprellen ein Vergleich von zwei aufeinanderfolgenden Abtastwerten erforderlich ist und auch der vorletzte Wert bereits in sychronisierter Form verwendet werden soll. Zeile 44 enthält die Schiebeoperation für den Synchronisierer.

In den Zeilen 46 bis 59 findet das eigentliche Entprellen statt. In Zeile 50 werden die beiden letzten synchronisierten Abtastwerte des Eingangssignals miteinander verglichen. Falls sie gleich sind, und das bereits seit `num_cons_cycles` (»number of consolidation cycles«), Zeile 51, wird dem

Ausgang der Schaltung der »entprellte« Eingangswert zugewiesen (Zeilen 52 und 60). Falls Gleichheit besteht, aber noch nicht lange genug, wird der Zähler für die Wartezyklen in Zeile 54 um ›1‹ inkrementiert.

Sind die aufeinanderfolgenden Werte des Eingangssignals ungleich, wird der Wartezyklenzähler auf Null gesetzt (Zeile 57).

Abbildung 7-16 enthält das Schaltbild des Debouncer.

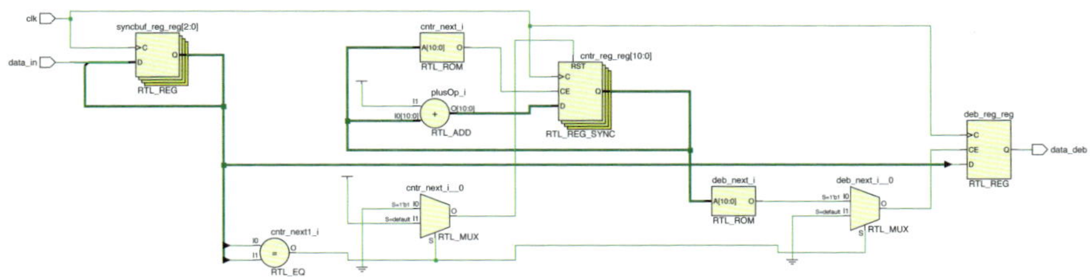

Abbildung 7-16: Schaltbild des Debouncer

7.3.3 Komplettes Beispiel einer »gehärteten« Schaltung

In Anhang B wird in Listing B-1 der VHDL-Code für eine sehr einfache Demonstrationsschaltung angegeben (`fpga_basic.vhd`). Bei dieser Schaltung werden externe Eingänge, die von Schaltern gespeist werden, ohne jegliche Vorverarbeitung verwendet. Die Ergebnisse von einfachen logischen Operationen mit diesen Eingangssignalen werden ohne Registerpufferung auf Ausgänge gegeben. Weil hier nur Leuchtdioden angesteuert werden, ist das nicht tragisch. Wenn die Anwendung allerdings robust und stabil sein soll (wie es zum Beispiel bei einer Quadcopter-Steuerung der Fall sein sollte), würde man mehr Aufwand treiben.

Listing 7-8 zeigt eine modifizierte Version von `fpga_basic.vhd`. Neben Entprellung der Eingänge und Registrierung der Ausgänge wird auch die in Kapitel 7.2.1 erläuterte Instantiierung des Clock-IP-Core verwendet.

Listing 7-8: Basis-Demo in der sicheren Variante; `fpga_basic_safe.vhd`

```
-- fpga_basic_safe.vhd

library ieee;
use ieee.std_logic_1164.all;
use ieee.numeric_std.all;


entity fpga_basic_safe is
  port
```

```
  (
    clk_in : in std_logic; -- clock input
    in_1 : in std_logic; -- switch /pushbutton input
    in_2 : in std_logic;  -- switch /pushbutton input
    blink_o : out std_logic; -- output for alternating signal ( ~ 1Hz)
    and_o : out std_logic;  -- output for and operation
    or_o : out std_logic  -- output for or operation
  );
end fpga_basic_safe;

architecture impl of fpga_basic_safe is
component clk_wiz_0
  port
  (-- Clock in ports
    clk_in1           : in     std_logic;
    -- Clock out ports
    clk_out1          : out    std_logic
  );
end component;

component debounce is
  generic
  (
    num_cons_cycles : integer := 2000;
    cntr_size : integer := 11
  );
  port
  (
    clk : in std_logic;
    data_in : in std_logic;
    data_deb : out std_logic
  );
end component;

signal clk : std_logic; -- system clock
signal cntr_reg : unsigned(20 downto 0); -- counter
signal cntr_next : unsigned(20 downto 0);

signal in1_deb : std_logic;
signal in2_deb : std_logic;
```

```

  signal andbuf_reg : std_logic := '0';
  signal andbuf_next : std_logic;

  signal orbuf_reg : std_logic := '0';
  signal orbuf_next : std_logic;

  begin
    clk_mngt : clk_wiz_0
    port map
    (
     clk_in1 => clk_in,
     clk_out1 => clk
    );

    deb1 : debounce
    generic map
    (
      num_cons_cycles => 100,
      cntr_size => 7
    )
    port map
    (
      clk => clk,
      data_in => in_1,
      data_deb => in1_deb
    );

    deb2 : debounce
    generic map
    (
      num_cons_cycles => 100,
      cntr_size => 7
    )
    port map
    (
      clk => clk,
      data_in => in_2,
      data_deb => in2_deb
    );

  -- concurrent part
    andbuf_next <= in1_deb and in2_deb;
```

```
  orbuf_next <= in1_deb or in2_deb;

-- sequential part
  process (clk)
  begin
    if rising_edge(clk) then
      cntr_reg <= cntr_next;
      andbuf_reg <= andbuf_next;
      orbuf_reg <= orbuf_next;
    end if;
  end process;

  cntr_next <= cntr_reg + 1;
  and_o <= andbuf_reg;
  or_o <= orbuf_reg;
  blink_o <= cntr_reg(20);
end impl;
```

Im Vergleich zu der Originalversion wurden neben dem Entprellen der Eingänge (`in_1` und `in_2`) und dem Puffern der Logikausgänge (`and_o` und `or_o`) noch diese Änderungen vorgenommen:

- Ein Clock-Manager wird verwendet, damit wird die Frequenz des Taktsignals, das von einem Quarzoszillator stammt, um den Faktor 20 verkleinert.
- Die Bit-Breite des Zählers `cntr` wurde verkleinert, weil die Gesamtschaltung jetzt im Vergleich zum Original mit einer kleineren Clock-Frequenz betrieben wird.

Abbildung 7-17 zeigt das Schaltbild dieser »sicheren« Variante, Abbildung 7-18 die entsprechende Darstellung der Ursprungsversion ohne Sicherheitsmerkmale (und auch ohne den Clock-Management-Block).

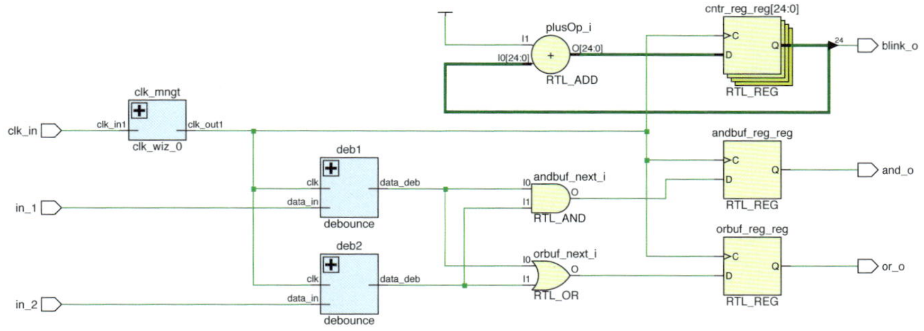

Abbildung 7-17: Beispiel fpga_basic, sichere Variante

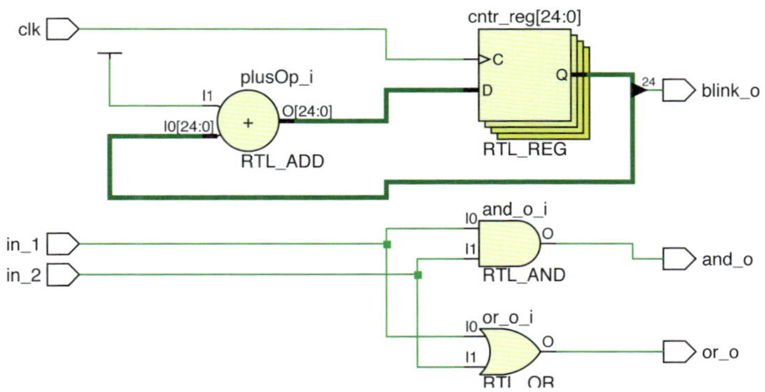

Abbildung 7-18: Beispiel fpga_basic, Ursprungsversion

7.4 Zustandsautomat

Zustandsautomaten wurden erfunden, um diskrete Systeme zu beschreiben. Im Englischen werden sie »Finite State Machine« (abgekürzt »FSM«) oder auch kürzer »State Machine« genannt. Gemeint ist damit die Modellvorstellung eines Automaten, der eine endliche Menge von genau definierten Zuständen besitzt. Zur vollständigen Beschreibung eines Zustandsautomaten gehört aber nicht nur eine Definition der einzelnen Zustände, sondern auch eine Festlegung der Zustandsübergänge, also wie man von einem Zustand in einen anderen Zustand gelangt.

Ein einfaches Beispiel aus dem täglichen Leben ist eine Stehlampe mit einem Schalter zum Drücken im Netzanschlusskabel (für jüngere Leser: Die Großeltern haben bestimmt noch solch eine Lampe): Einmal Drücken und die Lampe geht an, wieder Drücken und die Lampe geht aus usw.

Dieses schöne Beispiel werden wir nun mit einem FPGA-Board nachbilden, dazu sind an externen Elementen lediglich ein Taster und eine LED notwendig.

Abbildung 7-19 zeigt das prinzipielle Zustandsdiagramm dieses einfachen Automaten.

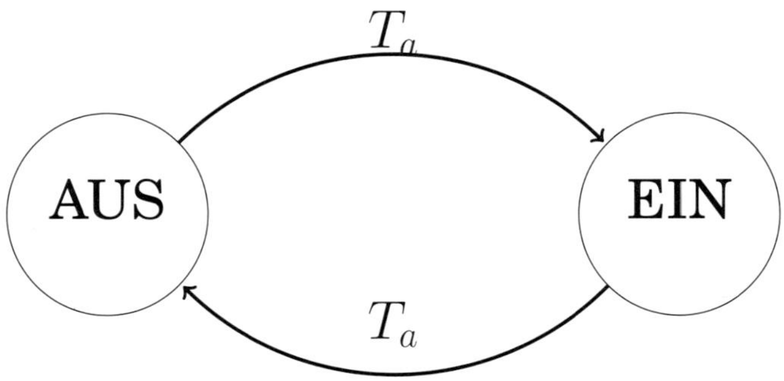

Abbildung 7-19: Einfacher Zustandsautomat: prinzipielle Lampensteuerung

Dieser Automat besitzt die beiden Zustände »AUS« und »EIN« sowie zwei Zustandsübergänge, die immer dann ausgeführt werden, wenn das Tastenereignis »Ta« auftritt.

Was ist in diesem Zusammenhang das »Tastenereignis«?

Nicht gemeint ist dieser Ablauf:

- Die Taste wird gedrückt und festgehalten, damit der Zustandsautomat von »AUS« nach »EIN« gelangt.
- Die Taste wird so lange festgehalten, wie die Lampe leuchten soll (der Zustandsautomat bleibt im State »EIN«).
- Danach wird die Taste losgelassen, der Zustandsautomat wechselt nach »AUS«, die Lampe erlischt.

Das wäre zwar denkbar und sehr einfach realisierbar, aber die Benutzerakzeptanz wäre gleich null. Eine sinnvolle Festlegung von »Tastenereignis« ist die Sequenz »Taste drücken und wieder loslassen«. Für die praktische Umsetzung bedeutet dies, dass unser Zustandsdiagramm um zwei Hilfszustände erweitert werden muss, welche dieses Verhalten abbilden. Außerdem muss noch dargestellt werden, dass im Zustand »AUS« die Lampe ausgeschaltet und im Zustand »EIN« eingeschaltet ist, auch wenn dies aufgrund der Namensgebung der Zustände selbstverständlich erscheint.

So ergibt sich die in Abbildung 7-20 gezeigte Darstellung für das Zustandsdiagramm der Lampensteuerung.

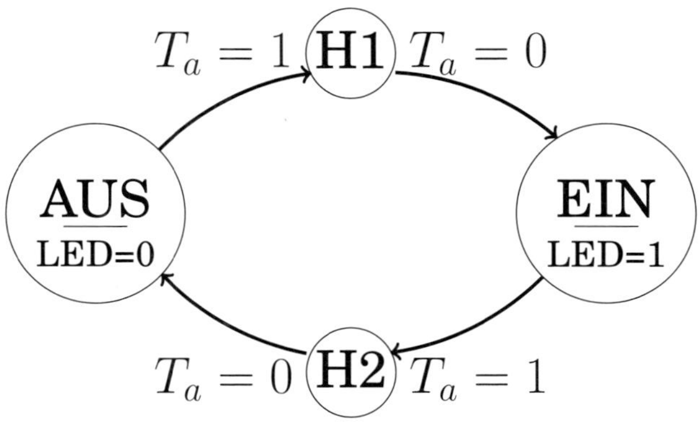

Abbildung 7-20: Einfacher Zustandsautomat: verfeinerte Lampensteuerung

Die beiden Hilfszustände »H1« und »H2« dienen jeweils dazu, den Status »Taste gedrückt« zu erkennen; in ihnen wird so lange verharrt, bis die Taste wieder losgelassen wird. Die Taste wird hier als »ideal« vorausgesetzt, d.h., sie prellt nicht bzw. wird mit einer geeigneten Schaltung entprellt, bevor ihr Ausgangssignal an den Zustandsautomaten weitergegeben wird.

Listing 7-9 zeigt den VHDL-Code, der das in Abbildung 7-20 dargestellte Zustandsdiagramm umsetzt.

Listing 7-9: Lampensteuerung mit Zustandsautomat; `fsm_lamp.vhd`

```
-- fsm_lamp.vhd

library ieee;
use ieee.std_logic_1164.all;

entity fsm_lamp is
  port
  (
    clk : in std_logic;
    ta : in std_logic;
    led : out std_logic
  );
end fsm_lamp;

architecture impl of fsm_lamp is

type lamp_state_type is (aus, h1, ein, h2);
signal lamp_state_reg : lamp_state_type := aus;
signal lamp_state_next : lamp_state_type;

```

```
signal led_reg : std_logic := '0';
signal led_next : std_logic;

begin
  upd_proc: process (clk)
  begin
    if rising_edge(clk) then
      lamp_state_reg <= lamp_state_next;
      led_reg <= led_next;
    end if;
  end process upd_proc;

  state_proc: process (lamp_state_reg, ta)
  begin
    lamp_state_next <= lamp_state_reg; -- default, no change
    led_next <= '0'; --default
    case lamp_state_reg is
      when aus =>
        led_next <= '0';
        if ta = '1' then
          lamp_state_next <= h1;
        end if;
      when h1 =>
        if ta = '0' then
          lamp_state_next <= ein;
        end if;
      when ein =>
        led_next <= '1';
        if ta = '1' then
          lamp_state_next <= h2;
        end if;
      when h2 =>
        led_next <= '1';
        if ta = '0' then
          lamp_state_next <= aus;
        end if;
    end case;
  end process state_proc;

  led <= led_reg;

end impl;
```

Die Schaltung besitzt die Eingänge clk (Clock; Frequenz im Prinzip beliebig, sollte allerdings eine Größenordnung höher sein als die Frequenz, mit welcher der Taster betätigt wird) und ta (Taster) sowie den Ausgang led zur Ansteuerung der »Lampe«.

Erklärungsbedürftig ist zunächst Zeile 17: Hier wird ein eigener Datentyp lamp_state_type angelegt. Zulässige Werte sind die Bezeichnungen der Zustände, die innerhalb der runden Klammern in Zeile 17 angegeben werden. Technisch handelt es sich um einen ›Enumeration‹-Datentyp, wie er auch in anderen (Programmier-)Sprachen benutzt wird. Die Verwendung eines solchen Konstrukts erhöht die Lesbarkeit des VHDL-Codes von Zustandsautomaten enorm und sollte daher in diesem Zusammenhang immer verwendet werden.

In den Zeilen 18 und 19 wird der neue Datentyp direkt benutzt.

Die Zeilen 25 bis 31 enthalten einen (Standard-)Prozess, der die Zustandsvariable lamp_state_reg sowie led_reg aktualisiert.

In den Zeilen 33 bis 58 wird der eigentliche Zustandsautomat realisiert. Mit Hilfe des in Zeile 37 beginnenden case-Konstrukts wird überprüft, in welchem Zustand sich der Automat befindet und ob die Bedingung für den Übergang zu einem anderen Zustand erfüllt ist. Falls in einen neuen Zustand gewechselt werden soll, wird lamp_state_next entsprechend aktualisiert. Außerdem wird das Register für das Ausgangssignal led in Abhängigkeit von dem aktuellen Zustand gesetzt.

Abbildung 7-21 zeigt das Ergebnis einer Simulation dieser Lampensteuerung.

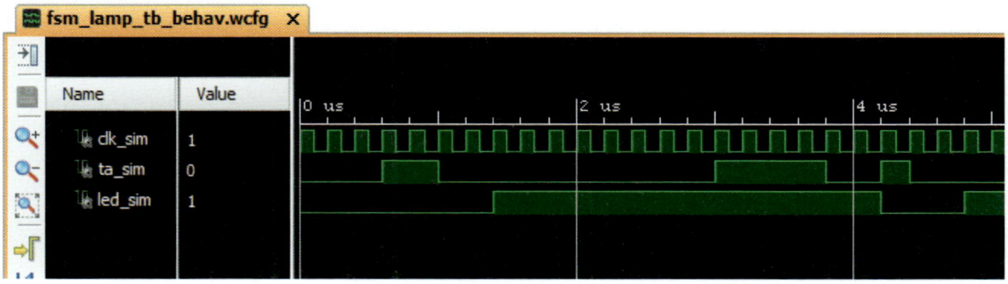

Abbildung 7-21: Simulation der Lampensteuerung

7.4.1 Tastenabfrage

Für eine aufwendigere Benutzerschnittstelle als »Lampe ein, Lampe aus« wäre es schön, auf die Hilfs-States »H1« und »H2« (Bezug: Abbildung 7-20) verzichten zu können und stattdessen einen Zustandsautomaten wie in Abbildung 7-19 dargestellt (»wie aus dem Lehrbuch«) zu realisieren. Dazu müsste (unter Bezug auf Abbildung 7-19) »Ta« ein Event-Eingang des

Zustandsautomaten sein, der nur dann ein einziges Mal den Wert ›1‹ hat, wenn der Zyklus »Taster gedrückt und wieder losgelassen« einmal aufgetreten ist. Das wäre z.B. besonders interessant, wenn mit Hilfe einer Taste ein Stellwert wie z.B. die Helligkeit einer LED in mehreren Stufen geändert werden soll und dazu ein Zustandsautomat mit einem State je Stufe benutzt wird. Es wäre ziemlich lästig, dann zwischen diesen Zuständen jeweils einen Hilfs-State zur Behandlung der Taste verwenden zu müssen.

Die Lösung für diese Herausforderung ist, einen dedizierten Zustandsautomaten für die Tastenabfrage zu verwenden, der bei jedem Tastendruck ein »Event« – einen kurzen Puls – generiert. Dieses Event kann dann von einem anderen Zustandsautomaten verarbeitet werden, der einen Tastendruck als Input benötigt.

Listing 7-10 zeigt eine mögliche Lösung.

Listing 7-10: Lampensteuerung mit zwei Zustandsautomaten; `fsm_ta.vhd`

```
-- fsm_ta.vhd

library ieee;
use ieee.std_logic_1164.all;

entity fsm_ta is
  port
  (
    clk : in std_logic;
    ta : in std_logic;
    led : out std_logic
  );
end fsm_ta;

architecture impl of fsm_ta is

type lamp_state_type is (aus, ein);
signal lamp_state_reg : lamp_state_type := aus;
signal lamp_state_next : lamp_state_type;

type ta_state_type is (released, pressed, pulse);
signal ta_state_reg : ta_state_type := released;
signal ta_state_next : ta_state_type;
signal ta_pulse : std_logic := '0';

signal led_reg : std_logic := '0';
signal led_next : std_logic;

```

```
begin
  upd_proc: process (clk)
  begin
    if rising_edge(clk) then
      lamp_state_reg <= lamp_state_next;
      ta_state_reg <= ta_state_next;
      led_reg <= led_next;
    end if;
  end process upd_proc;

  state_proc: process (lamp_state_reg, ta_pulse)
  begin
    lamp_state_next <= lamp_state_reg; -- default, no change
    case lamp_state_reg is
      when aus =>
        led_next <= '0';
        if ta_pulse = '1' then
          lamp_state_next <= ein;
        end if;
      when ein =>
        led_next <= '1';
        if ta_pulse = '1' then
          lamp_state_next <= aus;
        end if;
    end case;
  end process state_proc;

  ta_proc : process (ta_state_reg, ta)
  begin
    ta_state_next <= ta_state_reg; -- default
    ta_pulse <= '0'; --default
    case ta_state_reg is
      when released =>
        if ta = '1' then
          ta_state_next <= pressed;
        end if;
      when pressed =>
        if ta = '0' then
          ta_state_next <= pulse;
        end if;
      when pulse =>
        ta_pulse <= '1';
```

```
            ta_state_next <= released;
        end case;
      end process;

      led <= led_reg;
    end impl;
```

7.5 Zusammenfassung

In diesem Kapitel wurde zunächst das wichtige Thema »Clock-Signal« behandelt. Ein stabiles Clock-Signal ist essentiell für jede getaktete Digitalschaltung. Am Beispiel der Clock-Generierung wurde auch die Verwendung von IP-Cores demonstriert.

Danach wurde gezeigt, wie Eingangssignale synchronisiert und ggf. entprellt werden.

Zum Abschluss wurden Zustandsautomaten eingeführt. Mit dieser Methode können viele Aufgabenstellungen elegant und stabil gelöst werden.

8 Siebensegmentanzeigen

Nachdem wir LEDs zum Blinken bekommen haben, widmen wir uns nun Siebensegmentanzeigen auf LED-Basis. Solche Siebensegmentanzeigen sind ein klassisches Betriebsmittel zur Anzeige von numerischen Werten. Aufgrund ihrer guten Ablesbarkeit auch unter schwierigeren Bedingungen sind sie für bestimmte Anwendungen nach wie vor erste Wahl und werden dort auch nicht von LC-Displays abgelöst.

Für Maker-Projekte sind sie gut geeignet, um einfachere Anzeigen zu realisieren, z.B. für eine Digitaluhr. Aber auch als Debug-Hilfe können sie verwendet werden, um beispielsweise einen Zählerstand zu visualisieren.

Bei Anzeigen mit mehreren Stellen (»Digits«) wird für die Ansteuerung meistens ein Multiplexverfahren angewandt, um Verbindungsleitungen zu sparen; dies wird am Ende dieses Kapitels auch vorgestellt.

8.1 Aufbau und Funktion

Siebensegmentanzeigen sind auf einigen FPGA-Boards vorhanden bzw. können bei Bedarf leicht angeschlossen werden. Abbildung 8-1 zeigt den Aufbau einer solchen Anzeige.

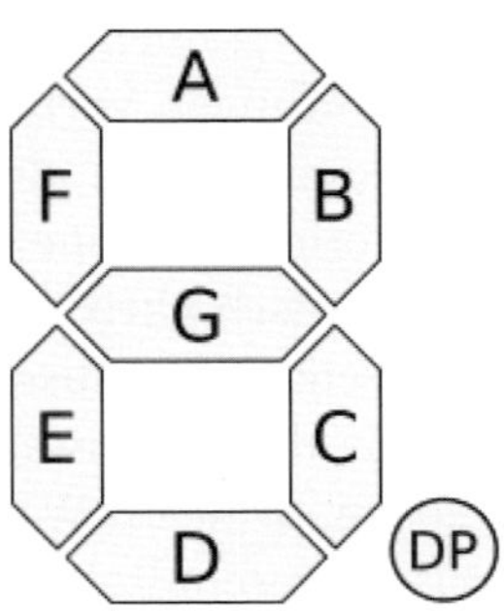

Abbildung 8-1: Siebensegmentanzeige

In der Regel sind die acht Leuchtdioden eines Siebensegmentelements so verschaltet, dass alle Anoden auf einen gemeinsamen Anschluss gelegt werden. Ein Segment wird also durch Anlegen eines Low-Pegels (über einen Vorwiderstand) an seine Kathode angeschaltet. Die übliche Zuordnung der Segmente zu den Bits des zugehörigen Bytes zur Ansteuerung (in VHDL z.B. »`seg : out std_logic_vector(7 downto 0);`«) zeigt Tabelle 8.1.

Tabelle 8-1: Siebensegmentanzeige: Zuordnung zwischen Segmenten und Bits

Segment	Bit
A	0
B	1
C	2
D	3
E	4
F	5
G	6
DP	7

Um zum Beispiel die Ziffer ›2‹ darzustellen, müssen folgende Bits auf ›0‹ gesetzt werden, während die übrigen Bits mit ›1‹ angesteuert werden:
0; 1; 6; 4; 3.

Häufig werden auf Boards mehrere Siebensegmentelemente zu einer mehrstelligen Anzeige zusammengefasst. Um Leitungen und Pins bei der Ansteuerelektronik (hier: dem FPGA) zu sparen, werden die Siebensegmentelemente in der Regel gemultiplext. Das bedeutet, dass z.B. einer Anzeige mit vier Siebensegementelementen (mit jeweils gemeinsamer Anode) nur sieben bis acht Datenleitungen (je nachdem, ob die Dezimalpunkte benutzt werden) und vier Anodenleitungen vorhanden sind. An jede Datenleitung sind jeweils alle vier Segmente des gleichen Typs aller Elemente gemeinsam angeschlossen, also alle ›A‹-Elemente, alles ›B‹-Elemente usw. Die Anodenanschlüsse werden zyklisch aktiviert, immer nur einer zur gleichen Zeit. Durch eine passende Schaltung muss dafür gesorgt werden, dass an den Datenanschlüssen jeweils die zugehörigen Daten für die Segmente des aktiven Elements anliegen. Weil im Worst Case alle acht Segmente eines Elements gleichzeitig eingeschaltet werden, werden die Anodenanschlüsse üblicherweise über Schalttransistoren (PNP) angesteuert, der Steuerpin (Basis) dieser Transistoren ist jeweils mit einem FPGA-Pin verbunden. Daher muss an dem FPGA-Pin, der ein Element aktiv schalten soll, ein »Low«-Pegel anliegen. Die Pins, welche über Schalttransistoren mit gerade nicht aktiven Elementen verbunden sind, müssen auf »High« gelegt werden.

Wie solch eine Multiplex-Ansteuerung mit einem FPGA realisiert wird, schauen wir uns später an, für den Anfang kümmern wir uns um ein einziges Siebensegmentelement.

8.2 Einfacher Test mit einem Element

Dazu steuern wir im ersten Beispiel jedes Segment über einen eigenen Schalter an. Das gibt uns u.a. die Möglichkeit, die in der obigen Tabelle angegebene Zuordnung zwischen Segmenten und Ansteuerbits zu überprüfen.

Listing 8-1 zeigt den VHDL-Code für solch eine einfache Siebensegmenttestschaltung.

Listing 8-1: Einfachster Siebensegmenttest; `sseg_test.vhd`

```
1   -- sseg_test.vhd
2
3   library ieee;
4   use ieee.std_logic_1164.all;
5
6
7   entity sseg_test is
8     port
9     (
10      sw : in std_logic_vector(7 downto 0);
11      seg : out std_logic_vector(7 downto 0);
12      an0_n : out std_logic
13    );
14  end sseg_test;
15
16  architecture impl of sseg_test is
17
18  begin
19    an0_n <= '0'; -- gemeinsame Anode, active "low"
20    seg <= not sw; -- Schalter "Ein" -> Segment "An"
21  end impl;
```

Da eine gemeinsame »Active Low«-Anode für alle Segmente vorausgesetzt wird und die einzelnen Segmente jeweils für ein Kathode geschaltet werden, erfolgt in Zeile 18 eine Invertierung der Schalterwerte, so dass ein Schalter in der Stellung »Ein« das zugehörige Segment des Sieben-Segment-Displays einschaltet (positive Schalterlogik vorausgesetzt).

Damit diese Schaltung bequem umgesetzt werden kann, muss das verwendete FPGA-Board über mindestens ein Siebensegmentelement und sieben oder acht (bei Verwendung des Dezimalpunkts) Schalter verfügen. Von den in diesem Buch vorgestellten Boards trifft das auf folgende Produkte zu: Nexys3, Nexys4, Basys3, PapilioPro mit LogicStart-Wing, DE0[1].

Zur Nachrüstung eines Boards mit einer Siebensegmentanzeige gibt es diese Möglichkeiten:

- Selbstbau eines Erweiterungsmoduls
- Verwendung eines kommerziell erhältlichen Moduls wie z.B. »PmodSSD« des Herstellers Digilent. Diese Lösung bietet zwei Siebensegmentelemente auf einer kleinen Platine mit Pmod-Interface; die Displays arbeiten mit *gemeinsamer Kathode*.

Falls beim Ausprobieren dieser sehr simplen Schaltung der Effekt auftritt, dass alle Siebensegmentelemente aktiv sind und nicht nur das in Zeile 19 (Listing 8-1) ausgewählte Element, hat dies folgende Ursache: Jede FPGA-Entwicklungsumgebung bietet die Möglichkeit, für nicht benutzte Pins festzulegen, dass sie mit einem Pullup- oder Pulldown-Widerstand »ausgestattet« werden sollen. Wenn diese Einstellung auf »Pulldown« gesetzt ist (was eine weit verbreitete Voreinstellung ist), tritt hier der beschriebene Effekt auf. Um dem entgegenzuwirken, gibt es diese Möglichkeiten:

- Für nicht benutzte FPGA-Pins die Einstellung »Pulldown« (oder eine andere verfügbare und sinnvolle) Einstellung wählen; dies ist meistens eine Option der Bitstream-Generierung.
- Alle Anoden ansteuern; dabei die Anoden der nicht verwendeten Elemente auf den ›Aus‹-Pegel legen.

8.3 Umwandlung von Binärcode in eine Hex-Zahlendarstellung

Mit einem Siebensegment-Display lassen sich – ohne Berücksichtigung des Dezimalpunkts – $2^7 = 128$ verschiedene Symbole darstellen. In der Regel möchte man mit einem Siebensegment-Display Zahlen darstellen, z.B. den Stand eines Zählers. Zur Darstellung der Ziffern $0 \ldots 9$ und der Buchstaben $a \ldots f$ (gemischt in Groß- und Kleinschreibung) werden nur 16 von 128

[1] Das Board »DE0« hat ein vierstelliges Display, bei dem jedes einzelne Segment mit einem FPGA-Pin verbunden ist, alle anderen hier genannten Boards verwenden ein Multiplex-Verfahren zur Ansteuerung der mehrstelligen Siebensegment-Displays.

möglichen Bitmustern zur Ansteuerung benötigt. Damit können sog. hexadezimale Zahlen[2] dargestellt werden.

Listing 8-2 zeigt den VHDL-Code für die Umsetzung einer 4-Bit-Binärzahl in das Bitmuster zur Darstellung einer hexadezimalen Ziffer auf einem Element eines Siebensegment-Displays.

Listing 8-2: Konvertierung Hex-Ziffer in Bitmuster für Siebensegmentelement; hex2sseg.vhd

```
-- hex2sseg.vhd

library ieee;
use ieee.std_logic_1164.all;

entity hex2sseg is
  port
  (
    hexnum : in std_logic_vector(3 downto 0);
    decpoint : in std_logic;
    sevseg : out std_logic_vector(7 downto 0) -- dp : bit 7; g: bit 6 ; ... a : bit 0
  );
end hex2sseg;

architecture impl of hex2sseg is

begin
  with hexnum select
    sevseg(6 downto 0) <=
      "0111111" when X"0",
      "0000110" when X"1",
      "1011011" when X"2",
      "1001111" when X"3",
      "1100110" when X"4",
      "1101101" when X"5",
      "1111101" when X"6",
      "0000111" when x"7",
      "1111111" when X"8",
      "1100111" when X"9",
      "1110111" when X"a",
      "1111100" when x"b",
```

[2]Hexadezimale Zahlen sind Zahlen zur Basis 16; ihr Wertebereich läuft von 0 bis F.

```
32          "0111001" when X"c",
33          "1011110" when X"d",
34          "1111001" when X"e",
35          "1110001" when others; -- 'f'
36
37      sevseg(7)<= decpoint;
38    end impl;
```

Als zusätzlicher Eingang neben dem 4-Bit-Eingangswert hexnum steht noch der 1-Bit-Eingang decpoint für den Dezimalpunkt zur Verfügung. Das »with – select«-Konstrukt in den Zeilen 18 bis 35 bildet alle möglichen Eingangswerte auf ein Bitmuster für das Siebensegment-Display um. Dabei wird die in Tabelle 8.1 angegebene Zuordnung verwendet. Es kommt »positive Logik« zum Einsatz: Ein Segment, das eingeschaltet sein soll, wird in sevseg durch ›1‹ dargestellt, ein ausgeschaltetes Bit durch ›0‹. Bei Verwendung eines Displays mit gemeinsamer Anode muss daher noch eine Invertierung von sevseg vorgenommen werden.

In Listing 8-3 wird eine Testschaltung für den Konverter hex2sseg beschrieben.

Listing 8-3: hex2sseg_test.vhd

```
-- hex2sseg_test

library IEEE;
use IEEE.STD_LOGIC_1164.ALL;

entity sseg_hex_basys3 is
  port
  (
    sw : in std_logic_vector(4 downto 0);
    seg : out std_logic_vector(7 downto 0);
    an_n0 : out std_logic
  );
end sseg_hex_basys3;

architecture impl of sseg_hex_basys3 is
component hex2sseg is
  port
  (
    hexnum : in std_logic_vector(3 downto 0);
    decpoint : in std_logic;
    sevseg : out std_logic_vector(7 downto 0) -- dp
        : bit 7; g: bit 6 ; ... a : bit 0
```

```
22      );
23    end component;
24
25    signal ss_data : std_logic_vector(7 downto 0);
26
27    begin
28      h2s: hex2sseg
29      port map
30      (
31        hexnum => sw(4 downto 1),
32        decpoint => sw(0),
33        sevseg => ss_data
34      );
35
36      an_n0 <= '0';
37      seg <= not ss_data;
38    end impl;
```

Die Eingangssignale stammen von fünf Schaltern (falls nur vier Schalter auf dem Board vorhanden sind, kann ein Schalter auch durch einen Taster ersetzt werden oder der Schalter »sw(0)« zur Ansteuerung des Dezimalpunkts wird weggelassen). seg stellt die acht Datenleitungen zum Display dar (Verbindung mit den Kathoden der Segmentleuchtdioden). an_n0 ist ein Ausgang mit negativer Logik, welcher das Anodensignal ansteuert.

In Zeile 36 wird das gewünschte Display-Element aktiv geschaltet (mit einem ›Low‹-Pegel), in Zeile 37 erfolgt die aufgrund des gemeinsamen Anodenanschlusses der Segmente erforderliche Invertierung des anzuzeigenden Bitmusters.

8.4 Umwandlung von Binärcode in eine Dezimalzahlendarstellung

Weil trotz des »digitalen Zeitalters« die meisten Menschen zur Darstellung von Zahlen immer noch das gewohnte Dezimalsystem bevorzugen, befassen wir uns nun mit der Umwandlung von Zahlen in Binärdarstellung in eine BCD-Darstellung. BCD steht für »Binary Coded Decimal«; Sinn dieser Zahlendarstellung ist die Aufbereitung von Binärzahlen für die Darstellung als Dezimalzahlen. Während man mit Hilfe der hexadezimalen Darstellung nur eine »Stelle« (Ziffer) zur Darstellung eines 4-Bit-Werts ($0 \ldots f$) benötigt, sind bei der dezimalen Darstellung dazu zwei Ziffern erforderlich, auch wenn die erste Ziffer nur die Werte »0« und »1« annehmen kann; der Wertebereich für die gesamte Zahl ist 0 bis 15.

Bei Projekten wie einer Uhr mit Digitalanzeige wird man mit nur einem Digit allerdings nicht glücklich: Für die Stundendarstellung ist eine 5-Bit-Zahl ($0 \ldots 23$) erforderlich, für die Minuten- sowie die Sekundendarstellung jeweils eine 6-Bit-Zahl ($0 \ldots 59$). Daher wird jetzt eine Schaltung präsentiert, die zur Ansteuerung von zwei Siebensegment-Digits gedacht ist.

Listing 8-4 zeigt eine Schaltungsbeschreibung in VHDL für die Konvertierung einer 6-Bit-Zahl in eine zweistellige BCD-Zahl. Dabei kann die erste Stelle nur die Werte von ›0‹ bis ›6‹ annehmen, die zweite Stelle die Werte von ›0‹ bis ›9‹.

Listing 8-4: Konvertierung von 6-Bit-Binär nach BCD; `bin6tobcd.vhd`

```
-- bin6tobcd.vhd

library ieee;
use ieee.std_logic_1164.all;
use ieee.numeric_std.all;

entity bin6tobcd is
  port
  (
    bin6 : in std_logic_vector(5 downto 0);
    ones : out std_logic_vector(3 downto 0);
    tens : out std_logic_vector(2 downto 0)
  );
end bin6tobcd;

architecture impl of bin6tobcd is
constant bin_size : integer := 6;

begin
  process (bin6) is
  variable bin_buf : unsigned(bin_size-1 downto 0);
  variable ones_buf : unsigned(3 downto 0);
  variable tens_buf : unsigned(2 downto 0);
  begin
    bin_buf := unsigned(bin6);
    ones_buf := "0000";
    tens_buf := "000";

    for idx in 1 to bin_size loop
      if ones_buf >= 5 then
        ones_buf := ones_buf + 3;
```

```
32                end if;
33                tens_buf := tens_buf(1 downto 0) & ones_buf(3);
34                ones_buf := ones_buf(2 downto 0) & bin_buf(bin_size - idx);
35            end loop;
36            ones <= std_logic_vector(ones_buf);
37            tens <= std_logic_vector(tens_buf);
38        end process;
39    end impl;
```

Die Idee hinter diesem Schaltungsprinzip, das sich ein schlauer Kopf ausgedacht hat und für das es im Web diverse Fundstellen[3] gibt, ist folgendes: Das Bitmuster der Binärdarstellung wird so oft nach links durch die Einerstelle und die Zehnerstelle geschoben, wie die Binärzahl Bits hat, in diesem Fall also sechsmal. Dabei wird bei der Einerstelle dieser »Trick« angewandt: Immer, wenn das Zwischenergebnis der Einerstelle größergleich ›5‹ ist und damit bei der nächsten Schiebeoperation ein Überlauf stattfände (weil der Wert dann schon mindestens ›10‹ wäre, was größer als der Höchstwert ›9‹ ist), wird zu dem Wert der Einerstelle ›3‹ addiert. Das führt in Verbindung mit der Schiebeoperation zu dem gewünschten Verhalten, dass ein Übertrag in die Zehnerstelle stattfindet.

Einige Erläuterungen zum Code: Hier werden innerhalb der `process`-Umgebung (Zeilen 20 bis 38) Variablen (`variable`) benutzt. Im Gegensatz zu Signalen (`signal`) haben sie nur *innerhalb* von `process` ihre Gültigkeit, allerdings kann auf ihren Wert innerhalb von `process` sofort zugegriffen werden, auch nach Änderungen. Dies gilt auch bei mehrfachen Änderungen des Werts. Die Zeilen 29 bis 35 beinhalten ein `loop`-Konstrukt. Damit werden ähnliche Schaltungsteile in kompakter Form beschrieben. Man darf sich auf gar keinen Fall vorstellen, dass diese »for-loop« ähnlich funktioniert wie in einer Programmiersprache wie C. Ebenso finden die oben erwähnten Schiebeoperationen hier nicht nacheinander statt, sondern der ganze Algorithmus wird in einem einzigen Arbeitstakt abgearbeitet.

Dies ist ein schönes Beispiel dafür, dass FPGAs durch ihre Fähigkeit zur Parallelverarbeitung bestimmte Algorithmen deutlich schneller ausführen können als Mikrocontroller. Der Einsatz eines FPGA als Coprozessor eines Mikroprozessors zur schnellen Ausführung einer ganz bestimmten Operation (z.B. Implementierung eines Filters in der digitalen Videosignalverarbeitung) ist immer noch ein aktuelles Anwendungsgebiet von FPGAs, wenn-

[3] Zum Beispiel:
`http://www.eng.utah.edu/~nmcdonal/Tutorials/BCDTutorial/BCDConversion.html`.

gleich der Trend dahin geht, den Mikroprozessor direkt mit auf den FPGA-Chip zu integrieren[4] um so zu einer Ein-Chip-Lösung zu gelangen.

Zurück zu der BCD-Konvertierung: Das Prinzip kann auf beliebig viele Stellen erweitert werden. Immer, wenn aufgrund des Wertbereichs, der sich aus der Bitbreite des Eingangswerts ergibt, ein Überlauf in die nächsthöhere Stelle möglich ist, muss an dieser Stelle, von welcher der mögliche Überlauf stammt, »3« addiert werden.

Listing 8-5 zeigt eine passende Testbench für diese Schaltung. Wenn man die Laufzeit für die Simulation auf 14 µs setzt, wird der ganze Wertebereich von 0 ... 63 abgedeckt.

Listing 8-5: Testbench für `bin6tobcd`; `bin6tobcd_tb.vhd`

```
-- bin6tobcd_tb.vhd

library ieee;
use ieee.std_logic_1164.all;
use ieee.numeric_std.all;


entity bin6tobcd_tb is
end bin6tobcd_tb;

architecture sim of bin6tobcd_tb is
component bin6tobcd is
  port
  (
    bin6 : in std_logic_vector(5 downto 0);
    ones : out std_logic_vector(3 downto 0);
    tens : out std_logic_vector(2 downto 0)
  );
end component;

signal bin6_sim : std_logic_vector(5 downto 0);
signal ones_sim : std_logic_vector(3 downto 0);
signal tens_sim : std_logic_vector(2 downto 0);

constant clkp : time := 200ns;
begin

```

[4] Solche »SoC« (System on Chip) genannten Bausteine, die eine »FPGA fabric« mit in der Regel gleich mindestens zwei leistungsfähigen ARM-Prozessorkernen in einem Gehäuse vereinen, sind von Altera und Xilinx seit einiger Zeit verfügbar.

```
    dut : bin6tobcd
    port map
    (
      bin6 => bin6_sim,
      ones => ones_sim,
      tens => tens_sim
    );

    process
    begin
      for k in 0 to 63 loop
        bin6_sim <= std_logic_vector(to_unsigned(k,6));
        wait for clkp;
      end loop;
     wait;
    end process;
  end sim;
```

Bevor ein Test mit einem FPGA-Board durchgeführt werden kann, muss zunächst der Multiplex-Betrieb von einer Siebensegmentanzeige mit mehr als einer Stelle eingeführt werden.

8.5 Mehr als ein Digit – Multiplexing

In Abschnitt 8.1 wurde bereits kurz erklärt, warum Multiplexing bei mehrstelligen Siebensegmentanzeigen verwendet wird und wie es prinzipiell funktioniert.
Eigentlich ist es gar nicht so kompliziert:

- Es wird eine Wiederholfrequenz (Refresh-Rate) festgelegt, mit welcher zwischen den einzelnen Elementen des Displays umgeschaltet wird. Sie sollte $> 60Hz$ sein[5]. Es kommt nicht auf den genauen Wert an, $200Hz$ funktionieren genauso gut.
- Es wird ein Binärzähler verwendet, welcher den Systemtakt ungefähr auf die gewünschte Wiederholfrequenz herunter teilt.
- Die höchstwertigsten Bits dieses Zählers werden als Adresse (`elem_addr`) für das gerade anzusteuernde Element (Digit) des kompletten Siebensegment-Display verwendet.

[5] Bei zu niedriger Refresh-Rate nimmt das menschliche Auge ein Flackern wahr.

- Die Daten für alle Digits werden in einem Vektor (disp_data) übergeben, der je Digit ein Datenbyte enthält; in der Reihenfolge, die der Anordnung der Digits entspricht.
- Mit Hilfe dieser Adresse wird jeweils ein Multiplexer (»Umschalter N zu eins«) für die Datenbits (seg_data) und die Auswahl des Elements (digit_sel) angesteuert.
- Damit die Schaltung möglichst universell einsetzbar ist, wird alles in positiver Logik implementiert. Wenn das Display z.B. mit »gemeinsamen Anoden« arbeitet, muss nach dem Multiplexing das Signal digit_sel invertiert werden.

Es wird hier eine Realisierung für ein Display mit vier Elementen vorgestellt; eine Erweiterung auf acht Elemente bzw. Vereinfachung auf zwei Elemente ist leicht möglich.

Listing 8-6 zeigt die VHDL-Schaltungsbeschreibung.

Listing 8-6: Controller für ein Siebensegment-Display mit vier Digits; sseg_control.vhd

```
-- sseg_control.vhd

library ieee;
use ieee.std_logic_1164.all;
use ieee.numeric_std.all;


entity sseg_control is
  port
  (
    clk : in std_logic;
    disp_data : in std_logic_vector(31 downto 0);
    seg_data : out std_logic_vector(7 downto 0);
    digit_sel : out std_logic_vector(3 downto 0)
  );
end sseg_control;

architecture impl of sseg_control is
  signal cntr_reg : unsigned(19 downto 0);
  signal cntr_next : unsigned(19 downto 0);
  signal digit_addr : unsigned(1 downto 0);

  signal seg_data_reg : std_logic_vector(7 downto 0)
     ;
```

```
24    signal seg_data_next : std_logic_vector(7 downto
         0);
25
26    signal digit_sel_reg : std_logic_vector(3 downto
         0);
27    signal digit_sel_next : std_logic_vector(3 downto
         0);
28
29  begin
30    process (clk)
31    begin
32      if rising_edge(clk) then
33        cntr_reg <= cntr_next;
34        seg_data_reg <= seg_data_next;
35        digit_sel_reg <= digit_sel_next;
36      end if;
37    end process;
38
39    cntr_next <= cntr_reg + 1;
40    digit_addr <= cntr_reg(19 downto 18);
41
42    with digit_addr select -- digit selection
43      digit_sel_next <=
44        "0001" when "00",
45        "0010" when "01",
46        "0100" when "10",
47        "1000" when others;
48
49    with digit_addr select -- segment data selection
50      seg_data_next <=
51        disp_data(7 downto 0) when "00",
52        disp_data(15 downto 8) when "01",
53        disp_data(23 downto 16) when "10",
54        disp_data(31 downto 24) when others;
55
56    seg_data <= seg_data_reg;
57    digit_sel <= digit_sel_reg;
58
59  end impl;
```

Für den Zähler zum Erzeugen des Refresh-Takts (der nicht als explizites Signal auftaucht, sondern in Form der höchstwertigsten Bits des Zählers, `digit_addr`, Zeile 40) wird hier ein 20-Bit-Binärzähler verwendet. Das ergibt bei einer Frequenz von 100 MHz des Eingangs `clk` eine Refresh-Frequenz von etwas weniger als 100 Hz.

Die Zeilen 42 bis 47 beinhalten einen Multiplexer für den Ausgang `digit_sel`, die Zeilen 49 bis 54 einen Multiplexer für `seg_data`. Erwähnenswert ist noch, dass diese Ausgangssignale über Register geführt werden, wie es gute Praxis für Ports ist, die mit externer Hardware verbunden werden.

Abbildung 8-2 zeigt die Schaltung in der RTL-Darstellung (vor der Synthese).

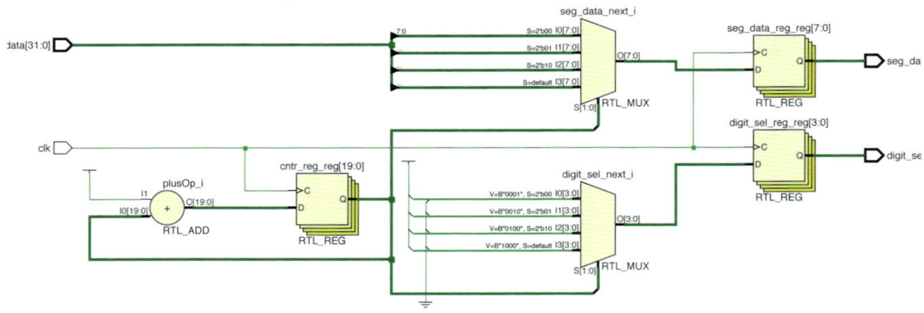

Abbildung 8-2: Siebensegment-Controller: RTL-Schaltbild

8.6 Komplettbeispiel

Es folgt ein Beispiel, in dem alle bisher vorgestellten Komponenten zur Ansteuerung von Siebensegment-Displays verwendet werden. Diesmal wird das Board »Basys3« verwendet, es bietet u.a. 16 Schiebeschalter (von denen hier 12 benutzt werden) und ein Siebensegment-Display mit vier Digits.

Sechs Schalter stellen jeweils den Eingangswert für ein zweistelliges Display zur Verfügung, der Wertebereich beträgt $0 \ldots 2^6 - 1 = 0 \ldots 63$. Nach jedem Schalter folgt eine Umwandlung von einer 6-Bit-Binärdarstellung in eine BCD-Darstellung mit Einer- und Zehnerstelle. »Einer« und »Zehner« treiben wiederum jeweils ein Modul zur Umwandlung in das Darstellungsmuster für ein Siebensegment-Digit. Insgesamt werden somit eine Instanz von `sseg_control`, zwei Instanzen von `bin6tobcd` und vier Instanzen von `hex2sseg` verwendet.

Listing 8-7 enthält die vollständige Schaltungsbeschreibung in VHDL.

Listing 8-7: Controller für ein Siebensegment-Display mit vier Digits (Typ: gemeinsame Anode); sseg_basys3_test2.vhd

```
-- sseg_basys3_test2.vhd

library ieee;
use ieee.std_logic_1164.all;


entity sseg_basys3_test2 is
  port
  (
    clk : in std_logic;
    sw : in std_logic_vector(11 downto 0);
    seg : out std_logic_vector(6 downto 0);
    dp : out std_logic;
    an : out std_logic_vector(3 downto 0)
  );
end sseg_basys3_test2;

architecture impl of sseg_basys3_test2 is
component sseg_control is
  port
  (
    clk : in std_logic;
    disp_data : in std_logic_vector(31 downto 0);
    seg_data : out std_logic_vector(7 downto 0);
    digit_sel : out std_logic_vector(3 downto 0)
  );
end component;

component bin6tobcd is
  port
  (
    bin6 : in std_logic_vector(5 downto 0);
    ones : out std_logic_vector(3 downto 0);
    tens : out std_logic_vector(2 downto 0)
  );
end component;

component hex2sseg is
  port
  (
    hexnum : in std_logic_vector(3 downto 0);
```

```
    decpoint : in std_logic;
    sevseg : out std_logic_vector(7 downto 0) -- dp : bit 7; g: bit 6 ; ... a : bit 0
  );
end component;

signal disp_buf : std_logic_vector(31 downto 0);
signal seg_buf : std_logic_vector(7 downto 0);
signal digit_sel_buf : std_logic_vector(3 downto 0);

signal digit0_data : std_logic_vector(3 downto 0);
signal digit1_data : std_logic_vector(3 downto 0);
signal digit2_data : std_logic_vector(3 downto 0);
signal digit3_data : std_logic_vector(3 downto 0);

begin
  sseg_cntrl : sseg_control
  port map
  (
    clk => clk,
    disp_data => disp_buf,
    seg_data => seg_buf,
    digit_sel => digit_sel_buf
  );

  bintobcd0: bin6tobcd
  port map
  (
    bin6 => sw(5 downto 0),
    ones => digit0_data,
    tens => digit1_data(2 downto 0)
  );

  bintobcd1: bin6tobcd
  port map
  (
    bin6 => sw(11 downto 6),
    ones => digit2_data,
    tens => digit3_data(2 downto 0)
  );

  hex2sseg_00 : hex2sseg
  port map
```

```
84      (
85        hexnum => digit0_data,
86        decpoint => '0',
87        sevseg => disp_buf(7 downto 0)
88      );
89
90      hex2sseg_01 : hex2sseg
91      port map
92      (
93        hexnum => digit1_data,
94        decpoint => '0',
95        sevseg => disp_buf(15 downto 8)
96      );
97
98      hex2sseg_02 : hex2sseg
99      port map
100     (
101       hexnum => digit2_data,
102       decpoint => '0',
103       sevseg => disp_buf(23 downto 16)
104     );
105
106     hex2sseg_03 : hex2sseg
107     port map
108     (
109       hexnum => digit3_data,
110       decpoint => '0',
111       sevseg => disp_buf(31 downto 24)
112     );
113
114     digit1_data(3) <= '0';
115     digit3_data(3) <= '0';
116
117     seg <= not seg_buf(6 downto 0);
118     dp <= not seg_buf(7);
119     an <= not digit_sel_buf;
120
121   end impl;
```

Weil der »Zehner«-Ausgang des Moduls `bin6tobcd` nur 3 Bit breit ist, werden diese in den Zeilen 114 und 115 jeweils mit ›0‹ für die weitere Verarbeitung »aufgefüllt«.

Weil das hier verwendete Siebensegment-Display gemeinsame Anoden besitzt (und somit die Segmentdaten an den Kathoden der Segment-LEDs eingespeist werden), erfolgen in den Zeilen 117 bis 119 Invertierungen der Ausgangssignale. Der Dezimalpunkt `dp` wird hier, entsprechend der vom Board-Hersteller eingeführten Konvention[6], gesondert behandelt (Zeile 118).

8.6.1 Komplettbeispiel mit Zusatz-Siebensegment-Display-Board

Listing 8-8 enthält eine Schaltung zur Ansteuerung eines zweistelligen Siebensegment-Display mit gemeinsamer Kathode, als Board wird »Arty« verwendet und als Zusatzboard mit dem Sieben-Segment-Display »PmodSSD«.

Diese Schaltung wurde auf der Basis von Listing 8-7 entwickelt, es wurden nur kleine Änderungen vorgenommen; die in das Hauptmodul eingebundenen Module wurden überhaupt nicht geändert.

Listing 8-8: Controller für ein Siebensegment-Display mit zwei Digits (Typ: gemeinsame Kathode); `sseg_arty_test.vhd`

```
-- sseg_arty_test.vhd

library ieee;
use ieee.std_logic_1164.all;


entity sseg_arty_test is
  port
  (
    CLK100MHZ : in std_logic;
    sw : in std_logic_vector(3 downto 0);
    btn : in std_logic_vector(1 downto 0);
    seg : out std_logic_vector(6 downto 0);
    cat : out std_logic
  );
end sseg_arty_test;

architecture impl of sseg_arty_test is
```

[6] Digilent Inc. stellt für seine FPGA-Boards jeweils ein Master-Constraints-File zur Verfügung. Hier wurde die Option gewählt, die dort definierten Constraints eins zu eins zu übernehmen, soweit für das Design benötigt; daraus ergeben sich automatisch die Namen der Port-Signale.

```
component sseg_control is
  port
  (
    clk : in std_logic;
    disp_data : in std_logic_vector(31 downto 0);
    seg_data : out std_logic_vector(7 downto 0);
    digit_sel : out std_logic_vector(3 downto 0)
  );
end component;

component bin6tobcd is
  port
  (
    bin6 : in std_logic_vector(5 downto 0);
    ones : out std_logic_vector(3 downto 0);
    tens : out std_logic_vector(2 downto 0)
  );
end component;

component hex2sseg is
  port
  (
    hexnum : in std_logic_vector(3 downto 0);
    decpoint : in std_logic;
    sevseg : out std_logic_vector(7 downto 0) -- dp : bit 7; g: bit 6 ; ... a : bit 0
  );
end component;

signal disp_buf : std_logic_vector(15 downto 0);
signal seg_buf : std_logic_vector(7 downto 0);
signal digit_sel_buf : std_logic_vector(3 downto 0);

signal digit0_data : std_logic_vector(3 downto 0);
signal digit1_data : std_logic_vector(3 downto 0);


begin
  sseg_cntrl : sseg_control
  port map
  (
    clk => CLK100MHZ,
    disp_data(15 downto 0) => disp_buf,
```

```
      disp_data(31 downto 16) => (others => '0'),
      seg_data => seg_buf,
      digit_sel => digit_sel_buf
    );

    bintobcd0: bin6tobcd
    port map
    (
      bin6(5 downto 2) => sw,
      bin6(1 downto 0) => btn,
      ones => digit0_data,
      tens => digit1_data(2 downto 0)
    );

    hex2sseg_00 : hex2sseg
    port map
    (
      hexnum => digit0_data,
      decpoint => '0',
      sevseg => disp_buf(7 downto 0)
    );

    hex2sseg_01 : hex2sseg
    port map
    (
      hexnum => digit1_data,
      decpoint => '0',
      sevseg => disp_buf(15 downto 8)
    );

    digit1_data(3) <= '0';

    seg <=  seg_buf(6 downto 0);
    cat <=  not digit_sel_buf(0);

  end impl;
```

Weil »Arty« nur vier Schalter hat, werden zwei Taster als Schalterersatz verwendet (es werden 6 Bit zur Eingabe einer Binärzahl benötigt). Im Vergleich zur Schaltung mit einem vierstelligen Display entfällt die Hälfte der Modulinstanzen von `bin6tobcd` und `hex2sseg`. Das Zusatzmodul mit dem Display hat nur einen Kathodenanschluss (`cat`). Auf dem Modul befindet sich eine Schaltung mit einem Inverter; die Kathode eines Digit liegt an `cat`, die Kathode des anderen Digit an `cat invertiert`. So wird in Abhängigkeit von dem Pegel an `cat` eines der beiden Digits ausgewählt.

8.7 Zusammenfassung

Mit Hilfe der in diesem Kapitel vorgestellten Schaltungen können Siebensegmentanzeigen für beliebige Anwendungsfälle realisiert werden. Gegebenenfalls müssen diese Schaltungen erweitert bzw. angepasst werden.

9 Spielereien mit Leuchtdioden

Leuchtdioden sind sehr dankbare Peripherieelemente für Maker-Projekte. Sie sind einfach zu verstehen, einfach anzusteuern und billig. Zum Bewerten der Schaltung reicht das menschliche Auge. Teure Messgeräte wie ein gutes Oszilloskop sind in der Regel nicht erforderlich, um Schaltungsfehler zu finden.

Selbst bei professionellen Anwendungen ist eine Leuchtdiode auch ein gutes und oft unterschätztes Mittel zum Debuggen. Eine an der richtigen Stelle platzierte »Heartbeat«-LED zeigt an, ob der entsprechende Schaltungsteil »lebt«.

9.1 Als die Lichter laufen lernten

Mit mehreren Leuchtdioden lassen sich Lauflichter realisieren. Viele FPGA-Boards verfügen über einige (4 bis 16) frei benutzbare LEDs, die für diesen Zweck gut genutzt werden können.

Das Prinzip ist eigentlich immer, dass ein Schieberegister verwendet wird, dessen Parallelausgang mit den Leuchtdioden verbunden ist. Das Register wird – auf welche Art auch immer – mit einem »Muster« (vor-)belegt, anschließend wird das Muster geschoben, so langsam, dass die Bewegung noch gut wahrnehmbar ist.

Am einfachsten ist es, in der Schaltung einen geschlossenen Ring aufzubauen, also den seriellen Eingang und den seriellen Ausgang des Schieberegisters miteinander zu verbinden. Dann muss das Register nur noch passend getaktet werden und schon ergibt sich der gewünschte Effekt.

Listing 9-1 zeigt eine Möglichkeit für die Realisierung dieser Anwendung.

Listing 9-1: Rotierendes LED-Muster; `led_rot.vhd`

```
-- led_rot.vhd

library ieee;
use ieee.std_logic_1164.all;
use ieee.numeric_std.all;
```

```

entity led_rot is
  generic
  (
    led_cnt : integer := 16 -- number of LEDs
  );
  port
  (
    clk : in std_logic;
    led : out std_logic_vector(led_cnt-1 downto 0)
  );
end led_rot;

architecture impl of led_rot is

signal cntr_reg : unsigned(24 downto 0) := (others
    => '0');
signal cntr_next : unsigned(24 downto 0);
signal pattern_reg : std_logic_vector(led_cnt-1
    downto 0) := (0|2|4|6 => '1', others => '0');
signal pattern_next : std_logic_vector(led_cnt-1
    downto 0);

signal rot_pulse : std_logic;

begin
  process (clk)
  begin
    if rising_edge(clk) then
      cntr_reg <= cntr_next;
      if rot_pulse = '1' then
        pattern_reg <= pattern_next;
      end if;
    end if;
  end process;

  cntr_next <= cntr_reg + 1;
  rot_pulse <= '1' when (cntr_reg = 0) else '0';
  pattern_next <= pattern_reg(led_cnt-2 downto 0) &
      pattern_reg(led_cnt-1);
  led <= pattern_reg;
end impl;
```

Die Anzahl der verwendeten LEDs wird hier über ein `Generic`-Konstrukt festgelegt (Zeile 10). So kann die Schaltung schnell und ohne viel Aufwand geändert werden. Der Defaultwert ›16‹ passt z.B. für das Board »Basys3«.

In Zeile 21 wird der Zähler `cntr_reg` definiert, das Inkrementieren erfolgt in Zeile 39 (Vorbereitung) und Zeile 32 (Ausführung). Aus dem Zählerstand wird der Impuls `rot_pulse` abgeleitet (wobei es unwichtig ist, welcher Zählerstand verwendet wird; wichtig ist, dass je »Zählerumlauf« ein Impuls erzeugt wird).

In Zeile 23 wird das Schieberegister definiert und mit einem Muster vorbelegt. Bei dem hier verwendeten Muster werden die Bits 0, 2, 4, 6 mit ›1‹ vorbelegt, alle übrigen Bits mit ›0‹. Das setzt voraus, dass mindestens sieben Leuchtdioden vorhanden sind; ist das nicht der Fall, muss diese Initialisierung entsprechend angepasst werden. In Zeile 41 erfolgt die Schiebeaktion, das Muster wird in jedem Schiebetakt um eine Stelle nach links geschoben, das links »herausfallende« Bit wird rechts wieder eingespeist. Die Zeilen 33 bis 35 sorgen dafür, dass das Schieberegister mit dem gewünschten Takt betrieben wird. Bei einer Frequenz von 100 MHz ergibt sich ein Takt von ca. 3 Hz ($100\,\text{MHz}/2^{25}$).

Abbildung 9-1 zeigt das zugehörige Schaltbild.

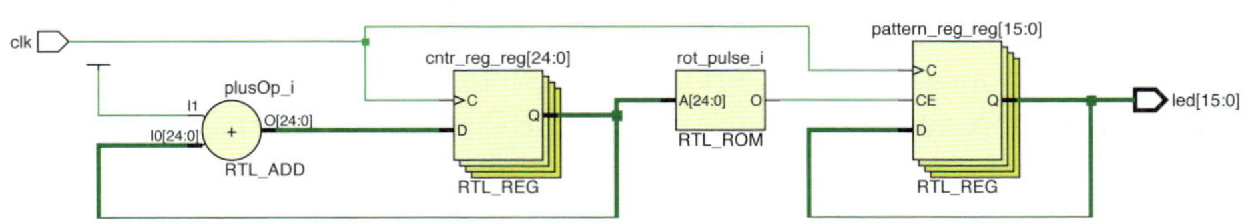

Abbildung 9-1: Rotierendes LED-Muster; RTL-Schaltbild

Es ist gut zu erkennen, dass alle Flip-Flops mit dem Takt `clk` versorgt werden und dass bei dem Schieberegister der Clock-Enable-Eingang `CE` verwendet wird.

Als Weiterführung ist es z.B. interessant, für das Schieberegister eine Möglichkeit zu implementieren, das Muster zu verändern. Das Muster wird über Schalter festgelegt, ein Taster dient zur Auslösung der Übernahme. Kapitel 6.8.3 liefert dazu eine Basis.

9.2 Dimmen einer LED

Eine Leuchtdiode nur ein- und auszuschalten, ist schnell langweilig. Technisch ein wenig herausfordernder ist es, eine LED zu dimmen. Es macht nicht viel Sinn, dies über eine Variation der Versorgungsspannung anzugehen. Leuchtdioden sind Bauelemente, die in Abhängigkeit von der Farbe eine bestimmte Durchlassspannung haben (Rot z.B. ca. 2 V). Bei einer gegebenen Versorgungsspannung wird ein Vorwiderstand dann so ausgelegt, dass sich über der LED der spezifische (farbabhängige) Spannungsabfall (die Durchlassspannung) ergibt. Bei der Ansteuerung vieler Dioden (z.B. in einem Matrix-Display) werden keine Vorwiderstände eingesetzt, sondern spezielle Treiberschaltungen, welche den Strom regeln. Auch wenn das Absenken der Versorgungsspannung einer LED zu einer Minderung der Helligkeit führt, es funktioniert nur, solange die Durchlassspannung nicht unterschritten wird, danach wird es schlagartig dunkel. Über das Ändern der Spannung lässt sich die Helligkeit einer LED also auf keinen Fall zwischen 0 und 100% einstellen.

9.2.1 PWM

Zum Dimmen von Leuchtdioden wird daher die Pulsweitenmodulation eingesetzt, kurz »PWM«. Dabei wird die LED ständig ein- und ausgeschaltet, und zwar mit einer so hohen Frequenz, dass das menschliche Auge das »Flackern« aufgrund von Trägheit nicht mehr bemerkt und eine gleichmäßige Leuchtstärke wahrnimmt. Über das sog. Tastverhältnis des PWM-Signals wird letztendlich die Helligkeit eingestellt. Wenn das Signal immer genau so lange eingeschaltet wie ausgeschaltet ist, spricht man von einem Tastverhältnis von 50%. Ist das Signal eine Zeiteinheit eingeschaltet und neun Zeiteinheiten ausgeschaltet, ergibt sich ein Tastverhältnis von 10%. Dabei wird – bezogen auf die Versorgung der LED – die Spannung immer komplett ein- oder ausgeschaltet, so dass das oben beschriebene Problem mit einer zu kleinen Durchlassspannung nicht auftritt.

Listing 9-2 zeigt die Realisierung eines PWM-Moduls.

Listing 9-2: PWM-Modul; `pwm.vhd`

```
-- pwm.vhd

library ieee;
use ieee.std_logic_1164.all;
use ieee.numeric_std.all;

entity pwm is
  port
  (
    clk : in std_logic;
    dc : in std_logic_vector(5 downto 0); -- duty cycle
    pwm : out std_logic
  );
```

```
14  end pwm;
15
16  architecture impl of pwm is
17  signal pwm_reg : std_logic := '0';
18  signal pwm_next : std_logic;
19
20  signal cntr_reg : unsigned(7 downto 0) := X"00";
21  signal cntr_next : unsigned(7 downto 0);
22
23  begin
24    process (clk)
25    begin
26      if rising_edge(clk) then
27        pwm_reg <= pwm_next;
28        cntr_reg <= cntr_next;
29      end if;
30    end process;
31
32    cntr_next <= cntr_reg + 1;
33    pwm_next <= '1' when ((cntr_reg(7) = '0') and (
          cntr_reg(6 downto 1) < unsigned(dc))) else '0';
34    pwm <= pwm_reg;
35  end impl;
```

Neben dem Clock-Eingang `clk` hat dieses Modul noch den »Duty Cycle«-Eingang `dc` (mit 6 Bit Breite; u.a., weil sich dieses Zahlenformat schön mit einem zweistelligen Siebensegment-Display dezimal darstellen lässt) sowie den PWM-Ausgang `pwm`.

Zur Generierung des PWM-Signals wird ein 8 Bit breiter Zähler benutzt, der Zählerstand wird in `cntr_reg` gespeichert. Dieser Zähler läuft periodisch von 0 bis 255, in Zeile 32 erfolgt die Inkrementierung. Bei einer Frequenz von 100 MHz von `clk` ergibt sich so eine PWM-Frequenz von ca. 390 kHz.

Die eigentliche Erzeugung des PWM-Signals geschieht in Zeile 33. Eine Besonderheit ist, dass das maximale Tastverhältnis auf 50% begrenzt wird. Der Grund dafür ist der nichtlineare Zusammenhang zwischen menschlicher Helligkeitswahrnehmung und Leuchtstärke. Bei eher geringen Leuchtstärken wird ein Anstieg der Leuchtstärke viel stärker empfunden als bei relativ hohen Leuchtstärken. Daher macht die Begrenzung auf 50% der Leuchtstärke Sinn, um über den ganzen Aussteuerbereich der PWM noch wahrnehmbare Helligkeitsunterschiede zu erzielen. Ob das so funktioniert, hängt im Einzelfall u.a. von der Auslegung der Ansteuerschaltung der zu dimmenden LED ab (Wahl des Vorwiderstands). Gegebenenfalls muss das maximale Tastverhältnis noch weiter verkleinert werden.

Nun Details zu Zeile 33:

- Die Bedingung `cntr_reg(7 = '0')` bewirkt, dass das PWM-Signal für die Hälfte der Werte von `cntr_reg` ›0‹ ist. `cntr_reg(7 = '1')` hätte denselben Effekt, nur die Phasenlage würde sich ändern.
- `cntr_reg(6 downto 1) < unsigned(dc)` ist wahr, solange der »halbe Zähler« einen Wert hat, der kleiner ist als der von außen vorgegebene Wert von `dc` (der genau genommen nur die Hälfte des »Duty Cycle« angibt).
- Nur, wenn beide obigen Bedingungen erfüllt sind, erhält das Ausgangssignal den Wert ›1‹.

9.2.2 PWM-Testbench

In Listing 9-3 wird eine Testbench für das PWM-Modul zur Verfügung gestellt.

Listing 9-3: Testbench für PWM-Modul; `pwm_tb.vhd`

```
-- pwm_tb.vhd

library ieee;
use ieee.std_logic_1164.all;
use ieee.numeric_std.all;


entity pwm_tb is
end pwm_tb;

architecture sim of pwm_tb is
component pwm is
  port
  (
    clk : in std_logic;
    dc : in std_logic_vector(5 downto 0); -- duty cylce
    pwm : out std_logic
  );
end component;

signal clk_sim : std_logic;
signal dc_sim : std_logic_vector(5 downto 0);
```

```
23   signal pwm_sim : std_logic;
24
25   constant clkp : time := 10ns;
26
27   begin
28
29     dut : pwm
30     port map
31     (
32       clk => clk_sim,
33       dc => dc_sim,
34       pwm => pwm_sim
35     );
36
37     process
38     begin
39       clk_sim <= '1';
40       wait for clkp/2;
41       clk_sim <= '0';
42       wait for clkp/2;
43     end process;
44
45     process
46     begin
47       for dc in 0 to 63 loop
48         dc_sim <= std_logic_vector(to_unsigned(dc,6));
49         wait for clkp*256;
50       end loop;
51       wait;
52     end process;
53
54   end sim;
```

In den Zeilen 47 bis 50 wird für jeden möglichen Wert des Eingangssignals `dc` das entsprechende Ausgangssignal `pwm` ermittelt. Der ein wenig »sperrig« erscheinende Ausdruck `std_logic_vector(to_unsigned(dc,6))` in Zeile 48 ist eine geschachtelte Datentypumwandlung: Zunächst wird aus einem `integer` ein `unsigned` mit 6 Bit Breite gemacht, dieser wird dann in `std_logic_vector` konvertiert. Direkt geht es nicht – Datentypumwandlungen in VHDL können ein wenig kompliziert sein.

Die Abbildungen 9-2 und 9-3 enthalten Details dieser Simulation. In Abbildung 9-3 ist der Wert von `dc` fast bei dem Endwert ›63‹ angelangt (»3c«

hex entspricht »60« dezimal). Es ist gut zu erkennen, dass das Tastverhältnis dann noch knapp unter 50% liegt.

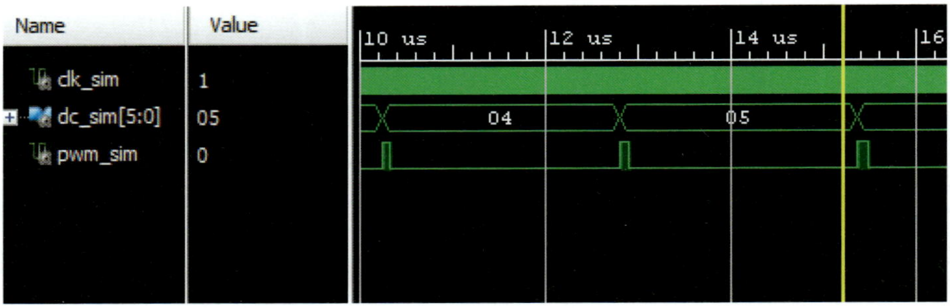

Abbildung 9-2: PWM-Simulation/Anfang

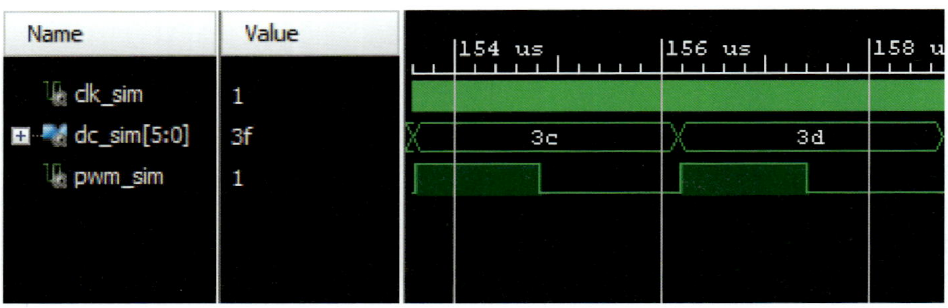

Abbildung 9-3: PWM-Simulation/Ende: Duty Cycle ist knapp 50%

9.2.3 PWM-Test mit Hardware

Nach der PWM-Simulation wird das Dimmen einer LED natürlich mit einem FPGA-Board ausprobiert. Listing 9-4 enthält die entsprechende VHDL-Schaltungsbeschreibung. Die Schaltung wurde so mit dem Board »Arty« in Betrieb genommen, verwendet wurde auch das Siebensegmentmodul »PmodSSD«. Über zwei Tasten (»Plus« und »Minus«) wird das Tastverhältnis eingestellt, welches auf der Siebensegmentanzeige dargestellt wird. Als Bezug wird neben einer PWM-gesteuerten Leuchtdiode eine weitere LED mit voller Leuchtstärke betrieben.

In dieser Schaltung werden einige Komponenten benutzt, die bereits vorher beschrieben wurden, zumindest prinzipiell:

- `pwm`: PWM-Modul, wie oben vorgestellt
- `sseg_arty_2dig`: Ansteuerung für ein zweistelliges Siebensegment-Display (»PmodSSD«)

- `bin6tobcd`: Umwandlung einer 6-Bit-Binärzahl in BCD
- `hex2sseg`: Umwandlung einer Binärzahl in ein Bitmuster für ein Siebensegment-Digit
- `sseg_control`: Ansteuerung eines mehrstelligen Siebensegment-Display im Multiplex-Verfahren

Die Abfrage der Tasten sowie die Verwaltung des mit den Tasten eingestellten Werts für das Tastverhältnis werden mit Zustandsautomaten realisiert.

Listing 9-4: LED mit PWM-Ansteuerung; `pwm_vardisp3_arty.vhd`

```
-- pwm_vardisp3_arty

library ieee;
use ieee.std_logic_1164.all;
use ieee.numeric_std.all;

entity pwm_vardisp3_arty is
  port
  (
    clk100mhz : in std_logic;
    btn : in std_logic_vector(1 downto 0);
    led : out std_logic_vector(1 downto 0);
    seg : out std_logic_vector(6 downto 0);
    cat : out std_logic
  );

end pwm_vardisp3_arty;

architecture impl of pwm_vardisp3_arty is
component pwm is
  port
  (
    clk : in std_logic;
    dc : in std_logic_vector(5 downto 0); -- duty cycle
    pwm : out std_logic
  );
end component;

component sseg_arty_2dig is
  port
  (
```

```
      clk : in std_logic;
      binval: in std_logic_vector(5 downto 0);
      seg : out std_logic_vector(6 downto 0);
      cat : out std_logic
    );
  end component;


  type dc_state_type is (idle, inc, dec);
  signal dc_state_reg : dc_state_type := idle;
  signal dc_state_next : dc_state_type;

  type ta_state_type is (released, pressed, pulse);
  signal ta_plus_state_reg : ta_state_type := released;
  signal ta_plus_state_next : ta_state_type;

  signal ta_minus_state_reg : ta_state_type := released;
  signal ta_minus_state_next : ta_state_type;


  signal ta_plus_pulse : std_logic := '0';
  signal ta_minus_pulse : std_logic := '0';

  signal dcval_reg : unsigned(5 downto 0) := (others => '0');
  signal dcval_next : unsigned(5 downto 0);

  signal ta_plus : std_logic;
  signal ta_minus : std_logic;

  begin
    pwm0 : pwm
    port map
    (
      clk => clk100mhz,
      dc => std_logic_vector(dcval_reg),
      pwm => led(1)
    );


    disp : sseg_arty_2dig
```

```
port map
(
  clk => clk100mhz,
  binval => std_logic_vector(dcval_reg),
  seg => seg,
  cat => cat
);

led(0) <= '1';

upd_proc: process (clk100mhz)
begin
  if rising_edge(clk100mhz) then
    dc_state_reg <= dc_state_next;
    ta_plus_state_reg <= ta_plus_state_next;
    ta_minus_state_reg <= ta_minus_state_next;
    dcval_reg <= dcval_next;
  end if;
end process upd_proc;

state_proc: process (dc_state_reg, dcval_reg, ta_plus_pulse, ta_minus_pulse)
begin
  dc_state_next <= dc_state_reg; -- default, no change
  dcval_next <= dcval_reg; --default, no change
  case dc_state_reg is
    when idle =>
      if ta_plus_pulse = '1' then
        dc_state_next <= inc;
      elsif ta_minus_pulse = '1' then
        dc_state_next <= dec;
      end if;
    when inc =>
      dcval_next <= dcval_reg + 1;
      dc_state_next <= idle;
    when dec =>
        dcval_next <= dcval_reg - 1;
        dc_state_next <= idle;
  end case;
end process state_proc;

```

```
ta_plus_proc : process (ta_plus_state_reg, ta_plus
    )
begin
  ta_plus_state_next <= ta_plus_state_reg; --
      default
  ta_plus_pulse <= '0'; --default
  case ta_plus_state_reg is
    when released =>
      if ta_plus = '1' then
        ta_plus_state_next <= pressed;
      end if;
    when pressed =>
      if ta_plus = '0' then
        ta_plus_state_next <= pulse;
      end if;
    when pulse =>
      ta_plus_pulse <= '1';
      ta_plus_state_next <= released;
  end case;
end process;

ta_minus_proc : process (ta_minus_state_reg,
    ta_minus)
begin
  ta_minus_state_next <= ta_minus_state_reg; --
      default
  ta_minus_pulse <= '0'; --default
  case ta_minus_state_reg is
    when released =>
      if ta_minus = '1' then
        ta_minus_state_next <= pressed;
      end if;
    when pressed =>
      if ta_minus = '0' then
        ta_minus_state_next <= pulse;
      end if;
    when pulse =>
      ta_minus_pulse <= '1';
      ta_minus_state_next <= released;
  end case;
end process;

ta_plus <= btn(0);
```

```
151         ta_minus <= btn(1);
152     end impl;
```

Einige Detailinformationen zu dieser Schaltung:

- Es werden nichtprellende Tasten vorausgesetzt; falls dies nicht zutrifft, müssen in den Zeilen 150 und 151 Entprellschaltungen »zwischengeschaltet« werden.
- Taste `btn(0)` inkrementiert das Tastverhältnis um ›1‹ (was 0,5% entspricht); Taste `bnt(1)` erniedrigt es um diesen Wert.
- Für beide Tasten werden mit Hilfe der Prozesse `ta_plus_proc` (Zeilen 112 bis 129) bzw. `ta_minus_proc` (Zeilen 131 bis 148) Tasten-Events erzeugt (`ta_plus` und `ta_minus`, die das Drücken und anschließende Loslassen der jeweiligen Taste signalisieren).
- Der Wert für das Tastverhältnis `dcval_reg` wird in dem Prozess `state_proc` in den Zeilen 92 bis 110 verwaltet. Im Zustand `idle` wird auf einen Tastendruck gewartet; in `inc` und `dec` wird entsprechend der eingegangenen Tasten-Events inkrementiert bzw. dekrementiert.
- `led(1)` ist die PWM-gedimmte Leuchtdiode (Wertzuweisung erfolgt in Zeile 67), während `led(0)` mit voller Leuchtstärke permanent eingeschaltet ist (Zeile 80).

9.3 RGB-LEDs

Auch RGB-Leuchtdioden erfreuen sich bei Makern großer Beliebtheit, mit ihnen lassen sich schöne Lichteffekte erzielen.

Eine RGB-Leuchtdiode besteht im Grunde aus drei Leuchtdioden mit den Farben Rot, Gün und Blau, die in einem Gehäuse zusammengefasst sind. Anstatt sechs Anschlüssen (je Diode zwei) hat eine RGB-LED aber nur vier Anschlüsse, die drei Dioden teilen sich einen Anschluss, üblicherweise die Anode. Die restlichen drei Anschlüsse sind dann die Kathoden für Rot, Grün und Blau.

Auf FPGA-Boards werden diese Kathodenanschlüsse üblicherweise *nicht* direkt mit FPGA-Pins verbunden, sondern jeweils über einen NPN-Transitor angesteuert, dessen Basis mit einem FPGA-Pin verbunden ist. Das bedeutet, dass die entsprechende R-, G- oder B-Diode leuchtet, wenn der FPGA-Pin auf ›High‹ geschaltet wird.

9.3.1 Erster Test

Der erste Test einer RGB-LED auf einem FPGA-Board ist schnell realisiert. Es wird eine RGB-LED angesteuert, die drei Farbkomponenten werden durch drei Schalter gesteuert. Es wird von einer Schaltung wie oben beschrieben ausgegangen (gemeinsame Anode, Kathoden über Transistoren geschaltet).

Listing 9-5 zeigt den entsprechenden VHDL-Code.

Listing 9-5: Einfachster RGB-LED-Test; `rgbled.vhd`

```
-- rgbled.vhd

library ieee;
use ieee.std_logic_1164.all;

entity rgbled is
  port
  (
    sw : in std_logic_vector(2 downto 0);
    led0_r : out std_logic;
    led0_g : out std_logic;
    led0_b : out std_logic
  );
end rgbled;

architecture impl of rgbled is

begin
  led0_r <= sw(2);
  led0_g <= sw(1);
  led0_b <= sw(0);
end impl;
```

Beim Ausprobieren wird man feststellen, dass eine RGB-LED ganz schön hell ist, vor allem, wenn alle drei Farben »eingeschaltet« sind und sich somit ein strahlendes Weiß ergibt. So kommt schnell der Wunsch auf, die RGB-LED zu dimmen und auch durch die gezielte Beeinflussung der Leuchtstärke der drei Farben Rot, Grün und Blau Mischfarben zu erzeugen.

9.3.2 Dimmen einer RGB-LED

Das individuelle Dimmen der einzelnen Farbkomponenten einer RGB-LED wird in Listing 9-6 demonstriert. Diese Schaltung wurde aus dem zuvor beschriebenen Dimmen einer einfachen LED (Listing 9-4) abgeleitet. Anstelle eines »Dimmers« werden drei PWM-Komponenten verwendet. Mit zwei Schaltern wird ausgewählt, welche Komponente mit der »Plus«- bzw. »Minus«-Taste beeinflusst wird. Außerdem wird durch diese Schalterstellung ausgewählt, welcher Tastverhältniswert (für Rot, Grün oder Blau) auf dem Siebensegment-Display dargestellt wird.

Listing 9-6: RGB-LED mit PWM-Ansteuerung; `rgbled_arty.vhd`

```
-- rgbled_arty.vhd

library ieee;
use ieee.std_logic_1164.all;
use ieee.numeric_std.all;


entity rgbled_arty is
  port
  (
    clk100mhz : in std_logic;
    btn : in std_logic_vector(1 downto 0);
    sw : in std_logic_vector(1 downto 0);
    led0_r : out std_logic;
    led0_g : out std_logic;
    led0_b : out std_logic;
    seg : out std_logic_vector(6 downto 0);
    cat : out std_logic
  );

end rgbled_arty;

architecture impl of rgbled_arty is
component pwm is
  port
  (
    clk : in std_logic;
    dc : in std_logic_vector(5 downto 0); -- duty cycle
    pwm : out std_logic
  );
end component;

component sseg_arty_2dig is
  port
  (
    clk : in std_logic;
    binval: in std_logic_vector(5 downto 0);
    seg : out std_logic_vector(6 downto 0);
```

```
      cat : out std_logic
    );
  end component;


  type dc_state_type is (idle, inc, dec);
  signal dc_state_reg : dc_state_type := idle;
  signal dc_state_next : dc_state_type;

  type ta_state_type is (released, pressed, pulse);
  signal ta_plus_state_reg : ta_state_type := released;
  signal ta_plus_state_next : ta_state_type;

  signal ta_minus_state_reg : ta_state_type := released;
  signal ta_minus_state_next : ta_state_type;


  signal ta_plus_pulse : std_logic := '0';
  signal ta_minus_pulse : std_logic := '0';

  signal redval_reg : unsigned(5 downto 0) := (others => '0');
  signal redval_next : unsigned(5 downto 0);
  signal greenval_reg : unsigned(5 downto 0) := (others => '0');
  signal greenval_next : unsigned(5 downto 0);
  signal blueval_reg : unsigned(5 downto 0) := (others => '0');
  signal blueval_next : unsigned(5 downto 0);

  signal ta_plus : std_logic;
  signal ta_minus : std_logic;

  signal colorval_disp : std_logic_vector(5 downto 0);


begin
  pwm_r : pwm
  port map
  (
    clk => clk100mhz,
```

```
    dc => std_logic_vector(redval_reg),
    pwm => led0_r
  );

  pwm_g : pwm
  port map
  (
    clk => clk100mhz,
    dc => std_logic_vector(greenval_reg),
    pwm => led0_g
  );

  pwm_b : pwm
  port map
  (
    clk => clk100mhz,
    dc => std_logic_vector(blueval_reg),
    pwm => led0_b
  );


    disp : sseg_arty_2dig
    port map
    (
      clk => clk100mhz,
      binval => colorval_disp,
      seg => seg,
      cat => cat
    );


    upd_proc: process (clk100mhz)
    begin
      if rising_edge(clk100mhz) then
        dc_state_reg <= dc_state_next;
        ta_plus_state_reg <= ta_plus_state_next;
        ta_minus_state_reg <= ta_minus_state_next;
        redval_reg <= redval_next;
        greenval_reg <= greenval_next;
        blueval_reg <= blueval_next;
      end if;
    end process upd_proc;

```

```
    state_proc: process (dc_state_reg, redval_reg, greenval_reg, blueval_reg, ta_plus_pulse, ta_minus_pulse, sw)
    begin
      dc_state_next <= dc_state_reg; -- default, no change
      redval_next <= redval_reg; --default, no change
      greenval_next <= greenval_reg; --default, no change
      blueval_next <= blueval_reg; --default, no change

      case dc_state_reg is
        when idle =>
          if ta_plus_pulse = '1' then
            dc_state_next <= inc;
          elsif ta_minus_pulse = '1' then
            dc_state_next <= dec;
          end if;
        when inc =>
          if sw = "10" then
            redval_next <= redval_reg + 1;
          elsif sw = "01" then
            greenval_next <= greenval_reg + 1;
          elsif sw = "00" then
              blueval_next <= blueval_reg + 1;
          end if;
          dc_state_next <= idle;
        when dec =>
          if sw = "10" then
          redval_next <= redval_reg - 1;
        elsif sw = "01" then
          greenval_next <= greenval_reg - 1;
        elsif sw = "00" then
            blueval_next <= blueval_reg - 1;
        end if;
            dc_state_next <= idle;
      end case;
    end process state_proc;

    ta_plus_proc : process (ta_plus_state_reg, ta_plus)
    begin
```

```
    ta_plus_state_next <= ta_plus_state_reg; --default
    ta_plus_pulse <= '0'; --default
    case ta_plus_state_reg is
      when released =>
        if ta_plus = '1' then
          ta_plus_state_next <= pressed;
        end if;
      when pressed =>
        if ta_plus = '0' then
          ta_plus_state_next <= pulse;
        end if;
      when pulse =>
        ta_plus_pulse <= '1';
        ta_plus_state_next <= released;
    end case;
  end process;

  ta_minus_proc : process (ta_minus_state_reg, ta_minus)
  begin
    ta_minus_state_next <= ta_minus_state_reg; --default
    ta_minus_pulse <= '0'; --default
    case ta_minus_state_reg is
      when released =>
        if ta_minus = '1' then
          ta_minus_state_next <= pressed;
        end if;
      when pressed =>
        if ta_minus = '0' then
          ta_minus_state_next <= pulse;
        end if;
      when pulse =>
        ta_minus_pulse <= '1';
        ta_minus_state_next <= released;
    end case;
  end process;


  ta_plus <= btn(0);
  ta_minus <= btn(1);

```

```
197       with sw select
198         colorval_disp <=
199           std_logic_vector(blueval_reg) when "00",
200           std_logic_vector(greenval_reg) when "01",
201           std_logic_vector(redval_reg) when "10",
202           "000000" when others;
203     end impl;
```

Es werden drei Dioden (Rot, Grün, Blau) angesteuert, auch wenn diese in einem Gehäuse vereint sind. Daher werden drei Instanzen des PWM-Moduls benötigt.

Über das Schalter-Array `sw` mit 2 Bit wird bestimmt, auf welche »Farbe« sich Tastendrücke zum Einstellen der Helligkeit auswirken. Dazu erfolgt im Prozess `state_proc` für jede Taste jeweils eine Abfrage dieser Schalter (Zeilen 135 bis 141 und 144 bis 150).

Die Schalter steuern auch den Datenfluss zu der Siebensegmentanzeige, dies geschieht in den Zeilen 197 bis 202.

9.4 Zusammenfassung

In diesem Kapitel wurden einfache aber nichtsdestotrotz nützliche Schaltungen zur Ansteuerung von Leuchtdioden vorgestellt.

Diese Schaltungen können mit wenig Aufwand auf andere Anwendungen übertragen werden. Zum Beispiel kann die Schaltung zur Pulsweitenmodulation auch zur Drehzahlsteuerung eines Elektromotors verwendet werden, auch wenn in diesem Fall auf der Hardwareseite noch eine zusätzliche Leistungsstufe zwischen FPGA und Motor erforderlich ist.

Teil III

Weiterführendes und Projekte

10 Wie kommt man weiter?

Wer dieses Buch bis hier aktiv benutzt (z.B. durch das Nachvollziehen von Beispielen) und auch selbst mit einer FPGA-Entwicklungsumgebung gearbeitet hat, verfügt bereits über eine gute Basis für weitere Projekte.

An dieser Stelle sollen wichtige Aspekte rekapituliert und weiterführende Hinweise gegeben werden, die bei eigenen Projekten weiterhelfen können.

10.1 FPGA-Board

Lernen Sie Ihr FPGA-Board gut kennen! Auch wenn die ersten Beispiele ohne intensivere Beschäftigung mit Details gut klappten, es lohnt sich, die Dokumentation sorgfältig zu lesen, den Schaltplan anzusehen, bisher noch nicht verwendete Peripherie zu entdecken usw.

Die wesentliche Komponente des Boards ist der FPGA-Baustein. Auch hier lohnt es sich, mit Hilfe von Unterlagen wie »Data Sheet«, »Configuration Guide« usw. auf Entdeckungsreise zu gehen und Details über Aufbau und Funktion des konkreten FPGA herauszufinden.

Jedes Board bietet mehrere Möglichkeiten zur Speicherung der Konfigurationsdaten (»Bitstream«). Während der ersten Schritte ist es nicht unbedingt sinnvoll, die Konfiguration permanent zu speichern, früher oder später wird man das aber wollen. Welche Möglichkeiten zum direkten Starten der Schaltung bei Anlegen der Versorgungsspannung an das Board zur Verfügung stehen, hängt von dem konkreten Board ab. Es ist auf jeden Fall spannend, alle Möglichkeiten kennenzulernen und auszuprobieren.

Ein leicht zu übersehender Vorteil von FPGA-Boards gegenüber Mikrocontroller-Boards ist, dass auf einem FPGA mit sehr wenig Aufwand mehrere Schaltungen parallel betrieben werden können, die »inhaltlich« nicht unbedingt etwas miteinander zu tun haben müssen.

Fortgeschrittene FPGA-Tüftler können sich auch daran wagen, einen Soft-CPU-Core in ihr Projekt zu integrieren und so beide Welten miteinander zu verbinden. Es sind mittlerweile auch für den Maker-Bereich

Boards mit einem SoC-Chip[1] wie z.B. dem »Zynq« (Xilinx) verfügbar. Auf diesen Chips befinden sich neben dem FPGA-Teil ein oder mehrere Mikrocontroller-Cores (meistens ARM-Cores; diese Cores werden Hard-Cores genannt, weil sie fest definiert und platziert sind sowie vom Entwickler nicht verändert werden können). Allerdings sollte man bedenken, dass solche SoC-basierten Boards bzgl. des Entwicklungsprozesses auch spezielle Herausforderungen mit sich bringen; für die ersten Schritte in der FPGA-Welt sollte man einfachere FPGAs verwenden.

10.2 FPGA-Entwicklungsumgebung und Workflow

Nach einiger Zeit wird man sich für ein FPGA-Entwicklungsboard und damit, bedingt durch das verwendete FPGA, auch eine FPGA-Entwicklungsumgebung entschieden haben. Man lernt dann einige Besonderheiten und durchaus auch »Macken« dieses Tools kennen. Es kann auch passieren, dass man sich ärgert und vermeintlich nicht weiterkommt. Hier hilft es, im Web nach Beiträgen in Foren usw. zu suchen, in denen das Problem beschrieben wird; meistens findet sich auch eine Lösung.

Zu jeder FPGA-Entwicklungsumgebung ist vom jeweiligen Hersteller Dokumentation verfügbar. Es macht Sinn, sich ein Tutorial o.Ä. für die Toolkette der Wahl anzusehen und durchzuarbeiten. Danach kann es auch nicht schaden, einen Blick in das »User Manual« zu werfen und z.B. gezielt nach Dingen zu suchen, die man evtl. noch nicht ganz verstanden hat.

Wenn man ein neues Projekt beginnt, wird auch meistens die Möglichkeit der Entwicklungsumgebung genutzt, neue VHDL-Quellfiles anzulegen. Alle Umgebungen bieten dazu Unterstützungswerkzeuge (»Wizards«), deren Möglichkeiten und auch Limitierungen man ausloten sollte. Die Tools bieten in der Regel auch die Möglichkeit, ganze Codesegmente aus einer Template-Bibliothek in den eigenen Quellcode zu übernehmen.

Es ist in jedem Fall sehr sinnvoll, die Möglichkeiten kennenzulernen, die das Tool der Wahl zum Einkreisen von Fehlern bietet. Es beginnt mit der Codeanalyse, die entweder in den Editor der Entwicklungsumgebung integriert ist und permanent im Hintergrund mitläuft oder durch das Abspeichern des Quellfiles bzw. per Mausklick auf eine entsprechende Schaltfläche ausgelöst wird. Versuchen Sie, alle ggf. auftretenden »Errors« und »Warnings« zu verstehen. Bei Fehlermeldungen gibt es keine Alternative zur Fehlerbeseitigung. Bei Warnungen ist es gerade zu Anfang mitunter schwer zu beurteilen, ob einer Warnung nachgegangen werden sollte oder ob sie ignoriert werden kann. Hier hilft letztendlich nur Erfahrung.

[1]»SoC« steht für System on Chip.

Das nächste sehr mächtige Werkzeug ist die schematische Darstellung der eingegebenen Schaltungsbeschreibung. Sie ist normalerweise in zwei Varianten verfügbar – vor und nach der Synthese.

Die Variante »vor der Synthese« ist in Vivado (Xilinx) beispielsweise unter »RTL Analysis / Schematic« verfügbar, beim Arbeiten mit Synplify (ein externes Synthese-Tool, welches in Lattice Diamond und Microsemi Libero integriert ist) unter »HDL-Analyst / RTL« und bei Quartus (Altera) unter »Compile Design / Analysis & Synthesis / Netlist Viewers / RTL Viewer«.

In der RTL-Schaltplandarstellung kann man z.B. sehr schnell erkennen, ob man vergessen hat, einen Port anzuschließen. Solch ein Detail kann mit einiger Wahrscheinlichkeit auch später, nach der Synthesephase, noch aus den Warnmeldungen extrahiert werden, geht dort aber leicht unter.

Es sei dem Leser noch einmal ans Herz gelegt, vor der Synthese eine funktionale Simulation durchzuführen (je nach Entwicklungsumgebung als »behavioral simulation« o.Ä. bezeichnet). Wenn der Entwurf bereits funktionale Fehler aufweist, machte es keinen Sinn, diese unnütze Schaltung durch den ganzen Prozess laufen zu lassen und womöglich noch auf dem Board zu testen.

Nach der Synthese sollten auf jeden Fall alle Warnmeldungen studiert werden, welche durch die Synthesephase erzeugt wurden. Wenn z.B. ein Zählerregister komplett wegoptimiert wurde, ist mit großer Wahrscheinlichkeit etwas faul. Eventuell wurde einfach ein Statement wie `counter_next <= counter_reg + 1;` vergessen, so dass der Zähler nie inkrementiert wird, immer seinen Startwert behält, damit nutzlos ist und wegoptimiert wurde. Besonders verdächtig sind auch immer Warnungen wie »Net xxx does not have driver«. Ein Netz mit offenem Eingang ist in der Regel nicht gewollt und die Folge eines inhaltlichen Fehlers in der VHDL-Schaltungsbeschreibung.

Nach der Phase »Place and Route« (teilweise auch nur »Implementation« genannt) sollte man einmal unbedingt die sog. »Chip View«- oder »Device«-Ansicht öffnen. Abbildung 10-1 zeigt solch eine Ansicht.

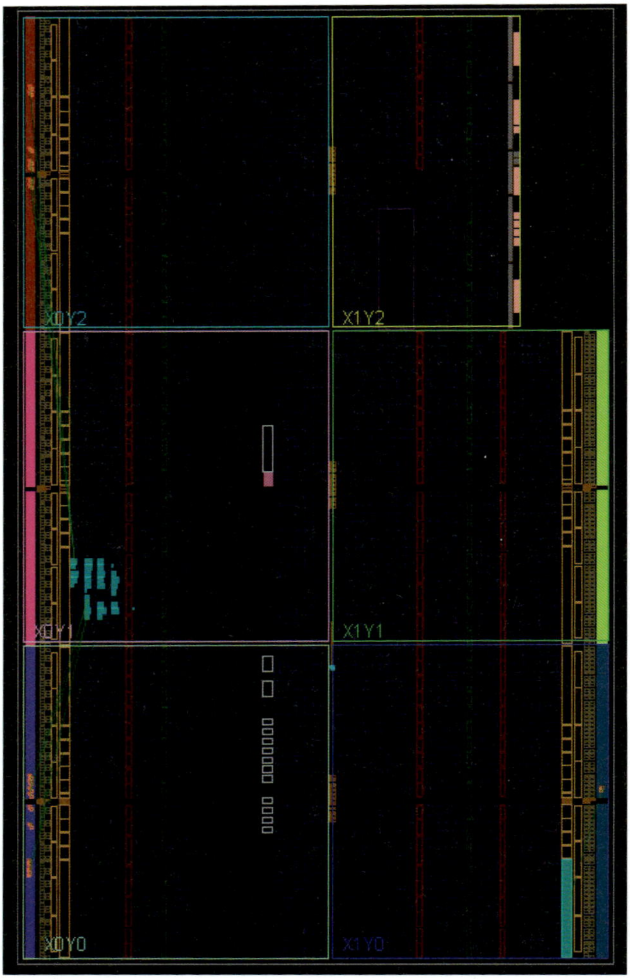

Abbildung 10-1: Vivado: Device View

Dies ist quasi eine Sicht in den Chip; die benutzten Ressourcen (bei dieser Schaltung werden z.B. nur ca. 1% der zur Verfügung stehenden Lookup-Tables und Flip-Flops benutzt) können mit ein wenig Übung anhand der farblichen Darstellung erkannt werden.

Abbildung 10-2 zeigt einen Ausschnitt dieser Ansicht, in den hineingezoomt wurde.

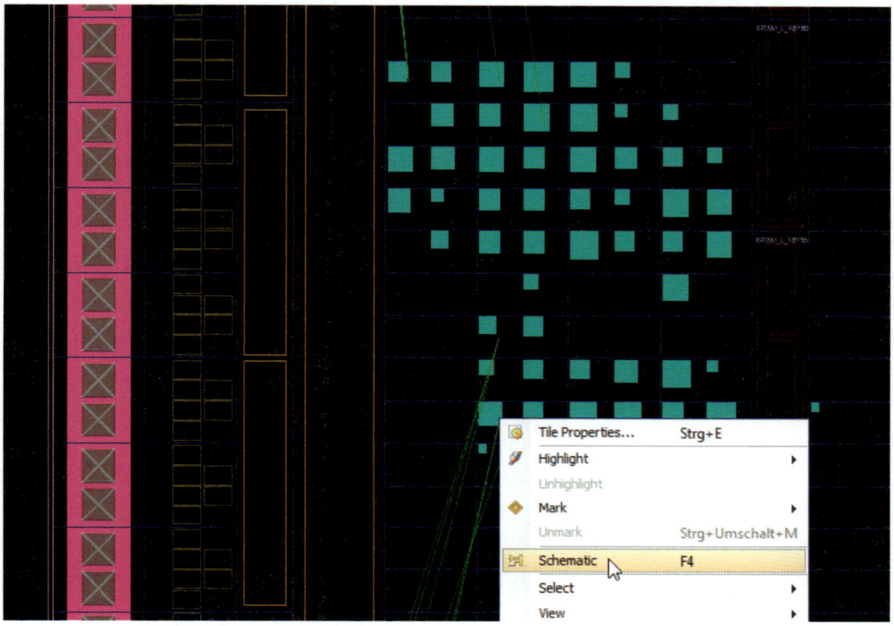

Abbildung 10-2: Vivado: Device View, Detailansicht

Je nach Tool stehen Möglichkeiten zur Verfügung, einzelne Elemente auszuwählen und zu ihrer Darstellung in einer anderen Ansicht zu navigieren, z.B. dem Schaltbild.

Selbst die logischen Gleichungen von Lookup-Tabellen könnten auf dieser Ebene manipuliert werden, auch wenn das alles andere als empfehlenswert ist.

Auf jeden Fall bekommt man bei der interaktiven Nutzung dieser Ansicht einen guten Eindruck von der Komplexität von FPGAs und ist wahrscheinlich froh, dass man mit Hilfe einer Sprache wie VHDL all diese Details auf einem deutlich höheren Abstraktionsniveau festlegen kann.

Zur Fehlersuche bieten die meisten FPGA-Entwicklungsumgebungen auch eingebaute »Logic Analyzer«. Damit können im laufenden Betrieb (Hardware, keine Simulation) Signale beobachtet werden, die nicht einmal auf Pins des FPGA anliegen müssen. Das ist ein sehr leistungsfähiger Ansatz zur Fehlersuche, der je nach Toolkette aber nicht in der kostenfreien Version zur Verfügung steht.

Ein Mittel, das jedoch immer verfügbar ist und auch kein Geld kostet, sind die Reports, die jedes Werkzeug erstellt. Ob es um Timing-Details oder die Ressourcenauslastung des Chips geht, hier werden alle Einzelheiten aufgelistet.

10.3 VHDL

Wie jede andere Sprache auch, lernt man VHDL am besten durch Anwenden. Es ist wichtig, mit der Zeit zu erfahren, welche Codemuster sich wie auf die erzeugte Schaltung auswirken. Ein guter Weg ist, sich bei kleinen Schaltungen sowohl vor als auch nach der Synthese die schematische Darstellung anzusehen, die mit jeder der hier besprochenen FPGA-Entwicklungsumgebungen erzeugt werden kann.

Man sollte auch unbedingt darauf achten, die in Kapitel 6 gegebenen Hinweise zu Stabilität und Robustheit von Schaltungen zu beachten. Es macht auf Dauer einfach viel mehr Spaß, wenn sich die selbst entworfenen Schaltungen nicht nur in der Simulation, sondern auch in der Praxis wie gewünscht verhalten. Bei den in den noch folgenden Kapiteln beschriebenen Projekten wird dieser Aspekt besonders berücksichtigt.

Das Wichtigste beim Umgang mit VHDL (und Verilog ebenso) bleibt jedoch, gerade wenn man schon einige Erfahrungen mit der Entwicklung von Software für Mikrocontroller gesammelt hat, sich immer wieder klarzumachen, dass in VHDL nicht »programmiert« wird, sondern Schaltungen beschrieben werden, deren Elemente parallel arbeiten.

11 Digitaluhr auf FPGA-Basis

In diesem Kapitel werden Entwurf und Realisierung einer Digitaluhr auf FPGA-Basis vorgestellt. Der Schwerpunkt liegt dabei nicht auf möglichst vielen Features, sondern mehr auf dem Entwicklungsprozess. Ein wichtiger Aspekt dabei ist, die Gesamtschaltung so in Module aufzuteilen, dass diese Module gut wiederverwendbar sind und die gesamte Schaltung einfach von einem auf ein anderes FPGA-Board portiert werden kann.

Zunächst werden die Merkmale der zu entwickelnden Digitaluhr festgelegt. Daraus werden die Anforderungen an die Hardware abgeleitet. Dann folgt die Entwicklung eines Schaltungskonzepts, das schrittweise umgesetzt und getestet wird. Am Ende folgt die Integration aller Komponenten zum »Endprodukt«.

11.1 Merkmale der Digitaluhr

Wir machen uns hier die Sache relativ leicht und definieren folgende Anforderungen:

- Die Digitaluhr soll auf einem vierstelligen Siebensegment-Display Stunden und Minuten anzeigen.
- Die Anzeige soll im 24-Stunden-Format erfolgen.
- Stunden und Minuten sollen getrennt einstellbar sein. Es reicht jeweils eine Taste. Solange die Taste gedrückt wird, wird der zugehörige Wert inkrementiert.
- Stunden und Minuten sollen über eine Taste auf null rücksetzbar sein.
- Eine Leuchtdiode soll im Sekundentakt blinken (das ist zumindest während der Entwicklungsphase ein sehr praktisches Feature).

11.2 Anforderungen an die Hardware

Aus den oben aufgeführten Merkmalen der Digitaluhr lassen sich die folgenden Anforderungen an die Hardware ableiten. Dabei wird davon ausgegangen, dass ein FPGA-Board vorhanden ist, wie es z.B. im Anhang aufgeführt wird.

Diese Peripherieelemente werden benötigt, entweder On-Board oder extern:

- Vierstelliges Siebensegment-Display, ggf. realisiert durch zwei jeweils zweistellige externe Displays (z.B. »PmodSSD« von Digilent Inc.),
- Drei Taster,
- Eine LED.

11.3 Entwicklung des Schaltungskonzepts

Es gibt mehrere Möglichkeiten, die Schaltung zu entwickeln:

1. Man fängt einfach irgendwie an, z.B. mit einem schon vorhandenen Modul, und entwickelt den Rest drumherum.
2. Man definiert einzelne Module, die wohl benötigt werden, implementiert sie und fügt sie zum Schluss zu einem Ganzen zusammen (»bottom up«). Evtl. nicht ganz passende Schnittstellen werden bei Bedarf angepasst.
3. Man plant das ganze Projekt von oben nach unten (»top down«), zerlegt es in einzelne Module (wobei berücksichtigt wird, was schon vorhanden ist und wiederverwendet werden kann) mit klar definierten Schnittstellen. Je nach Komplexität werden die Module vor der Integration einzeln getestet.

Der Autor bevorzugt in aller Regel Variante 3; sie wird hier angewandt.

Die Aufgabenstellung lässt sich in diese Teile aufspalten:

1. Die Bereitstellung von Werten für Stunden und Minuten. Sie werden aus dem Systemtakt des Boards abgeleitet. Weil in der Regel ein Quarzoszillator zur Bereitstellung eines Taktsignals vorhanden ist, ergibt sich eine hohe Genauigkeit.
2. Die Anzeige der Stunden- und Minutenwerte auf dem Siebensegment-Display
3. Die Anzeige des Sekundentakts
4. Die Benutzerschnittstelle mit drei Tasten
5. Die Integration und Anpassung an das konkrete Board (z.B. ist die Frequenz des Quarzoszillators für den Mastertakt auf jedem Board unterschiedlich)

11.3.1 Teil 1 – Stunden und Minuten

Wenn man berücksichtigt, dass die Benutzerschnittstelle (Teil 4) nicht sehr aufwendig ist, kann man sie Teil 1 zuschlagen. Weiterhin ist es wünschenswert, dass dieses Modul, das Binärwerte für Stunden und Minuten zur Verfügung stellt, vom Absolutwert des Systemtakts unabhängig ist. Das hat zur Folge, dass das Modul, das den Namen `clkgen` erhalten soll, auf jedem FPGA-Board ohne Änderung einsetzbar ist, unabhängig von der Frequenz, mit der die Gesamtschaltung betrieben wird. Damit das funktionieren kann, benötigt `clkgen` allerdings einen »Sekundentakt«, denn sonst wäre es nicht möglich, die Werte für Stunden und Minuten zu ermitteln.

Für `clkgen` kann somit folgende Interface-Beschreibung aufgestellt werden:

- `clk`: Systemtakteingang, Frequenz $>= 2Hz$ (weil $1Hz$ die schnellste von der Schaltung benötigte Frequenz ist und das System mindestens doppelt so schnell getaktet werden sollte). Aufgrund der Siebensegmentanzeige (Mulitplexing) wird für das Gesamtsystem ein wesentliche schnellerer Systemtakt benötigt.
- `sec_pulse` : Sekundenpulseingang, ist einmal je Sekunde für eine Periodendauer von `clk` ›1‹
- Drei (»saubere«, von Störungen wie Prellen bereinigte) Taster- bzw. Schaltereingänge für Reset, Stellen der Stunden, Stellen der Minuten:
  - `reset`
  - `hour_set`
  - `minute_set`
- `hours`: Ausgang mit Stunden-Binärwert
- `minutes`: Ausgang mit Minuten-Binärwert

11.3.2 Teil 2 – Siebensegmentanzeige

Als Eingabe werden die Binärwerte von Stunden und Minuten benötigt, sie werden von dem Modul `clkgen` geliefert. Außerdem wird der Systemtakt als Eingang benötigt.

Für die Ausführung des Siebensegment-Displays sind mehrere Varianten denkbar, u.a. diese:

- Ein vierstelliges Display oder zwei zweistellige Displays im Multiplex-Betrieb
  - gemeinsame Anoden
  - gemeinsame Kathoden

- Einzelne Digits, die alle direkt mit dem FPGA verbunden sind

Aus dieser Übersicht ergibt sich, dass es im Sinne von Wiederverwendbarkeit nicht die beste Lösung ist, ein Modul für die Display-Ansteuerung vorzusehen, sondern zwei Module:

- Ein Modul verarbeitet die Stunden- und Minutenbinärwerte zu Bitmustern für die Ansteuerung von Siebensegment-Displays. Ausgangswerte sind 4x7 Bit, jeweils für die Zehner- und Eineranzeige von Stunden und Minuten. Dieses Modul ist unabhängig von Spezifika der Zielhardware. Als Name wird `calc_segdata` festgelegt.
- Ein weiteres Modul transferiert die eben erwähnten Segmentdaten zu dem Siebensegment-Display, seine konkrete Implementierung hängt von dem verwendeten FPGA-Board ab. Für dieses Modul wird der Name `trans_segdata` festgelegt.

Hier sind die Interface-Spezifikationen für diese beiden Module:
Modul `calc_segdata`:

- `clk`: Systemtakteingang
- `hours`: Eingang mit Stunden-Binärdaten
- `minutes`: Eingang mit Minuten-Binärdaten
- `ht_seg`: Ausgang mit Segmentdaten Stunden/Zehner
- `ho_seg`: Ausgang mit Segmentdaten Stunden/Einer
- `mt_seg`: Ausgang mit Segmentdaten Minuten/Zehner
- `mo_seg`: Ausgang mit Segmentdaten Minuten/Einer

Modul `trans_segdata`, unvollständig:

- `clk`: Systemtakteingang
- `ht_seg`: Eingang mit Segmentdaten Stunden/Zehner
- `ho_seg`: Eingang mit Segmentdaten Stunden/Einer
- `mt_seg`: Eingang mit Segmentdaten Minuten/Zehner
- `mo_seg`: Eingang mit Segmentdaten Minuten/Einer

Die Ausgänge können nicht allgemein angegeben werden, sie hängen von der verwendeten Hardware ab.

11.3.3 Übrige Teile

Teil 3, die Anzeige des Sekundentakts, ist so simpel, dass dafür keine weitere Planung erforderlich ist. Die Ansteuerung der entsprechenden LED wird ein Nebenprodukt der ohnehin erforderlichen Generierung des Sekundenpulses `sec_pulse` sein.

Teil 4, die Abfrage der drei Tasten, wird zusammen mit der Berechnung der Generierung der Zeitdaten erledigt.

In Teil 5, dem »Integrations-Layer«, werden die zuvor genannten Module zu einer Gesamtschaltung vereinigt. Außerdem wird hier noch ggf. das Clock-Signal des externen Quarz-Generators heruntergeteilt und das Signal `sec_pulse` generiert. Eine vollständige Interface-Beschreibung kann ohne Kenntnis der Details des verwendeten Siebensegment-Displays nicht angegeben werden.

11.4 Implementierung

11.4.1 Implementierung von `clkgen`

11.4.1.1 Erste Version

Das Schaltungskonzept wurde in Kapitel 11.3.1 bereits entwickelt, inklusive einer Interface-Spezifikation, bei der allerdings noch die Datentypendetails fehlen. Der `entity`-Teil ist also fast fertig, komplett sieht er so aus (Listing 11-1):

Listing 11-1: `library`- und `entity`-Teil von Modul `clkgen`

```
library ieee;
use ieee.std_logic_1164.all;
use ieee.numeric_std.all;

entity clkgen is
  port
  (
    clk_sys : in std_logic; -- system clock
    reset : in std_logic; -- reset
    -- hour_set : in std_logic; -- '1' = hour set mode
    -- minute_set : in std_logic; -- '1' = minute set mode
    sec_pulse : in std_logic; -- second pulse
    minutes : out std_logic_vector(5 downto 0); -- minutes output
    hours : out std_logic_vector(4 downto 0) -- hours out
  );
end clkgen;
```

Dass in dem `entity`-Teil nur der Datentyp `std_logic` bzw. `std_logic_vector` verwendet wird, sollte inzwischen selbstverständlich sein. Die Dimensionen von `minutes` und `hours` ergeben sich aus den jeweiligen Wertebereichen:

- `minutes`: $0 \ldots 59$, dafür werden 6 Bits benötigt ($2^6 = 64$).
- `hours`: $0 \ldots 23$, dafür werden 5 Bits benötigt ($2^5 = 32$).

Die Port-Signale `hour_set` und `minute_set` bleiben zunächst auskommentiert.

Als Nächstes wird der `architecture`-Teil entwickelt. Dabei lassen wir das Stellen der Uhr bis auf das Rücksetzen durch `reset` zunächst weg und konzentrieren uns auf das Zählen der Zeit.

Gemäß der Spezifikation muss die Zeit von 00:00:00 bis 23:59:59 gezählt werden, dann ist ein Tag vergangen und es geht wieder von vorne los. Die Sekunden werden nicht ausgegeben, sind aber trotzdem für das Zählen erforderlich. Benötigt werden drei Zähler für Sekunden, Minuten und Stunden. Wenn der Sekundenzähler bei ›59‹ angelangt ist, muss er wieder bei ›0‹ anfangen, gleichzeitig muss der Minutenzähler um ›1‹ inkrementiert werden. Dieselbe Logik gilt analog für den Minutenzähler, auch er läuft von ›0‹ bis ›59‹. Ein Übertrag für den Stundenzähler ergibt sich, wenn sowohl Sekundenzähler als auch Minutenzähler ihren Endwert ›59‹ erreicht haben. Diese drei Zähler und die dargelegten Bedingungen zum Inkrementieren werden wir jetzt in VHDL umsetzen.

Zur Realisierung der gesamten Schaltung wird die bewährte Grundstruktur verwendet, wie sie in Kapitel 6.8 beschrieben ist. Das bedeutet, dass für jeden Zähler zwei Signale vom Typ `unsigned` mit der Bit-Breite ›6‹ (Sekunden, Minuten) bzw. ›5‹ (Stunden) benötigt werden, je eines mit dem Suffix `_reg` als Register und eines mit dem Suffix `_next` mit dem Update-Wert. Das Aktualisieren dieser Zähler geschieht im Sekundentakt.

Durch das Anlegen von Konstanten gestalten wir den Code so, dass er gut lesbar und nachvollziehbar ist. Auf das automatische Berechnen der Bit-Breiten der Signale wird aus pragmatischen Gründen verzichtet.

Aus diesen Überlegungen ergibt sich die folgende erste Version für den `architecture`-Teil in VHDL (Listing 11-2):

Listing 11-2: `architecture` von Modul `clkgen`; erste Version

```
architecture impl of clkgen is

constant sec_per_min : integer := 60; -- seconds per minute
constant min_per_hour : integer := 60; --minutes per hour
```

```
constant hours_per_day : integer := 24; -- hours per day

constant seccntr_size : integer := 6; -- ceil(log2(sec_per_minute))
constant mincntr_size : integer := 6; -- ceil(log2(min_per_hour))
constant hourcntr_size : integer := 5; -- ceil(log2(hours_per_day))

-- counter for seconds per miunte (0 ... 59)
signal seccntr_reg : unsigned(seccntr_size-1 downto 0) := (others => '0');
signal seccntr_next : unsigned(seccntr_size-1 downto 0);

-- counter for minutes per hour (0 ... 59)
signal mincntr_reg : unsigned(mincntr_size-1 downto 0) := (others => '0');
signal mincntr_next: unsigned(mincntr_size-1 downto 0);

-- counter for hours per day (0 ... 23)
signal hourcntr_reg : unsigned(hourcntr_size-1 downto 0) := (others => '0');
signal hourcntr_next : unsigned(hourcntr_size-1 downto 0);

begin

  process (clk_sys, sec_pulse, reset)
  begin
    if rising_edge(clk_sys) then
      if reset = '1' then
        seccntr_reg <= (others => '0');
        mincntr_reg <= (others => '0');
        hourcntr_reg <= (others => '0');
      elsif sec_pulse = '1' then
        seccntr_reg <= seccntr_next;
        mincntr_reg <= mincntr_next;
        hourcntr_reg <= hourcntr_next;
      end if;
    end if;
```

```
38      end process;
39
40
41      seccntr_next <= (others =>'0') when seccntr_reg =
            (sec_per_min - 1) else seccntr_reg + 1;
42
43      mincntr_next  <= (others => '0') when (mincntr_reg
             = (min_per_hour - 1))
44            and  (seccntr_reg  = (sec_per_min - 1)) else
45            mincntr_reg + 1 when seccntr_reg = (
                 sec_per_min - 1) else
46            mincntr_reg;
47
48      hourcntr_next <= (others => '0') when ((
            hourcntr_reg = (hours_per_day - 1))
49            and (mincntr_reg = (min_per_hour - 1))
50            and (seccntr_reg = (sec_per_min - 1))) else
51            hourcntr_reg + 1 when ((mincntr_reg = (
                 min_per_hour - 1))
52            and (seccntr_reg = (sec_per_min - 1))) else
53            hourcntr_reg;
54
55      minutes <= std_logic_vector(mincntr_reg);
56      hours <= std_logic_vector(hourcntr_reg);
57
58    end impl;
```

In den Zeilen 3 bis 9 befinden sich die bereits erwähnten Konstanten.

In den Zeilen 11 bis 21 (inklusive Kommentaren) werden die für das Zählen von Sekunden, Minuten und Stunden erforderlichen Signale definiert. Die Zeilen 25 bis 38 enthalten eine `process`-Struktur zur Generierung der Register für die Zähler. Bemerkenswert ist der *synchrone* Reset-Teil in den Zeilen 28 bis 31. Zeile 32 sorgt dafür, dass die Register einen durch das Port-Signal `sec_pulse` gesteuerten Enable-Eingang erhalten.

Die Zeilen 41 bis 48 erhalten die VHDL-Umsetzung der oben in natürlicher Sprache formulierten Bedingungen für das Aktualisieren der Zähler. Während das Statement in Zeile 41 für die Sekundenzähleraktualisierung noch sehr übersichtlich ist, trifft dies auf das in Zeile 48 beginnende und in Zeile 53 endende Statement für die Stundenzähleraktualisierung doch nicht mehr so richtig zu.

Bei den Statements für das Update von `mincntr_next` (ab Zeile 43) und `hourcntr_next` (ab Zeile 48) ist der jeweils letzte `else`-Teil (in den Zeilen 46 bzw. 53) nicht unbedingt erforderlich. Die Verwendung des `when`-

Statements benötigt *nicht* die vollständige Abdeckung aller Möglichkeiten, damit *kein* Latch erzeugt wird (im Gegensatz zu dem `if`-Statement, welches nur innerhalb einer `process`-Umgebung benutzt werden kann).

Bevor wir uns der alternativen VHDL-Implementierung der Zähler-Updates und dem Stellen der Uhr widmen, testen wir die jetzt realisierte Version des Moduls `clkgen` mit Hilfe einer kleinen Testbench und dem Simulator aus.

11.4.1.2 Simulation der ersten Version

Listing 11-3 auf Seite 235 enthält den VHDL-Code der Testbench für die erste Version des Moduls `clkgen`.

Listing 11-3: Testbench für `clkgen`; erste Version

```
-- clkgen_tb.vhd

library ieee;
use ieee.std_logic_1164.all;

entity clkgen_tb is
end clkgen_tb;

architecture sim of clkgen_tb is
component clkgen is
  port
  (
    clk_sys : in std_logic; -- system clock
    reset : in std_logic; -- reset
    -- hour_set : in std_logic; -- '1' = hour set mode
    -- minute_set : in std_logic; -- '1' = minute set mode
    sec_pulse : in std_logic; -- second pulse
    minutes : out std_logic_vector(5 downto 0); -- minutes output
    hours : out std_logic_vector(4 downto 0) -- hours out
  );
end component;

signal clk_sim : std_logic := '0';
signal reset_sim : std_logic := '0';
signal sec_pulse_sim : std_logic := '0';
```

```
signal minutes_sim : std_logic_vector(5 downto 0) := (others => '0');
signal hours_sim: std_logic_vector(4 downto 0) := (others => '0');

constant clkp : time := 0.5ns;

begin
  dut : clkgen
  port map
  (
    clk_sys => clk_sim,
    reset => reset_sim,
    sec_pulse => sec_pulse_sim,
    minutes => minutes_sim,
    hours => hours_sim
  );

  -- clock generation
  process
  begin
    clk_sim <= '1';
    wait for clkp/2;
    clk_sim <= '0';
    wait for clkp/2;
  end process;

  process (clk_sim)
  begin
    if rising_edge(clk_sim) then
      sec_pulse_sim <= not sec_pulse_sim;
    end if;
  end process;

  process
  begin
    reset_sim <= '1';
    wait for clkp*2;
    reset_sim <= '0';
    wait;
  end process;

end sim;
```

Die grundlegende Struktur einer Testbench ist inzwischen hoffentlich ein wenig vertraut. Am Beispiel der Testbench für `clkgen` wird sie noch einmal erläutert, außerdem werden einige speziellere Aspekte erklärt:

- In einer Testbench wird *keine* neue Schaltung kreiert, daher ist der `entity`-Teil leer (Zeilen 6 und 7); er kann trotzdem *nicht* weggelassen werden.
- Das zu testende Modul wird als `component` eingebunden (Zeilen 10 bis 21).
- Für jeden Port dieser Komponente wird ein Signal angelegt (Zeilen 23 bis 27). Eine häufig anzutreffende Praxis ist es, diesen Signalen jeweils den gleichen Namen zu geben wie den korrespondierenden Ports. In diesem Buch wird davon bewusst abgewichen, die Signale der Simulationsumgebung erhalten den Suffix `_sim`. So können Port-Signal und Simulationssignal klar unterschieden werden.
- In Zeile 29 wird die Periodendauer des simulierten Clock-Signals per Konstante festgelegt. In diesem Fall wird sie so gewählt, dass das Signal `sec_pulse_sim`, das aus `clk_sim` abgeleitet wird, eine Periodendauer von einer Nanosekunde hat. Wenn man später beim Betrachten des Simulationsergebnisses das »Nano« bei den Zeitangaben in Gedanken weglässt, erhält man sofort die »richtigen« Zeitwerte, wie man sie später auf der Hardware erwartet. Der Grund für diese Skalierung ist, dass manche Simulatoren – so auch der hier verwendete Vivado-Simulator (in Vivado integriert) – Zeiten von mehreren Sekunden, wie sie für die Simulation der Digitaluhr benötigt werden, nicht verarbeiten können. Daher wird hier eine Skalierung mit dem Faktor 10^{-9} ($\widehat{=}$ »Nano«) verwendet, damit kann auch ein Tag mit der hier gewählten Auflösung problemlos simuliert werden.
- In Zeile 32 bis 40 wird das zu testende Modul instantiiert. In den Zeilen 35 bis 39 wird jedem Port-Signal des zu testenden Moduls ein entsprechendes Signal der Simulationsumgebung zugeordnet (die beiden Signale werden »elektrisch« miteinander verbunden).
- In den Zeilen 43 bis 49 wird das simulierte Clock-Signal generiert.
- In den Zeilen 51 bis 56 wird das Signal `sec_pulse_sim` erzeugt; bei jeder steigenden Flanke von `clk_sim` wechselt `sec_pulse_sim` seinen Wert, so ergibt sich für die Frequenz von `sec_pulse_sim` die Hälfte der Frequenz von `sec_pulse_sim`. Das ist eine pragmatische Entscheidung für die Simulation. In der Hardwarerealisierung wird das Verhältnis f_{clk}/f_{sec_pulse} viel größer sein als 2. Für diese Simulation bringt es aber keinen weiteren Erkenntnisgewinn, sondern es kostet nur viel mehr (Simulations-)Zeit, wenn dieser Quotient deutlich größer ist. Solche Anpassungen muss man bei Simulationen häufig vornehmen, um in annehmbarer Zeit die gewünschten Erkenntnisse zu erlangen.

- Die Zeilen 58 bis 64 sorgen für die eigentliche Simulation. Zu Anfang – in den Zeilen 60 bis 62 – wird ein Reset-Impuls erzeugt, danach erfolgt die Stimulation nur durch die bereits zuvor definierten Signale `clk_sim` und `sec_pulse_sim`. Aufgrund des (unbedingt erforderlichen) `wait`-Statements in Ziele 63 läuft die Simulation mit dieser Testbench beliebig lange, die Endzeit wird durch die Konfiguration des Simulators bestimmt.
- `wait for`-Statements arbeiten mit relativem zeitlichen Bezug, der Zeitparameter legt die Wartezeit ab dem letzten definierten Zeitpunkt (und *nicht* ab dem absoluten Zeitpunkt null) fest.

Nun geht es an das Simulieren. Zunächst wird überprüft, ob die Minutenzählung wie gewünscht funktioniert. Eine Stunde ist mit $60 * 60 = 3600$ Sekunden abgedeckt. Wenn wir für die Simulation 4000 Nanosekunden einstellen (unter Berücksichtigung des oben erwähnten Skalierungsfaktors), wird eine Stunde überstrichen und der Übergang zu der nächsten Stunde wird »mitgenommen«. Die Erwartung ist, dass die Minuten nacheinander von 0 bis 59 hochgezählt und dann wieder auf null gesetzt werden. Das entsprechende Signal ist `minutes_sim`. Im Simulator werden Registerwerte in der Regel hexadezimal angezeigt, wir erwarten für `minutes_sim` daher lückenlos um ›1‹ ansteigende Werte von ›0‹ bis ›3b‹, und dann bei der Simulationszeit $3600\,\mathrm{ns}$ den Wiederbeginn bei ›0‹.

Also wird am Simulator der Wert $4000\,\mathrm{ns}$ als Simulationsendzeit eingestellt und dann simuliert.

Abbildung 11-1 zeigt einen Ausschnitt des Simulationsergebnisses.

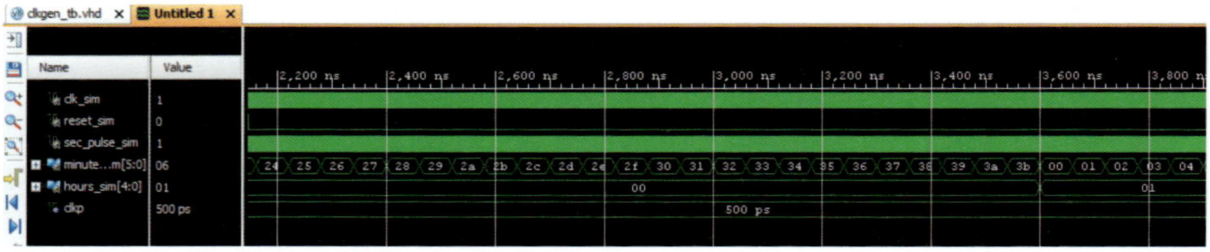

Abbildung 11-1: Simulationsergebnis: `clkgen`, erste Version, Fokus auf Minutenzähler, Ausschnitt

Aus dem Simulation ergibt sich, dass der Minutenzähler wie gefordert von ›0‹ in Einerschritten bis ›59‹ hochzählt und dann wieder bei ›0‹ beginnt. Der Übergangsbereich nach Ablauf der ersten Stunde ist in Abbildung 11-1 gut zu erkennen; ebenso der Wechsel des Zählers `hours_sim` von ›0‹ auf ›1‹.

Jetzt wird die Simulation mit einer anderen Endzeit wiederholt, dabei liegt der Fokus auf dem Zählen der Stunden. $3600 * 24 = 86400$, mit der Wahl von $90\,\mu\mathrm{s}$ als Simulationszeit wird ein Tag gut abgedeckt.

Abbildung 11-2 zeigt das entsprechende Simulationsergebnis.

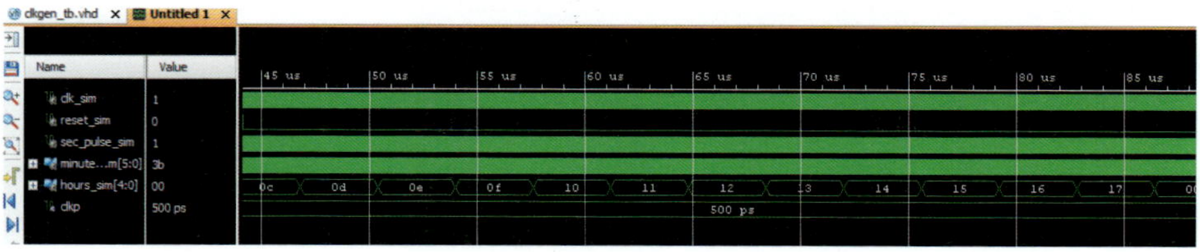

Abbildung 11-2: Simulationsergebnis: `clkgen`, erste Version, Fokus auf Stundenzähler, Ausschnitt

Auch hier werden die Anforderungen erfüllt (hexadezimal 17 entspricht dezimal 23).

11.4.1.3 Zweite Version

Als nächster Schritt wird eine Variante für die Behandlung der Signale `mincntr_next` und `hourcntr_next` vorgestellt. Neben dem Aufzeigen einer Alternative ist die Motivation dabei auch, das Stellen der Digitaluhr vorzubereiten. Zunächst wird jedoch eine Schaltung entwickelt, die funktional identisch zu der zuvor verwendeten Schaltung ist.

Listing 11-4 zeigt den neuen `architecture`-Teil des Moduls `clkgen`, die Zeilen 1 bis 22 sind bei beiden Versionen gleich (Bezug ist Listing 11-2).

Listing 11-4: `architecture` von Modul `clkgen`; zweite Version

```
1   architecture impl of clkgen is
2
3   constant sec_per_min : integer := 60; -- seconds per
        minute
4   constant min_per_hour : integer := 60; --minutes per
        hour
5   constant hours_per_day : integer := 24; -- hours per
        day
6
7   constant seccntr_size : integer := 6; -- ceil(log2(
       sec_per_minute))
8   constant mincntr_size : integer := 6; -- ceil(log2(
       min_per_hour))
9   constant hourcntr_size : integer := 5; -- ceil(log2(
       hours_per_day))
10
11  -- counter for seconds per miunte (0 ... 59)
12  signal seccntr_reg : unsigned(seccntr_size-1 downto
       0) := (others => '0');
```

```
signal seccntr_next : unsigned(seccntr_size-1 downto
    0);

-- counter for minutes per hour (0 ... 59)
signal mincntr_reg : unsigned(mincntr_size-1 downto
    0) := (others => '0');
signal mincntr_next: unsigned(mincntr_size-1 downto
    0);

-- counter for hours per day (0 ... 23)
signal hourcntr_reg : unsigned(hourcntr_size-1
    downto 0) := (others => '0');
signal hourcntr_next : unsigned(hourcntr_size-1
    downto 0);

signal min_pulse : std_logic;
signal hour_pulse : std_logic;

begin

  process (clk_sys, sec_pulse, reset)
  begin
    if rising_edge(clk_sys) then
      if reset = '1' then
        seccntr_reg <= (others => '0');
        mincntr_reg <= (others => '0');
        hourcntr_reg <= (others => '0');
      elsif sec_pulse = '1' then
        seccntr_reg <= seccntr_next;
        mincntr_reg <= mincntr_next;
        hourcntr_reg <= hourcntr_next;
      end if;
    end if;
  end process;


  seccntr_next <= (others =>'0') when seccntr_reg =
      (sec_per_min - 1) else seccntr_reg + 1;

  min_pulse <= '1' when seccntr_reg  = (sec_per_min
      - 1) else '0';
```

```
47      hour_pulse <= '1' when (mincntr_reg  = (
            min_per_hour - 1)) and  (seccntr_reg  = (
            sec_per_min - 1)) else '0';
48
49      process (min_pulse, mincntr_reg)
50      begin
51        mincntr_next <= mincntr_reg;  -- default
52        if min_pulse = '1' then
53          if mincntr_reg = (min_per_hour -1) then
54            mincntr_next <= (others => '0');
55          else
56            mincntr_next <= mincntr_reg + 1;
57          end if;
58        end if;
59      end process;
60
61      process (hour_pulse, hourcntr_reg)
62      begin
63        hourcntr_next <= hourcntr_reg; -- default
64        if hour_pulse = '1' then
65          if hourcntr_reg = (hours_per_day -1) then
66            hourcntr_next <= (others => '0');
67          else
68            hourcntr_next <= hourcntr_reg + 1;
69          end if;
70        end if;
71      end process;
72
73      minutes <= std_logic_vector(mincntr_reg);
74      hours <= std_logic_vector(hourcntr_reg);
75    end impl;
```

Hier wird in den Zeilen 46 und 47 jeweils ein Hilfssignal zum Verwalten der Zähler für Minuten und Stunden eingeführt. Die beiden Signale `min_pulse` und `hour_pulse` verhalten sich analog zu `sec_pulse`. Sie sind immer dann für die Dauer einer Sekunde ›1‹, wenn der jeweilige Zähler inkrementiert werden muss.

In den Zeilen 49 bis 59 befindet sich ein Prozess, der das Update von `mincntr_next` zur Aufgabe hat. In der »sensitivity list« dieses Prozesses sind alle Signale aufgeführt, welche einen Einfluss auf dieses Update haben. In Zeile 51 wird eine Standardzuweisung für `mincntr_next` durchgeführt; sie hat zur Folge, dass der Wert von `mincntr_reg` sich *nicht* ändert. Nur wenn innerhalb des Prozesses `mincntr_next` eine weitere, somit aktuellere Zuweisung mit einem anderen Wert erhält, ändert sich `mincntr_reg`. Die Standardzuweisung ist sehr wichtig, denn ohne sie würde bei der Synthese unweigerlich ein Latch erzeugt, wenn das in Zeile 52 beginnende `if`-Konstrukt nicht alle denkbaren Verzweigungen abdecken würde.

Der Code in den Zeilen 52 bis 57 beschreibt die bedingte Aktualisierung von `mincntr_next`: Falls der Endwert von `mincntr_reg` erreicht ist, ist Null der nächste Wert, ansonsten wird um ›1‹ inkrementiert.

Die Zeilen 61 bis 71 erhalten analogen VHDL-Code für die Aktualisierung der Stundenzählers.

Durch Simulation des so geänderten Moduls `clkgen` wird sichergestellt, dass diese Änderungen zu denselben Ergebnissen führen wie die erste Version.

Wenn alles passt, wird das Einstellen der Zeit in Angriff genommen.

11.4.1.4 Dritte Version (mit Stellen der Uhr)

Zum Stellen der Uhr verwenden wir ein ganz einfaches Prinzip: Zum Stellen von Stunden bzw. Minuten wird jeweils eine Taste verwendet. Solange die Taste gedrückt ist, werden Stunden bzw. Minuten im Sekundentakt hochgezählt.

Für jede Taste wird ein Zustandsautomat mit den States `normal` und `set` verwendet. Wenn die Taste gedrückt ist, befindet sich der Automat im Zustand `set`, sonst in `normal`. Die Prozesse, welche die Variablen `hourcntr_next` bzw. `minutecntr_next` aktualisieren, werden so erweitert, dass sie den Zustand des zugehörigen Zustandsautomaten auswerten und die genannten `_next`-Signale entsprechend setzen.

Listing 11-5 enthält den vollständigen VHDL-Code des so modifizierten Moduls `clkgen`.

Listing 11-5: Modul `clkgen`; dritte Version

```
-- clkgen.vhd

library ieee;
use ieee.std_logic_1164.all;
use ieee.numeric_std.all;

entity clkgen is
  port
  (
    clk_sys : in std_logic; -- system clock
    reset : in std_logic; -- reset
    hour_set : in std_logic; -- '1' = hour set mode
```

```
    minute_set : in std_logic; -- '1' = minute set mode
    sec_pulse : in std_logic; -- second pulse
    minutes : out std_logic_vector(5 downto 0); -- minutes output
    hours : out std_logic_vector(4 downto 0) -- hours out
  );
end clkgen;

architecture impl of clkgen is

constant sec_per_min : integer := 60; -- seconds per minute
constant min_per_hour : integer := 60; --minutes per hour
constant hours_per_day : integer := 24; -- hours per day

constant seccntr_size : integer := 6; -- ceil(log2(sec_per_minute))
constant mincntr_size : integer := 6; -- ceil(log2(min_per_hour))
constant hourcntr_size : integer := 5; -- ceil(log2(hours_per_day))

-- counter for seconds per miunte (0 ... 59)
signal seccntr_reg : unsigned(seccntr_size-1 downto 0) := (others => '0');
signal seccntr_next : unsigned(seccntr_size-1 downto 0);

-- counter for minutes per hour (0 ... 59)
signal mincntr_reg : unsigned(mincntr_size-1 downto 0) := (others => '0');
signal mincntr_next: unsigned(mincntr_size-1 downto 0);

-- counter for hours per day (0 ... 23)
signal hourcntr_reg : unsigned(hourcntr_size-1 downto 0) := (others => '0');
signal hourcntr_next : unsigned(hourcntr_size-1 downto 0);
```

```

signal min_pulse : std_logic;
signal hour_pulse : std_logic;

type set_state_type is (normal, set);
signal hour_state_reg : set_state_type := normal;
signal hour_state_next : set_state_type;
signal minute_state_reg : set_state_type := normal;
signal minute_state_next : set_state_type;

begin

  process (clk_sys, sec_pulse, reset)
  begin
    if rising_edge(clk_sys) then
      if reset = '1' then
        seccntr_reg <= (others => '0');
        mincntr_reg <= (others => '0');
        hourcntr_reg <= (others => '0');
      elsif sec_pulse = '1' then
        seccntr_reg <= seccntr_next;
        mincntr_reg <= mincntr_next;
        hourcntr_reg <= hourcntr_next;
      end if;
    end if;
  end process;

  process (clk_sys, reset)
  begin
    if rising_edge(clk_sys) then
      if reset = '1' then
        hour_state_reg <= normal;
        minute_state_reg <= normal;
      else
        hour_state_reg <= hour_state_next;
        minute_state_reg <= minute_state_next;
      end if;
    end if;
  end process;

  seccntr_next <= (others =>'0') when seccntr_reg =
      (sec_per_min - 1) else seccntr_reg + 1;

```

```
  min_pulse <= '1' when seccntr_reg  = (sec_per_min - 1) else '0';
  hour_pulse <= '1' when (mincntr_reg  = (min_per_hour - 1)) and  (seccntr_reg  = (sec_per_min - 1)) else '0';

  process (min_pulse, mincntr_reg, minute_state_reg, sec_pulse)
  begin
    mincntr_next <= mincntr_reg;  -- default
    if ((minute_state_reg = set) and (sec_pulse = '1')) or (min_pulse = '1') then
      if mincntr_reg = (min_per_hour -1) then
        mincntr_next <= (others => '0');
      else
        mincntr_next <= mincntr_reg + 1;
      end if;
    end if;
  end process;

  process (hour_pulse, hourcntr_reg, hour_state_reg, sec_pulse)
  begin
    hourcntr_next <= hourcntr_reg; -- default
    if ((hour_state_reg = set) and (sec_pulse = '1')) or hour_pulse = '1' then
      if hourcntr_reg = (hours_per_day -1) then
        hourcntr_next <= (others => '0');
      else
        hourcntr_next <= hourcntr_reg + 1;
      end if;
    end if;
  end process;

  process (minute_state_reg, minute_set)
  begin
    minute_state_next <= minute_state_reg; -- default
    case minute_state_reg is
      when normal =>
        if minute_set = '1' then
          minute_state_next <= set;
        end if;
```

```
118       when set =>
119         if minute_set = '0' then
120           minute_state_next <= normal;
121         end if;
122     end case;
123   end process;
124
125   process (hour_state_reg, hour_set)
126   begin
127     hour_state_next <= hour_state_reg; -- default
128     case hour_state_reg is
129       when normal =>
130         if hour_set = '1' then
131           hour_state_next <= set;
132         end if;
133       when set =>
134         if hour_set = '0' then
135           hour_state_next <= normal;
136         end if;
137     end case;
138   end process;
139
140   minutes <= std_logic_vector(mincntr_reg);
141   hours <= std_logic_vector(hourcntr_reg);
142
143 end impl;
```

Die Zeilen 110 bis 123 und 125 bis 138 realisieren die beiden Zustandsautomaten zur »Verwaltung« der Tasten für das Stellen von Minuten und Stunden.

Die »sensitivity lists« der Prozesse zur Aktualisierung der Zählerregister (Zeilen 86 bis 96 bzw. 98 bis 108) sind jeweils um den State des zugeordneten Zustandsautomaten und `sec_pulse` erweitert worden. Die Bedingung für das Inkrementieren eines Zählers ist so ergänzt worden, dass der Zähler nun auch inkrementiert wird, wenn der Zustand `set` besteht und gleichzeitig der Sekundenimpuls »1« ist. So wird erreicht, dass bei gedrückter Stell-Taste der Zähler im Sekundentakt hochzählt. Die Zustandsautomaten werden mit dem (in Bezug auf den Sekundentakt) schnelleren Systemtakt betrieben, andernfalls wäre die Reaktion speziell auf das Loslassen einer Stell-Taste zu »träge«.

Listing 11-6 zeigt die angepasste Testbench.

Listing 11-6: Testbench für `clkgen`; dritte Version

```
-- clkgen_tb

library ieee;
use ieee.std_logic_1164.all;

entity clkgen_tb is
end clkgen_tb;

architecture sim of clkgen_tb is
component clkgen is
  port
  (
    clk_sys : in std_logic; -- system clock
    reset : in std_logic; -- reset
    hour_set : in std_logic; -- '1' = hour set mode
    minute_set : in std_logic; -- '1' = minute set mode
    sec_pulse : in std_logic; -- second pulse
    minutes : out std_logic_vector(5 downto 0); -- minutes output
    hours : out std_logic_vector(4 downto 0) -- hours out
  );
end component;

signal clk_sim : std_logic := '0';
signal reset_sim : std_logic := '0';
signal hour_set_sim : std_logic := '0';
signal minute_set_sim : std_logic := '0';
signal sec_pulse_sim : std_logic := '0';
signal minutes_sim : std_logic_vector(5 downto 0) := (others => '0');
signal hours_sim: std_logic_vector(4 downto 0) := (others => '0');

constant clkp : time := 0.5ns;

begin
  dut : clkgen
  port map
  (
    clk_sys => clk_sim,
```

```
      reset => reset_sim,
      hour_set => hour_set_sim,
      minute_set => minute_set_sim,
      sec_pulse => sec_pulse_sim,
      minutes => minutes_sim,
      hours => hours_sim
    );

    -- clock generation
    process
    begin
      clk_sim <= '1';
      wait for clkp/2;
      clk_sim <= '0';
      wait for clkp/2;
    end process;

    process (clk_sim)
    begin
      if rising_edge(clk_sim) then
        sec_pulse_sim <= not sec_pulse_sim;
      end if;
    end process;

    process
    begin
      reset_sim <= '1';
      wait for clkp*2;
      reset_sim <= '0';
      wait for clkp*5;
      minute_set_sim <= '1';
      wait for clkp*8;
      minute_set_sim <= '0';
      wait for clkp*2;
      hour_set_sim <= '1';
      wait for clkp*4;
      hour_set_sim <= '0';
      wait;
    end process;

  end sim;
```

Die Änderungen beziehen sich auf die nun benutzten Eingangs-Ports des Moduls `clkgen` `hour_set` und `minute_set`. Neben den entsprechenden Ergänzungen wie den neuen Simulationssignalen (Definitionen in den Zeilen 25 und 26) ist die Erzeugung von Stimuli für diese Signale in den Zeilen 67 bis 74 dazugekommen. Damit wird das Stellen der Uhr simuliert.

Abbildung 11-3 zeigt das Ergebnis der Simulation mit der Testbench aus Listing 11-6.

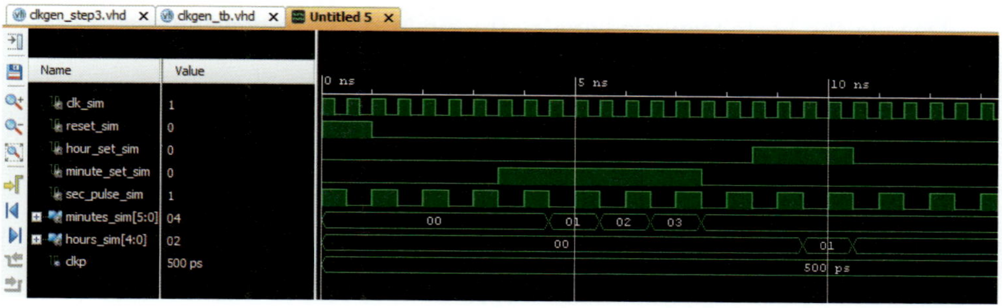

Abbildung 11-3: Simulationsergebnis: `clkgen`, dritte Version, Stellen der Uhr

Der Zusammenhang zwischen simulierten Tastendrücken und Änderung der korrespondierenden Zählerstände ist gut zu erkennen.

Damit ist die Entwicklung des Moduls `clkgen` abgeschlossen.

11.4.2 Implementierung der Display-Ansteuerung

Die grobe Struktur der Display-Ansteuerung wurde bereits in Kapitel 11.3.2 vorgestellt. Die Ansteuerung gliedert sich in zwei Module: `calc_segdata`, welches hardwareunabhängig ist, und `trans_segdata`, dessen Details von der verwendeten Hardware abhängen.

11.4.2.1 Implementierung von `calc_segdata`

Die Aufgabe des Moduls `calc_segdata` ist es, die von dem Modul `clkgen` bereitgestellten Binärdaten für Stunden und Minuten in Daten für die Anzeige dieser Werte auf einem vierstelligen Siebensegment umzuwandeln.

`calc_segdata` liefert für jedes Digit des Siebensegment-Displays ein acht Bit breites Signal mit den Segmentdaten; für die Zuordung der Bits dieses Signals zu den einzelnen Segmenten gilt Tabelle 8.1 (Kapitel 8). Die Segmentdaten werden so erzeugt, dass ein gesetztes Bit für ein Segment steht, das leuchten soll.

Listing 11-7 zeigt den hier verwendeten VHDL-Code für `calc_segdata`. Bezogen auf einen Zähler – z.B. Stunden – liegt folgendes Konzept zugrunde:

- Im ersten Schritt wird der Stunden-Binärwert in eine BCD-Darstellung umgewandelt. Die BCD-Darstellung besteht aus jeweils einem Signal für die Zehnerstelle und die Einerstelle.
- Die nächste Operation wird auf jede Stelle angewandt, es ist die Konvertierung von einem Binärwert in ein Bitmuster für ein Siebensegment-Digit.
- Für die Stunden ergeben sich so ein Ausgabewert »Segment-Bitmuster Stunden Zehnerstelle« und »Segment-Bitmuster Stunden Einerstelle«.

Das gleiche Verfahren wird analog für die Minuten angewandt.

Listing 11-7: Modul calc_segdata

```
-- calc_segdata.vhd

library ieee;
use ieee.std_logic_1164.all;
use ieee.numeric_std.all;

entity calc_segdata is
  port
  (
    hours : in std_logic_vector(4 downto 0);
    minutes : in std_logic_vector(5 downto 0);
    ht_seg : out std_logic_vector(7 downto 0);
    ho_seg : out std_logic_vector(7 downto 0);
    mt_seg : out std_logic_vector(7 downto 0);
    mo_seg : out std_logic_vector(7 downto 0)
  );
end calc_segdata;

architecture impl of calc_segdata is


component bin6tobcd is
  port
  (
    bin6 : in std_logic_vector(5 downto 0);
    ones : out std_logic_vector(3 downto 0);
    tens : out std_logic_vector(2 downto 0)
  );
end component;

component hex2sseg is
```

```
  port
  (
    hexnum : in std_logic_vector(3 downto 0);
    decpoint : in std_logic;
    sevseg : out std_logic_vector(7 downto 0) -- dp : bit 7; g: bit 6 ; ... a : bit 0
  );
end component;


constant hours_size : integer := 5;
constant minutes_size : integer := 6;


signal hours_tens : std_logic_vector(2 downto 0);
signal hours_ones : std_logic_vector(3 downto 0);
signal minutes_tens : std_logic_vector(2 downto 0);
signal minutes_ones : std_logic_vector(3 downto 0);

signal hours_val : std_logic_vector(5 downto 0);
signal hours_tens_val : std_logic_vector(3 downto 0);
signal minutes_tens_val : std_logic_vector(3 downto 0);

begin

  hours_val <= '0' & hours;
  hours_tens_val <= '0' & hours_tens;
  minutes_tens_val <= '0' & minutes_tens;

  hours_bcd : bin6tobcd
  port map
  (
    bin6 => hours_val,
    ones => hours_ones,
    tens => hours_tens
  );

  minutes_bcd : bin6tobcd
  port map
  (
    bin6 => minutes,
```

```
72        ones => minutes_ones,
73        tens => minutes_tens
74      );
75
76      minutes_ones_sseg : hex2sseg
77      port map
78      (
79        hexnum => minutes_ones,
80        decpoint => '0',
81        sevseg => mo_seg
82      );
83
84      minutes_tens_sseg : hex2sseg
85      port map
86      (
87        hexnum => minutes_tens_val,
88        decpoint => '0',
89        sevseg => mt_seg
90      );
91
92      hours_ones_sseg : hex2sseg
93      port map
94      (
95        hexnum => hours_ones,
96        decpoint => '0',
97        sevseg => ho_seg
98      );
99
100     hours_tens_sseg : hex2sseg
101     port map
102     (
103       hexnum => hours_tens_val,
104       decpoint => '0',
105       sevseg => ht_seg
106     );
107
108   end impl;
```

Zur Realisierung werden Module wiederverwendet, die bereits vorgestellt wurden:

- `bin6tobcd`: Umwandeln einer 6-Bit-Binärzahl in eine BCD-Darstellung. Die Komponentendefinition steht in den Zeilen 22 bis

29, der VHDL-Quellcode in Listing 8-4. Das Modul wird zweimal instantiiert, in den Zeilen 60 bis 66 (Stunden) und 68 bis 74 (Minuten).

- `hex2sseg`: Umwandeln einer 4-Bit-Binärzahl in ein Siebensegmentanzeigemuster. Die Zeilen 31 bis 38 beinhalten die Komponentendefinition, der Quellcode ist in Listing 8-2 zu finden. Dieses Modul wird viermal instantiiert:

  - Zeile 76 bis 82: Einerstelle der Minuten
  - Zeile 84 bis 90: Zehnerstelle der Minuten
  - Zeile 92 bis 98: Einerstelle der Stunden
  - Zeile 100 bis 106: Zehnerstelle der Stunden

  Dabei wird jeweils das Eingangsbit für den Dezimalpunkt auf ›0‹ gesetzt, somit werden alle Dezimalpunkte ausgeschaltet.

Weil für die Darstellung der Stunden als Binärwert nur 5 Bit benötigt und auch von Modul `clkgen` geliefert werden, wird in Zeile 56 dieser Wert um ein führendes ›0‹-Bit erweitert, damit für die Verarbeitung mit `bin6tobcd` ein 6-Bit-Wert zur Verfügung steht.

Analog wird in Zeile 57 der Binärwert »Zehnerstelle der Stunden« für die Weiterverarbeitung mit `hex2sseg` erweitert; in Zeile 58 genauso »Zehnerstelle der Minuten«.

Die gerade erwähnten Signale zur »Signalverbreiterung« werden in den Zeilen 50 bis 52 definiert. Die in den Zeilen 45 bis 48 definierten Signale dienen zur Verbindung der Komponenteninstanzen untereinander.

Weiterer funktionaler Code ist nicht vorhanden, `calc_segdata` »lebt« ausschließlich von instantiierten Komponenten.

11.4.2.2 Implementierung von `trans_segdata`

Für die weitere Implementierung wird jetzt eine Designentscheidung getroffen: Als Siebensegment-Display wird ein vierstelliges Display-Modul verwendet, das im Multiplexbetrieb arbeitet und je Digit einen Anodenanschluss besitzt. Die Anodenanschlüsse sind über Treiberstufen mit FPGA-Pins verbunden, so dass seitens des FPGA eine ›0‹ auf einen dieser Pins gelegt werden muss, um das angeschlossene Digit aktiv zu schalten.

Weiterhin wird vorausgesetzt, dass die Digits von links nach rechts mit den Indices 3 bis 0 adressiert werden.

Diese Bedingungen sind bei den im Anhang beschriebenen Boards »Basys3« und »PapilioPro mit LogicStart-MegaWing« gegeben. Mit diesen Boards wurde das im Folgenden beschriebene Modul `trans_segddata` auch im Kontext der hier beschriebenen Digitaluhr getestet.

Listing 11-8 enthält den VHDL-Code für das Modul `trans_segdata`. Weil dieses Modul hardwarespezifisch ist, erhält es hier zur Unterscheidung von Versionen zur Ansteuerung anderer Display-Hardware den Namen `trans_segdata_a`.

Der wesentliche Bestandteil ist die Ansteuerung des oben charakterisierten Display-Moduls. Dazu wird das Modul `sseg_control` verwendet, das in Kapitel 8.5 beschrieben wird. Dort findet sich auch Listing 8-6 mit dem zugehörigen Quellcode. Dieser Code wurde inzwischen um das `generic cntr_size` zur Festlegung der Bit-Breite des in `sseg_control` verwendeten Registers `cntr_reg` erweitert; das bekommen Sie inzwischen auch ohne Anleitung selbst hin! Der Default-Wert von ›20‹ für `cntr_size` passt gut zu einem Systemtakt von 100 MHz, bei einer Reduzierung des Systemtakts auf z.B. 5 MHz muss `cntr_reg` auch entsprechend verkleinert werden; bei diesem Beispiel von ›20‹ auf ›16‹, was zu einer relativen Erhöhung der Display-Refreshrate um den Faktor 32 führt, was wiederum die Reduzierung der Systemfrequenz um den Faktor 20 kompensiert. Ohne diese Maßnahme würde das Display »flackern«.

Listing 11-8: Modul `trans_segdata`

```
-- trans_segdata_a.vhd

library ieee;
use ieee.std_logic_1164.all;

entity trans_segdata_a is
  generic
  (
    cntr_size : integer := 20
  );
  port
  (
    clk : in std_logic;
    ht_seg : in std_logic_vector(7 downto 0);
    ho_seg : in std_logic_vector(7 downto 0);
    mt_seg : in std_logic_vector(7 downto 0);
    mo_seg : in std_logic_vector(7 downto 0);
    seg : out std_logic_vector(6 downto 0); -- seven segement display
    dp : out std_logic; -- decimal point
    an : out std_logic_vector(3 downto 0) -- anode drivers (inverted)
  );
end trans_segdata_a;

architecture impl of trans_segdata_a is
```

```

  component sseg_control is
    generic
    (
      cntr_size : integer := 20
    );
    port
    (
      clk : in std_logic;
      disp_data : in std_logic_vector(31 downto 0);
      seg_data : out std_logic_vector(7 downto 0);
      digit_sel : out std_logic_vector(3 downto 0)
    );
  end component;

  signal dispdata_buf : std_logic_vector(31 downto 0);

  signal seg_reg : std_logic_vector(7 downto 0);
  signal seg_next : std_logic_vector(7 downto 0);
  signal digitsel_reg : std_logic_vector(3 downto 0);
  signal digitsel_next : std_logic_vector(3 downto 0);


begin

    process (clk)
    begin
      if rising_edge(clk) then
        digitsel_reg <= digitsel_next;
        seg_reg <= seg_next;
      end if;
    end process;


    dispdata_buf <= (not ht_seg) & (not ho_seg) & (not
        mt_seg) & (not mo_seg);

    disp_control : sseg_control
    generic map
    (
      cntr_size => cntr_size
    )
    port map
```

```
67      (
68        clk => clk,
69        disp_data => dispdata_buf,
70        seg_data => seg_next,
71        digit_sel => digitsel_next
72      );
73
74      seg <= seg_reg(6 downto 0);
75      dp <= seg_reg(7);
76      an <= not digitsel_reg;
77
78    end impl;
```

In Zeile 59 werden die Bitmuster zur Ansteuerung der einzelnen Digits invertiert (weil in diesem Fall damit die Kathoden der einzelnen Leuchtdioden angesteuert werden) und zu einem Bit-Vektor `dispdata_buf` in der richtigen Reihenfolge zusammengefasst. Dieser Vektor wird von der Instanz `disp_control` des bereits erwähnten Moduls `sseg_control` verarbeitet. Das Display besitzt nur acht Dateneingänge und vier Anodeneingänge (zur Auswahl eines Digits). `sseg_control` sorgt dafür, dass bei Aktivierung eines Digits über den entsprechenden Anodeneingang die zu diesem Digit gehörenden Segmentdaten auf die Dateneingänge geschaltet werden.

Die Zeilen 74 bis 76 enthalten die Zuweisungen für die Display-Schnittstelle; die Extrabehandlung des Dezimalpunkts ist ein Merkmal des mit dem Board »Basys3« ausgelieferten Constraints-Files und wurde hier übernommen.

Damit keine Glitches (Störimpulse) entstehen, werden die Signale zur Display-Ansteuerung über Register geführt, der Prozess in den Zeilen 50 bis 56 sorgt für das Anlegen dieser Register.

11.5 Integration

Zum Abschluss des Projekts »Digitaluhr« müssen noch alle bisher realisierten Module miteinander verbunden werden. Außerdem muss der von dem Modul `clkgen` benötigte »Sekundenimpuls« `sec_pulse` noch generiert werden und die im Sekundentakt blinkende Leuchtdiode angesteuert werden.

Listing 11-9 enthält VHDL-Code, der dies leistet.

Listing 11-9: Modul `digitalclock_basys3`

```
-- digitalclock_basys3.vhd

library ieee;
use ieee.std_logic_1164.all;
```

```
use ieee.numeric_std.all;

entity digitalclock_basys3 is
 port
 (
  clk100 : in std_logic; -- 100MHz clock
  btnC : in std_logic; -- reset button
  btnU : in std_logic; -- hour set button
  btnR : in std_logic; -- minute set button
  led0 : out std_logic; -- heartbeat led
  seg : out std_logic_vector(6 downto 0); -- seven segement display
  dp : out std_logic; -- decimal point
  an : out std_logic_vector(3 downto 0) -- anode drivers (inverted)
  );
end digitalclock_basys3;

architecture impl of digitalclock_basys3 is


component debounce is
  generic
  (
    num_cons_cycles : integer := 2000;
    cntr_size : integer := 11
  );
  port
  (
    clk : in std_logic;
    data_in : in std_logic;
    data_deb : out std_logic
  );
end component;


component clkgen is
  port
  (
    clk_sys : in std_logic; -- system clock
    reset : in std_logic; -- reset
    hour_set : in std_logic; -- '1' = hour set mode
```

```
      minute_set : in std_logic; -- '1' = minute set mode
      sec_pulse : in std_logic; -- second pulse
      minutes : out std_logic_vector(5 downto 0); -- minutes output
      hours : out std_logic_vector(4 downto 0) -- hours out
    );
  end component;

  component calc_segdata is
    port
    (
      hours : in std_logic_vector(4 downto 0);
      minutes : in std_logic_vector(5 downto 0);
      ht_seg : out std_logic_vector(7 downto 0);
      ho_seg : out std_logic_vector(7 downto 0);
      mt_seg : out std_logic_vector(7 downto 0);
      mo_seg : out std_logic_vector(7 downto 0)
    );
  end component;

  component sseg_control is
    generic
    (
      cntr_size : integer := 20
    );
    port
    (
      clk : in std_logic;
      disp_data : in std_logic_vector(31 downto 0);
      seg_data : out std_logic_vector(7 downto 0);
      digit_sel : out std_logic_vector(3 downto 0)
    );
  end component;

  component trans_segdata_a is
    generic
    (
      cntr_size : integer := 20
    );
    port
    (
```

```
      clk : in std_logic;
      ht_seg : in std_logic_vector(7 downto 0);
      ho_seg : in std_logic_vector(7 downto 0);
      mt_seg : in std_logic_vector(7 downto 0);
      mo_seg : in std_logic_vector(7 downto 0);
      seg : out std_logic_vector(6 downto 0); -- seven segement display
      dp : out std_logic; -- decimal point
      an : out std_logic_vector(3 downto 0) -- anode drivers (inverted)
    );
  end component;

  constant clk_cntr_max : integer := 100_000_000;
  -- ceil(log2(cntr_max) = 27
  constant clk_cntr_size : integer := 27;

  signal clk : std_logic;

  signal sec_pulse : std_logic;
  signal clk_cntr_reg : unsigned(clk_cntr_size-1 downto 0) := (others => '0');
  signal clk_cntr_next : unsigned(clk_cntr_size-1 downto 0);

  signal reset : std_logic;
  signal hour_set : std_logic;
  signal minute_set : std_logic;
  signal hours_buf : std_logic_vector(4 downto 0);
  signal minutes_buf : std_logic_vector(5 downto 0);

  signal ht_seg_data : std_logic_vector(7 downto 0);
  signal ho_seg_data : std_logic_vector(7 downto 0);
  signal mt_seg_data : std_logic_vector(7 downto 0);
  signal mo_seg_data : std_logic_vector(7 downto 0);

  begin

    clk <= clk100;

    process (clk)
    begin
      if rising_edge(clk) then
```

```
        clk_cntr_reg <= clk_cntr_next;
      end if;
    end process;
    clk_cntr_next <= (others => '0') when (
        clk_cntr_reg = (clk_cntr_max-1))
                                          else (
                                             clk_cntr_reg +
                                              1);
    sec_pulse <= '1' when clk_cntr_reg = (clk_cntr_max
        -1) else '0';

    led0 <= clk_cntr_reg(clk_cntr_size-1);

    deb_rst : debounce
    generic map
    (
      num_cons_cycles => 2000,
      cntr_size => 11
    )
    port map
    (
      clk => clk,
      data_in => btnC,
      data_deb => reset
    );

    deb_hourset : debounce
    generic map
    (
      num_cons_cycles => 2000,
      cntr_size => 11
    )
    port map
    (
      clk => clk,
      data_in => btnU,
      data_deb => hour_set
    );

    deb_minuteset : debounce
    generic map
    (
      num_cons_cycles => 2000,
```

```
      cntr_size => 11
    )
    port map
    (
      clk => clk,
      data_in => btnR,
      data_deb => minute_set
    );

    clkg : clkgen
    port map
    (
      clk_sys => clk,
      reset => reset,
      hour_set => hour_set,
      minute_set => minute_set,
      sec_pulse => sec_pulse,
      minutes => minutes_buf,
      hours => hours_buf
    );

    csegdata : calc_segdata
    port map
    (
      hours => hours_buf,
      minutes => minutes_buf,
      ht_seg => ht_seg_data,
      ho_seg => ho_seg_data,
      mt_seg => mt_seg_data,
      mo_seg => mo_seg_data
    );

    tr_data : trans_segdata_a
    port map
    (
      clk => clk,
      ht_seg => ht_seg_data,
      ho_seg => ho_seg_data,
      mt_seg => mt_seg_data,
      mo_seg => mo_seg_data,
      seg => seg,
      dp => dp,
      an => an
```

```
206     );
207
208   end impl;
```

Die Port-Bezeichnungen in den Zeilen 10 bis 17 sind auf das Board »Basys3« abgestimmt. Dieses Board versorgt das FPGA mit einem 100 MHz-Clock-Signal (Port `clk100`). In Zeile 119 wird dieser Eingang dem Signal `clk` zugewiesen, diese Maßnahme dient nur der einfacheren Lesbarkeit des folgenden Codes.

Alle Tastereingänge werden »entprellt« (auch wenn es mit diesem Board ohne diese Maßnahme ginge), dafür wird das in Kapitel 7.3.2 vorgestellte Modul `debounce` verwendet (siehe Listing 7-7).

Der durch das Signal `clk_cntr_reg` und den Prozess in den Zeilen 121 bis 126 beschriebene Binärzähler ist so dimensioniert (Konstante in Zeile 98), dass er den Wert $100 * 10^6$ »verkraftet«. Wenn 100 MHz durch diesen Wert geteilt werden, erhält man 1 Hz. Der Code in Zeile 127 sorgt dafür, dass der Zähler von $0 \ldots 100 * 10^6 - 1$ »läuft«.

In Zeile 129 wird der »Sekundenimpuls« generiert. Der Endzählerstand tritt genau einmal pro Sekunde auf, genau dann wird `sec_pulse` auf »1« gesetzt[1].

In Zeile 131 erfolgt die Ansteuerung der LED für den Sekunden-Heartbeat; dazu wird einfach das höchstwertigste Bit des Zählers `clk_cntr_reg` verwendet.

Abbildung 11-4 zeigt das Gesamtschaltbild der Digitaluhr, anhand dessen sich Listing 11-9 gut nachvollziehen lässt.

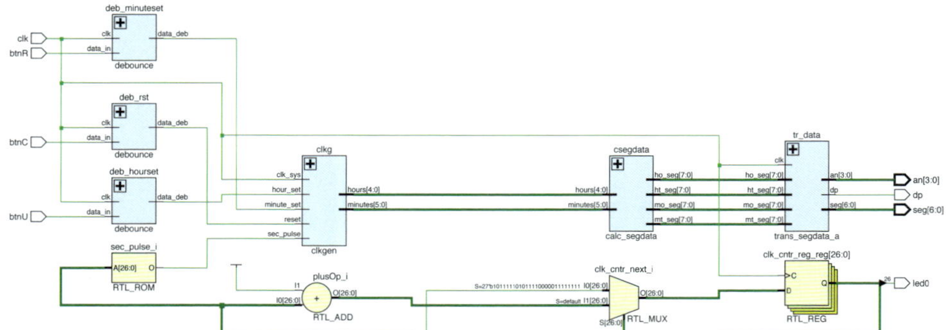

Abbildung 11-4: Digitaluhr, RTL-Schaltbild

Zum Abschluss einige Anregungen für eigene Änderungen und Erweiterungen:

[1] Jeder andere eindeutige Zählerstand würde diesen Zweck genauso erfüllen.

- Verwendung eines Master-Clock-Signals mit einer niedrigeren Frequenz, z.B. 5 MHz. Zur Erzeugung dieses neuen Clock-Signals aus dem von einem externen Quarzoszillator stammenden Taktsignal sollte ein IP-Block verwendet werden (PLL bzw. ClockManager) (siehe Kapitel 7.2.1).
- Verwendung von »Plus«- und »Minus«-Tasten zum Stellen der Uhr
- Realisierung eines schnelleren Änderns der Uhrzeit als im Sekundentakt, wenn die Tasten zum Stellen länger als z.B. zwei Sekunden gedrückt gehalten werden
- Ergänzung um eine Alarmfunktion

Lassen Sie auch Ihrer Phantasie freien Lauf und denken Sie sich eigene Erweiterungen aus. Durch das Implementieren von solchen Ideen und die Erfahrungen, die man dabei macht, lernt man am meisten.

11.6 Zusammenfassung

In diesem Kapitel ging es darum aufzuzeigen, wie auf Basis einer Spezifikation eine Schaltung systematisch entwickelt wird. Dabei wurden bereits vorhandene Module – die hier in vorangegangenen Kapiteln erläutert wurden – in das Schaltungsdesign einbezogen.

12 Ansteuerung eines RGB-LED-Matrix-Displays

Mit Leuchtdioden aufgebaute Matrix-Displays gibt es schon lange. Sie begegnen uns im täglichen Leben, z.B. wenn ein Kiosk mit einem rot blinkenden »Open«-Display versucht, die Aufmerksamkeit von potentiellen Kunden zu erregen, oder mit LED-Laufschrift auf das neueste Angebot hinweist.

In Fussballstadien werden LED-RGB-Panels zur Bandenwerbung eingesetzt, sie haben die früher verbreiteten Drehbanden abgelöst. Bei Großveranstaltungen werden Videowände auf der Basis von RGB-LEDs verwendet.

Für Maker muss es nicht gleich eine große Videowand sein. Zu erschwinglichen Preisen sind RGB-LED-Module mit 32x16 oder 32x32 RGB-LEDs verfügbar. Die Module sind innerhalb gewisser Grenzen kaskadierbar. Man kann so z.B. aus vier 32x32-Modulen seine eigene Mini-Videowand aufbauen, zur Ansteuerung reicht ein FPGA.

In diesem Kapitel erfolgt zunächst eine Erklärung, wie ein LED-RGB-Panel funktioniert. Danach wird die Ansteuerung eines Panels Schritt für Schritt entwickelt. Am Schluss steht die Implementierung des Pong-Spiels auf einer Spielfläche von 64x32; dazu werden zwei kaskadierte 32x32-Panels verwendet, die von einem FPGA-Board angesteuert werden.

12.1 Grundlagen

FPGAs sind zur Ansteuerung von LED-RGB-Matrix-Displays prädestiniert, weil, in Abhängigkeit von Parametern wie der Farbtiefe, Signale mit hoher Taktrate und hohem Datengehalt generiert werden müssen. Die Display-Panels besitzen nämlich keine Eigenintelligenz. Ein Teil ihrer Elektronik besteht aus Treiberschaltungen mit Stromregelung zur physikalischen Ansteuerung der LEDs; selbst ein kleines Display mit 32x16 RGB-LEDs »zieht« ohne weiteres 2A Versorgungsstrom (bei 5V Versorgungsspannung). Somit wird klar, dass die Ansteuerung halbwegs energieeffizient erfolgen muss, was einen gewissen Schaltungsaufwand bedingt.

Der Rest der Panel-Elektronik besteht mehr oder weniger aus großen Schieberegistern, in denen Bildinformationen zeilenweise zwischengespeichert werden. Die Bildinformationen werden seriell zu dem Display übertragen, üblich sind sechs Datenleitungen, so dass in einem Takt die komplette Information für zwei RGB-LEDs übertragen werden kann. Es sind nie alle LEDs gleichzeitig in Betrieb (dann wäre der Energiebedarf viel zu hoch), sondern es werden in der Regel immer nur zwei Zeilen eines Panels gleichzeitig betrieben. Die Ansteuerung insgesamt erfolgt im Multiplexbetrieb, im Prinzip so, wie bei einem mehrstelligen Siebensegment-Display die einzelnen Digits angesteuert werden.

Das Prinzip von RGB-LEDs wird in Kapitel 9 erläutert. Für das Verständnis eines Matrix-Displays sind diese Punkte wichtig:

- Eine RGB-LED besteht eigentlich aus drei Leuchtdioden mit den Farben Rot, Grün und Blau in einem Gehäuse.
- Acht verschiedene Farben können durch Ein- bzw. Ausschalten von einzelnen Dioden erzeugt werden. Wenn man mehr Farben haben möchte, müssen die RGB-LEDs für jede Farbe getrennt mit einem pulsweitenmodulierten Signal angesteuert werden.

In diesem Projekt werden 32x32-Panels mit diesen technischen Daten verwendet:

- Hersteller: Unbekannt; vermutlich in China ansässig; Produktion von großen Mengen solcher Panels zur Herstellung großer Videowände
- Vertrieb: über Maker-Händler wie »Adafruit« und »Sparkfun« bzw. deren internationale Distributoren
- Herstellerdokumentation: nicht verfügbar
- Anzahl der gleichzeitig eingeschalteten Zeilen: zwei
- Anzahl Datenleitungen: sechs (je zwei Sätze Datenleitungen für Rot, Grün, Blau)
- Versorgungsspannung: 5V

12.1.1 Hardware und Funktion

Da keine wirklich gute Dokumentation zu diesem und ähnlichen Panels verfügbar ist, macht es Sinn, ein wenig »Reverse Engineering« zu betreiben. Dies wird hier für ein von »Sparkfun Electronics« vertriebenes 32x32-Panel (Sparkfun-Artikelnummer: COM-12584) getan. Die Ergebnisse können auf ähnliche Panels (auch mit einer anderen Anzahl an LEDs, z.B. 32x16) relativ leicht und mit wenigen Anpassungen übertragen werden.

Erste Hinweise liefert der mit »Input« bezeichnete Steckverbinder auf der Rückseite des Displays, siehe Abbildung 12-1.

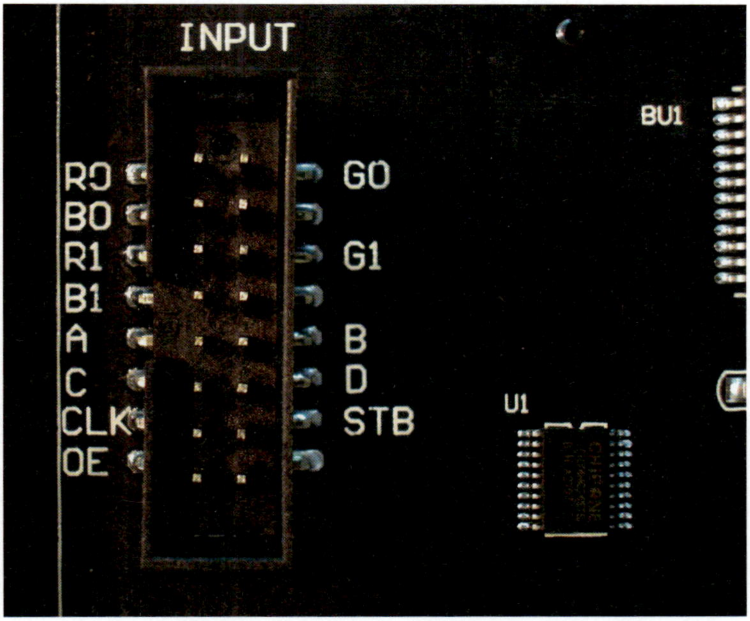

Abbildung 12-1: RGB-LED-Matrix-Display: Steckverbinder für Eingangssignale

Alle nicht beschrifteten Pins dieses Steckverbinders sind GND-Pins. Das kann man mit ein wenig Erfahrung im Schaltungsdesign sofort schließen (und auch nachmessen, wenn man sich nicht sicher ist).

Der nächste zielführende Schritt ist das Absuchen der Display-Platine in Bezug auf die verwendeten ICs und das Auffinden der entsprechenden Datenblätter.

Bei dem vorliegenden Panel werden die in Tabelle 12.1.1 angegebenen ICs verwendet.

Tabelle 12-1: RGB-LED-Panel: Verwendete Chips

IC-Bezeichnung	Anzahl	Chip-Bezeichner auf der Platine	Funktion
4953HY	16	»Q1« bis »Q16«	Dual Power-MOSFET
74HC138	2	»U3«, »U4«	3-zu-8-Demultiplexer
74HC245TS	2	»U1«, »U2«	8-fach Bus-Transceiver mit TriState-Ausgang
MBI5024GF	12	»GU1«, »RU1«,»BU1« bis »GU4«, »RU4«,»BU4«	LED-Treiber-Baustein für LED-Panels

Bei Betrachtung der Platine (Abbildung 12-2) fällt auf, dass die in Tabelle 12.1.1 aufgelisteten ICs gleichmäßig zwischen der oberen und der unteren Hälfte der Platine aufgeteilt sind.

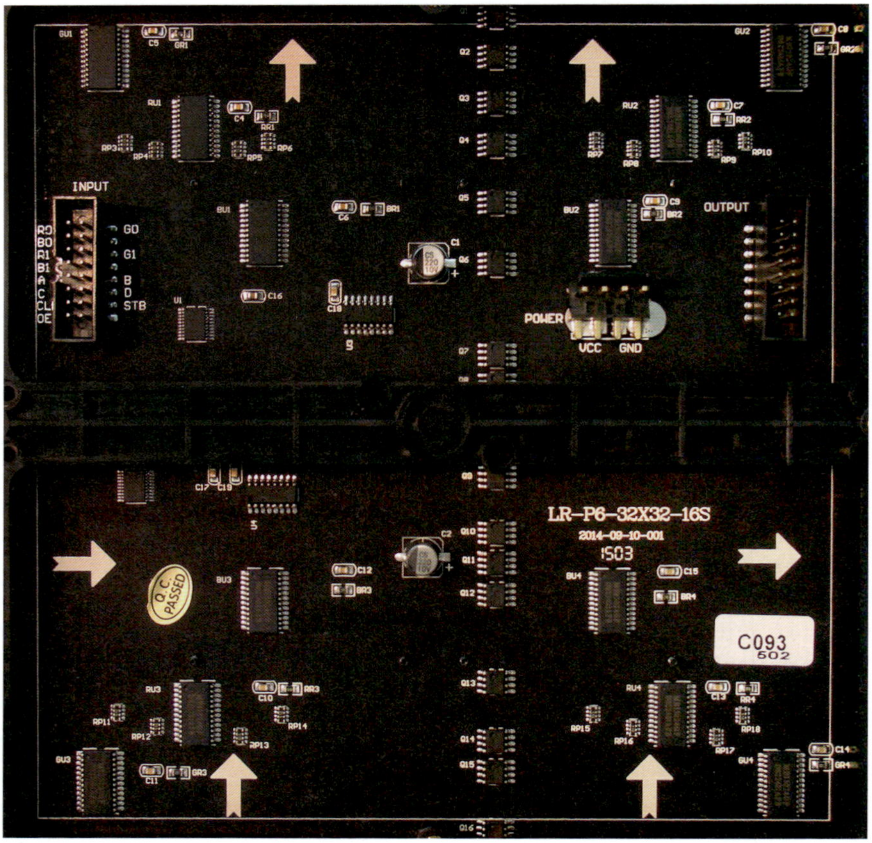

Abbildung 12-2: RGB-LED-Matrix-Display: Rückansicht

Außerdem ist erkennbar, dass es neben dem mit »Input« gekennzeichneten Steckverbinder für die Eingangssignale noch einen mit »Output« gekennzeichneten Steckverbinder gibt, an den weitere Displays des gleichen Typs angeschlossen werden können (Kaskadenschaltung).

Ein Blick in das Datenblatt zu »MBI5024GF«[1] liefert weitere Erkenntnisse, speziell das Blockdiagramm ist interessant (siehe Abbildung 12-3[2]).

[1] Gefunden unter `www.mblock.com.tw`.

[2] Auszug aus dem Datenblatt.

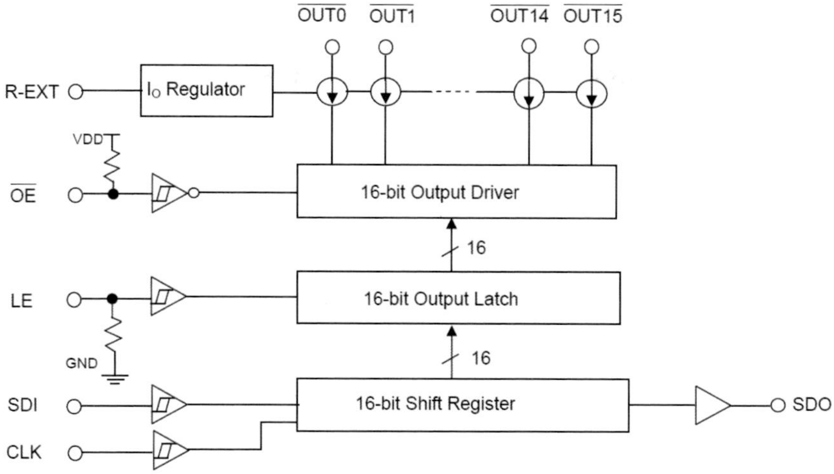

Abbildung 12-3: MBI5024: Blockdiagramm

- Dieser Chip kann 16 LEDs mit einem konstanten Strom treiben.
- Die Ausgangsdaten für die LEDs erhält der Chip über ein synchrones, serielles Interface, bestehend aus den Signalen »SDI« (Serial Data In) und »CLK« (Clock), welche ein 16 Bit breites Schieberegister mit Eingangswerten versorgen.
- Das Schieberegister besitzt auch einen Ausgang »SDO« (Serial Data Out).
- Die seriell eingelesenen Daten werden über 16 parallele Ausgänge des Schieberegisters mit Hilfe des Steuersignals »LE« (Latch Enable) in ein Latch übernommen.
- Das Signal »not OE« (Output Enable, active low) schaltet die Latch-Ausgangssignale auf die eigentlichen LED-Treiber durch, an welche die Kathoden der LEDs angeschlossen sein müssen.

Mit den Informationen aus Tabelle 12.1.1, den in Abbildung 12-1 gezeigten Eingängen des Displays sowie einigen Durchgangsmessungen auf der Display-Platine ergeben sich diese Einsichten:

- Das Display ist aus 32x32 (= 1024) RGB-LEDs mit jeweils gemeinsamer Anode aufgebaut (zu der Funktion einzelner RGB-LEDs siehe Kapitel 9.3).
- Die 32 RGB-LEDs einer Zeile können gleichzeitig angesteuert werden. Dazu werden für jede Farbe getrennt zwei 16-Bit-LED-Treiber verwendet, deren Eingangsschieberegister in Reihe geschaltet sind.

- Die obere und die untere Display-Hälfte haben jeweils ihre eigene Ansteuerelektronik für die Kathoden der RGB-Leuchtdioden.
- Die Chips »RU1« und »RU2« bilden zusammen einen 32-Bit-Steuerbaustein für die Farbe »Rot« des oberen Halbdisplays, »RU3« und »RU4« erfüllen diese Funktion für das untere Halbdisplay. Für die Farben »Grün« und »Blau« gilt dieses Schema analog.
- Das Input-Signal »R0« ist mit dem Eingangssignal »SDI« des Chips »RU1« verbunden, »G0« mit »SDI« von »GU1«, »R1« mit »SDI« von »RU3« usw.
- Alle LED-Kathoden derselben Farbe eines Halbdisplays sind jeweils spaltenweise parallel geschaltet.
- Die Anoden jeder Zeile sind parallel geschaltet und werden durch die insgesamt 16 Power-MOSFETs eines Halbdisplays angesteuert. Dabei sind jeweils eine Zeile des oberen und unteren Halbdisplays parallel geschaltet.
- Die beiden Bausteine vom Typ »74HC245TS« dienen zum Puffern der Display-Eingangssignale.
- Die Power-MOSFETs des kompletten Displays werden von einem 4-zu-16-Demultiplexer getrieben, der wiederum aus der Kombination der beiden »74HC138« aufgebaut ist. Die Eingänge dieses Demultiplexers werden von den Input-Signalen »A«, »B«, »C« und »D« versorgt. Ein Ausgang des 4-zu-16-Demultiplexers steuert jeweils einen MOSFET der oberen und einen MOSFET der unteren Displayhälfte an.
- Das Input-Signal »STB« ist mit den »LE«-Eingängen aller LED-Treiber-Chips verbunden.
- Das Input-Signal »LE« ist mit den »not LE«-Eingängen aller LED-Treiber-Chips verbunden.

Abbildung 12-4 zeigt das prinzipielle Blockdiagramm der oberen Display-Hälfte für die Farbe »Rot«.
Zur besseren Übersichtlichkeit wird nur ein Ausschnitt dargestellt. Die abgebildeten (Leucht-)Dioden stellen nur die Rot-Komponente der RGB-LEDs dar. Die Schaltung für die Farben »Grün« und »Blau« ist jeweils identisch aufgebaut.

Die Schaltung für die komplette untere Display-Hälfte ist analog zu der Schaltung für die obere Display-Hälfte aufgebaut. Anstelle der Input-Signale »R0«, »G0« und »B0« werden für die untere Display-Hälfte »R1«, »G1« und »B1« verwendet, alle übrigen Input-Signale von oberer und unterer Display-Hälfte sind parallel geschaltet.

Mit Hilfe dieses Blockdiagramms kann für die Display-Ansteuerung auf High-Level-Ebene folgende Strategie festgelegt werden. Dabei wird mit einer Farbtiefe von lediglich einem Bit je Farbe gearbeitet, d.h. jede Farbkomponente einer RGB-LED kann ein- oder ausgeschaltet werden. Damit

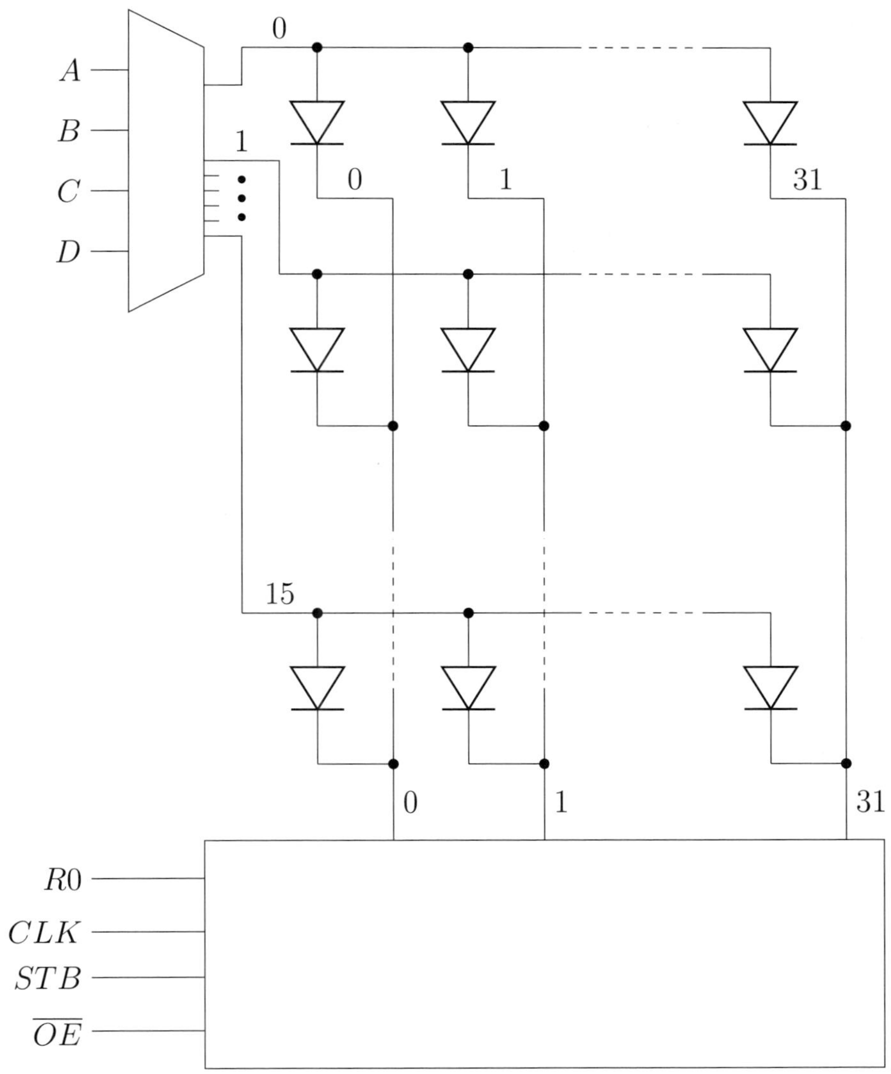

Abbildung 12-4: RGB-LED-Panel: Prinzipschaltung für die Farbe Rot der oberen Display-Hälfte

ergeben sich acht verschiedene Farbtöne (inklusive Schwarz (alle Farbkomponenten aus) und Weiß (alle Farbkomponenten ein)):

- Über das synchrone serielle Interface werden für jedes Halbdisplay jeweils 32x3 Farbinformationen übertragen.
- Am Ende dieser zeilenorientierten Übertragung werden die Daten durch einen Latch-Impuls (Input »STB«) übernommen.

- Danach wird durch Anlegen der 4-Bit-Adresse an die Display-Inputs »A« bis »D« festgelegt, in welchen Zeilenpaaren (obere und untere Hälfte, jeweils die Paare 0-16, 1-17 usw.) diese Informationen zur Ausgabe gebracht werden.
- Für die Ausgabe ist es notwendig, den Input »OE« des Displays auf »Low« zu ziehen. Über eine Pulsweitenmodulation des Inputs »OE« kann eine Steuerung der Helligkeit des Displays vorgenommen werden.
- Es werden nacheinander die Daten für alle Zeilen übertragen und zyklisch aktiv geschaltet (über die Adressleitungen »A« bis »D«). Wenn dies schnell genug nacheinander erfolgt, nimmt das Auge das Umschalten nicht wahr und es entsteht der Eindruck eines vollständigen »Bilds«.

12.1.1.1 Elektrische Daten

Ein wichtiger Teilaspekt sind noch die elektrischen Daten. Das Display benötigt gemäß den Angaben des Distributors eine Versorgungsspannung von 5V. Das FPGA arbeitet jedoch mit einer (hier unterstellten) Spannung von 3.3V an seinen I/O-Pins. Diese Spannungsebenen passen nicht unbedingt zueinander.

Eine gute Lösung besteht darin, Pegelwandler einzusetzen[3].

Eine Alternative ist, die Herausforderung noch einmal genauer zu betrachten:

- Es werden nur Daten von dem FPGA zu dem Display übertragen.
- Dadurch »entspannt« sich die Situation, weil das FPGA *nicht* durch unzulässig hohe Spannungen beschädigt werden kann.
- Die verbleibende Frage ist, ob das FPGA »High«-Pegel liefern kann, die von dem Display sicher als solche »erkannt« werden. Mit anderen Worten: $V_{OH}(FPGA) >= V_{IHmin}(Display)$.

Zur Beantwortung der Frage, ob diese Bedingung erfüllt werden kann, hilft die Kenntnis dieser Randbedingungen:

- Bei CMOS-Schaltungen hängt der minimale Pegel, der an einem Eingang anliegen muss, damit ein »High« erkannt wird, von der Betriebsspannung v_{DD} ab: $V_{IHmin} = 0.75 * V_{DD}$.
- Bei einem CMOS-Baustein mit TTL-kompatiblem Eingang beträgt die Eingangsspannung für »High« nur 2.0V.
- Die minimale Ausgangsspannung für den »High«-Pegel beträgt bei dem Standard »LVCMOS33« 3.1V, bei »LVTTL« 2.4V. Es sollte also auf FPGA-Seite auf jeden Fall »LVCMOS33« gewählt werden. Die tatsächlichen Pe-

[3] Bei den einschlägigen Händlern sind kleine Boards verfügbar, die eine Pegelwandlung von 3.3V nach 5V durchführen können.

gel können in der Praxis von den »Norm«-Werten abweichen, es wird oft »rail-to-rail« erreicht (also die von der Spannungsversorgung vorgegebenen Eckwerte).

- Wenn das FPGA an seinen (so für diese Anwendung festgelegten) Ausgangs-Pins einen »High«-Pegel von 3.3V liefert und die Chips auf der Empfangsseite nicht »kleinlich« auf dem normativ festgelegten Mindest-High-Pegel »bestehen«, könnte es »gerade klappen«.
- Die Ansteuerung von 5V-TTL-Chips bzw. Chips der 74HCT-Familie mit 3.3V-Bausteinen hingegen ist *kein* Problem. Der dann gültige Schwellwert von 2V wird sicher erreicht.[4]

Der auf dem hier verwendeten Panel verbaute Chip »ICN74HC245TS« scheint nicht mehr gefertigt zu werden. Es kann nicht mit Sicherheit angegeben werden, ob es sich um die Highspeed-CMOS-Version mit TTL-kompatiblen Eingangspegeln handelt, die eigentlich mit »74HCT245« bezeichnet wird.

Es ist unter »Bastel-Bedingungen« also einen Versuch wert, das FPGA-Board direkt – ohne dazwischengeschalteten Pegelwandler – mit dem Display zu verbinden.

Für einen wirklich stabilen Betrieb sollte im Zweifelsfall bei 5V-Betrieb (der evtl. höhere Lichtstärken als ein Betrieb mit geringerer Betriebsspannung liefert, falls das überhaupt gewünscht ist) des Displays ein Pegelwandler für die Datenleitungen zwischen FPGA und Display verwendet werden oder das Display sollte nur mit einer Spannung zwischen 3.3V und 3.8V betrieben werden.

12.1.1.2 Timing

Das Datenblatt des »MBI5024« gibt $25\,\mathrm{MHz}$ als maximale Clock-Frequenz an. Für den Betrieb mit lediglich acht Farben ist das jedoch nicht notwendig. Neben der Farbtiefe ist die Bildwiederholrate der andere entscheidende Parameter. Man findet für diese Art von Display dazu verschiedene Angaben, $400\,\mathrm{Hz}$ ist ein vernünftiger Startwert. Dazu eine kleine Berechnung:

Für ein komplettes Bild werden 32x32x3 = 3072 Bit benötigt. Das Ganze 400 Mal je Sekunde ergibt $3072 * 400 Bit/Sekunde$. Da auf einmal 6 Bit übertragen werden können, ergibt sich die erforderliche Taktfrequenz zu $3072 * 400/6 = 204800 Bit/Sekunde$. Das ist jedoch nur eine Netto-Datenrate, es kommen noch Taktzyklen für die Zeilenwechsel dazu. Mit $250\,\mathrm{kHz}$ kommt man jedoch sicher zurecht. Diese Datenrate ist auch noch mit einem Mikrocontroller erreichbar.

[4] Im Web finden sich einige interessante Veröffentlichungen zu diesem Thema, z.B. `http://www.nxp.com/documents/application_note/AN240.pdf`.

Ein anderes Bild ergibt sich, wenn mehr als acht Farben verwendet werden sollen. Wenn man z.B. 8 Bit je Farbe »spendieren« und vier Panels kaskadieren möchte, landet man bei der 32-fachen Taktrate – 8 MHz Pixeltakt. Ein FPGA hat damit und auch mit dem maximalen für das hier verwendete Display zulässigen Takt von 25 MHz keinerlei Probleme. Es können sogar mehrere parallel arbeitende Display-Controller in einem FPGA untergebracht werden.

12.2 Schaltung zur Display-Ansteuerung

Zunächst wird ein universell verwendbarer Controller für RGB-LED-Panels vorgestellt und in Verbindung mit dem hier verwendeten Panel in Betrieb genommen.

Danach werden unter Verwendung dieses Controllers Anwendungen beschrieben, welche auf dem Display unterschiedliche Objekte darstellen, beginnend mit statischen Rechtecken bis zu dem »Pong«-Spiel.

12.2.1 Display-Controller

Abbildung 12-5[5] zeigt einen Ausschnitt aus dem Timing-Diagramm des verwendeten LED-Treiber-Chips.

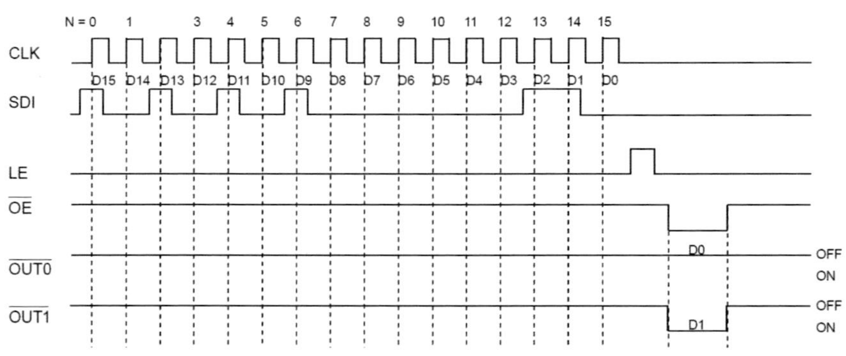

Abbildung 12-5: RGB-LED-Treiber-Chip: Timing-Diagramm-Ausschnitt

Es ist erkennbar, dass für die serielle Übertragung der Pixeldaten folgendes Verfahren angewendet wird; bei dem kompletten Display erfolgt dies jeweils für jede Farbe (RGB) jedes Halb-Displays:

Der digitale Wert für ein Pixel wird jeweils auf die Datenleitung »SDI« gegeben und *danach* wird ein Impuls auf der Clock-Leitung »*CLK*« gene-

[5] Auszug aus dem Datenblatt.

riert. Nach der Übertragung aller Daten einer Zeile (bei dem hier verwendeten Panel-Typ sind das 32 Bit je Zeile) erfolgt die Übernahme der Daten mit dem Latch-Impuls »*LE*«.

Danach werden die so »eingelatchten« Pixeldaten einer Zeile durch das Aktivieren von »$\overline{OE}$« auf die LEDs geschaltet. Auf welche Zeile sich das auswirkt, hängt von der an den Display-Eingängen »*A*« bis »*D*« anliegenden Zieladresse ab.

Es wurde bereits erwähnt, dass die RGB-LED-Panels in der Regel kaskadierbar sind; sie besitzen für diesen Anwendungsfall einen »Output«-Steckverbinder. Der Effekt einer so durchgeführten Kopplung zweier Panels ist, dass sich die Zeilenlänge verdoppelt, alle anderen Aspekte bzgl. der Display-Ansteuerung ändern sich nicht. Daher macht es Sinn, diese Möglichkeit bei der Realisierung eines Panel-Controllers von Anfang an mit zu berücksichtigen.

Listing 12-1 zeigt das komplette Listing der Controller-Schaltung mit Voreinstellungen für ein RGB-LED-Display der Dimension 32x32.

Listing 12-1: Controller für RGB-LED-Panel; `rgbm_cntrl.vhd`

```
-- rgbm_cntrl.vhd

library ieee;
use ieee.std_logic_1164.all;
use ieee.numeric_std.all;

entity rgbm_cntr is
  generic
  (
    row_count : integer := 32;
    rows_per_frame : integer := 2;
    col_count : integer := 32;
    rsize : integer := 6;
    stb_len : integer := 2 -- length of stb pulse in
        pix_clk cycles
  );
  port
  (
    clk_sys : in std_logic;
    reset : in std_logic;
    oe_len : in std_logic_vector(rsize-1 downto 0);
    led_x : out std_logic_vector(rsize-1 downto 0);
    led_y : out std_logic_vector(rsize-1 downto 0);
    pix_clk : out std_logic;
    pix_clk_g : out std_logic;
```

```
      stb : out std_logic;
      oe : out std_logic
    );
  end rgbm_cntr;

  architecture impl of rgbm_cntr is

  constant x_len : integer := col_count + stb_len + 1;
  signal pclk_reg : std_logic := '0';
  signal pclk_next : std_logic;
  signal pix_pulse : std_logic;
  signal xcntr_reg : unsigned(rsize-1 downto 0) := (
      others => '0');
  signal xcntr_next : unsigned(rsize-1 downto 0);
  signal x_end : std_logic;
  signal ycntr_reg : unsigned(rsize-1 downto 0) := (
      others => '0');
  signal ycntr_next : unsigned(rsize-1 downto 0);
  signal stb_reg : std_logic := '0';
  signal stb_next : std_logic;
  signal oe_reg : std_logic := '0';
  signal oe_next : std_logic;
  signal clk_on : std_logic;

  begin
    process(clk_sys)
    begin
      if rising_edge(clk_sys) then
        if reset = '1' then
          pclk_reg <= '0';
          xcntr_reg <= (others => '0');
          ycntr_reg <= (others => '0');
          stb_reg <= '0';
          oe_reg <= '0';
        else
          pclk_reg <= pclk_next;
          xcntr_reg <= xcntr_next;
          ycntr_reg <= ycntr_next;
          stb_reg <= stb_next;
          oe_reg <= oe_next;
        end if;
      end if;
    end process;
```

```

  pclk_next <= not pclk_reg; -- divide by 2
  pix_pulse <= '1' when pclk_reg = '1' else '0';
  x_end <= '1' when xcntr_reg = (x_len - 1) else '0';
  stb_next <= '1' when (xcntr_reg >= col_count) and
                       (xcntr_reg <= (col_count + stb_len - 1))
                 else '0';
  oe_next <= '1' when (xcntr_reg >= 1) and
                 (xcntr_reg <= (unsigned(oe_len) - 1))
                                      else '0';
  clk_on <= '1' when xcntr_reg <= (col_count - 1) else '0';

  proc_x : process (pix_pulse, xcntr_reg, x_end)
  begin
    xcntr_next <= xcntr_reg; -- default
    if pix_pulse = '1' then
      if x_end = '1' then
        xcntr_next <= (others => '0');
      else
        xcntr_next <= xcntr_reg + 1;
      end if;
    end if;
  end process;

  proc_y : process(x_end, ycntr_reg, pix_pulse)
  begin
    ycntr_next <= ycntr_reg; -- default
    if pix_pulse = '1' then
      if x_end = '1' then
        if ycntr_reg = row_count/rows_per_frame - 1 then
          ycntr_next <= (others => '0');
        else
          ycntr_next <= ycntr_reg + 1;
        end if;
      end if;
    end if;
  end process;

```

```
104        pix_clk <= pix_pulse;
105        pix_clk_g <= pix_pulse and clk_on;
106        led_x <= std_logic_vector(xcntr_reg);
107        led_y <= std_logic_vector(ycntr_reg);
108        stb <= stb_reg;
109        oe <= oe_reg;
110
111    end impl;
```

Die Zeilen 7 bis 15 enthalten generische Definitionen. Sie beziehen sich auf das gesamte Display, das ggf. aus mehreren gleichartigen Panels besteht, und haben diese Bedeutung:

- `row_count`: Anzahl der Zeilen (»Y-Richtung«)
- `rows_per_frame`: Anzahl der gleichzeitig dargestellten Zeilen
- `col_count`: Anzahl der Spalten (»X-Richtung«)
- `rsize`: Breite diverser Register in Bit. Es ist für diverse Berechnungen vorteilhaft, für X- und Y-Richtung Register identischer Dimension zu verwenden, auch wenn Spalten- und Zeilenanzahl des Gesamt-Displays ungleich sind. Es sollte immer 1 Bit mehr verwendet werden, als durch das Maximum von Spalten- bzw. Zeilenzahl notwendig ist. Für ein 32x32-Display ergibt sich so für `rsize` der Wert ›6‹, für ein 64x32-Display ›7‹.
- `stb_len`: Länge des Latch-Impulses in der »Einheit« »Pixel-Clock-Zyklen« (Erläuterung dazu folgt bei der Schaltungsbeschreibung)

Als Nächstes folgt eine Beschreibung der Port-Elemente (Zeilen 16 bis 27):

- `clk_sys`: der Systemtakt für den Controller und andere Schaltungsteile, welche den Controller nutzen. Der aus `clk_sys` abgeleitete Pixeltakt hat die halbe Frequenz von `clk_sys`.
- `reset`: Reset für den gesamten Controller, wird synchron ausgeführt.
- `oe_len`: Länge des Output-Enable-Pulses (Einheit: Pixel-Clock-Zyklen). Der hier übergebene Wert sollte maximal die Hälfte von `col_count` betragen. Das ergibt einen Wert von ca. 50% für das OE-Tastverhältnis (und damit für die Helligkeit).
- `led_x`: Spaltenadresse, der Wertebereich ist ›0‹ bis ›`col_count` plus `stb_len`‹, ›0‹ bis ›34‹ mit den Standard-Generics. Wird zur Berechnung von Objektpositionen etc. benötigt.
- `led_y`: Zeilenadresse, der Wertebereich ist ›0‹ bis ›(`row_count` geteilt durch `rows_per_frame`) minus 1‹, ›0‹ bis ›15‹ mit den Standard-Generics. Wird ebenfalls zur Berechnung von Objektpositionen etc. benötigt.

- pix_clk: Aus sys_clk abgeleitet; die Frequenz ist die halbe Frequenz von sys_clk. Wird außerhalb des Moduls nur zu Debug-Zwecken benötigt.
- pix_clk_g: Gesteuerte Version von pix_clk; ist immer nur dann aktiv, wenn Datenbits zu dem Display übertragen werden.
- stb: Latch-Impuls für die Datenübernahme
- oe: Output-Enable-Impuls; muss vor der Weiterleitung an das Display noch invertiert werden.

In Zeile 32 wird die »Länge einer Zeile« in der Einheit »Pixel-Clock-Zyklen« als Konstante definiert.

Die Zeilen 48 bis 65 enthalten den Standardprozess zum Aktualisieren aller Register-Größen inklusive der Behandlung des reset-Eingangs auf synchrone Art und Weise.

In Zeile 67 wird das Pixel-Clock-Signal so generiert, dass es die halbe Frequenz von clk_sys hat. Das in Zeile 68 erzeugte Signal pix_pulse wird an mehreren Stellen zur Synchronisation diverser Signale mit der Pixel-Clock verwendet.

In Zeile 69 wird das Signal x_end erzeugt, welches das Zeilenende anzeigt.

In den Zeilen 70 bis 72 wird das Latch-Signal generiert, in den Zeilen 73 bis 75 das Output-Enable-Signal.

Das in Zeile 76 erzeugte Signal clk_on wird in Zeile 105 verwendet, um das gesteuerte Pixel-Clock-Signal pix_clk_g zu generieren.

Die Zeilen 78 bis 88 enthalten einen Prozess zum Aktualisieren des Zählers xcntr_reg für die Spalten (»X-Richtung«). Der Koordinatenursprung liegt links oben (Punkt (0, 0)). Die x-Werte nehmen nach rechts zu, die y-Werte (Zeilen) nach unten. Das Statement in Zeile 81 sorgt dafür, dass das Inkrementieren von xcntr_reg mit dem Pixeltakt synchronisiert erfolgt.

Die Zeilen 90 bis 102 enthalten einen Prozess zum Aktualisieren des Zählers für die Zeilen ycntr_reg. Auch dieser Zähler ist mit dem Pixeltakt synchronisiert. Außerdem wird er immer nur dann inkrementiert, wenn zuvor eine komplette Zeile bearbeitet wurde (Zeile 95).

In den Zeilen 104 bis 109 werden schließlich die Ausgangs-Ports gesetzt. Es sei noch einmal daran erinnert, dass die Reihenfolge der Statements zwischen den Zeilen 47 und 111 keinerlei Auswirkung auf die synthetisierte Schaltung hat. Dabei wird eine process-Umgebung als *ein* Statement betrachtet, die Reihenfolge der Statements *innerhalb* der process-Umgebung spielt sehr wohl eine Rolle.

12.2.2 Test des Display-Controllers

Listing 12-2 zeigt eine Testbench für das Display-Controller-Modul `rgbm_cntr`.

Listing 12-2: Testbench für `rgbm_cntr`; `rgbm_cntr_tb.vhd`

```
-- rgbm_cntr_tb.vhd

library ieee;
use ieee.std_logic_1164.all;

entity rgbm_cntr_tb is
end rgbm_cntr_tb;

architecture sim of rgbm_cntr_tb is
component rgbm_cntr is
  generic
  (
    row_count : integer := 32;
    rows_per_frame : integer := 2;
    col_count : integer := 32;
    rsize : integer := 6;
    stb_len : integer := 2 -- length of stb pulse in pix_clk cycles
  );
  port
  (
    clk_sys : in std_logic;
    reset : in std_logic := '0';
    oe_len : in std_logic_vector(rsize-1 downto 0) := (0|1|2 => '1', others => '0');
    led_x : out std_logic_vector(rsize-1 downto 0);
    led_y : out std_logic_vector(rsize-1 downto 0);
    pix_clk : out std_logic;
    pix_clk_g : out std_logic;
    stb : out std_logic;
    oe : out std_logic
  );
end component;

constant rsize : integer := 6;
signal clk_sim : std_logic;
signal reset_sim : std_logic;
```

```
signal oe_len_sim : std_logic_vector(rsize-1 downto 0);
signal led_x_sim : std_logic_vector(rsize-1 downto 0);
signal led_y_sim : std_logic_vector(rsize-1 downto 0);
signal pix_clk_sim : std_logic;
signal pix_clk_g_sim : std_logic;
signal stb_sim : std_logic;
signal oe_sim : std_logic;

constant clkp : time := 20ns;

begin
  dut : rgbm_cntr
  port map
  (
    clk_sys => clk_sim,
    reset => reset_sim,
    oe_len => oe_len_sim,
    led_x => led_x_sim,
    led_y => led_y_sim,
    pix_clk => pix_clk_sim,
    pix_clk_g => pix_clk_g_sim,
    stb => stb_sim,
    oe => oe_sim
  );

  clk_proc : process
  begin
    clk_sim <= '1';
    wait for clkp/2;
    clk_sim <= '0';
    wait for clkp/2;
  end process clk_proc;

  sim_proc : process
  begin
    reset_sim <= '1';
    oe_len_sim <= (0|1|2 => '1', others => '0');
    wait for clkp*2;
    reset_sim <= '0';
    wait;
```

```
    end process sim_proc;

  end sim;
```

Der Test-Code ist minimalistisch, abgesehen von dem Clock-Signal sind alle Eingänge des zu testenden Moduls statisch.

Abbildung 12-6 zeigt einen Ausschnitt des Simulationsergebnisses.

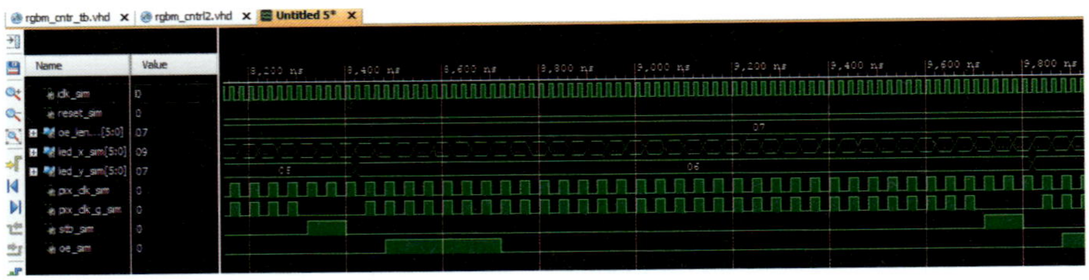

Abbildung 12-6: Simulation von `rgbm_cntr`: Ausschnitt Simulationsergebnis

Zu sehen ist ein Zeitabschnitt, in dem eine komplette Zeile (hier: ›06‹) »ausgegeben« wird, sowie die Abschnitte unmittelbar davor und dahinter. Ein Vergleich mit Abbildung 12-5 zeigt, dass die bislang implementierten Anforderungen an den Verlauf der Steuersignale für das Display erfüllt sind.

Der nächste Schritt ist, ein ganz einfaches Objekt auf dem Display anzuzeigen.

12.2.3 Objektdarstellung auf einem Matrix-Display

Zur Darstellung von Objekten auf einem pixelorientierten Display gibt es prinzipiell diese Möglichkeiten:

1. Objektbezogene Darstellung; jedes Objekt wird bei jedem Bildaufbau individuell berechnet (»object mapping«).
2. Behandlung von kleineren Objekten (z.B. von einzelnen Buchstaben zur Anzeige von Text) als Ansammlung von Pixeln. Es muss dann nicht das komplette Objekt berechnet werden, sondern an dessen Position in der Gesamtdarstellung wird eine vordefinierte Bitmap kopiert (»tile mapping«).
3. Das gesamte Bild wird pixelorientiert in einem Bildspeicher abgelegt (z.B. einem Dual-Port-RAM). Der Display-Controller kopiert im Prinzip die Pixeldarstellung permanent aus dem Bildspeicher zum Display, Schaltungen zur Erzeugung von grafischen Objekten legen ständig aktualisierte Pixeldarstellungen dieser Objekte im Bildspeicher ab (»bit mapping«).

Hier wird nur Möglichkeit 1 vertieft.

Zum Anschluss des Displays an ein FPGA-Board fertigt man sich am besten ein Kabel, mit welchem der »INPUT«-Steckverbinder des Displays z.B. mit zwei Pmod-Ports des Boards verbunden wird. Dabei sollte auf eine gute Ground-Verbindung geachtet werden. Parallel sollte man auch gleich das passende Constraints-File anlegen, welches die Verbindung zwischen FPGA und Display abbildet und in den Display-Projekten immer wieder verwendet werden kann, evtl. mit kleinen Variationen.

Für die ersten Versuche ist ein FPGA-Board mit vielen frei nutzbaren Schaltern vorteilhaft, wie z.B. »BASYS3«, »NEXYS4 DDR« oder »DE0«.

12.2.4 Objektdarstellung auf Halb-Displays

12.2.4.1 Erster Test

Der erste Test mit dem Display ist sehr einfach gehalten. Als auf dem Display darzustellendes Objekt wird hier lediglich eine ganze Display-Zeile verwendet. Mit Hilfe von vier Schaltern wird die Zeilenadresse ($0 \ldots 15$) vorgegeben. Die drei Grundfarben werden für obere und untere Display-Hälfte getrennt ebenfalls über Schalter eingestellt.

Listing 12-3 enthält die Schaltungsbeschreibung (Board: »BASYS3«).

Listing 12-3: Simpler Display-Test; `rgbm_test1.vhd`

```
-- rgbm_test1.vhd

library ieee;
use ieee.std_logic_1164.all;


entity rgbm_test1 is
  port
  (
    clk100 : in std_logic;
    btnC : in std_logic;
    sw : in std_logic_vector(9 downto 0);
    r0 : out std_logic;
    r1 : out std_logic;
    g0 : out std_logic;
    g1 : out std_logic;
    b0 : out std_logic;
    b1 : out std_logic;
    a : out std_logic;
    b : out std_logic;
    c : out std_logic;
```

```
    d : out std_logic;
    clk_pix : out std_logic;
    stb : out std_logic;
    oe_n : out std_logic
  );
end rgbm_test1;

architecture impl of rgbm_test1 is
signal clk5 : std_logic;
signal reset : std_logic;
signal oe : std_logic;

component clk_wiz_0
  port
  (
    clk_in1 : in std_logic;
    clk_out1 : out std_logic
  );
end component;


component rgbm_cntr is
  generic
  (
    row_count : integer := 32;
    rows_per_frame : integer := 2;
    col_count : integer := 32;
    rsize : integer := 6;
    stb_len : integer := 2 -- length of stb pulse in pix_clk cycles
  );
  port
  (
    clk_sys : in std_logic;
    reset : in std_logic;
    oe_len : in std_logic_vector(rsize-1 downto 0);
    led_x : out std_logic_vector(rsize-1 downto 0);
    led_y : out std_logic_vector(rsize-1 downto 0);
    pix_clk : out std_logic;
    pix_clk_g : out std_logic;
    stb : out std_logic;
    oe : out std_logic
  );
```

```
end component;


begin

  clk_mgnt : clk_wiz_0
  port map
  (
    clk_in1 => clk100,
    clk_out1 => clk5
  );

  matrix_cntrl : rgbm_cntr
   port map
  (
    clk_sys => clk5,
    reset => reset,
    oe_len => (0|1|2 => '1', others => '0'),
    led_x => open,
    led_y => open,
    pix_clk => open,
    pix_clk_g => clk_pix,
    stb => stb,
    oe => oe
  );

  oe_n <= not oe;
  reset <= btnC;

  a <= sw(0);
  b <= sw(1);
  c <= sw(2);
  d <= sw(3);

  r0 <= sw(9);
  g0 <= sw(8);
  b0 <= sw(7);

  r1 <= sw(6);
  g1 <= sw(5);
  b1 <= sw(4);

end impl;
```

Besonders erwähnenswert ist die Instantiierung eines »Clocking Wizard«-IP-Core in den Zeilen 69 bis 74. Die zugehörige Komponentendefinition steht in den Zeilen 34 bis 40. Dieser Core-Block ist so parametriert, dass er eine Ausgangsfrequenz von 5 MHz liefert, der entsprechende Signalname ist `clk5`. Das ist die System-Clock für die gesamte Schaltung.

In Zeile 90 wird `oe` invertiert und dem entsprechenden Port zugewiesen. Ansonsten wird das bereits vorgestellte Modul `rgbm_cntr` instantiiert (Zeilen 76 bis 88); nur ein Teil seiner Ausgangs-Ports werden genutzt.

Mit den Schaltern `sw(3)` bis `sw(0)` wird die Zeilenadresse fest eingestellt. Wenn der Farbauswahlschalter `sw(9)` auf ›1‹ gestellt wird, sollte die erste Zeile des oberen Halb-Displays rot leuchten; bei der alleinigen ›1‹-Stellung von `sw(8)` »grün« und mit `sw(7)` »blau«. Natürlich können mit den Schaltern auch die acht möglichen Mischfarben (inklusive Weiß – alle Schalter auf ›1‹ – sowie »Schwarz« – alle Schalter auf ›0‹) erzeugt werden.

Die Schalter `sw(6)` bis `sw(4)` wirken entsprechend auf die untere Display-Hälfte. Wird die Zeilenadresse geändert, sieht man schön die »Pärchenbildung« zwischen den jeweils ersten, zweiten Zeilen usw. von oberer und unterer Display-Hälfte.

Mit Hilfe von Abbildung 12-4 kann man sich das Hardwareprinzip des Displays parallel zum Austesten mit `rgbm_test1` noch einmal vergegenwärtigen.

12.2.4.2 Automatische Erzeugung der Zeilenadressen

Jetzt wird die eben verwendete Schaltung modifiziert.

Die Schalter werden nicht mehr verwendet. Anstatt dessen werden jetzt die Zeilenadressen aus dem von dem Display-Controller gelieferten Signal `led_y` ableitet. Die Farbinformation wird (für den Moment) »hart eincodiert«.

Listing 12-4 enthält das modifizierte Listing, das Modul heißt jetzt `rgbm_test2`.

Listing 12-4: Erweiterter Display-Test; `rgbm_test2.vhd`

```
-- rgbm_test2.vhd

library ieee;
use ieee.std_logic_1164.all;
use ieee.numeric_std.all;

entity rgbm_test2 is
  port
  (
    clk100 : in std_logic;
```

```
        btnC : in std_logic;
        r0 : out std_logic;
        r1 : out std_logic;
        g0 : out std_logic;
        g1 : out std_logic;
        b0 : out std_logic;
        b1 : out std_logic;
        a : out std_logic;
        b : out std_logic;
        c : out std_logic;
        d : out std_logic;
        clk_pix : out std_logic;
        stb : out std_logic;
        oe_n : out std_logic
    );
end rgbm_test2;

architecture impl of rgbm_test2 is
signal clk5 : std_logic;
signal reset : std_logic;
signal oe : std_logic;

constant rsize : integer := 6;
signal y_addr : std_logic_vector(rsize-1 downto 0);
signal disp_yaddr : std_logic_vector(3 downto 0);

signal upper_obj : std_logic_vector(2 downto 0);
signal lower_obj : std_logic_vector(2 downto 0);

component clk_wiz_0
    port
    (
        clk_in1 : in std_logic;
        clk_out1 : out std_logic
    );
end component;

component rgbm_cntr is
    generic
    (
        row_count : integer := 32;
        rows_per_frame : integer := 2;
        col_count : integer := 32;
```

```
      rsize : integer := 6;
      stb_len : integer := 2 -- length of stb pulse in
          pix_clk cycles
    );
    port
    (
      clk_sys : in std_logic;
      reset : in std_logic;
      oe_len : in std_logic_vector(rsize-1 downto 0);
      led_x : out std_logic_vector(rsize-1 downto 0);
      led_y : out std_logic_vector(rsize-1 downto 0);
      pix_clk : out std_logic;
      pix_clk_g : out std_logic;
      stb : out std_logic;
      oe : out std_logic
    );
  end component;


  begin

    clk_mgnt : clk_wiz_0
    port map
    (
      clk_in1 => clk100,
      clk_out1 => clk5
    );

    matrix_cntrl : rgbm_cntr
     port map
    (
      clk_sys => clk5,
      reset => reset,
      oe_len => (0|1|2 => '1', others => '0'),
      led_x => open,
      led_y => y_addr,
      pix_clk => open,
      pix_clk_g => clk_pix,
      stb => stb,
      oe => oe
    );

    oe_n <= not oe;
```

```
96      reset <= btnC;
97
98      disp_yaddr <= y_addr(3 downto 0);
99
100     upper_obj <= "100" when (unsigned(y_addr) = 1)
           else "000";
101     lower_obj <= "010" when (unsigned(y_addr) = 2)
           else "000";
102
103
104     a <= disp_yaddr(0);
105     b <= disp_yaddr(1);
106     c <= disp_yaddr(2);
107     d <= disp_yaddr(3);
108
109     r0 <= upper_obj(2);
110     g0 <= upper_obj(1);
111     b0 <= upper_obj(0);
112
113     r1 <= lower_obj(2);
114     g1 <= lower_obj(1);
115     b1 <= lower_obj(0);
116
117   end impl;
```

Im Vergleich zu der Vorgängerversion `rgbm_test1` bestehen folgende inhaltliche Unterschiede; die Zeilennummern beziehen sich auf `rgbm_test2.vhd`:

- In Zeile 5 wird das Package `numeric_std` eingebunden.
- Der Port `sw` ist entfallen.
- Neue Signale für das Adress- und Objekthandling sind dazugekommen (Zeilen 34 bis 38).
- Bei der Instantiierung von `rgbm_cntr` bleibt der Modulausgang `led_y` nicht mehr unbenutzt, sondern wird dem Signal `y_addr` zugewiesen (Zeile 88).
- Für die Ansteuerung der Adressleitungen des Displays in den Zeilen 104 bis 107 wird das dedizierte Signal `disp_addr` verwendet, welches nur der besseren Lesbarkeit dient und aus den vier untersten Bits des Signals `y_addr` besteht.
- Für die Ansteuerung der Dateneingänge des Displays mit den Farbinformationen wird für das obere Halb-Display das Signal `upper_obj` verwendet und für das untere Halb-Display `lower_obj`.

- In Zeile 100 wird festgelegt, dass Zeile ›1‹ (das ist die zweitoberste Zeile, die Zählung beginnt mit dem Index ›0‹) des oberen Halb-Displays rot leuchten soll.
- In Zeile 101 steht die Anweisung, dass Zeile ›2‹ des unteren Halb-Displays in Grün dargestellt werden soll.
- Alle übrigen Zeilen sollen »Schwarz« bleiben.

Beim Test mit dem Display wird man feststellen, dass eigentlich alles so wie eben beschrieben funktioniert, bis auf die Tatsache, dass die aktiven Zeilen um den Index ›1‹ nach unten verschoben sind: Die dritte Zeile von oben leuchtet rot und die insgesamt 20. Zeile von oben (das ist die Zeile mit dem Gesamtindex 19 bzw. bezogen auf das untere Teil-Display die Zeile mit dem Index 3) leuchtet grün.

Die Ursache dafür ist, dass die Zeilenadressen, so wie sie hier verwendet werden, noch nicht stimmig sind. Der Display-Controller ist so konstruiert, dass sein Ausgang `led_y` den Index (oder die Adresse) der Zeile angibt, für welche gerade die Daten übertragen werden. Zur Anzeige gebracht werden die Daten aber erst einen Zeilenzyklus später. Das bedeutet, dass für die Ausgabe ein um den Wert ›1‹ verkleinerter Index verwendet werden muss[6].

12.2.4.3 Version mit korrigierten Zeilenadressen und Spaltenadressen

Das Problem mit den Zeilenadressen wird jetzt korrigiert. Außerdem wird die Gelegenheit genutzt, um auch die vom Display-Controller gelieferte Spaltenadressinformation zu nutzen, und es werden kleine Ergänzungen eingeführt, die der besseren Lesbarkeit des VHDL-Codes dienen.

Listing 12-5 enthält die 3. Version der Testschaltung.

Listing 12-5: Korrigierter und erweiterter Display-Test; `rgbm_test3.vhd`

```
-- rgbm_test3.vhd

library ieee;
use ieee.std_logic_1164.all;
use ieee.numeric_std.all;

entity rgbm_test3 is
  port
  (
    clk100 : in std_logic;
```

[6] Alternativ könnte diese Indexkorrektur auch bei den Zuweisungen für die darzustellenden Objekte wie in Zeile 100 erfolgen.

```
    btnC : in std_logic;
    r0 : out std_logic;
    r1 : out std_logic;
    g0 : out std_logic;
    g1 : out std_logic;
    b0 : out std_logic;
    b1 : out std_logic;
    a : out std_logic;
    b : out std_logic;
    c : out std_logic;
    d : out std_logic;
    clk_pix : out std_logic;
    stb : out std_logic;
    oe_n : out std_logic
  );
end rgbm_test3;

architecture impl of rgbm_test3 is
signal clk5 : std_logic;
signal reset : std_logic;
signal oe : std_logic;

constant rsize : integer := 6;
signal x_addr : std_logic_vector(rsize-1 downto 0);
signal y_addr : std_logic_vector(rsize-1 downto 0);
signal disp_yaddr : std_logic_vector(3 downto 0);
signal disp_yaddr_minus_one : std_logic_vector(3
    downto 0);

signal p_x : unsigned(rsize-1 downto 0);
signal p_y : unsigned(rsize-1 downto 0);

signal upper_obj : std_logic_vector(2 downto 0);
signal lower_obj : std_logic_vector(2 downto 0);

component clk_wiz_0
  port
  (
    clk_in1 : in std_logic;
    clk_out1 : out std_logic
  );
end component;
```

```
  component rgbm_cntr is
    generic
    (
      row_count : integer := 32;
      rows_per_frame : integer := 2;
      col_count : integer := 32;
      rsize : integer := 6;
      stb_len : integer := 2 -- length of stb pulse in
          pix_clk cycles
    );
    port
    (
      clk_sys : in std_logic;
      reset : in std_logic;
      oe_len : in std_logic_vector(rsize-1 downto 0);
      led_x : out std_logic_vector(rsize-1 downto 0);
      led_y : out std_logic_vector(rsize-1 downto 0);
      pix_clk : out std_logic;
      pix_clk_g : out std_logic;
      stb : out std_logic;
      oe : out std_logic
    );
  end component;


  begin

    clk_mgnt : clk_wiz_0
    port map
    (
      clk_in1 => clk100,
      clk_out1 => clk5
    );

    matrix_cntrl : rgbm_cntr
     port map
    (
      clk_sys => clk5,
      reset => reset,
      oe_len => (0|1|2 => '1', others => '0'),
      led_x => x_addr,
      led_y => y_addr,
      pix_clk => open,
```

```
95          pix_clk_g => clk_pix,
96          stb => stb,
97          oe => oe
98        );
99
100       oe_n <= not oe;
101       reset <= btnC;
102
103       disp_yaddr <= y_addr(3 downto 0);
104       disp_yaddr_minus_one <= std_logic_vector(unsigned(
              disp_yaddr) - 1);
105       p_x <= unsigned(x_addr);
106       p_y <= unsigned(y_addr);
107
108       upper_obj <= "100" when (p_y = 1) and (p_x <= 4)
              else "000";
109       lower_obj <= "010" when (p_y = 2) and (p_x <= 9)
              else "000";
110
111
112       a <= disp_yaddr_minus_one(0);
113       b <= disp_yaddr_minus_one(1);
114       c <= disp_yaddr_minus_one(2);
115       d <= disp_yaddr_minus_one(3);
116
117       r0 <= upper_obj(2);
118       g0 <= upper_obj(1);
119       b0 <= upper_obj(0);
120
121       r1 <= lower_obj(2);
122       g1 <= lower_obj(1);
123       b1 <= lower_obj(0);
124
125     end impl;
```

Gegenüber der Vorgängerversion gibt es diese Änderungen (die Zeilennummern beziehen sich auf Listing 12-5):

- In Zeile 37 wird ein Signal definiert, welches die korrigierte Adresse für die Ausgabe enthält. In Zeile 104 wird die korrigierte Adresse berechnet und zugewiesen und in den Zeilen 112 bis 115 verwendet.
- In den Zeilen 39 und 40 werden die Signale `p_x` und `p_y` definiert, in den Zeilen 105 und 106 bekommen sie die Werte von `x_addr` bzw. `y_addr` zugewiesen. Die neuen Signale dienen nur der Bequemlichkeit bei Zu-

weisungen wie in den Zeilen 108 und 109. Man spart sich dann Datentypkonvertierungen, die nicht unbedingt zur guten Lesbarkeit des Codes beitragen.

- Die Spaltenadresse ist jetzt in den Signalen x_addr und p_x enthalten (jeweils nur mit anderem Datentyp). Sie wird in den Zeilen 108 und 109 verwendet, um als Grafikobjekt nur Geraden der Länge 5 (oben) bzw. 10 (unten) auszugeben.

Nun stehen alle Mittel bereit, um in einem Teil-Display durch das Aufstellen logischer Ausdrücke im Prinzip beliebige Objekte anzuzeigen.

Das folgende Code-Schnipsel zeigt, wie im oberen Teil-Display zusätzlich zu der roten Geraden noch ein blaues Quadrat mit der Kantenlänge ›6‹ angezeigt wird (Erweiterung von Zeile 108):

```
108      upper_obj <= "100" when (p_y = 1) and (p_x <= 4)
109        else "001" when ((5 <= p_y) and (p_y <= 10)
110        and (12 <= p_x) and (p_x <= 17))
111        else "000";
```

12.2.5 Objektdarstellung auf dem Gesamt-Display

Die Möglichkeit, in der oberen und unteren Display-Hälfte Grafikobjekte darstellen zu können, ist schön, aber auf Dauer nicht zufriedenstellend. Man kann Einzelobjekte, die zur Darstellung beide Display-Hälften benötigen, natürlich jedes Mal in zwei Teilobjekte zerlegen, sich deren jeweilige Darstellung in »ihrer« Display-Hälfte überlegen und diese dann realisieren.

Zunächst wird diese suboptimale Möglichkeit demonstriert, eine bessere Lösung folgt später.

Zur Implementierung der umständlichen Vorgehensweise wird die bereits bekannte Testschaltung so modifiziert, dass genau in der Mitte des Displays ein Quadrat dargestellt wird.

Listing 12-6 zeigt den entsprechenden VHDL-Code.

Listing 12-6: Display-Test mit Quadrat; rgbm_test4.vhd

```
-- rgbm_test4.vhd

library ieee;
use ieee.std_logic_1164.all;
use ieee.numeric_std.all;

entity rgbm_test4 is
  port
  (
```

```
        clk100 : in std_logic;
        btnC : in std_logic;
        r0 : out std_logic;
        r1 : out std_logic;
        g0 : out std_logic;
        g1 : out std_logic;
        b0 : out std_logic;
        b1 : out std_logic;
        a : out std_logic;
        b : out std_logic;
        c : out std_logic;
        d : out std_logic;
        clk_pix : out std_logic;
        stb : out std_logic;
        oe_n : out std_logic
    );
end rgbm_test4;

architecture impl of rgbm_test4 is
signal clk5 : std_logic;
signal reset : std_logic;
signal oe : std_logic;

constant rsize : integer := 6;
signal x_addr : std_logic_vector(rsize-1 downto 0);
signal y_addr : std_logic_vector(rsize-1 downto 0);
signal disp_yaddr : std_logic_vector(3 downto 0);
signal disp_yaddr_minus_one : std_logic_vector(3
    downto 0);

signal p_x : unsigned(rsize-1 downto 0);
signal p_y : unsigned(rsize-1 downto 0);

signal obj_u : std_logic_vector(2 downto 0);
signal obj_l : std_logic_vector(2 downto 0);

signal rect_active_u : std_logic;
signal rect_active_l : std_logic;
constant rect_color : std_logic_vector(2 downto 0)
    := "001"; -- blue

component clk_wiz_0
  port
```

```
    (
      clk_in1 : in std_logic;
      clk_out1 : out std_logic
    );
  end component;

  component rgbm_cntr is
    generic
    (
      row_count : integer := 32;
      rows_per_frame : integer := 2;
      col_count : integer := 32;
      rsize : integer := 6;
      stb_len : integer := 2 -- length of stb pulse in pix_clk cycles
    );
    port
    (
      clk_sys : in std_logic;
      reset : in std_logic;
      oe_len : in std_logic_vector(rsize-1 downto 0);
      led_x : out std_logic_vector(rsize-1 downto 0);
      led_y : out std_logic_vector(rsize-1 downto 0);
      pix_clk : out std_logic;
      pix_clk_g : out std_logic;
      stb : out std_logic;
      oe : out std_logic
    );
  end component;


begin

  clk_mgnt : clk_wiz_0
  port map
  (
    clk_in1 => clk100,
    clk_out1 => clk5
  );

  matrix_cntrl : rgbm_cntr
   port map
  (
```

```
      clk_sys => clk5,
      reset => reset,
      oe_len => (0|1|2 => '1', others => '0'),
      led_x => x_addr,
      led_y => y_addr,
      pix_clk => open,
      pix_clk_g => clk_pix,
      stb => stb,
      oe => oe
    );

    oe_n <= not oe;
    reset <= btnC;

    disp_yaddr <= y_addr(3 downto 0);
    disp_yaddr_minus_one <= std_logic_vector(unsigned(disp_yaddr) - 1);
    p_x <= unsigned(x_addr);
    p_y <= unsigned(y_addr);

    rect_active_u <= '1' when (((12 <= p_x) and (p_x <= 17))
          and ((13 <= p_y) and (p_y <= 15)))
          else '0';
    rect_active_l <= '1' when (((12 <= p_x) and (p_x <= 17))
          and ((0 <= p_y) and (p_y <= 2)))
          else '0';

    proc_u : process(rect_active_u)
    begin
      obj_u <= "000"; -- blank screen
      if rect_active_u = '1' then
        obj_u <= rect_color;
      end if;
    end process;

    proc_l : process(rect_active_l)
    begin
      obj_l <= "000"; -- blank screen
      if rect_active_l = '1' then
        obj_l <= rect_color;
      end if;
```

```
133        end process;
134
135
136        a <= disp_yaddr_minus_one(0);
137        b <= disp_yaddr_minus_one(1);
138        c <= disp_yaddr_minus_one(2);
139        d <= disp_yaddr_minus_one(3);
140
141        r0 <= obj_u(2);
142        g0 <= obj_u(1);
143        b0 <= obj_u(0);
144
145        r1 <= obj_l(2);
146        g1 <= obj_l(1);
147        b1 <= obj_l(0);
148
149    end impl;
```

In den Zeilen 112 bis 114 wird das obere Teilquadrat definiert, das neue Signal `rect_active_u` wird gesetzt, wenn die aktuelle Koordinate (beschrieben durch `p_x` und `p_y`) sich innerhalb dieses Rechtecks befindet, also das Pixel an der aktuellen Koordinate gesetzt werden soll.

In den Zeilen 119 bis 125 wird durch einen Prozess die Pixelfarbe für die aktuelle Koordinate festgelegt. Wenn das Objekt, in diesem Fall das Teilrechteck in der oberen Display-Hälfte, aktiv ist, wird dessen Farbe verwendet, ansonsten als Default keine Farbe (»blanker Bildschirm«).

In den Zeilen 115 bis 117 wird eine analoge Berechnung für den unteren Teil des Quadrats durchgeführt. Dabei werden manuell umgerechnete y-Werte für die obere und untere Kante des Rechtecks verwendet, die sich auf das Koordinatensystem des unteren Teil-Displays beziehen.

Schöner wäre es , nicht nur für die x-Achse, sondern auch für die y-Achse durchgehende Koordinaten zu verwenden. Außerdem ist es erstrebenswert, Ausdrücke für die Bestimmung der `_active_`-Signale aufzustellen, welche alle drei möglichen Fälle für die Position eines Objekts berücksichtigen:

1. Das Objekt befindet sich vollständig in dem oberen Teil-Display.
2. Das Objekt befindet sich zum Teil in dem oberen Teil-Display und zum Teil in dem unteren Teil-Display.
3. Das Objekt befindet sich vollständig in dem unteren Teil-Display.

Mit Hilfe folgender Änderungen der Schaltungsbeschreibung lassen sich die Forderungen erfüllen:

```
...

signal p_y_l : unsigned(rsize-1 downto 0);
constant rect_xl : unsigned := to_unsigned(12, rsize
    );
constant rect_xr : unsigned := to_unsigned(17, rsize
    );
constant rect_yt : unsigned := to_unsigned(13, rsize
    );
constant rect_yb : unsigned := to_unsigned(18, rsize
    );

...

  p_x <= unsigned(x_addr);
  p_y <= unsigned(y_addr);
  p_y_l <= p_y + 16;

  rect_active_u <= '1' when (((rect_xl <= p_x) and
                               (p_x <= rect_xr))
    and (((rect_yt <= p_y) and (p_y <= rect_yb))
    or ((rect_yt <= p_y) and (p_y_l <= rect_yb))))
    else '0';

  rect_active_l <= '1' when (((rect_xl <= p_x) and
                              (p_x <= rect_xr))
    and (((rect_yt <= p_y_l) and (p_y_l <= rect_yb))
    or ((rect_yt <= p_y) and (p_y_l <= rect_yb))))
    else '0';
```

Es wird das neue Signal `p_y_l` eingeführt, welches den um die »Höhe« eines Teil-Displays (›16‹) vergrößerten Wert von `p_y` enthält. `p_y_l` enthält somit die y-Komponente der aktuellen Pixeladresse in »natürlicher« Darstellung. Mit Hilfe dieses Hilfssignals ist es möglich, für die Objektaktivierung halbwegs gut lesbare Ausdrücke zu verwenden, die sämtliche der oben angegebenen drei Möglichkeiten für die Position eines Objekts auf dem Gesamtdisplay berücksichtigen.

Der Ausdruck `((rect_yt <= p_y) and (p_y_l <= rect_yb))` ist wahr, wenn für die Objektposition Möglichkeit 2 zutrifft. In diesem Fall muss sowohl in der oberen als auch der unteren Display-Hälfte das aktuelle Pixel gesetzt werden.

12.2.5.1 Animiertes Objekt

Als Erweiterung wird das Testbeispiel so geändert, dass das Quadrat ständig zwischen oberem und unterem Rand des gesamten Displays hin- und herwandert.

Listing 12-7 zeigt die entsprechend modifizierte Schaltungsbeschreibung in VHDL.

Listing 12-7: Display-Test mit Quadrat-Animation; `rgbm_test6.vhd`

```
-- rgbm_test6.vhd

library ieee;
use ieee.std_logic_1164.all;
use ieee.numeric_std.all;

entity rgbm_test6 is
  port
  (
    clk100 : in std_logic;
    btnC : in std_logic;
    r0 : out std_logic;
    r1 : out std_logic;
    g0 : out std_logic;
    g1 : out std_logic;
    b0 : out std_logic;
    b1 : out std_logic;
    a : out std_logic;
    b : out std_logic;
    c : out std_logic;
    d : out std_logic;
    clk_pix : out std_logic;
    stb : out std_logic;
    oe_n : out std_logic
  );
end rgbm_test6;

architecture impl of rgbm_test6 is
signal clk5 : std_logic;
signal reset : std_logic;
signal oe : std_logic;

constant rsize : integer := 6;
signal x_addr : std_logic_vector(rsize-1 downto 0);
```

```
signal y_addr : std_logic_vector(rsize-1 downto 0);
signal disp_yaddr : std_logic_vector(3 downto 0);
signal disp_yaddr_minus_one : std_logic_vector(3 downto 0);

signal p_x : unsigned(rsize-1 downto 0);
signal p_y : unsigned(rsize-1 downto 0);
signal p_y_l : unsigned(rsize-1 downto 0);

signal obj_u : std_logic_vector(2 downto 0);
signal obj_l : std_logic_vector(2 downto 0);

signal rect_active_u : std_logic;
signal rect_active_l : std_logic;
constant rect_color : std_logic_vector(2 downto 0) := "001"; -- blue
constant rect_size : integer := 6;
constant rect_vp : unsigned(rsize-1 downto 0) := to_unsigned(1,rsize);
constant rect_vn : unsigned(rsize-1 downto 0) := unsigned(to_signed(-1,rsize));
constant rect_xl : unsigned := to_unsigned(12, rsize);
constant rect_xr : unsigned := rect_xl + rect_size - 1;

signal rect_yt : unsigned(rsize-1 downto 0) := to_unsigned(13, rsize);
signal rect_yb : unsigned(rsize-1 downto 0) := rect_yt + rect_size - 1;
signal rect_yreg : unsigned(rsize-1 downto 0) := (others => '0');
signal rect_ynext : unsigned(rsize-1 downto 0);
signal rect_dyreg : unsigned(rsize-1 downto 0) := rect_vp;
signal rect_dynext : unsigned(rsize-1 downto 0);

signal obj_reg_u : std_logic_vector(2 downto 0) := "000";
signal obj_next_u : std_logic_vector(2 downto 0);

signal obj_reg_l : std_logic_vector(2 downto 0) := "000";
```

```
signal obj_next_l : std_logic_vector(2 downto 0);

signal timer_reg : unsigned(17 downto 0) := (others
    => '0');
signal timer_next : unsigned(17 downto 0);
signal upd_pulse : std_logic;

component clk_wiz_0
  port
  (
    clk_in1 : in std_logic;
    clk_out1 : out std_logic
  );
end component;

component rgbm_cntr is
  generic
  (
    row_count : integer := 32;
    rows_per_frame : integer := 2;
    col_count : integer := 32;
    rsize : integer := 6;
    stb_len : integer := 2 -- length of stb pulse in
        pix_clk cycles
  );
  port
  (
    clk_sys : in std_logic;
    reset : in std_logic;
    oe_len : in std_logic_vector(rsize-1 downto 0);
    led_x : out std_logic_vector(rsize-1 downto 0);
    led_y : out std_logic_vector(rsize-1 downto 0);
    pix_clk : out std_logic;
    pix_clk_g : out std_logic;
    stb : out std_logic;
    oe : out std_logic
  );
end component;


begin

  clk_mgnt : clk_wiz_0
```

```
    port map
    (
      clk_in1 => clk100,
      clk_out1 => clk5
    );

    matrix_cntrl : rgbm_cntr
     port map
    (
      clk_sys => clk5,
      reset => reset,
      oe_len => (0|1|2 => '1', others => '0'),
      led_x => x_addr,
      led_y => y_addr,
      pix_clk => open,
      pix_clk_g => clk_pix,
      stb => stb,
      oe => oe
    );

    process (clk5)
    begin
      if rising_edge(clk5) then
        if reset = '1' then
          obj_reg_u <= "000"; -- blank screen
          obj_reg_l <= "000"; -- blank screen
          rect_yreg <= (others => '0');
          rect_dyreg <= rect_vp;
          timer_reg <= (others => '0');
        else
          obj_reg_u <= obj_next_u;
          obj_reg_l <= obj_next_l;
          rect_yreg <= rect_ynext;
          rect_dyreg <= rect_dynext;
          timer_reg <= timer_next;
        end if;
      end if;
    end process;

    timer_next <= timer_reg + 1;
    upd_pulse <= '1' when timer_reg = 0 else '0';
    oe_n <= not oe;
    reset <= btnC;
```

```

    disp_yaddr <= y_addr(3 downto 0);
    disp_yaddr_minus_one <= std_logic_vector(unsigned(disp_yaddr) - 1);
    p_x <= unsigned(x_addr);
    p_y <= unsigned(y_addr);
    p_y_l <= p_y + 16;

    rect_active_u <= '1' when (((rect_xl <= p_x) and (p_x <= rect_xr))
       and (((rect_yt <= p_y) and (p_y <= rect_yb))
       or ((rect_yt <= p_y) and (p_y_l <= rect_yb))))
       else '0';

    rect_active_l <= '1' when (((rect_xl <= p_x) and (p_x <= rect_xr))
       and (((rect_yt <= p_y_l) and (p_y_l <= rect_yb))
       or ((rect_yt <= p_y) and (p_y_l <= rect_yb))))
       else '0';


    rect_yt <= rect_yreg;
    rect_yb <= rect_yt + rect_size - 1;

    rect_ynext <= rect_yreg + rect_dyreg when upd_pulse = '1' else rect_yreg;

    proc_rect : process(rect_dyreg, rect_yt, rect_yb)
    begin
      -- default value
      rect_dynext <= rect_dyreg;

      if rect_yt < 1 then -- if rect reaches top reverse direction
        rect_dynext <= rect_vp;
      elsif rect_yb > (31 - 1) then
        rect_dynext <= rect_vn; -- if rect reaches bottom reverse direction
      end if;
    end process proc_rect;

    proc_u : process(rect_active_u)
```

```
186       begin
187         obj_next_u <= "000"; -- blank screen
188         if rect_active_u = '1' then
189           obj_next_u <= rect_color;
190         end if;
191       end process;
192
193       proc_l : process(rect_active_l)
194       begin
195         obj_next_l <= "000"; -- blank screen
196         if rect_active_l = '1' then
197           obj_next_l <= rect_color;
198         end if;
199       end process;
200
201
202       a <= disp_yaddr_minus_one(0);
203       b <= disp_yaddr_minus_one(1);
204       c <= disp_yaddr_minus_one(2);
205       d <= disp_yaddr_minus_one(3);
206
207       r0 <= obj_reg_u(2);
208       g0 <= obj_reg_u(1);
209       b0 <= obj_reg_u(0);
210
211       r1 <= obj_reg_l(2);
212       g1 <= obj_reg_l(1);
213       b1 <= obj_reg_l(0);
214
215     end impl;
```

Diese Schaltungsbeschreibung weist folgende wichtige Neuerungen auf:

- Es werden neue Signale und Konstanten zur Abbildung des Verhaltens des animierten Quadrats verwendet (Zeilen 46 bis 60), u.a.:
  - Das Quadrat bewegt sich in y-Richtung, daher werden für die Oberkante `rect_yt` und die Unterkante `rect_yb` nun Signale und *keine* Konstanten verwendet (Zeilen 55 und 56).
  - Um den Animationseffekt zu erzielen, muss die Position des Quadrats zu gewissen Zeitpunkten inkrementiert werden. Für das Inkrement werden zwei Konstanten verwendet: `rect_vp`, definiert in Zeile 50 für die für die Bewegung nach unten (positives Inkrement) und `rect_vn` für die Bewegung nach oben (negatives Inkrement). Die Definition

von `rect_vn` in Zeile 51 ist ein wenig »sperrig«, das ist der Tribut bei Verwendung einer typstrengen Sprache.

- Die aktuelle Postion (der Oberkante) des Quadrats wird in einem Register gespeichert, dafür wird `rect_yreg` verwendet (Definition in Zeile 57).
- Ebenso wird die aktuelle »Geschwindigkeit« des Quadrats in y-Richtung in dem Register `rect_dyreg` gespeichert, die Signaldefinition befindet sich in Zeile 59.

- Auch für die Pixeldaten werden jetzt Register verwendet, `obj_reg_u` und `obj_reg_l`.
- Für die Animation wird ein Timer benötigt, damit sie im richtigen Tempo abläuft. Dazu kommt hier das 18 Bit breite Register `timer_reg` zum Einsatz (Definition in Zeile 68); aus dem Zählerstand wird das Signal `upd_pulse` gewonnen (in Zeile 147). Durch das Teilen des Systemtakts von 5 MHz durch 2^{18} ergibt sich so eine Update-Frequenz von ca. 19 Hz.
- In Zeile 171 wird die Position des Quadrats aktualisiert. Wichtig ist die Verknüpfung mit `upd_pulse`. Sonst würde die Animation viel zu schnell ablaufen, so dass anstelle eines sich bewegenden Quadrats ein rechteckförmiges, bzgl. der Helligkeit ungleichmäßiges Bitmuster wahrgenommen würde, das vom oberen bis zum unteren Display-Rand reicht.
- Der sich über die Zeilen 173 bis 183 erstreckende Prozess dient zur Aktualisierung der Geschwindigkeit des Quadrats. Wenn das Quadrat am unteren Display-Rand »anstößt«, erhält die Geschwindigkeit ein negatives Vorzeichen und das Quadrat bewegt sich daraufhin nach oben (Zuweisung in Zeile 181). Am oberen Display-Rand angekommen (Abfrage in Zeile 178), wird die Geschwindigkeit in Zeile 179 auf einen positiven Wert gesetzt, woraufhin sich das Quadrat wieder nach unten bewegt.

Als erste Anwendung könnte beispielsweise die Digitaluhr aus Kapitel 11 um eine Balkenanzeige (Stunden, Minuten, ggf. auch Sekunden) auf einem RGB-LED-Matrixdisplay erweitert werden.

12.3 Pong

Zum Abschluss wird eine Realisierung des Pong-Spiels vorgestellt. Dabei werden zwei 32x32-Panels verwendet, so dass sich eine Gesamtfläche von 64x32 RGB-Pixeln ergibt. Bezüglich der Eingangssignale werden die beiden Panels kaskadiert; »INPUT« des zweiten Panels wird mit »OUTPUT« des ersten Panels verbunden.

»Pong« wurde in den 1970er-Jahren veröffentlicht und war wohl das erste Videospiel, das eine sehr große öffentliche Wahrnehmung erfuhr. In der Originalversion spielen zwei Spieler miteinander Tischtennis am Bildschirm. Hier wird die »Trainingsversion« für einen Spieler realisiert, der den Ball gegen eine Wand spielt.

Als grafische Elemente werden verwendet:

- Eine feste Wand am linken Spielfeldrand (»wall«)
- Ein sich in x- und y-Richtung bewegender Ball (»ball«)
- Ein Schläger am rechten Spielfeldrand, der vom Spieler mit Hilfe zweier Tasten in y-Richtung bewegt werden kann (»paddle«). Solange die jeweilige Taste gedrückt ist und das Paddle nicht eine Endlage erreicht hat, bewegt es sich in die entsprechende Richtung.

Der Ball wird an der Wand, an dem oberen und an dem unteren Display-Rand sowie an dem Paddle »reflektiert«. Wenn er das Paddle passiert, »verschwindet« er hinter dem rechten Spielfeldrand und taucht danach am linken Spielfeldrand wieder auf; er durchdringt dann die Wand von links nach rechts. Bei der Reflektion des Balls wird das ganz simple physikalische Gesetz »Einfallswinkel gleich Ausfallswinkel« angewandt, Effekte wie Reibung bleiben unberücksichtigt.

Neben den beiden Tastern zur Paddle-Steuerung ist noch ein Reset-Taster vorgesehen.

Die Taster werden mit Hilfe des Moduls `debounce` (siehe Kapitel 7.3.2) entprellt. Sämtliche Ausgangssignale des Pong-Moduls `pong_main` werden über Register geführt. So lässt sich eine möglichst große Betriebssicherheit erreichen.

Listing 12-8 zeigt den VHDL-Code der Schaltung.

Listing 12-8: Pong für 64x32-RGB-LED-Matrix-Display; `pong_main.vhd`

```
-- pong_main.vhd

library ieee;
use ieee.std_logic_1164.all;
use ieee.numeric_std.all;

entity pong_main is
  port
  (
    clk100 : in std_logic;
    btnC : in std_logic;
    btnU : in std_logic;
    btnD : in std_logic;
    r0 : out std_logic;
    r1 : out std_logic;
```

```
      g0 : out std_logic;
      g1 : out std_logic;
      b0 : out std_logic;
      b1 : out std_logic;
      a : out std_logic;
      b : out std_logic;
      c : out std_logic;
      d : out std_logic;
      clk_pix : out std_logic;
      stb : out std_logic;
      oe_n : out std_logic
    );
  end pong_main;

  architecture impl of pong_main is
    component clk_wiz_0
    port
    (
      clk_in1 : in std_logic;
      clk_out1 : out std_logic
    );
  end component;

  component rgbm_cntr is
    generic
    (
      row_count : integer := 32;
      rows_per_frame : integer := 2;
      col_count : integer := 32;
      rsize : integer := 6;
      stb_len : integer := 2 -- length of stb pulse in pix_clk cycles
     );

    port
    (
      clk_sys : in std_logic;
      reset : in std_logic;
      oe_len : in std_logic_vector(rsize-1 downto 0);
      led_x : out std_logic_vector(rsize-1 downto 0);
      led_y : out std_logic_vector(rsize-1 downto 0);
      pix_clk : out std_logic;
      pix_clk_g : out std_logic;
```

```
      stb : out std_logic;
      oe : out std_logic
    );
  end component;

  component debounce is
    generic
    (
      num_cons_cycles : integer := 2000;
      cntr_size : integer := 11
    );
    port
    (
      clk : in std_logic;
      data_in : in std_logic;
      data_deb : out std_logic
    );
  end component;

  constant x_size : integer := 64;
  constant y_size : integer := 32;
  constant rsize : integer := 7;

  signal p_x : unsigned (rsize-1 downto 0);
  signal p_y : unsigned (rsize-1 downto 0);
  signal p_y_l : unsigned (rsize-1 downto 0);

  signal x_addr : std_logic_vector(rsize-1 downto 0);
  signal y_addr : std_logic_vector(rsize-1 downto 0);
  signal disp_yaddr : std_logic_vector(3 downto 0);
  signal disp_yaddr_minus_one : std_logic_vector(3
      downto 0);

  -- wall
  constant wall_xl : integer := 1;
  constant wall_xr : integer := 2;

  -- paddle
  constant paddle_x : integer := 55;
  constant paddle_height : integer := 6;
  constant paddle_d : integer := 1; -- paddle delta
      when moving

```

```
signal paddle_yt : unsigned(rsize-1 downto 0);
signal paddle_yb : unsigned(rsize-1 downto 0);
signal paddle_yreg : unsigned(rsize-1 downto 0);
signal paddle_ynext : unsigned(rsize-1 downto 0);

-- ball
constant ball_size : integer := 2;
constant ball_vp : unsigned(rsize-1 downto 0) :=
    to_unsigned(1,rsize);
constant ball_vn : unsigned(rsize-1 downto 0) :=
    unsigned(to_signed(-1,rsize));

-- position management
signal ball_xl : unsigned(rsize-1 downto 0);
signal ball_xr : unsigned(rsize-1 downto 0);
signal ball_yt : unsigned(rsize-1 downto 0);
signal ball_yb : unsigned(rsize-1 downto 0);
signal ball_xreg : unsigned(rsize-1 downto 0) := (
    others => '0');
signal ball_xnext : unsigned(rsize-1 downto 0);
signal ball_yreg : unsigned(rsize-1 downto 0) := (
    others => '0');
signal ball_ynext : unsigned(rsize-1 downto 0);

--displacement management
signal ball_dxreg : unsigned(rsize-1 downto 0) :=
    to_unsigned(1, rsize);
signal ball_dxnext : unsigned(rsize-1 downto 0);
signal ball_dyreg : unsigned(rsize-1 downto 0) :=
    to_unsigned(1, rsize);
signal ball_dynext : unsigned(rsize-1 downto 0);

-- image management
signal wall_active_u : std_logic;
signal paddle_active_u : std_logic;
signal ball_active_u : std_logic;

signal wall_active_l : std_logic;
signal paddle_active_l : std_logic;
signal ball_active_l : std_logic;

constant wall_color : std_logic_vector(2 downto 0)
    := "110"; --yellow
```

```
constant paddle_color : std_logic_vector(2 downto 0) := "100"; --red
constant ball_color : std_logic_vector(2 downto 0) := "010"; --green

signal obj_reg_u : std_logic_vector(2 downto 0) := "000";
signal obj_next_u : std_logic_vector(2 downto 0);

signal obj_reg_l : std_logic_vector(2 downto 0) := "000";
signal obj_next_l : std_logic_vector(2 downto 0);

signal clk5 : std_logic;
signal reset : std_logic;
signal btn_up : std_logic;
signal btn_down : std_logic;
signal oe : std_logic;

signal timer_reg : unsigned(17 downto 0) := (others => '0');
signal timer_next : unsigned(17 downto 0);
signal upd_pulse : std_logic;

signal output_reg : std_logic_vector(12 downto 0) := (0 => '1', others => '0');
signal output_next : std_logic_vector(12 downto 0);


begin
  clk_mgnt : clk_wiz_0
  port map
  (
    clk_in1 => clk100,
    clk_out1 => clk5
  );

  matrix_cntrl : rgbm_cntr
  generic map
  (
    col_count => 64,
    rsize => 7
  )
```

```
    port map
    (
      clk_sys => clk5,
      reset => reset,
      oe_len => (0|1|2 => '1', others => '0'),
      led_x => x_addr,
      led_y => y_addr,
      pix_clk => open,
      pix_clk_g => output_next(10),
      stb => output_next(11),
      oe => oe
    );

    deb_reset : debounce
    generic map
    (
      num_cons_cycles => 100,
      cntr_size => 7
    )
    port map
    (
      clk => clk5,
      data_in => btnC,
      data_deb => reset
    );

    deb_btn_up : debounce
    generic map
    (
      num_cons_cycles => 100,
      cntr_size => 7
    )
    port map
    (
      clk => clk5,
      data_in => btnU,
      data_deb => btn_up
    );

    deb_btn_down : debounce
    generic map
    (
      num_cons_cycles => 100,
```

```
      cntr_size => 7
    )
    port map
    (
      clk => clk5,
      data_in => btnD,
      data_deb => btn_down
    );


    p_x <= unsigned(x_addr);
    p_y <= unsigned(y_addr);
    p_y_l <= p_y + 16;

    process (clk5)
    begin
      if rising_edge(clk5) then
        if reset = '1' then
          obj_reg_u <= "000"; -- blank screen
          obj_reg_l <= "000"; -- blank screen
          ball_xreg <= (others => '0');
          ball_yreg <= (others => '0');
          ball_dxreg <= to_unsigned(1, rsize);
          ball_dyreg <= to_unsigned(1, rsize);
          paddle_yreg <= to_unsigned(y_size/2 -
             paddle_height/2, rsize);
          timer_reg <= (others => '0');
          output_reg <= (0 => '1', others => '0');
        else
          obj_reg_u <= obj_next_u;
          obj_reg_l <= obj_next_l;
          ball_xreg <= ball_xnext;
          ball_yreg <= ball_ynext;
          ball_dxreg <= ball_dxnext;
          ball_dyreg <= ball_dynext;
          paddle_yreg <= paddle_ynext;
          timer_reg <= timer_next;
          output_reg <= output_next;
        end if;
      end if;
    end process;

    timer_next <= timer_reg + 1;
```

```
upd_pulse <= '1' when timer_reg = 0 else '0';

-- wall processing
wall_active_u <= '1' when (wall_xl <= p_x) and (p_x <= wall_xr) else '0';
wall_active_l <= '1' when (wall_xl <= p_x) and (p_x <= wall_xr) else '0';

-- paddle processing
paddle_yt <= paddle_yreg;
paddle_yb <= paddle_yt + paddle_height - 1;

-- paddle_active <= '1' when (p_x = to_unsigned(paddle_x, rsize))
paddle_active_u <= '1' when (p_x = "0110111")
 and (((paddle_yt <= p_y) and (p_y <= paddle_yb))
 or ((paddle_yt <= p_y) and (p_y_l <= paddle_yb)))
 else '0';

paddle_active_l <= '1' when (p_x = "0110111")
 and (((paddle_yt <= p_y_l) and (p_y_l <= paddle_yb))
 or ((paddle_yt <= p_y) and (p_y_l <= paddle_yb)))
 else '0';

-- calculate new paddle position
proc_paddle : process(paddle_yreg, paddle_yb, paddle_yt, upd_pulse, btn_up, btn_down)
begin
  paddle_ynext <= paddle_yreg; -- default, no change
  if upd_pulse = '1' then
    -- move up only if enough space left between current bar position and top
    if (btn_up = '1') and (paddle_yt > paddle_d) then
      paddle_ynext <= paddle_yreg - paddle_d;
    --move down only if enough space left between current bar position and bottom
    elsif (btn_down = '1') and (paddle_yb < y_size - paddle_d - 1) then
      paddle_ynext <= paddle_yreg + paddle_d;
    end if;
```

```
    end if;
  end process proc_paddle;

  -- ball processing
  -- ball logic
  ball_xl <= ball_xreg;
  ball_xr <= ball_xl + ball_size - 1;
  ball_yt <= ball_yreg;
  ball_yb <= ball_yt + ball_size - 1;

  ball_active_u <= '1' when ((ball_xl <= p_x) and (
      p_x <= ball_xr))
    and (((ball_yt <= p_y) and (p_y <= ball_yb))
    or ((ball_yt <= p_y) and (p_y_l <= ball_yb)))
    else '0';

  ball_active_l <= '1' when ((ball_xl <= p_x) and (
      p_x <= ball_xr))
    and (((ball_yt <= p_y_l) and (p_y_l <= ball_yb))
    or ((ball_yt <= p_y) and (p_y_l <= ball_yb)))
    else '0';

  -- new ball position
  ball_xnext <= ball_xreg + ball_dxreg when
      upd_pulse = '1' else ball_xreg;
  ball_ynext <= ball_yreg + ball_dyreg when
      upd_pulse = '1' else ball_yreg;

  -- new ball velocity
  proc_ball : process(ball_dxreg, ball_dyreg,
      ball_xl, ball_xr, ball_yt, ball_yb, paddle_yt,
      paddle_yb)
  begin
    -- default values, in case no change occurs
    ball_dxnext <= ball_dxreg;
    ball_dynext <= ball_dyreg;

    if ball_yt < 1 then -- if ball reaches top
        display border
      ball_dynext <= ball_vp;
    elsif ball_yb > (y_size - 1) then
      ball_dynext <= ball_vn; -- if ball reaches
          botom display border
```

```
    elsif ball_xl < wall_xr then
      ball_dxnext <= ball_vp; -- ball reflected by wall
    elsif (paddle_x-1 < ball_xr) and (ball_xr <= paddle_x) then
      if (paddle_yt <= ball_yb) and (ball_yt <= paddle_yb) then
        ball_dxnext <= ball_vn; -- ball reflected by paddle
      end if;
    end if;
  end process proc_ball;

    -- determine display contents
  sel_proc_u : process (ball_active_u, wall_active_u, paddle_active_u)
  begin
    obj_next_u <= "000"; -- default, blank sceen
    if ball_active_u = '1' then
      obj_next_u <= ball_color;
    elsif wall_active_u = '1' then
      obj_next_u <= wall_color;
    elsif paddle_active_u = '1' then
      obj_next_u <= paddle_color;
    end if;
  end process sel_proc_u;

  sel_proc_l : process (ball_active_l, wall_active_l, paddle_active_l)
  begin
    obj_next_l <= "000"; -- default, blank sceen
    if ball_active_l = '1' then
      obj_next_l <= ball_color;
    elsif wall_active_l = '1' then
      obj_next_l <= wall_color;
    elsif paddle_active_l = '1' then
      obj_next_l <= paddle_color;
    end if;
  end process sel_proc_l;

  -- display update
  disp_yaddr <= y_addr(3 downto 0);
```

```
    disp_yaddr_minus_one <= std_logic_vector(unsigned(
        disp_yaddr) - 1);

    -- output data register update
    output_next(0) <= obj_reg_u(2);
    output_next(1) <= obj_reg_l(2);
    output_next(2) <= obj_reg_u(1);
    output_next(3) <= obj_reg_l(1);
    output_next(4) <= obj_reg_u(0);
    output_next(5) <= obj_reg_l(0);
    output_next(9 downto 6) <= disp_yaddr_minus_one(3
        downto 0);
    -- bits 10 and 11 assigned in rgbm_cntr
        instantiation
    output_next(12) <= not oe;

    -- output dat -> ports
    -- upper half pixel data
    r0 <= output_reg(0);
    g0 <= output_reg(2);
    b0 <= output_reg(4);

    -- lower half pixel data
    r1 <= output_reg(1);
    g1 <= output_reg(3);
    b1 <= output_reg(5);

    -- row addess
    a <= output_reg(6);
    b <= output_reg(7);
    c <= output_reg(8);
    d <= output_reg(9);

    -- data shift control
    clk_pix <= output_reg(10);
    stb <= output_reg(11);
    -- output enable
    oe_n <= output_reg(12);

end impl;
```

In den Zeilen 77 bis 79 stehen Konstanten für das Gesamt-Display, das 64 Pixel breit und 32 Pixel hoch ist. Aufgrund der im Vergleich zu den vorherigen Beispielen verdoppelten Breite von 64 Bit beträgt die »fundamentale« Registergröße jetzt 7 Bit. Diese Details müssen auch bei der Instantiierung des Moduls `rgbm_cntr` beachtet werden, siehe insb. Zeilen 169 und 170.

Gegenüber dem vorherigen Kapitel (12.2.5.1) werden nicht sehr viele neue Elemente verwendet, auch wenn der Code umfangreicher ist. Der gesteigerte Codeumfang liegt zum Teil aber auch an den hinzugekommenen Sicherheitsmerkmalen »Entprellung« (Zeilen 185 bis 222) und »Registrierung aller Ausgangs-Ports« (u.a. Zeilen 363 bis 395).

Das Wand-Objekt ist sehr einfach und daher auch in zwei Zeilen erledigt (Zeilen 260 und 261).

Das Paddle-Objekt ist deutlich aufwendiger, weil es durch den Benutzer in y-Richtung bewegt werden kann. Das Paddle hat hier die Breite ›1‹, daher findet für die x-Achse auch nur ein Vergleich mit dem konstanten Wert ›55‹ statt (binär: ›110111‹); siehe Zeilen 268 und 273. Ansonsten entspricht die Ermittlung der beiden »Aktiv-Flags« für das Paddle dem Vorgehen, wie es auch bei dem animierten Quadrat benutzt wird.

In den Zeilen 279 bis 291 wird die Aktualisierung der Paddle-Position realisiert. Hier ist wieder die Synchronisierung mit `upd_pulse` wichtig (Zeile 282), damit sich das Paddle mit einer sinnvollen Geschwindigkeit bewegt. Das Paddle kann in jede Richtung nur bis zu einem »Endanschlag« bewegt werden, der hier so bestimmt wird, dass das Paddle nicht den oberen bzw. unteren Display-Rand berührt.

Die Ballsteuerung ist aufgrund der Freiheitsgrade des Balls in zwei Ebenen und der Reflektionsmöglichkeiten ein wenig aufwendiger.

Die Geschwindigkeit des Balls setzt sich aus einer x- und einer y-Komponente zusammen. In den Zeilen 315 bis 332 wird innerhalb einer `process`-Umgebung die neue Ballgeschwindigkeit ermittelt. Dabei wird durch mehrere logische Ausdrücke das Vorliegen der Voraussetzung für eine Reflektion des Balls an einem der oben erwähnten Hindernisse überprüft und ggf. durch Vorzeichenänderung einer Geschwindigkeitskomponente umgesetzt.

In den Zeilen 311 und 312 wird die neue Ballposition unter Berücksichtigung der aktuellen Position und der Geschwindigkeit komponentenweise aktualisiert.

Das Setzen der `_active_`-Signale für den Ball geschieht in den Zeilen 300 bis 308, das Funktionsprinzip wurde bereits erläutert.

In den Zeilen 335 bis 345 wird für das aktuelle Pixel des oberen Halb-Displays der Wert ermittelt. Dabei werden alle hier verwendeten Grafik-Objekte in einer bestimmten Reihenfolge berücksichtigt. In den Zeilen 347 bis 357 passiert das Gleiche für das untere Halb-Display.

Damit das Spielen richtig Spaß macht, sollte ein Joystick alter Bauart oder ein ähnliches Eingabegerät an das FPGA-Board angeschlossen werden, das zwei (oder mehr) Tasterausgänge zur Verfügung stellt.

Nach einer Gewöhnungsphase wird das Spiel wahrscheinlich »zu leicht« werden. Mit diesen Mitteln kann der Schwierigkeitsgrad erhöht werden:

- Vergrößern der Ballgeschwindigkeit
- Verkleinern der Paddle-Geschwindigkeit
- Verkleinern des Paddle
- Verwenden von unterschiedlichen Werten für die x- und y-Komponente der Ballgeschwindigkeit
- Verringern des Abstands zwischen Wand und Paddle

Viel Spaß beim »Zocken«!

Abbildung 12-7: Pong auf 64x32 RGB-LED-Matrix-Display

12.4 Zusammenfassung

In diesem Kapitel wurde eine Schaltung zur Ansteuerung eines aus RGB-Leuchtdioden bestehenden Matrix-Displays von Grund auf entwickelt. Dabei wurde u.a. gezeigt, wie auf der Basis von Datenblättern einzelner Komponenten externer Hardware konkrete Anforderungen für das FPGA-basierte Schaltungsdesign hergeleitet werden.

Auch in diesem Projekt wurden zuvor erläuterte Schaltungskonzepte wiederverwertet.

13 Ausflug zu Verilog

In diesem Buch wird VHDL als Hardwarebeschreibungssprache verwendet. Dennoch folgt nun ein kurzer Abschnitt zu Verilog. Die wesentliche Motivation dafür ist, dass man als fortgeschrittener VHDL-Anwender in der Lage sein sollte, in Verilog vorliegende Module (die z.B. von »OpenCores.org« stammen) in eigene VHDL-Projekte einzubinden. Dazu muss man in der Hauptsache wissen, wie das Interface eines Verilog-Moduls aufgebaut ist und wie ein Verilog-Modul in ein VHDL-Projekt eingebunden wird.

13.1 Einstieg in Verilog

Als Einstieg in Verilog wird hier das Modul `fpga_basic` benutzt, das in diesem Buch (Anhang) bei der Vorstellung der diversen FPGA-Entwicklungsumgebungen verwendet wird.

Listing 13-1 zeigt die VHDL-Version, die jetzt von jedem Leser auf Anhieb verstanden werden sollte.

Listing 13-1: Demo-Schaltungsbeschreibung in VHDL

```
-- fpga_basic.vhd

library ieee;
use ieee.std_logic_1164.all;
use ieee.numeric_std.all;


entity fpga_basic is
  port
  (
    clk : in std_logic; -- clock input
    in_1 : in std_logic; -- switch /push button input
    in_2 : in std_logic;  -- switch /push button input
```

```
      blink_o : out std_logic; -- output for alternating signal
      and_o : out std_logic;  -- output for and operation
      or_o : out std_logic  -- output for or operation
   );
end fpga_basic;

architecture impl of fpga_basic is
signal cntr : unsigned(24 downto 0); -- counter

begin

-- concurrent part
   and_o <= in_1 and in_2;
   or_o <= in_1 or in_2;

-- sequential part
   cnt_proc : process (clk)
   begin
      if rising_edge(clk) then
         cntr <= cntr + 1;
      end if;
   end process cnt_proc;
   blink_o <= cntr(24);
end impl;
```

Listing 13-2 enthält die gleiche Schaltung, diesmal in Verilog beschrieben.

Listing 13-2: Demo-Schaltungsbeschreibung in Verilog

```
/* fpga_basic.v */

module fpga_basic
   (
      input clk,
      input in_1,
      input in_2,
      output blink_o,
      output and_o,
      output or_o
     );

     reg [24:0] cntr;
```

```

    /* concurrent part */
    assign and_o = in_1 & in_2;
    assign or_o = in_1 | in_2;

    /* sequential part */
    always @ (posedge clk)
      cntr <= cntr + 1;

    assign blink_o = cntr[24];

endmodule
```

Bei dem Vergleich von Listing 13-2 mit Listing 13-1 fallen einige Dinge auf:

- Verilog-Source-Files haben die Dateierweiterung ›.v‹.
- In Verilog müssen keine Library-Packages eingebunden werden.
- In Verilog gibt es nur das Modul (`module fpga_basic`), aber keine Unterteilung in `entity` und `architecture`.
- In Verilog steht am Anfang des Moduls eine Liste mit den Eingängen und Ausgängen, dies ist die für die Einbindung des Moduls Interface-Beschreibung.
- In Verilog werden keine expliziten Datentypen benutzt.
- Die Verilog-Syntax ist ziemlich ähnlich zu C.
- Die Operatoren unterscheiden sich (z.B. in VHDL `and`, in Verilog `&`); in beiden Sprachen ist die Bedeutung jedoch recht gut erkennbar.

Ein wichtiger Unterschied zwischen VHDL und Verilog ist auf den ersten Blick nicht erkennbar: In Verilog spielt Groß-/Kleinschreibung eine Rolle, alle Verilog-Schlüsselwörter müssen *klein* geschrieben werden.

Das Für und Wider der beiden Hardwarebeschreibungssprachen soll hier nicht weiter vertieft werden. Wichtig zu wissen ist, wie ein Verilog-Modul in ein VHDL-Projekt eingebunden wird. Entscheidend dafür ist auf Verilog-Seite die Interface-Beschreibung zu Anfang des Moduls, die aus `input`- und `output`-Statements besteht.

13.2 Einbinden eines Verilog-Moduls in ein VHDL-Projekt

Nachdem nun ein wenig Einblick in Verilog gewonnen wurde, ist das Einbinden eines in Verilog beschriebenen Moduls in ein VHDL-Projekt eigentlich recht einfach: Auf Basis der Interface-Beschreibung des Verilog-Moduls wird eine `component`-Beschreibung für das Verilog-Modul in VHDL erstellt. Dabei müssen folgende Punkte beachtet werden:

- Der Name des Verilog-Moduls wird *exakt* (Groß-/Kleinschreibung) übernommen.
- Als Datentyp wird in der `component` ausschließlich `std_logic` bzw. `std_logic_vector` benutzt.
- Die Schreibweise der Signale in Verilog (Groß-/Kleinschreibung) wird *exakt* in die `component` in VHDL übernommen.

Ansonsten geht man einfach so vor, als ob man eine Komponentenbeschreibung für ein in VHDL beschriebenes Modul mit identischem Interface erstellt.

Listing 13-3 enthält eine Schaltung (für das Board »Arty«), welche das Modul `fpga_basic` einbindet.

Listing 13-3: Modulintegration in VHDL

```
-- fpga_basic_arty

library ieee;
use ieee.std_logic_1164.all;


entity fpga_basic_arty is
  port
  (
    clk100 : in std_logic;
    sw0 : in std_logic;
    sw1 : in std_logic;
    led0 : out std_logic;
    led1 : out std_logic;
    led2 : out std_logic
  );

end fpga_basic_arty;

architecture impl of fpga_basic_arty is
component fpga_basic is
  port
  (
    clk : in std_logic;
    in_1 : in std_logic;
    in_2 : in std_logic;
```

```
27          blink_o : out std_logic;
28          and_o : out std_logic;
29          or_o : out std_logic
30      );
31  end component;
32
33  begin
34      fb_arty_v : fpga_basic
35      port map
36      (
37          clk => clk100,
38          in_1 => sw0,
39          in_2 => sw1,
40          blink_o => led0,
41          and_o => led1,
42          or_o => led2
43      );
44  end impl;
```

Entscheidend ist das component-Konstrukt in den Zeilen 21 bis 31. Auf dieser Code-Ebene ist nicht mehr unterscheidbar, in welcher Hardwarebeschreibungssprache fpga_basic vorliegt.

Abbildung 13-1 zeigt einen Ausschnitt des »Project Manager« in Vivado. Es ist erkennbar, dass fpga_basic.v mit dem Modul fpga_basic, welches unter dem Namen fb_arty_v instantiiert wird (Zeile 34 in Listing 13-3), Bestandteil des Projekts ist.

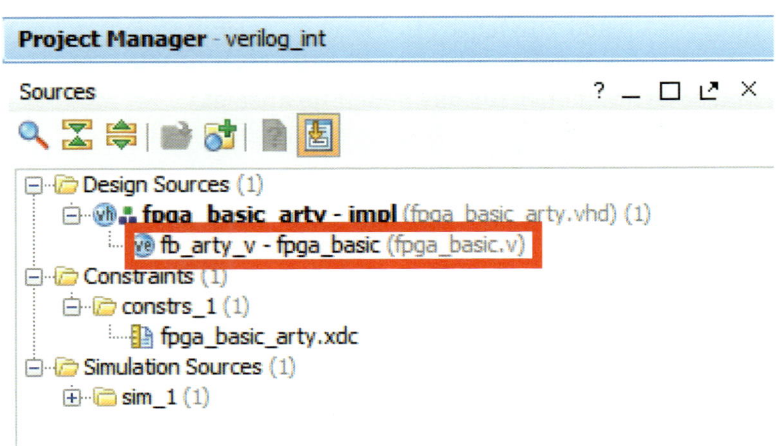

Abbildung 13-1: Vivado, Project Manager: Verwendung eines Verilog-Moduls

Abbildung 13-2 enthält das RTL-Schaltbild der in Listing 13-3 beschriebenen Schaltung.

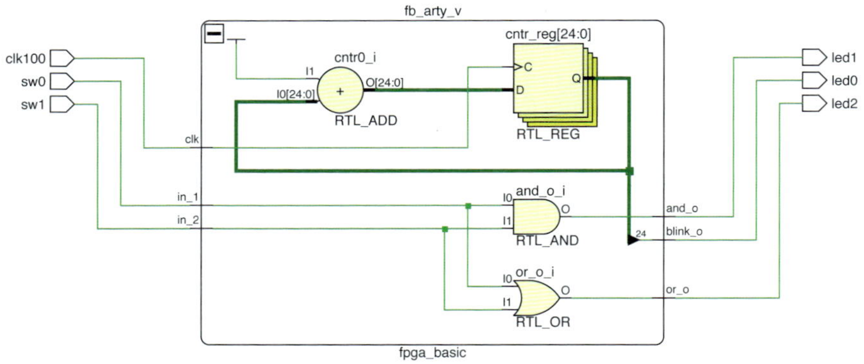

Abbildung 13-2: Demo-Schaltung mit Verilog-Modul

Als kleines Experiment wird nun in dem Projekt, welches hier den Namen »verilog-int« trägt, `fpga_basic.v` gegen `fpga_basic.vhd` ausgetauscht und Zeile 34 in `fpga_basic_arty` wie folgt geändert:

```
fb_arty_vhdl : fpga_basic
```

Der Name der Instanz von `fpga_basic` wird von `fpga_basic_v` in `fpga_basic_vhdl` geändert, das hat auf die Schaltung keinerlei Einfluss und dient hier nur als Unterscheidungsmerkmal.

Wenn man diesen Wechsel in Vivado im Project Manager über das Feature »Replace File« (angewandt auf `fpga_basic.v`/`fpga_basic.vhd`) durchführt, ist Vivado zunächst ein bisschen »zickig«, weil es bei diesem Austausch offensichtlich ein File vom gleichen Typ (Verilog) als Ersatz erwartet und so Syntaxfehler für das neue File anzeigt.

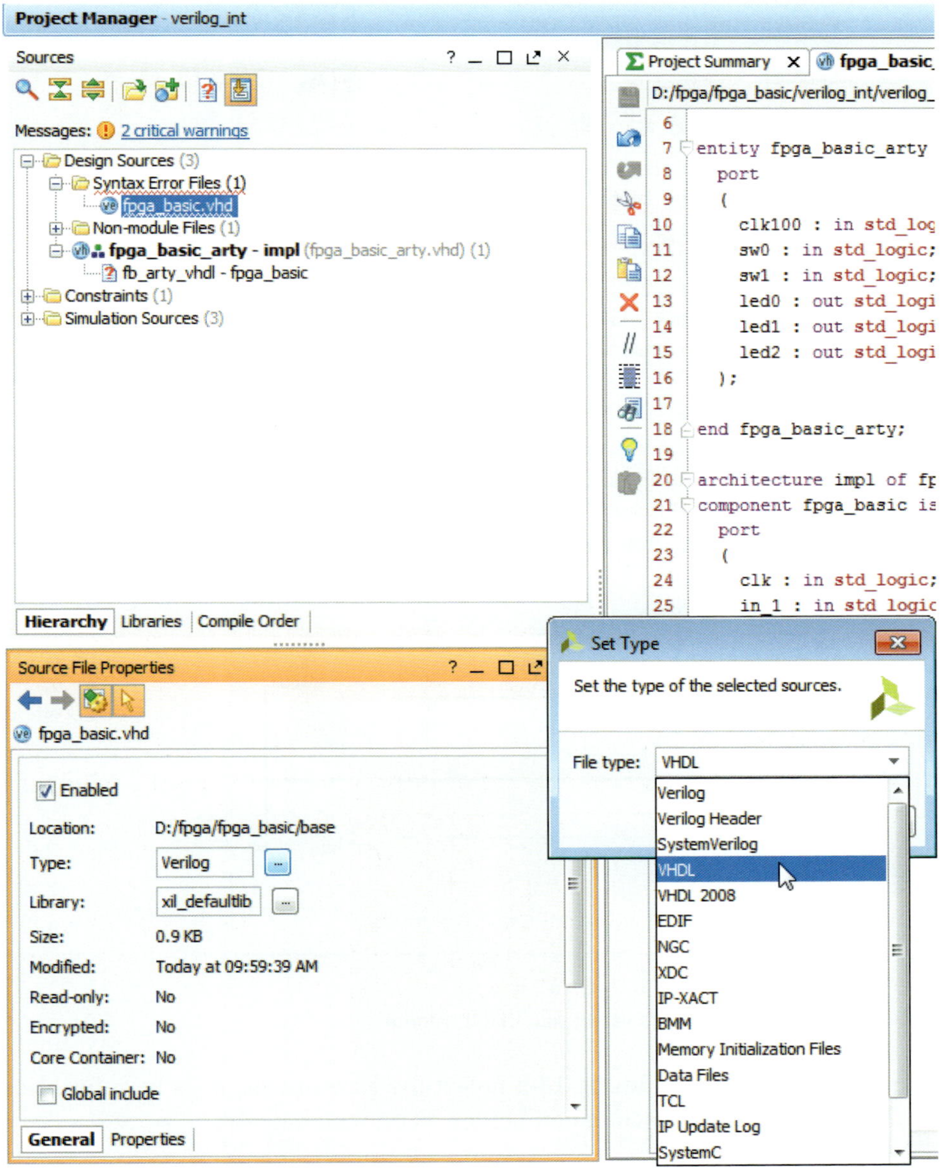

Abbildung 13-3: Vivado, Project Manager: Änderung des Filetyps in »VHDL«

Durch Ändern des Filetyps im Project Manager wird dieses Problem behoben, siehe Abbildung 13-3. Es ergibt sich danach die Situation wie in Abbildung 13-4.

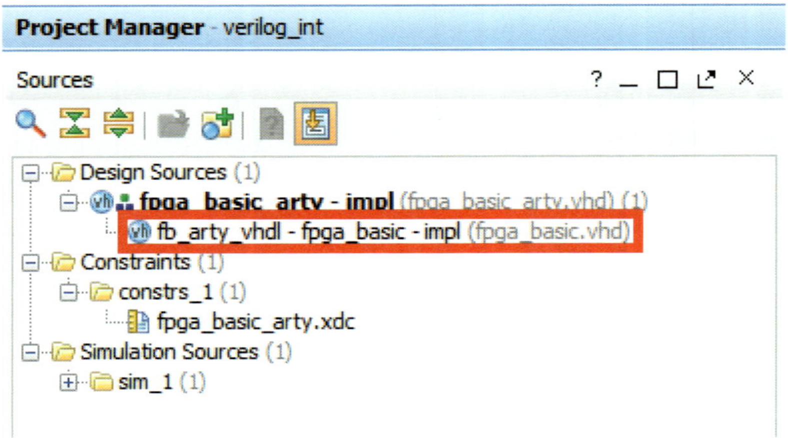

Abbildung 13-4: Vivado, Project Manager: `fpga_basic` als VHDL-Modul eingebunden

Abbildung 13-5 zeigt das neue RTL-Schaltbild.

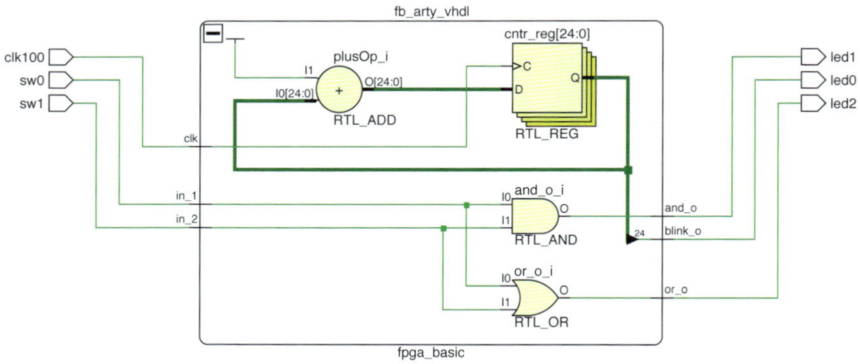

Abbildung 13-5: Demo-Schaltung mit VHDL-Modul

Ein Vergleich mit Abbildung 13-2 liefert die Erkenntnis, dass kein funktionaler Unterschied zwischen den beiden Versionen besteht.

13.3 Simulation bei der Verwendung von Verilog-Modulen

Eine Simulation ist bei gemischten VHDL-/Verilog-Projekten in der Regel problemlos möglich, letztendlich hängt das von dem verwendeten Simulationswerkzeug ab.

Vivado verwendet ein integriertes Simulations-Tool, das gemischte Simulationen unterstützt. Es muss lediglich darauf geachtet werden, dass die entsprechende Einstellung vorgenommen wird, siehe Abbildung 13-6.

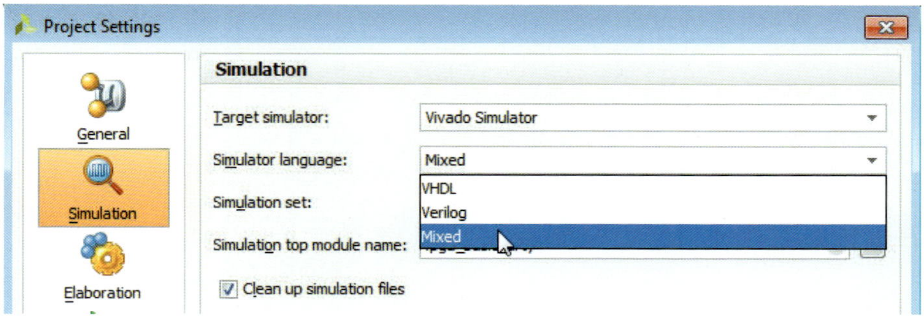

Abbildung 13-6: Vivado-Simulator-Einstellungen: Unterstützung für gemischte Simulation

Teil IV

Anhang

A VHDL-Kurzübersicht

A.1 entity

```
entity demo_entity is
  generic
  (
    g_limit : integer := 128;
    g_ledcount : integer := 4
  );
  port
  (
    clk_i : in std_logic;
    reset_i : in std_logic;
    leds_o : out std_logic_vector(g_ledcount-1 downto 0)
  );
end demo_entity;
```

Beachten:

- Letzter Eintrag Generic-Liste ohne Semikolon
- Letzter Eintrag Port-Liste ohne Semikolon
- Generic- und Port-Liste jeweils in runden Klammern, Abschluss mit Semikolon

A.2 architecture

```
architecture <arch-name> of  <entity-name> is

component <component-name> is
...
end component;

signal abc : unsigned(3 downto 0);
```

```
begin
  mycomp : <component-name>
  port map
  (
   ...
  );

  process (clk)
  begin
   ...
  end process;

  sout <= abc;
  ...
end <arch-name>;
```

Beachten:

- `<arch-name>` kann beliebig gewählt werden.
- `<entity-name>` muss zum `entity`-Abschnitt passen.
- Der Teil zwischen `architecture` und `begin` enthält Signaldefinitionen und Komponentendefinitionen.
- Der Teil zwischen `begin` und `end` enthält Komponenteninstantiierungen, Prozesse und (Zuweisungs-)Statements.

A.3 component

```
...
architecture impl of example is
...
component demo_entity
  generic
  (
    g_limit : integer := 128;
    g_ledcount : integer := 4
  );
  port
  (
    clk : in std_logic;
    reset : in std_logic;
    leds : out std_logic_vector(g_ledcount-1 downto 0)
  );
```

```
end component;
...
signal reset_reg : std_logic;
begin
...
my_entity : demo_entity
  generic map
  (
    g_limit => 64,
    g_gledout => 3
  )
  port map
  (
    clk => clk_sys,
    reset => reset_reg,
    leds => leds
  );
...
end impl;
```

Beachten:

- Die Definition der Komponente erfolgt in `architecture` *vor* `begin`. Sie ist fast eine Kopie der entsprechenden Entity-Beschreibung, es muss lediglich `entity` durch `component` ersetzt und in der ersten Zeile das `is` weggelassen werden.
- Die Instantiierung der Komponente erfolgt in `architecture` *nach* `begin`. Der individuelle Bezeichner für die Instanz (hier `my_entity`) mit anschließendem Doppelpunkt ist zwingend erforderlich, auch bei nur einer Instanz.
- Das Mapping für `generic` ist optional und muss nur durchgeführt werden, wenn von den in der Komponentendefinition angegebenen Werten abgewichen werden soll (und falls überhaupt `generic` in der Definition benutzt wird).
- Nach der abschließenden rechten Klammer des generic-Mapping folgt *kein* Semikolon.
- Neben der hier dargestellten Form des Mapping gibt es dafür noch eine Kurzform, bei der jeweils nur angegeben wird, wohin gemappt wird. Diese Form wird hier ganz bewusst nicht benutzt, weil sie besonders bei längeren Mappings unübersichtlich und damit fehlerträchtig ist.

A.4 process

A.4.1 process mit sensitivity list

```
...
architecture
...
begin
  <process-name> : process (<sensitivity-list>)
  begin
    ...
  end process <process-name>;
...
```

Beachten:

- `<process-name>` ist optional.
- `<sensitivity-list>` sollte vollständig sein.

A.4.2 process ohne sensitivity list

```
...
architecture
...
begin
  <process-name> : process
  begin
    ...
    wait ...
  end process <process-name>;
...
```

Beachten:

- `<process-name>` ist optional.
- Innerhalb des Prozesses muss mindestens ein `wait`-Statement vorkommen.

A.5 Datentypumwandlungen

A.5.1 Umwandlung integer → std_logic_vector

```
library ieee;
use ieee.std_logic_1164.all;
use ieee.numeric_std.all;
...
entity bsp
  port
  (
    haddr_o : out std_logic_vector(4 downto 0);
    ...
  );
end bsp

architecture rtl of bsp is
...
begin
  process (clk_i, reset_i)
  variable v_hcntr : integer := 0;
  begin
    ...
    haddr_o <= std_logic_vector(to_unsigned(v_hcntr,
               haddr_o'length));
    ...
  end process;
end rtl;
```

Beachten:

- Erst Datentypumwandlung von `integer` nach `unsigned`
- `to_unsigned` benötigt als zweiten Parameter die Länge des Zielobjekts in »Anzahl der Bits«.
- Dann Umwandlung von `unsigned` nach `std_logic_vector`
- Library-Package `ieee.numeric_std` einbinden

A.5.2 Umwandlung unsigned → std_logic_vector

```
library ieee;
use ieee.std_logic_1164.all;
use ieee.numeric_std.all;

entity ...
  port
  (
   dout : std_logic_vector(3 downto 0);
   ...
  ...
architecture ...
signal cntr : unsigned(3 downto 0);
...
begin
  ...
  cntr <= std_logic_vector(cntr);
  ...
```

A.5.3 Umwandlung std_logic_vector → unsigned

```
library ieee;
use ieee.std_logic_1164.all;
use ieee.numeric_std.all;

entity ...
  port
  (
   din : std_logic_vector(3 downto 0);
   ...
  ...
architecture ...
signal dcntr : unsigned(3 downto 0);
...
begin
  ...
  dcntr <= unsigned(din);
  ...
```

A.6 Initialisierung mit others

```
...
architecture
  signal bsp : std_logic_vector(3 downto 0) := (others => '0');
...
```

Hier wird `others` zur Initialisierung mit ›0‹ benutzt; mit anderen zulässigen Werten für den Zieldatentyp funktioniert das genauso. Im vorliegenden Beispiel hätte dieser Code denselben Effekt:

```
  signal bsp : std_logic_vector(3 downto 0) := "0000";
```

Sobald sich hier die Breite des Vektors ändert, muss auch der Initialwert angepasst werden. Der Charme der Lösung mit `others` ist, dass der Initialisierungswert automatisch die richtige Breite hat.

Das `others`-Konstrukt ist genau genommen nur ein Teil der Initialisierung mit `... := (xxx);`. Ein vollständiges Beispiel sieht so aus:

```
  signal bsp : std_logic_vector(3 downto 0)
               := (0 => '1', others => '0');
```

Hier bekommt das Bit ›0‹ den Wert ›1‹, während die übrigen Bits den Wert ›0‹ erhalten.

Es geht auch noch ein wenig komplizierter:

```
  signal bsp : std_logic_vector(3 downto 0)
                := (0|3 => '1', others => '0');
```

Nun werden die Bits ›0‹ und ›3‹ mit ›1‹ initialisiert, während die übrigen Bits auf ›0‹ gesetzt werden.

A.7 Bedingte Ausführung

A.7.1 concurrent statements

A.7.1.1 when

```
...
architecture
signal cntr : unsigned(3 downto 0);
signal t_pulse : std_logic;
...
begin
t_pulse <= '1' when cntr = "0000" else '0';
...
```

A.7.1.2 select

```
entity ...
  port
  (
    ...
    d_out : std_logic_vector(2 downto 0);
    ...
  ...
architecture
signal d_sel : unsigned(1 downto 0);
begin
  ...
  with d_sel select
    d_out <= "000" when "00",
             "010" when "01",
             "100" when "10",
             "111" when others;
  ...
```

A.7.2 sequential statements

A.7.2.1 if

```
...
architecture
signal cntr : unsigned(3 downto 0);
signal t_pulse : std_logic;
signal u_pulse : std_logic;
signal v_pulse : std_logic;
...
begin
process (cntr)
begin
t_pulse <= '0';
u_pulse <= '0';
v_pulse <= '0';
  if cntr = "0000" then
   t_pulse <= '1';
  elsif cntr = "0010" then
   u_pulse <= '1';
  else
   y_pulse <= '1';
```

```
  end if;
end process;
...
```

Beachten:

- In der »sensitivity list« müssen alle Signale aufgeführt sein, die in den Verzweigungsbedingungen verwendet werden.
- Es muss eine *vollständige* Abdeckung aller Kombinationen in Bezug auf die möglichen Ausgangswerte erreicht werden[1]. Der sicherste Weg ist, allen Ausgangssignalen *vor* dem `if`-Statement einen Default-Wert zuzuweisen.

A.7.2.2 case

```
entity ...
  port
  (
    ...
    d_out : std_logic_vector(2 downto 0);
    ...
  ...
architecture
signal d_sel : unsigned(1 downto 0);
begin
process (d_sel)
begin
    case d_sel is
     when "00" => d_out <= "000";
     when "01" => d_out <= "010";
     when "10" => d_out <= "100";
     when others => d_out <= "111";
   end case;
end process;
...
```

Beachten:

- Große Ähnlichkeit mit dem »concurrent«-Statement `select`
- Im Gegensatz zu `select` sind bei `case` je Bedingung *mehrere* Zuweisungen möglich.

[1]Sonst werden Latch-Elemente erzeugt.

A.7.3 Vorsicht Latch!

In Kapitel 5.1.2 wurde ein Latch bereits beschrieben und darauf hingewiesen, wie schlecht Latches für FPGA-Designs sind und dass sie vermieden werden sollen[2] .

Listing A-1 zeigt den VHDL-Code eines Latch:

Listing A-1: dlatch.vhd

```
1   library ieee;
2   use ieee.std_logic_1164.all;
3
4   entity dlatch is
5     port
6     (
7       clk : in std_logic;
8       d : in std_logic;
9       q : out std_logic
10    );
11  end dlatch;
12
13  architecture impl of dlatch is
14
15  begin
16    process (clk, d)
17    begin
18      if clk = '1' then
19        q <= d;
20      end if;
21    end process;
22  end impl;
```

Das `process`-Statement in Zeile 16 gibt beide Eingangssignale ›clk‹ und ›d‹ als »Trigger« an. In Zeile 19 erfolgt für den Fall, dass ›clk‹ gleich ›1‹ ist, die Zuweisung `q <= d;`. Für den Fall `clk = '0'` ist jedoch nichts definiert! Genau dieses Muster, ein nicht vollständig definiertes `if`- oder `case`-Statement, ist sehr häufig die Ursache für ein Latch. In diesem Beispiel ist das jedoch nicht der entscheidende Punkt, sondern das »Prüfen« des Clock-Signals in Zeile 18 auf einen bestimmten Pegel anstatt auf eine Flanke (siehe auch Abschnitt A.4).

Eine Webrecherche mit dem Suchstring »vhdl unintended latch« liefert viele interessante Fundstellen zu diesem Thema.

[2]Es kann Ausnahmen von dieser Regel geben. Normalerweise sollte man beim FPGA-Design Latches komplett vermeiden, als Anfänger grundsätzlich.

B FPGA-Werkzeugketten

In den folgenden Kapiteln werden insgesamt vier Entwicklungsumgebungen für FPGAs vorgestellt. Sie stammen von den FPGA-Herstellerfirmen Altera, Lattice, Microsemi und Xilinx.

Die fünfte FPGA-Entwicklungsumgebung, welche für dieses Buch verwendet wird, ist »Vivado« von der Firma Xilinx in der Version »2016.1«. Vivado (oder besser gesagt Teile von Vivado, die für dieses Buch relevant sind) wird in Kapitel 4 vorgestellt; daher ist zu diesem Werkzeug kein eigener Anhang vorhanden.

Zu allen Entwicklungsumgebungen können nur ausgesuchte elementare Aspekte dargelegt werden, weitere Details lassen sich öffentlich verfügbaren Dokumenten des jeweiligen Herstellers entnehmen (Reference Manuals, Tutorials, Application Notes ...).

Auch für die in diesem Buch präsentierten Vorgehensweisen gibt es mit jeder FPGA-Entwicklungsumgebung in der Regel andere Möglichkeiten, um das gewünschte Ziel zu erreichen. Der Leser wird ausdrücklich dazu ermutigt, im Laufe der Zeit Alternativen zu den hier gezeigten Vorgehensweisen auszuprobieren, um so letztendlich seine eigene Methodik zu entwickeln.

Installationsanleitungen zu den FPGA-Entwicklungsumgebungen werden hier ganz bewusst *nicht* veröffentlicht.

Auf den Webseiten der Hersteller finden sich solche Anleitungen. Diese werden ständig aktualisiert; es muss damit gerechnet werden, dass sich bei einem neuen Release eines Tools auch neue Anforderungen an den Entwicklungs-PC ergeben. Auf den Hersteller-Webseiten finden sich auch Übersichtstabellen mit Angaben zu den unterstützten FPGAs und den von den kostenfreien Versionen der Tools unterstützten Features.

Für die Beispiele in diesem Buch wurde ein PC mit i5-3340M-Prozessor und 8GB RAM unter Windows 7 Professional benutzt. Damit funktionieren alle hier vorgestellten Tools einwandfrei mit guter Performance.

Folgende Fähigkeiten im Umgang mit einer FPGA-Werkzeugkette sollten nach und nach entwickelt werden:

- Anlegen eines Projekts
- Eingabe von Quellcode

- Überprüfen des Quellcodes durch die Entwicklungsumgebung und Beseitigen von syntaktischen Fehlern
  - Verwendung von Code-Templates
  - Verwendung von bereits erstellten Modulen
  - Verwendung und Anpassung von IP-Modulen
- Simulation
  - Erstellung von Testbenches
  - Grundlegender Umgang mit dem Simulator
- Synthese
  - Auswerten von Fehlermeldungen und Warnungen
- Erzeugen und Auswerten von RTL-Schematics
  - Elaborated Design
  - Synthesized Design
- Eingabe von Constraints
  - Auswerten von Dokumentation (auch Schaltpläne) und Erstellen von sich daraus ergebenden Constraints
  - Verwerten von vorgefertigten Constraints-Files
- Bitstream-Generierung
- Download des Bitstreams auf ein FPGA-Board
- Speichern des Bitstreams in einem nichtflüchtigen Konfigurationsspeicherbaustein auf einem FPGA-Board

Zur Demonstration der verschiedenen FPGA-Entwicklungsumgebungen wird eine Schaltungsbeschreibung in VHDL verwendet, welche die in den einführenden Kapiteln 4 und 5 eingesetzten Elemente beinhaltet.

Listing B-1 zeigt den VHDL-Code.

Listing B-1: fpga_basic.vhd; Basis-Demo

```
-- FPGAs fuer Maker
--
-- Cord Elias
--
-- fpga_basic.vhd
--
-- simple demo with concurrent and sequential VHDL
   statements

library ieee;
```

```
use ieee.std_logic_1164.all;
use ieee.numeric_std.all;


entity fpga_basic is
  port
  (
    clk : in std_logic; -- clock input
    in_1 : in std_logic; -- switch /pushbutton input
    in_2 : in std_logic;  -- switch /pushbutton
        input
    blink_o : out std_logic; -- output for
        alternating signal ( ~ 1Hz)
    and_o : out std_logic;  -- output for and
        operation
    or_o : out std_logic  -- output for or operation
  );
end fpga_basic;

architecture impl of fpga_basic is
signal cntr : unsigned(24 downto 0); -- counter

begin

-- concurrent part
  and_o <= in_1 and in_2;
  or_o <= in_1 or in_2;

-- sequential part
  cnt_proc : process (clk)
  begin
    if rising_edge(clk) then
      cntr <= cntr + 1;
    end if;
  end process cnt_proc;
  blink_o <= cntr(24);
end impl;
```

C Altera-Werkzeugkette »Quartus Prime Lite Edition«

Im Folgenden wird die Verwendung des Werkzeugs »Quartus Prime Lite Edition« von Altera vorgestellt. Die Version »Quartus Prime Lite Edition« ist relativ neu, die Vorgängerversionen (vor der Übernahme von Altera durch Intel) trugen die Bezeichnung »Quartus II (Web Edition)«.

Im Maker-Bereich sind u.A. die FPGAs der »Cyclone«-Familie von Altera interessant, sie sind kostengünstig und haben Features, die für die meisten Maker-Belange gut passen. »Quartus Prime Lite Edition« kann allerdings nur für Cyclone-FPGAs ab »Cyclone IV« verwendet werden, für ältere Cyclone-Chips (z.B. Board »DE0« mit FPGA vom Type »Cyclone III«) muss auf »Quartus II V13.1« (»Web Edition«) zurückgegriffen werden. Die Unterschiede im User-Interface der beiden genannten Versionen sind eher marginal. Den im Folgenden abgedruckten Screenshots liegt die Version »Quartus Prime Lite Edition V16.0« zugrunde.

Verwendet wird das Beispiel `fpga_basic`, als Board wird »DE0-Nano« benutzt; Details zum Board stehen in Abschnitt H.3.1.2. Tabelle C-1 listet Details zu den hier benutzten Ressourcen dieses Boards auf.

Board: DE0-Nano; FPGA: EP4CE22F17C6		
Ressource	*FPGA-Pin*	*I/O-Standard*
Quarz-Oszillator 50 MHz	R8	3.3V
DIP Switch 0 (On = 0)	M1	3.3V
DIP Switch 1 (On = 0)	T8	3.3V
LED0	A15 (Anode)	3.3V
LED1	A13 (Anode)	3.3V
LED2	B13 (Anode)	3.3V

Tabelle C-1: `fpga_basic` auf DE0-Nano, verwendete Ressourcen

In der Tabelle werden bei den DIP-Schaltern die Bezeichnungen aus dem Schaltplan des Boards verwendet (mit den Indizes $0 \ldots 3$), die auf dem

Schalterblock selbst aufgedruckten Bezeichner starten mit ›1‹ und enden mit ›4‹.

C.1 Anlegen eines neuen Projekts

In diesem ersten Schritt geht es darum, das neue Projekt physisch anzulegen. Quartus erstellt dazu auf Basis der Benutzereingaben automatisch einige Dateien, deren Details man in der Regel nicht näher kennen muss. Außerdem werden wichtige Grundeinstellungen vorgenommen.

Nach dem Starten von Quartus öffnet sich ein Startbildschirm, wie er in Abbildung C-1 gezeigt wird (ggf. nach Schließen des »Home«-Fensters).

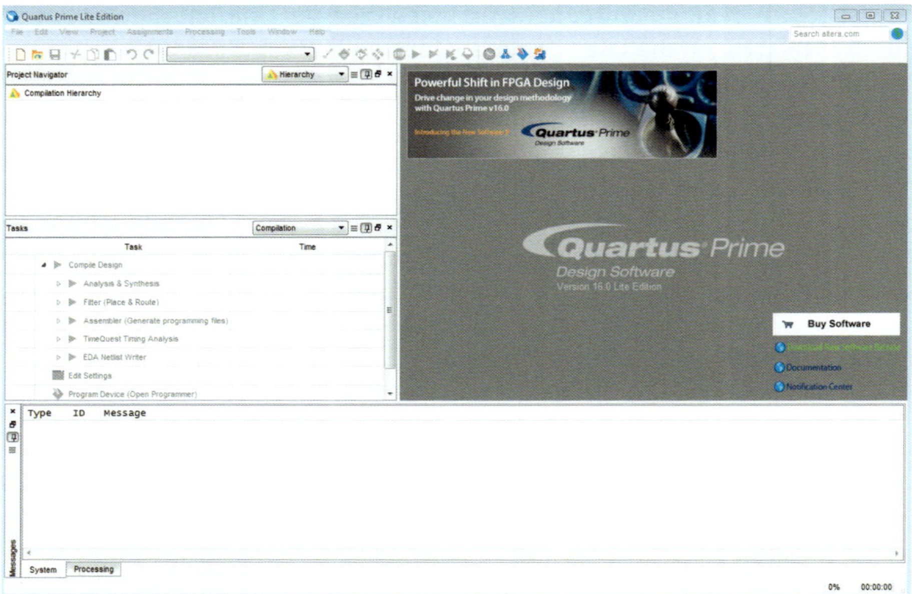

Abbildung C-1: Quartus: Startbildschirm

Als Nächstes wird der Assistent (»Wizard«) zum Erzeugen eines neuen Projekts gestartet, Abbildung C-2.

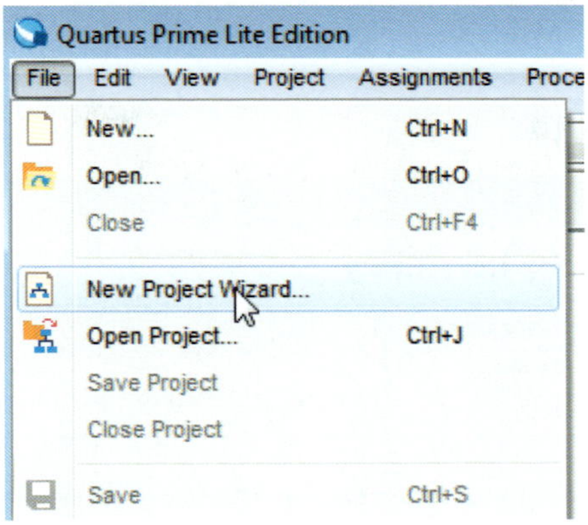

Abbildung C-2: Quartus: Start des Wizards zum Anlegen eines neuen Projekts

Zunächst öffnet sich ein Fenster mit generellen Informationen zur Projekterstellung (Abbildung C-3).

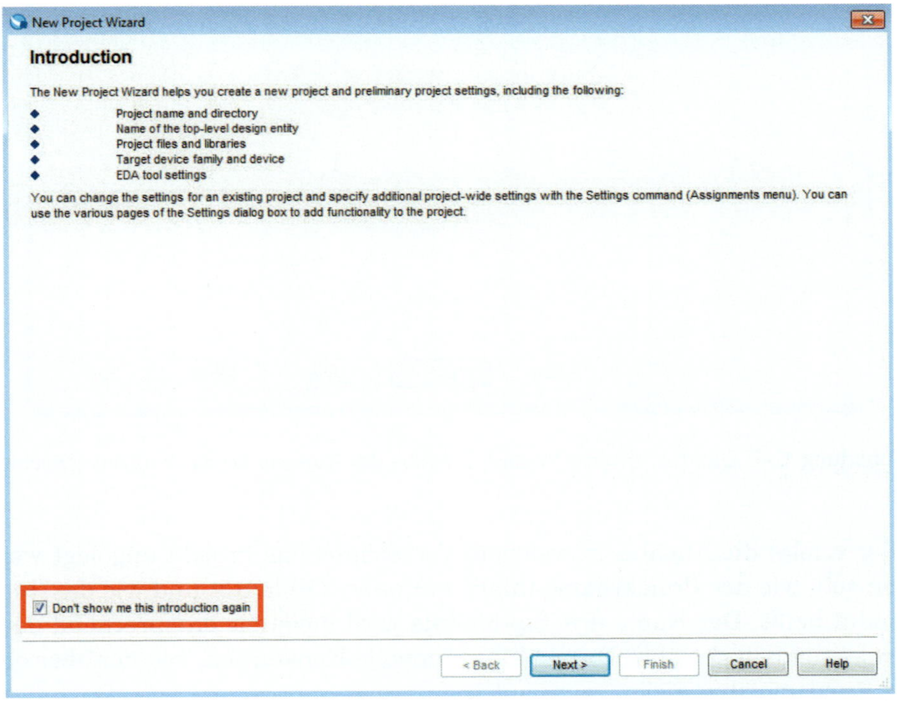

Abbildung C-3: Quartus: Projekt-Wizard, allgemeine Informationen

Wenn dieses Fenster nicht immer wieder erscheinen soll, setzt man links unten einen Haken. Mit »Next« gelangt man zum nächsten Dialog, Abbildung C-4.

Abbildung C-4: Quartus: Projekt-Wizard, Eingabe des Namens für das Projektverzeichnis etc.

Hier erfolgt die Angabe, in welchem Verzeichnis das Projekt angelegt werden soll, wie der Projektname (hier: `de0_nano_fb`) lautet und wie das Top-Modul heißt. Der Name des Top-Moduls wird meistens entsprechend dem Projektnamen gewählt. Das ist eine sinnvolle Konvention, von der aber ohne Probleme abgewichen werden kann.

Mit »Next« gelangt man zum nächsten Dialog (Abbildung C-5), wo der Projekttyp ausgewählt wird.

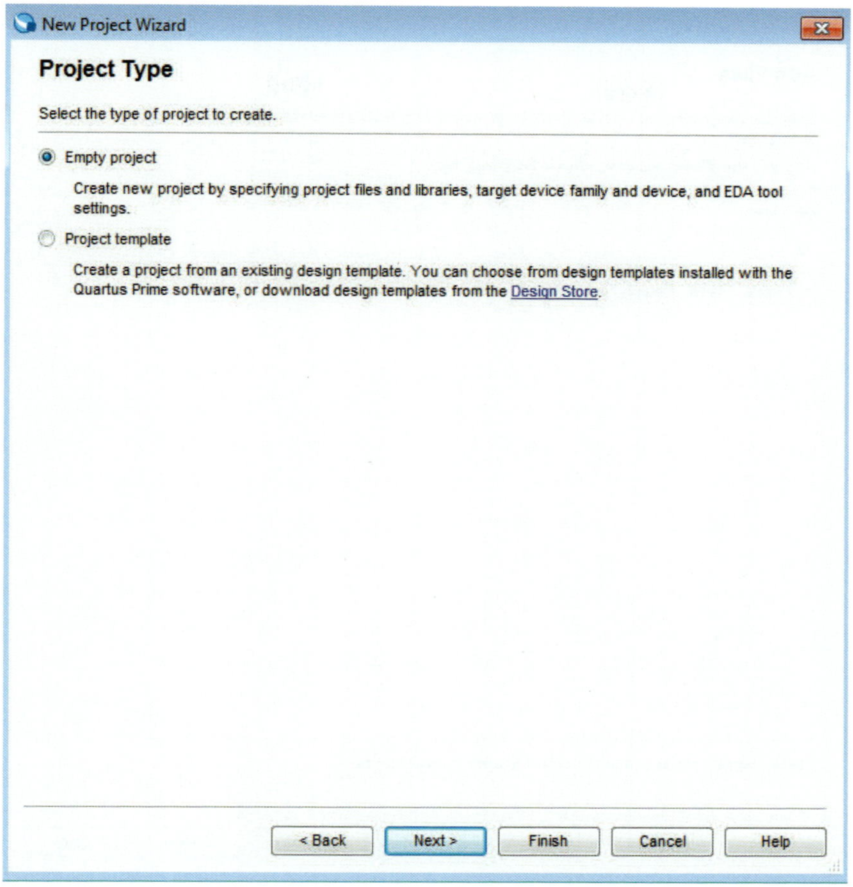

Abbildung C-5: Quartus: Projekt-Wizard, Auswahl des Projekttyps

Hier bleibt es bei der Standardeinstellung »Empty project«, mit »Next« geht es weiter.

In dem sich nun öffnenden Dialog (Abbildung C-6) besteht die Möglichkeit, bereits existierende (Source-)Files dem Projekt hinzuzufügen.

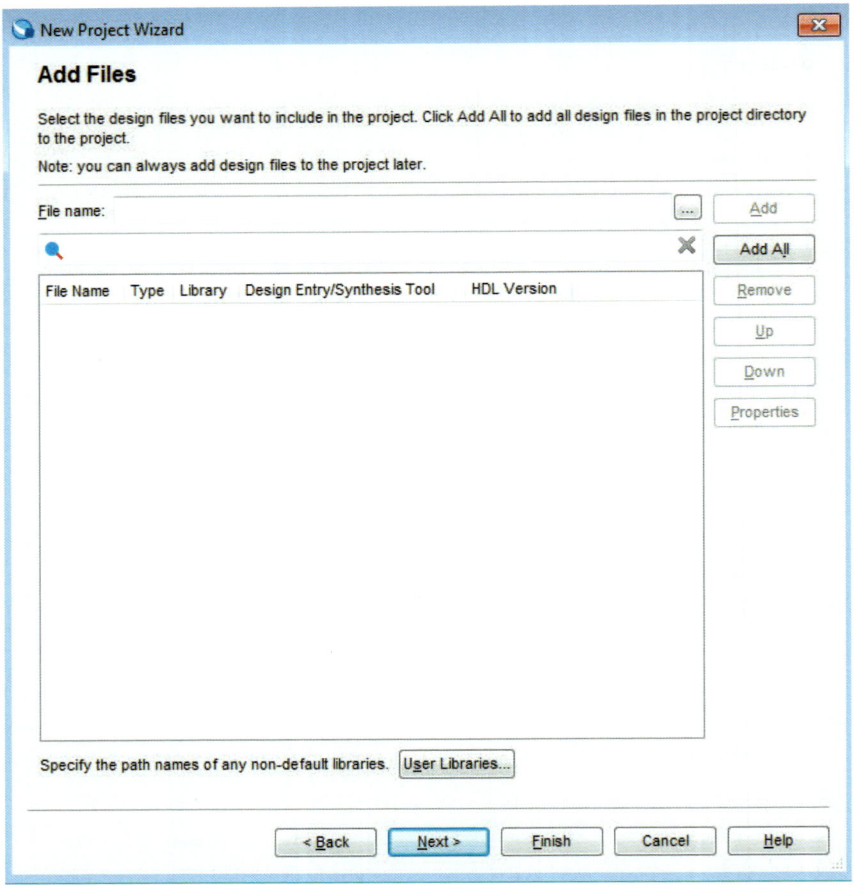

Abbildung C-6: Quartus: Projekt-Wizard, Möglichkeit zum Hinzufügen von Files zum Projekt

Hier wird von dieser Möglichkeit kein Gebrauch gemacht und mit »Next« geht es weiter zum nächsten Eingabefenster, Abbildung C-7.

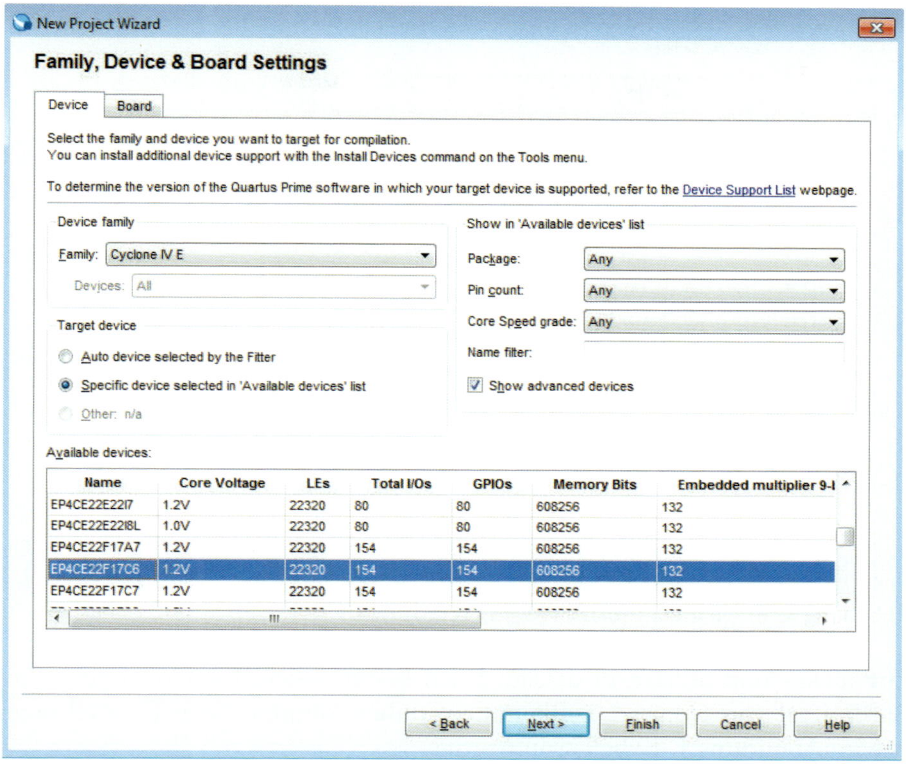

Abbildung C-7: Quartus: Projekt-Wizard, Auswahl des FPGA

Hier wird der benutzte FPGA-Typ eingestellt. Die Board-Dokumentation liefert diese Information. Es kann jedoch nicht schaden, direkt auf dem Board den FPGA-Chip zu suchen und anhand des Aufdrucks zu überprüfen, ob der in der Dokumentation angegebene FPGA-Typ stimmt. Neben der direkten Eingabe des FPGA-Typs kann diese Information im Prinzip auch implizit über die Eingabe der Board-Bezeichnung (Tab »Board« in Abb. C-7) erfasst werden; für das hier verwendete Board »DE0-Nano« ist aber (Stand Quartus Prime Lite V16.0) kein entsprechender Board-Eintrag vorhanden.

Um den Auswahlprozess möglichst kurz zu halten, sollte zunächst unter »Family« »Cylone IV E« ausgewählt werden. Unter »Target Device« wird »Specific device selected in Available devices list« aktiviert und anschließend im Bereich »Available Devices« »EP4CE22F17C6« ausgewählt. Nach einer Überprüfung des gewählten Eintrags geht es mit »Next« weiter.

In dem dann folgenden Dialog (Abbildung C-8) können für verschiedene Phasen des Entwicklungsprozesses (externe) Werkzeuge ausgewählt werden.

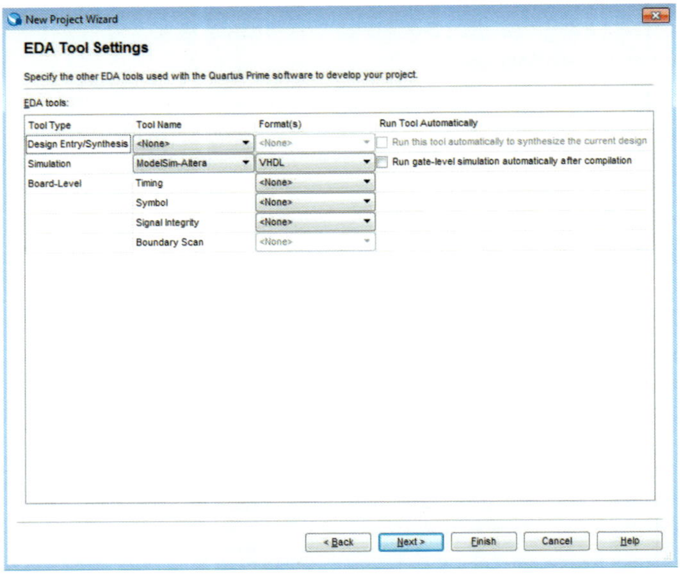

Abbildung C-8: Quartus: Projekt-Wizard, Tool-Auswahl

Für dieses und andere in diesem Buch beschriebene Projekte reichen die Bordmittel von Quartus vollkommen, daher können diese Einstellungen wie in (Abbildung C-8) belassen werden.

Mit »Next« gelangt man zu einer Zusammenfassung (Abbildung C-9).

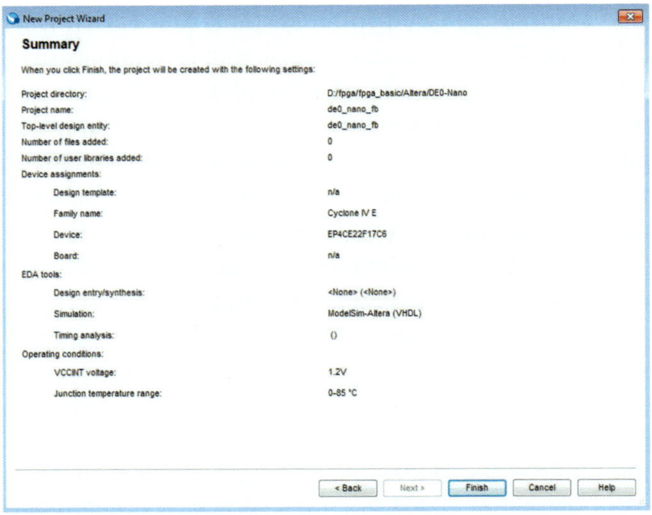

Abbildung C-9: Quartus: Projekt-Wizard, Zusammenfassung

Hier sollte man alle Einstellungen überprüfen (insbesondere »Device assignments«) und schließlich mit »Finish« das Anlegen des Projekts beenden.

C.2 Anlegen eines neuen VHDL-Files

Nachdem im vorherigen Schritt das neue Projekt `de0_nano_fb` erzeugt wurde, wird nun das neue VHDL-File `de0_nano_fb.vhd` angelegt. Es beinhaltet nach seiner Fertigstellung das Hauptmodul des Projekts, die schon vorhandene Komponente fpga_basic wird eingebunden.

Zunächst erfolgt im `File`-Menu von Quartus ein Klick auf »New ...«, Abbildung C-10.

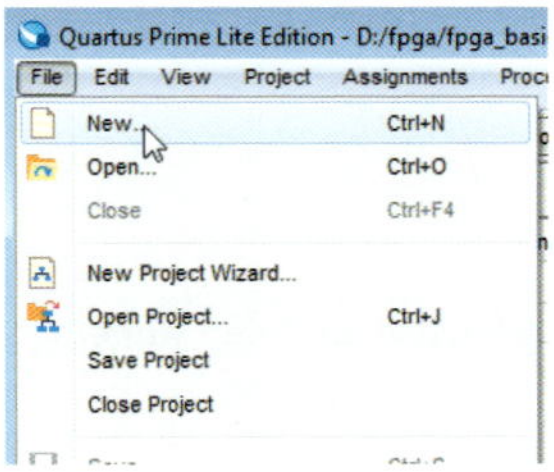

Abbildung C-10: Quartus: Anlegen eines neuen Files

In dem sich daraufhin öffnenden Dialog (Abbildung C-11) wird »VHDL File« ausgewählt und mit »OK« bestätigt.

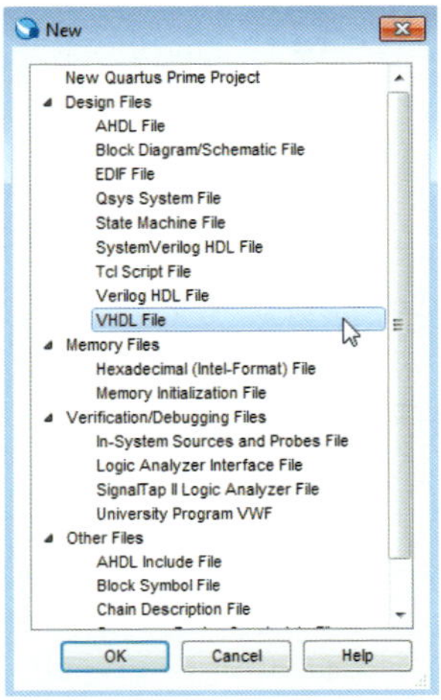

Abbildung C-11: Quartus: Auswahldialog zum Anlegen eines neuen Files

Daraufhin öffnet sich in der Quartus-Bedienoberfläche ein leeres Editorfenster (Abbildung C-12).

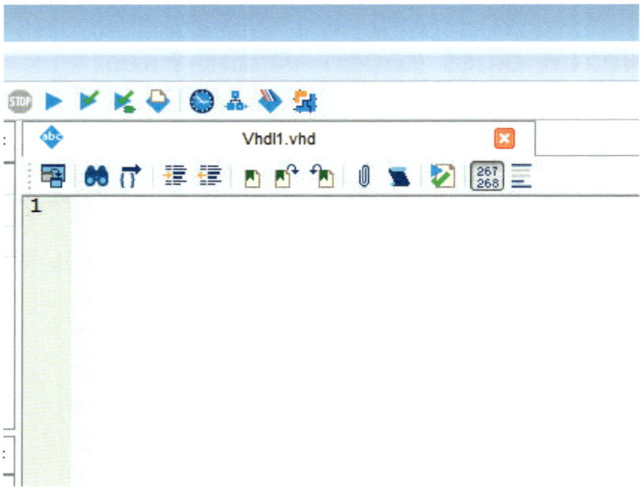

Abbildung C-12: Quartus: Editorfenster mit neu angelegtem VHDL-File

Listing C-1 stellt die Datei `de0_nano_fb.vhd` dar, deren Inhalt im Editor eingegeben werden muss.

Listing C-1: Inhalt von `de0_nano_fb.vhdl`

```
library ieee;
use ieee.std_logic_1164.all;

entity de0_nano_fb is
  port
  (
    clk50 : in std_logic;
    dipsw0_n : in std_logic;
    dipsw1_n : in std_logic;
    led0 : out std_logic;
    led1 : out std_logic;
    led2 : out std_logic
  );
end de0_nano_fb;

architecture impl of de0_nano_fb is
-- all logic consistently as positive logic
-- switches on board use negative logic and
-- leds are driven on anodes
```

```
signal dipsw0 : std_logic;
signal dipsw1 : std_logic;

component fpga_basic is
  port
  (
    clk : in std_logic; -- clock input
    in_1 : in std_logic; -- switch /pushbutton input
    in_2 : in std_logic;  -- switch /pushbutton input
    blink_o : out std_logic; -- output for alternating signal ( ~ 1Hz)
    and_o : out std_logic;  -- output for and operation
    or_o : out std_logic  -- output for or operation
  );
end component;

begin
  -- inversion operations
  dipsw0 <= not dipsw0_n;
  dipsw1 <= not dipsw1_n;

  fb : fpga_basic
  port map
  (
    clk => clk50,
    in_1 => dipsw0,
    in_2 => dipsw1,
    blink_o => led0,
    and_o => led1,
    or_o => led2
  );
end impl;
```

Nach Eingabe dieses Codes im Editorfenster von Quartus sollte beim erstmaligen Sichern dieser Datei (Abbildung C-13) die Option »Add file to current project« aktiviert sein.

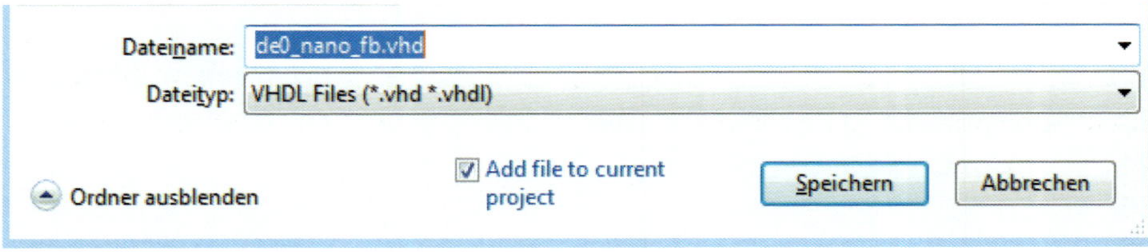

Abbildung C-13: Quartus: Sichern des neuen VHDL-Files `de0_nano_fb.vhd`

Danach wird überprüft, ob das File syntaktisch korrekt ist. Für diesen Zweck bietet die Tool-Leiste des Quartus-Editors die Schaltfläche »Analyze Current File«, Abbildung C-14.

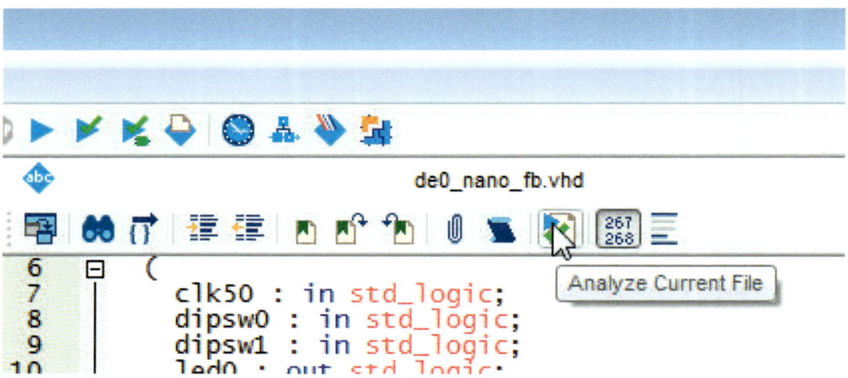

Abbildung C-14: Quartus: Start des Syntax-Checks für `de0_nano_fb.vhd`

Das Ergebnis wird im unteren Bereich der Quartus-Umgebung angezeigt. Die Warnung »Parallel compilation is not licensed and has been disabled« ist bei Verwendung der kostenlosen »Lite Edition« von »Quartus Prime« normal und wird einfach ignoriert.

Als nächster Schritt muss das File `fpga_basic.vhd` dem Projekt hinzugefügt werden. Dieses enthält die Komponente `fpga_basic`, die von `de0_nano_fb` eingebunden wird (Komponentendefinition in den Zeilen 23 bis 33 in Listing C-1, Instantiierung in den Zeilen 40 bis 49).

C.3 Einbinden eines schon vorhandenen VHDL-Files

Zum Hinzufügen eines bereits existierenden Files gibt es in Quartus mehr als eine Möglichkeit. Am einfachsten geht es so:

- Das File (hier: fpga_basic.vhd) wird über das File-Menü, Eintrag Open geladen.
- In dem Dialogfenster zum Laden eines Files wird die Option »Add file to current project« aktiviert (wie bereits in Abbildung C-13 dargestellt).

Ein im Quartus-Editor befindliches File kann auch jederzeit über das Project-Menü zum Projekt hinzugefügt werden (Abbildung C-15).

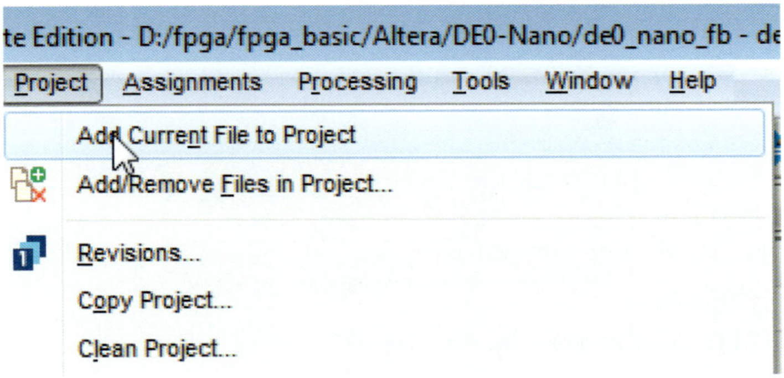

Abbildung C-15: Quartus: Hinzufügen des aktuellen Files zum Projekt

C.4 Analyse und Synthese

Nachdem alle VHDL-Sourcefiles (hier de0_nano_fb.vhd und fpga_basic.vhd) dem Projekt hinzugefügt wurden, folgt als nächster Schritt »Analysis & Synthesis«. Der Start dieser Phase erfolgt durch einen Klick auf die entsprechende Schaltfläche in der Quartus-Umgebung (Abbildung C-16).

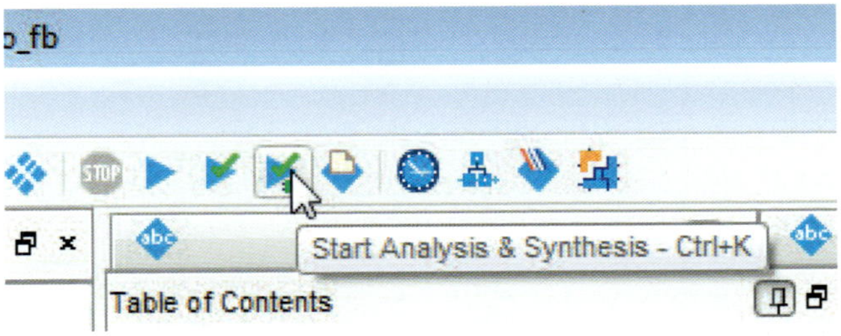

Abbildung C-16: Quartus: Start von Analyse und Synthese

Falls Fehlermeldungen auftreten, müssen die entsprechenden Fehler beseitigt werden, bevor der nächste Schritt »Pin Planning« begonnen wird.

C.5 Pin Planning

Nachdem die Synthese des Projekts erfolgreich war, muss noch die Zuordnung von den Ports der Schaltung zu den Pins des FPGA vorgenommen werden. Dies kann mit Hilfe eines Textfiles oder einer grafischen Benutzerschnittstelle geschehen, hier wird der Weg über das GUI beschrieben.

Der Prozess wird durch einen Klick auf die »Start Pin Planner«-Schaltfläche der Quartus-Umgebung gestartet (Abbildung C-17).

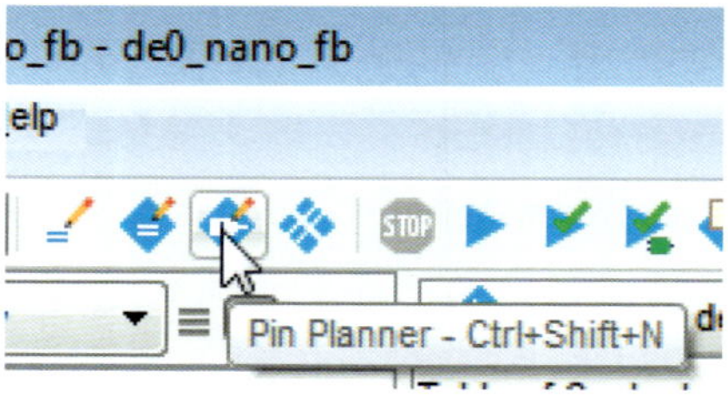

Abbildung C-17: Quartus: Start des Pin Planner

Daraufhin öffnet sich das in Abbildung C-18 dargestellte Fenster.

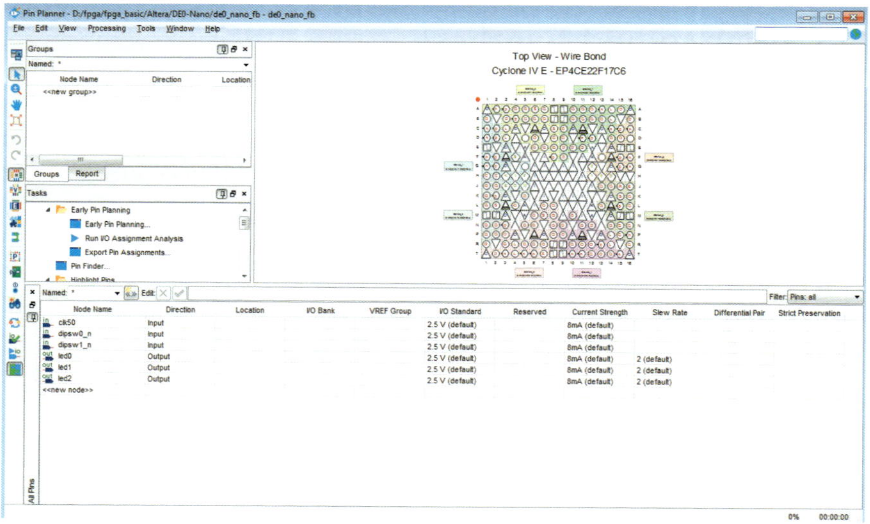

Abbildung C-18: Quartus: Pin Planner nach dem Start

Im unteren Teil dieses Fensters existiert für jeden Port der Schaltung eine Zeile. Dort müssen jetzt je Port die richtigen Werte dieser Parameter eingegeben werden:

- `Location`: Damit ist die Pinnummer gemeint; die Pinnummern können allgemein der (Board-)Dokumentation oder dem Board-Schaltplan entnommen werden, oder für dieses Beispiel aus Tabelle C-1.
- `I/O Standard`: Hier handelt es sich um den Spannungsbereich, in dem der Port arbeiten soll. Dieser Wert wird durch das Schaltungsdesign des Boards vorgegeben und kann *nicht* frei gewählt werden, »3.3V-LVCMOS« ist hier die richtige Einstellung für alle Ports.
- Für alle anderen Parameter können die voreingestellten Werte verwendet werden.

Abbildung C-19 zeigt das Eingabefeld des Pin Planner mit den fertig eingegebenen Parametern für das Beispielprojekt `de0_nano_fb`.

Named: * Edit:

Node Name	Direction	Location	I/O Bank	VREF Group	I/O Standard	Reserved	Current Strength	Slew Rate
in clk50	Input	PIN_R8	3	B3_N0	3.3-V LVCMOS		2mA (default)	
in dipsw0_n	Input	PIN_M1	2	B2_N0	2.5 V (default)		8mA (default)	
in dipsw1_n	Input	PIN_T8	3	B3_N0	2.5 V (default)		8mA (default)	
out led0	Output	PIN_A15	7	B7_N0	2.5 V (default)		8mA (default)	2 (default)
out led1	Output	PIN_A13	7	B7_N0	2.5 V (default)		8mA (default)	2 (default)
out led2	Output	PIN_B13	7	B7_N0	2.5 V (default)		8mA (default)	2 (default)
<<new node>>								

Abbildung C-19: Quartus: Pin Planner, Parameter für `de0_nano_fb` eingegeben

Ein explizites Sichern dieser in das grafische Benutzerinterface eingegebenen Daten ist nicht möglich. Durch das Schließen des Fensters werden die Daten automatisch gespeichert.

C.6 Place & Route, Erzeugung des Bitstreams

Nun sind alle für das Erstellen des Bitstreams erforderlichen Informationen in dem Projekt enthalten. Die in der Synthesephase bestimmten Elemente müssen jetzt noch platziert und miteinander verbunden werden. Danach wird der Bitstream selbst generiert.

Ein Klick auf die Schaltfläche »Start Compilation« der Quartus-Umgebung führt all dies aus (Abbildung C-20).

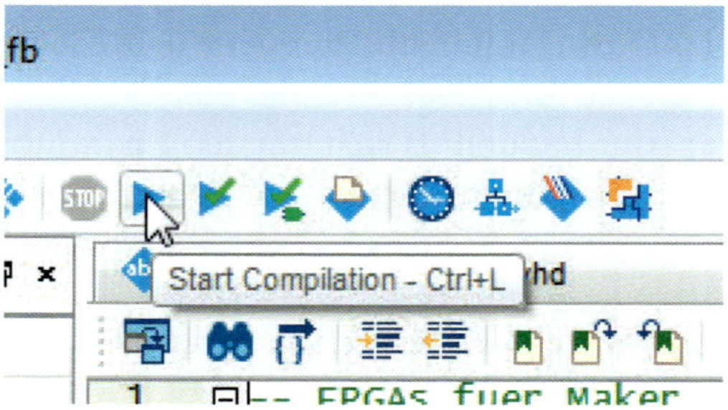

Abbildung C-20: Quartus: Compilation-Start

Quartus benötigt nun einige Zeit, um diese Arbeit auszuführen. Der Fortschritt lässt sich im Fenster »Tasks« (Mitte links in der Quartus-Umgebung) beobachten. Am Ende sollte sich eine Situation wie in Abbildung C-21 dargestellt ergeben.

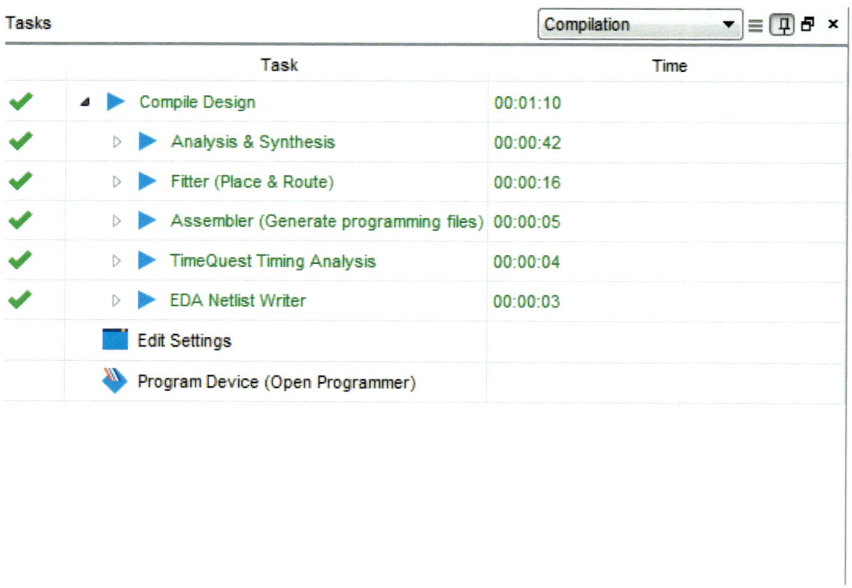

Abbildung C-21: Quartus: Task-Fenster nach erfolgreicher Kompilierung

C.7 Download

Als letzter Schritt erfolgt der Download des Bitstreams auf das Board. Dazu muss das Board (hier »DE0-Nano«) jetzt per USB-Kabel mit dem Entwicklungs-PC verbunden werden. Wenn das Board zum ersten Mal angeschlossen wird, werden möglicherweise noch Treiber installiert bzw. sie müssen installiert werden.

Zum Download wird ein Programmierwerkzeug benötigt, welches in Quartus »Programmer« genannt wird und z.B. durch einen Doppelklick auf die Schaltfläche »Program Device (Open Programmer)« im Task-Fenster (vgl. Abbildung C-21) gestartet werden kann.

Nach dem Start öffnet sich der in Abbildung C-22 gezeigte Dialog.

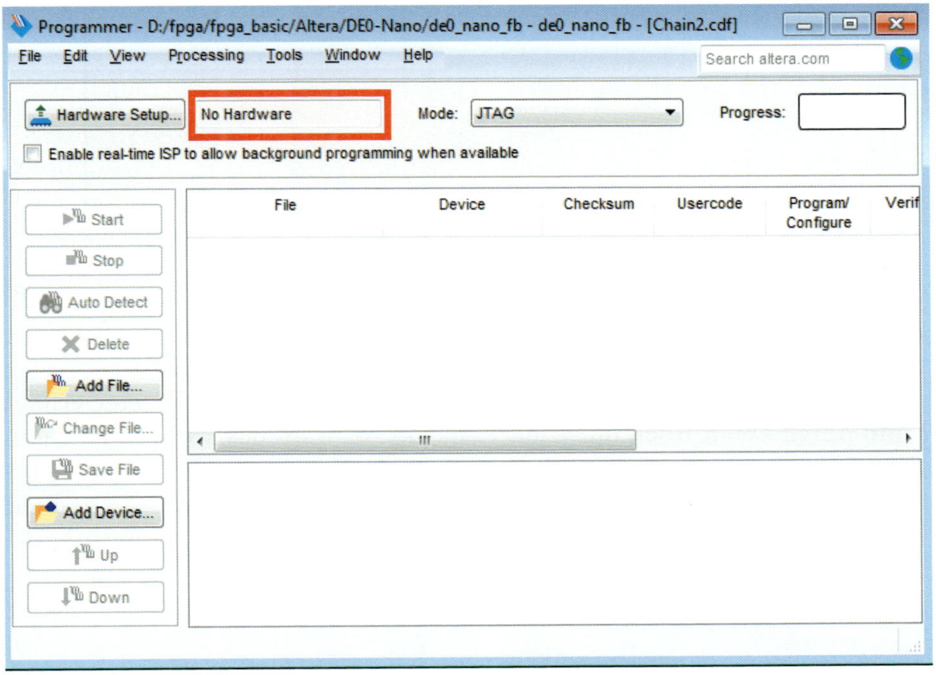

Abbildung C-22: Quartus: Programmer nach dem Start

Falls, wie hier, das Board (mit der darauf vorhandenen Debug-Schnittstelle, die bei Altera »USB-Blaster« heißt) noch nicht erkannt wurde, muss noch ein Setup der Hardware vorgenommen werden. Dazu erfolgt ein Klick auf die Schaltfläche »Hardware Setup« (vgl. Abbildung C-22).

In dem sich dann öffnenden Dialog »Hardware Setup« (Abbildung C-23) wird »USB-Blaster« als Debug-Hardware ausgewählt.

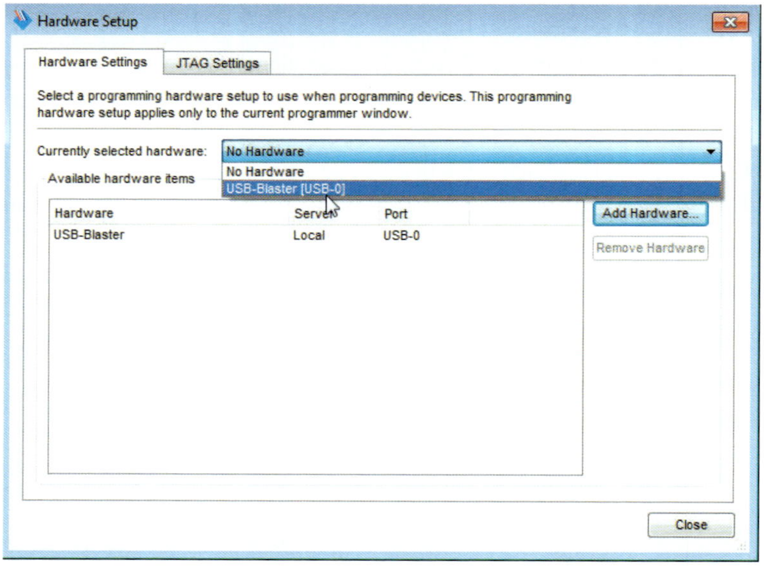

Abbildung C-23: Quartus: Programmer, Hardware Setup

Der Dialog wird mit »Close« beendet. In dem Programmer-Fenster erfolgt dann durch einen Klick auf »Add File« die Auswahl des vorher erzeugten Bitstream-Files.

Es befindet sich in dem Projektunterverzeichnis `output_files` und hat den Namen `de0_nano_fb.sof`[1] (Abbildung C-24).

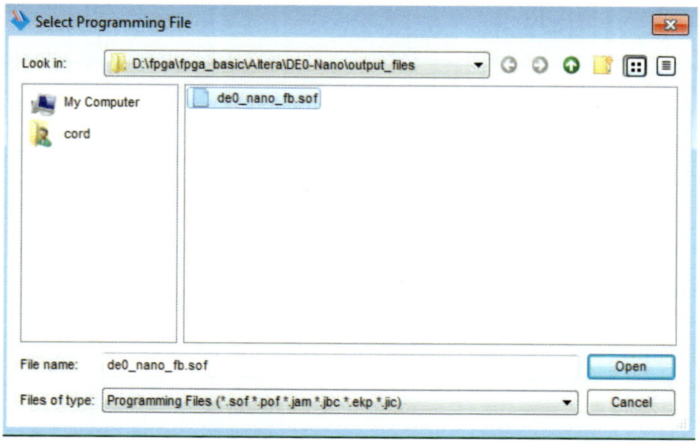

Abbildung C-24: Quartus: Programmer, Auswahl des Bitstream-Files

[1]›sof‹ steht für »SRAM object file«

Nach Abschluss der Auswahl des Bitstream-Files mit »Open« ergibt sich die in Abbildung C-25 dargestellte Situation.

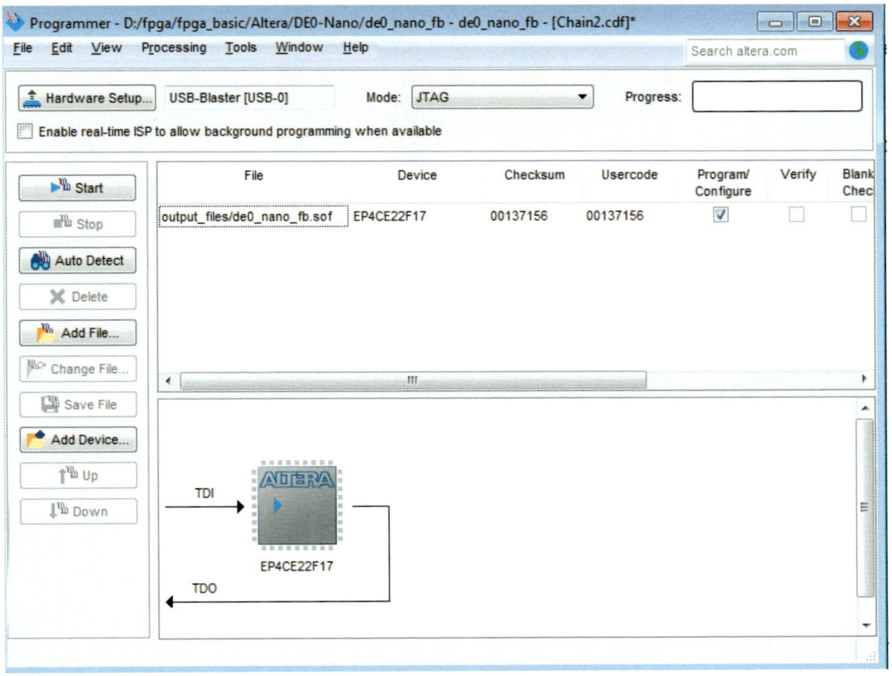

Abbildung C-25: Quartus: Programmer, fertig konfiguriert

Ein Klick auf die Schaltfläche »Start« führt schließlich dazu, dass das FPGA auf dem angeschlossenen Board mit dem Bitstream `de0_nano_fb.sof` konfiguriert (oder programmiert) wird.

›LED0‹ sollte nun blinken, ›LED1‹ sollte leuchten, wenn ›SW0‹ und ›SW1‹ auf »On« stehen und ›LED2‹ leuchtet, wenn einer der beiden Schalter ›SW0‹ und ›SW1‹ oder beide auf »On« stehen.

D Lattice-Werkzeugkette »Diamond«

In diesem Kapitel wird das Werkzeug »Diamond« des Herstellers Lattice vorgestellt. Es wird die Version 3.7.1 unter Windows 7 Professional benutzt. Als Board wird »MachXO3 StarterKit« verwendet.

Eine Besonderheit des auf diesem Board vorhandenen FPGA der Lattice-Familie »MachXO3« ist, dass die Konfigurationsinformation in Flash-Speicher und *nicht* in SRAM gespeichert wird.

Zur Demonstration von Diamond wird ein neues Projekt mit dem Namen `mxo3_fb` angelegt. Die zugrunde liegende Beispielschaltung ist `fpga_basic`. Das File `fpga_basic.vhd` wird im Laufe des Projekts eingebunden. Es wird ein neues File `mxo3_fb.vhd` angelegt, welches einen Wrapper um `fpga_basic` bildet. In diesem Wrapper erfolgt die Anpassung an die auf dem Board vorhandenen Peripherieelemente, die im Rahmen des Projekts `fpga_basic` verwendet werden.

Tabelle D-1 listet Details zu den hier benutzten Ressourcen des verwendeten FPGA-Boards auf.

Board: MachXO3 StarterKit; FPGA: LCMXO3LF-6900C-5BG256C		
Ressource	*FPGA-Pin*	*I/O-Standard*
Quarz-Oszillator 12 MHz	C8	3.3V
DIP_SW1 (On = 0)	N2	3.3V
DIP_SW2 (On = 0)	P1	3.3V
LED0 (D9)	H11 (Kathode)	3.3V
LED1 (D8)	J13 (Kathode)	3.3V
LED2 (D7)	J11 (Kathode)	3.3V

Tabelle D-1: `fpga_basic` auf MachXO3 StarterKit, verwendete Ressourcen

D.1 Anlegen eines neuen Projekts

Zu Anfang muss ein neues Projekt angelegt werden. Es ist sinnvoll, dafür zuvor ein Projektverzeichnis einzurichten. Nach dem Starten von Diamond wird mit `File/New/Project` der Prozess begonnen, siehe Abbildung D-1.

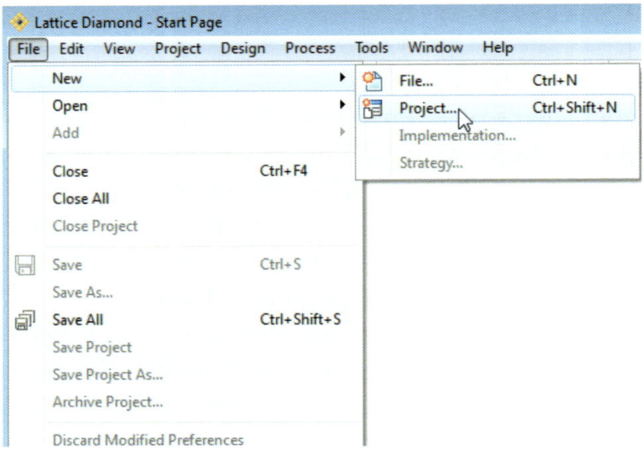

Abbildung D-1: Diamond: Anlegen eines neuen Projekts

Es erscheint ein Begrüßungsfenster des Assistenten zum Einrichten eines neuen Projekts, wie in Abbildung D-2 gezeigt.

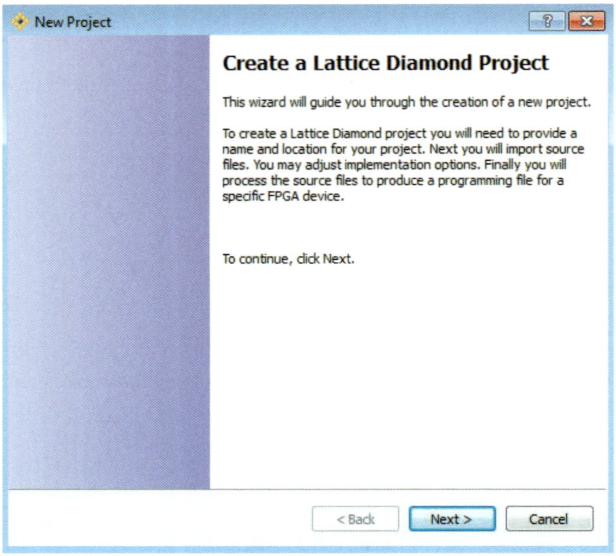

Abbildung D-2: Diamond: New Project Wizard, Start

Mit `Next` geht es direkt weiter zu dem nächsten Dialog, wo der Projektname und weitere Details eingegeben werden, siehe Abbildung D-3.

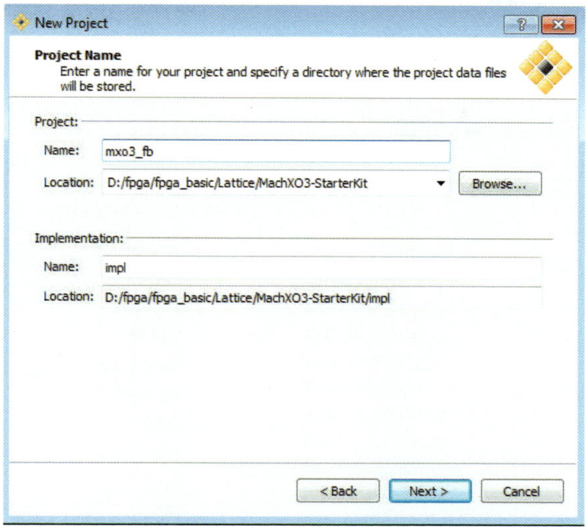

Abbildung D-3: Diamond: New Project Wizard, Eingabe der Projektbezeichnung etc.

Nach Abschluss der Eingaben wird mit `Next` zum nächsten Dialog gewechselt, siehe Abbildung D-4.

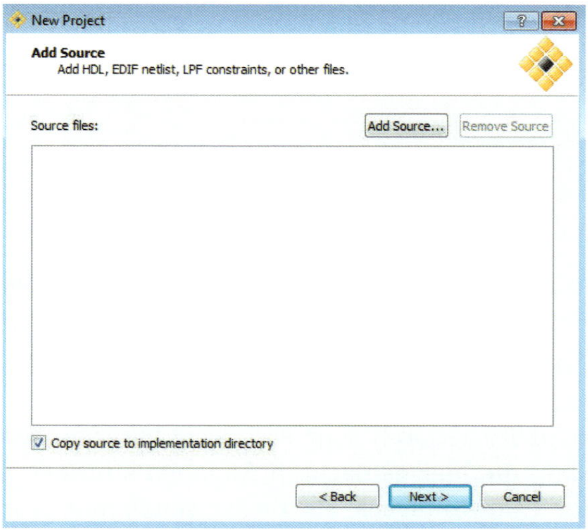

Abbildung D-4: Diamond: New Project Wizard, Möglichkeit zum Einbinden schon existierender Source-Files

Es besteht die Möglichkeit, bereits vorhandene Source-Files in das Projekt einzubinden. Hier wird davon kein Gebrauch gemacht, sondern mit `Next` zum nächsten Eingabedialog gewechselt, Abbildung D-5.

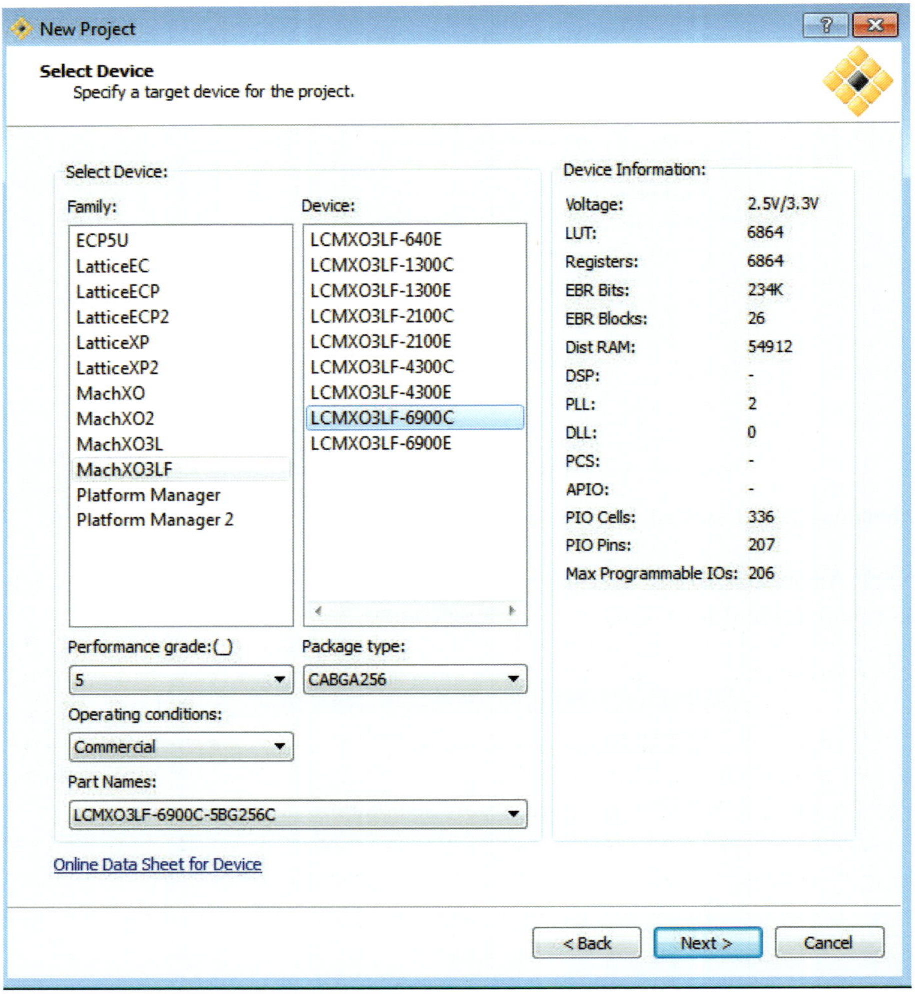

Abbildung D-5: Diamond: New Project Wizard, Eingabe der FPGA-Daten

An dieser Stelle sollte generell sehr sorgfältig vorgegangen und sichergestellt werden, dass die hier gemachten Angaben stimmen. Im Zweifelsfall sollte immer der Chip-Aufdruck als Bezug genommen werden. Nachdem man sich davon überzeugt hat, dass der richtige FPGA-Typ hier eingegeben wurde, geht es mit `Next` weiter.

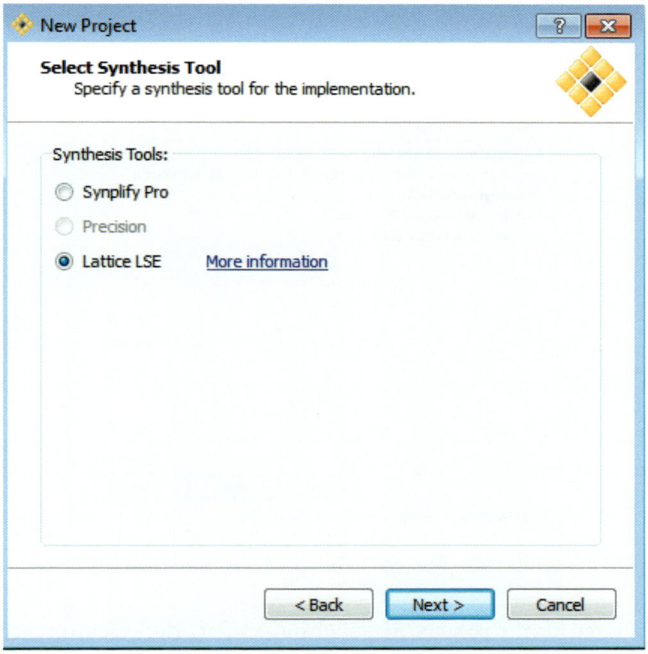

Abbildung D-6: Diamond: New Project Wizard, Wahl des Synthese-Tools

An dieser Stelle wird das Synthese-Tool ausgewählt. Lattice bietet für die Synthese das eigene Werkzeug »Lattice LSE«, es können aber auch Synthese-Werkzeuge von Drittanbietern verwendet werden (das Tool »Synplify« des Anbieters Synopsys wird sogar zusammen mit »Diamond« ausgeliefert und steht daher hier auch zur Auswahl). Das hauseigene Werkzeug von Lattice reicht hier und wird daher ausgewählt.

Mit `Next` gelangt man danach zu einer Zusammenfassung der Einstellungen des neu angelegten Projekts, siehe Abbildung D-7.

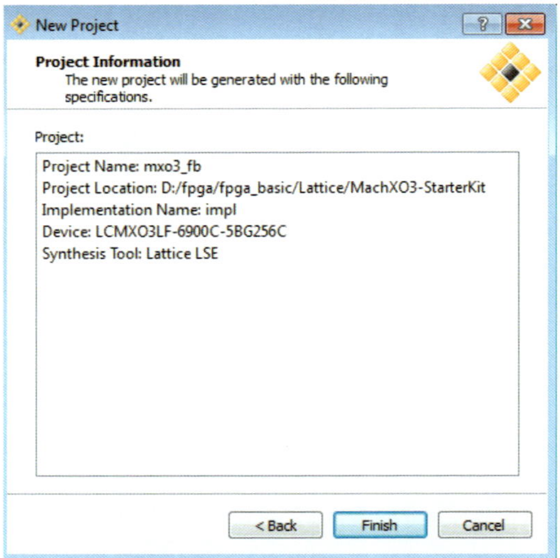

Abbildung D-7: Diamond: New Project Wizard, Zusammenfassung

Mit `Finish` wird der Prozess abgeschlossen, in der Gesamtansicht ergibt sich eine Situation wie in Abbildung D-8 dargestellt.

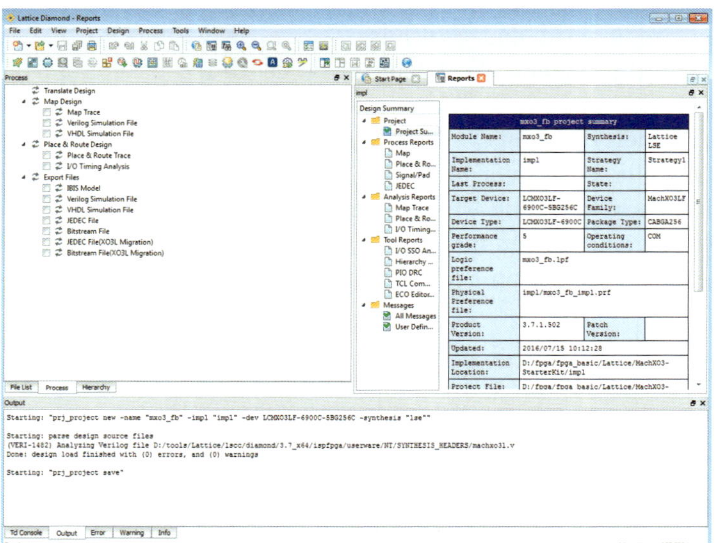

Abbildung D-8: Diamond: Gesamtansicht nach dem Anlegen des neuen Projekts

Nachdem das Projekt `mxo3_fb` angelegt wurde, wird im nächsten Schritt ein neues VHDL-File angelegt.

D.2 Anlegen eines neuen VHDL-Files

Das Anlegen eines neuen Files wird eingeleitet durch das Anklicken von `File/New/File`, siehe Abbildung D-9.

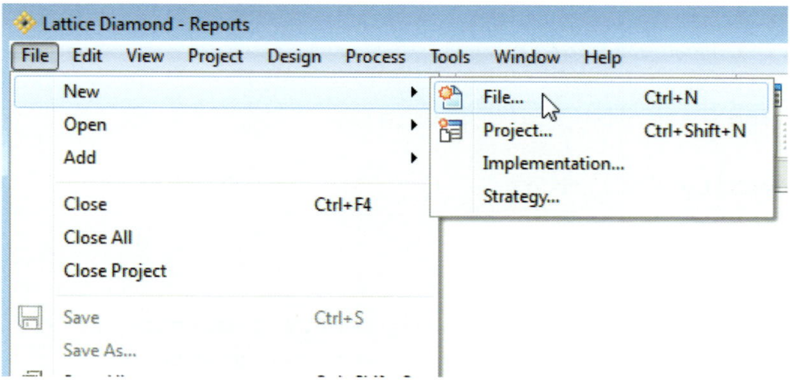

Abbildung D-9: Diamond: Anlegen eines neuen Files

Daraufhin öffnet sich der in Abbildung D-10 dargestellte Dialog.

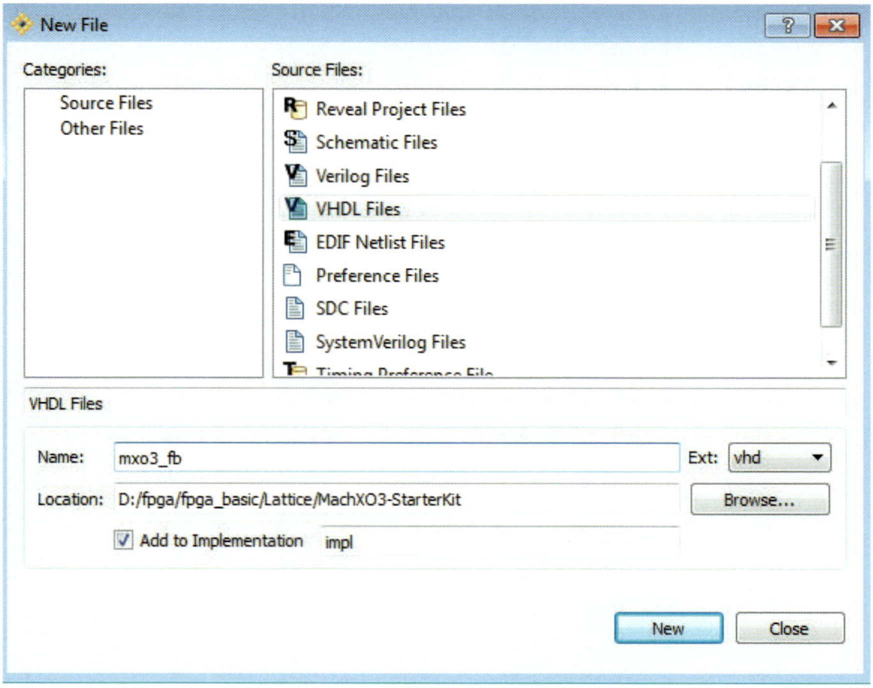

Abbildung D-10: Diamond: Dialog zur Auswahl von File-Name und -Typ

Hier wird »VHDL Files« als File-Typ ausgewählt und `mxo3_fb` in dem Feld `Name:` eingetragen. Ein Klick auf `New` legt das so spezifizierte File an.

Danach öffnet sich in der Diamond-Entwicklungsumgebung ein neues Editorfenster mit der Datei `mxo3_fb.vhd`, die noch keinen Inhalt hat.

Diesen zeigt Listing D-1.

Listing D-1: Inhalt von `mxo3_fb.vhdl`

```
library ieee;
use ieee.std_logic_1164.all;

entity mxo3_fb is
  port
  (
    clk_x1 : in std_logic;
    DIPSW : in std_logic_vector(1 downto 0);
    LED : out std_logic_vector(2 downto 0)
  );
end mxo3_fb;

architecture impl of mxo3_fb is
-- all logic consistently as positive logic
-- switches on board use negative logic and
-- leds are driven on cathodes
signal dipsw_n : std_logic_vector(1 downto 0);
signal led_blink_n : std_logic;
signal led_and_n : std_logic;
signal led_or_n: std_logic;

component fpga_basic is
  port
  (
    clk : in std_logic; -- clock input
    in_1 : in std_logic; -- switch /pushbutton input
    in_2 : in std_logic;  -- switch /pushbutton input
    blink_o : out std_logic; -- output for alternating signal ( ~ 1Hz)
    and_o : out std_logic;  -- output for and operation
    or_o : out std_logic  -- output for or operation
  );
end component;

```

```
begin
  -- inversion operations
  dipsw_n <= not DIPSW;
  LED(0) <= not led_blink_n;
  LED(1) <= not led_and_n;
  LED(2) <= not led_or_n;

  fb : fpga_basic
  port map
  (
    clk => clk_x1,
    in_1 => dipsw_n(0),
    in_2 => dipsw_n(1),
    blink_o => led_blink_n,
    and_o => led_and_n,
    or_o => led_or_n
  );
end impl;
```

Dieser Code wird jetzt eingegeben. Als Nächstes muss noch das schon vorhandene VHDL-File `fpga_basic.vhd` eingebunden werden.

D.3 Einbinden eines schon vorhandenen VHDL-Files

Das Einbinden eines existierenden Files wird mit dem Menüpunkt `File/Add/Existing File` gestartet, siehe Abbildung D-11.

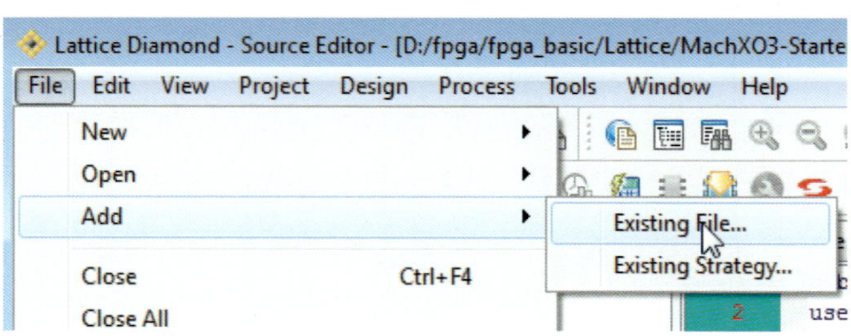

Abbildung D-11: Diamond: Einbinden eines schon vorhandenen Files

Es öffnet sich der in Abbildung D-12 dargestellte Dialog.

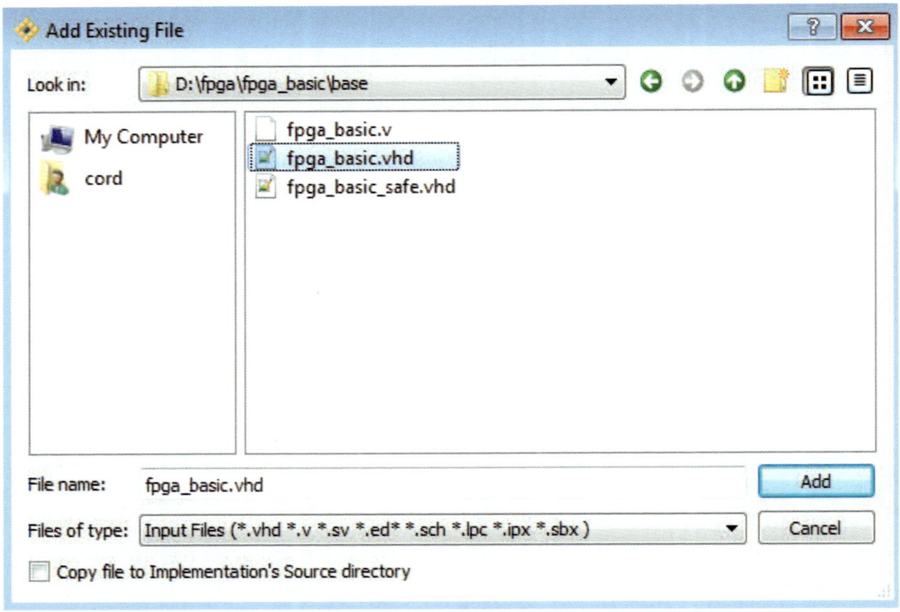

Abbildung D-12: Diamond: Einbinden eines schon vorhandenen Files

Hier wird das File `fpga_basic.vhd` ausgewählt. Falls dieses File auf Ihrer Festplatte noch nicht vorhanden ist: Der Source-Code ist in Kapitel B abgedruckt.

Der Dialog wird mit `Add` beendet. Wenn man anschließend in der Diamond-Umgebung links `File List` aktiviert, erhält man eine Darstellung wie in Abbildung D-13.

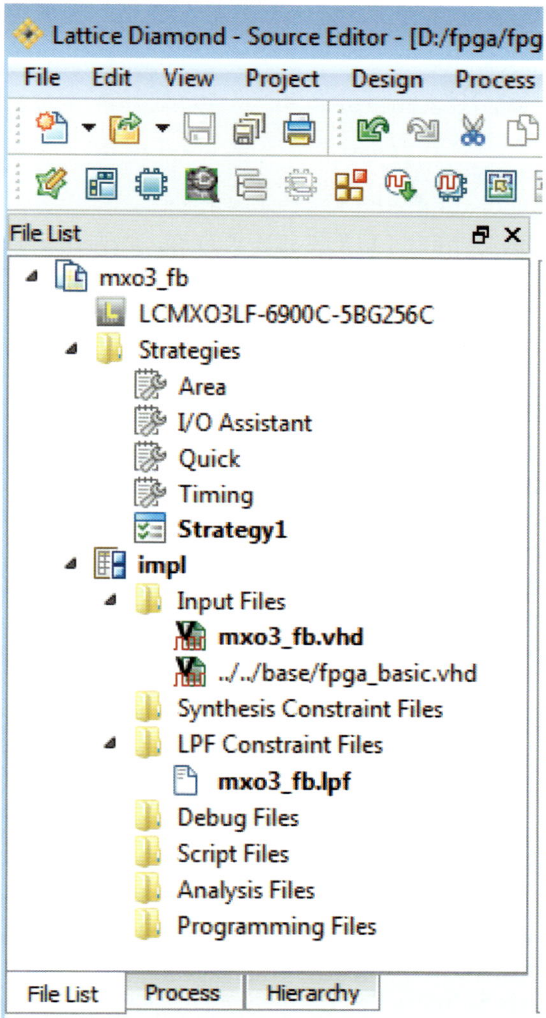

Abbildung D-13: Diamond: Ansicht »File List«

Im Abschnitt »Input Files« sind die beiden VHDL-Files aufgeführt, die zum Projekt gehören. In dem Abschnitt »LPF Constraint Files« wird das File `mxo3_fb.lpf` aufgeführt, es wurde automatisch angelegt und wird im nächsten Schritt manuell vervollständigt.

D.4 Eingabe von Constraints

Listing D-2 zeigt den kompletten Inhalt von `mxo3_fb.lpf`, wie er für das Projekt `mxo3_fb` benötigt wird. Die Zuordnung der Signalnamen zu den

FPGA-Pins sowie der Wert für »IO_TYPE« ergibt sich jeweils aus Tabelle D-1.

Listing D-2: Inhalt von mxo3_fb.lpf

```
BLOCK RESETPATHS;
BLOCK ASYNCPATHS;
LOCATE COMP "LED[0]" SITE "H11" ;
LOCATE COMP "LED[1]" SITE "J13" ;
LOCATE COMP "LED[2]" SITE "J11" ;
LOCATE COMP "DIPSW[0]" SITE "N2" ;
LOCATE COMP "DIPSW[1]" SITE "P1" ;
LOCATE COMP "clk_x1" SITE "C8" ;
FREQUENCY PORT "clk_x1" 12.000000 MHz ;
IOBUF PORT "clk_x1" PULLMODE=NONE IO_TYPE=LVCMOS33 ;
IOBUF PORT "DIPSW[0]" PULLMODE=UP IO_TYPE=LVCMOS33 ;
IOBUF PORT "DIPSW[1]" PULLMODE=UP IO_TYPE=LVCMOS33 ;
IOBUF PORT "LED[0]" PULLMODE=UP IO_TYPE=LVCMOS33 ;
IOBUF PORT "LED[1]" PULLMODE=UP IO_TYPE=LVCMOS33 ;
IOBUF PORT "LED[2]" PULLMODE=UP IO_TYPE=LVCMOS33 ;
SYSCONFIG MASTER_SPI_PORT=DISABLE CONFIGURATION=CFG ;
```

D.5 Synthese, Mapping, Place & Route

Nach dem Speichern von mxo3_fb.lpf kann das Prozessieren des gesamten Projekts gestartet werden. Dazu schaltet man in Diamond wieder auf die »Process«-Ansicht um. Durch einen Doppelklick auf den jeweiligen Prozessschritt (»Synthesize Design«, »Map Design« und »Place & Route Design«) können diese Schritte der Reihe nach abgearbeitet werden. Man kann aber auch direkt »Place & Route Design« starten, die vorhergehenden Prozessschritte werden dann automatisch mit ausgeführt.

Nach erfolgreicher Ausführung dieser Schritte ergibt sich die in Abbildung D-14 dargestellte Ansicht.

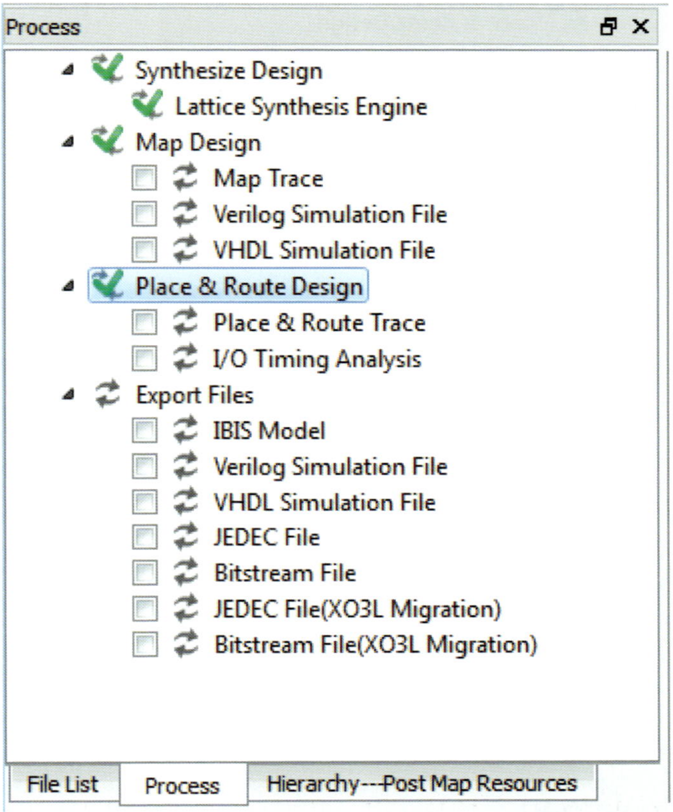

Abbildung D-14: Diamond: Ansicht »Process« nach erfolgreichem Place & Route

Als nächster Schritt folgt das Generieren der Konfigurationsdaten.

D.6 Generierung der Konfigurationsdaten

Zur Erstellung der Konfigurationsdaten wird in der Ansicht »Process« unter »Export Files« »JEDEC File« ausgewählt. Anschließend erfolgt ein Doppelklick auf »Export Files«, dadurch wird die Generierung der Konfigurationsdaten gestartet. Danach ergibt sich eine Ansicht wie in Abbildung D-15 gezeigt.

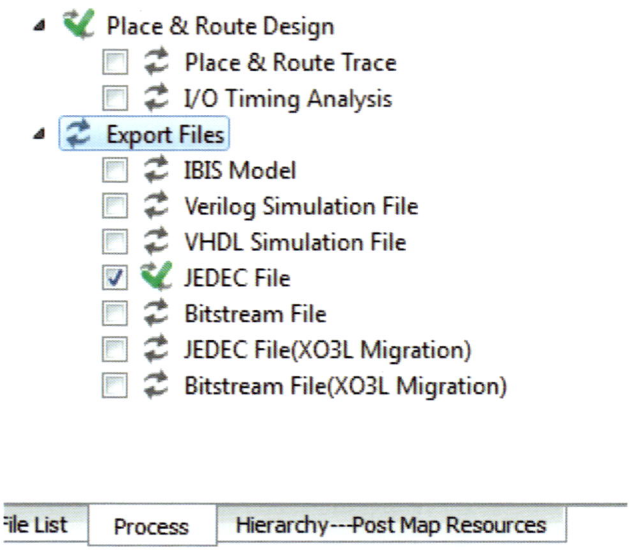

Abbildung D-15: Diamond: Ansicht »Process« nach erfolgreicher Generierung der Konfigurationsdatei

Als letzter Prozessschritt folgt die Programmierung des FPGA mit den gerade erstellten Konfigurationsdaten.

D.7 Download

Zunächst wird das »MachXOLF StarterKit« über ein USB-Kabel mit dem Entwicklungs-PC verbunden. Danach wird das Programmier-Tool durch Anklicken der »Programmer«-Schaltfläche gestartet, siehe Abbildung D-16.

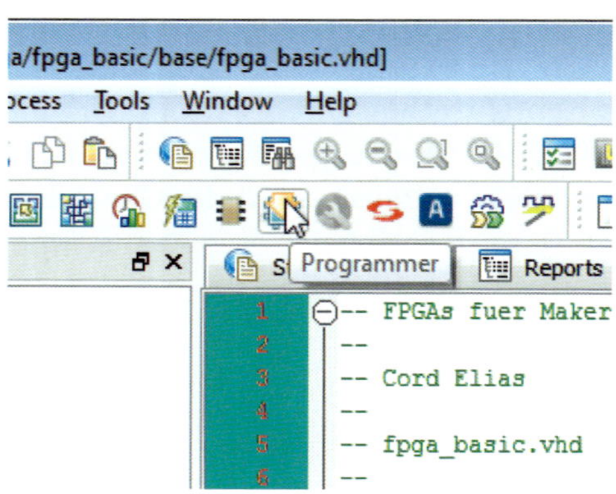

Abbildung D-16: Diamond: Starten des Programmer

Das führt zur Anzeige des Dialogs »Programmer: Getting Started«, wie in Abbildung D-17 dargestellt.

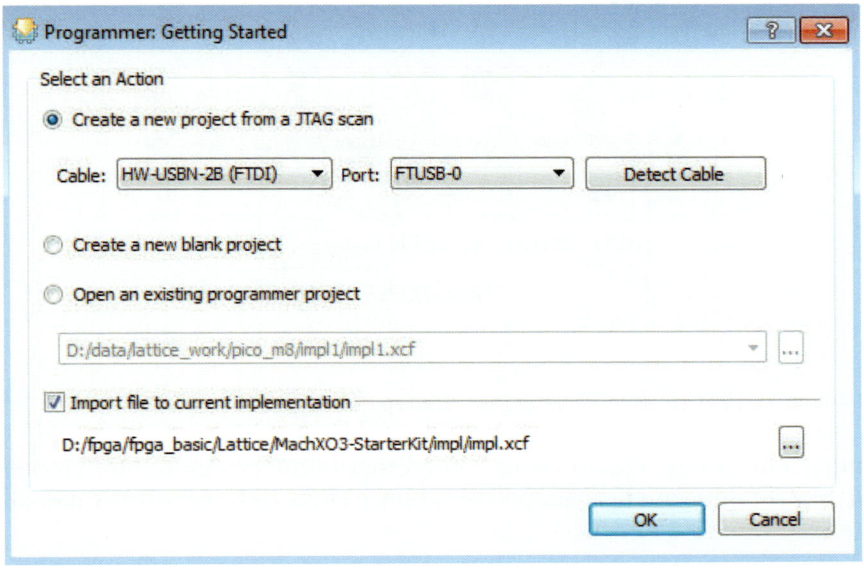

Abbildung D-17: Diamond: Programmer, Startdialog

Die Einstellungen werden entsprechend Abbildung D-17 vorgenommen und mit OK bestätigt. Daraufhin öffnet sich in der Diamond-Umgebung ein neues Fenster »Programmer«, vgl. Abbildung D-18.

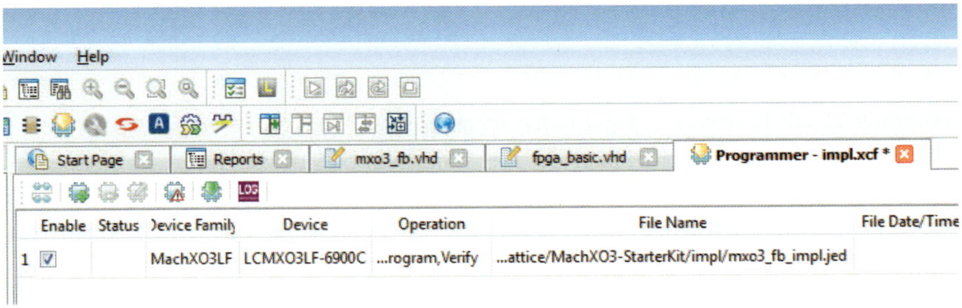

Abbildung D-18: Diamond: Programmer, vor der Programmierung

Durch einen Klick auf die Schaltfläche »Program« – siehe Abbildung D-19 wird der Programmiervorgang gestartet.

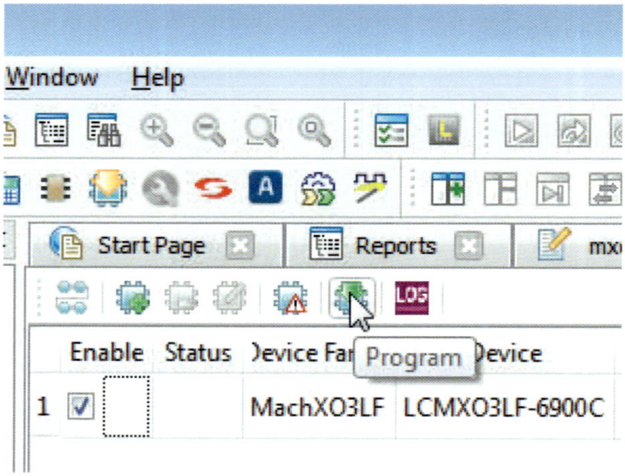

Abbildung D-19: Diamond: Programmer, Starten der Programmierung

Nun ist ein wenig Geduld nötig – der Programmiervorgang braucht seine Zeit, ein entsprechendes Fenster (Abbildung D-20) informiert über den Fortschritt.

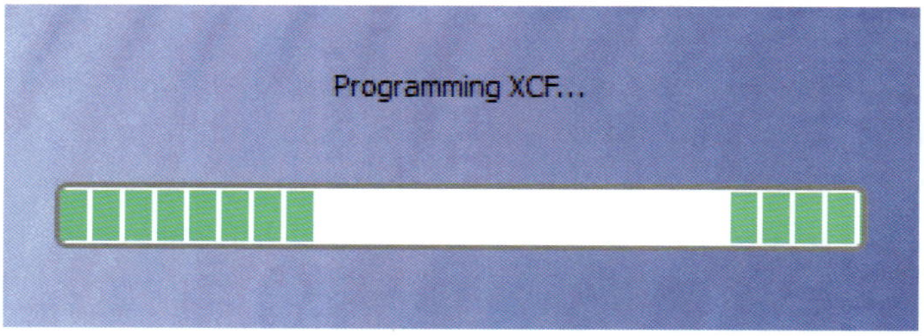

Abbildung D-20: Diamond: Programmer, während der Programmierung

Nach Beendigung dieses Prozesses sollte innerhalb des Programmer-Fensters unter »Status« der Eintrag »PASS« erscheinen – wie in Abbildung D-21.

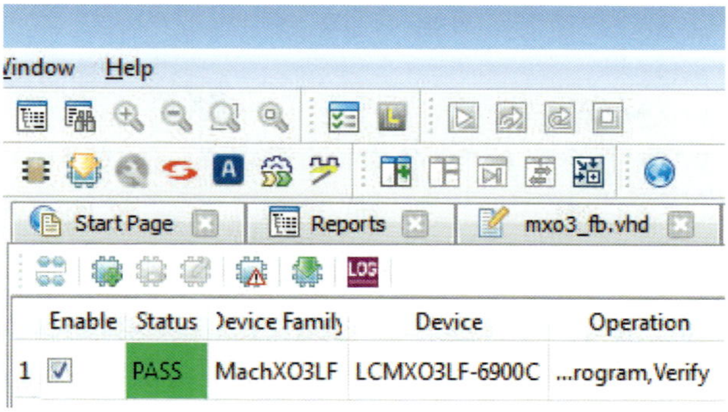

Abbildung D-21: Diamond: Programmer, nach erfolgreicher Programmierung

Nun sollte auf dem Board LED0 (was gem. Beschriftung »D9« ist) blinken; außerdem sollten D8 und D7 auf die Schalterstellungen der auf dem Board mit »1« und »2« gekennzeichneten Schalter reagieren. Entsprechend der in dem Modul `fpga_basic` definierten Funktion zeigt D8 die UND-Verknüpfung und D7 die ODER-Verknüpfung der beiden Schalter an.

Die nicht verwendeten LEDs D2 bis D6 werden schwach glimmen. Um das zu ändern, kann man das in Listing D-3 angegebene lpf-File verwenden. Die nicht verwendeten LEDs werden dann über Pullup-Widerstände »ausgeschaltet« (die LEDs sind jeweils über den Kathodenanschluss mit dem FPGA verbunden).

Listing D-3: Erweiterter Inhalt von `mxo3_fb.lpf`

```
BLOCK RESETPATHS;
BLOCK ASYNCPATHS;
LOCATE COMP "LED[0]" SITE "H11" ;
LOCATE COMP "LED[1]" SITE "J13" ;
LOCATE COMP "LED[2]" SITE "J11" ;
LOCATE COMP "LED[3]" SITE "L12" ;
LOCATE COMP "LED[4]" SITE "K11" ;
LOCATE COMP "LED[5]" SITE "L13" ;
LOCATE COMP "LED[6]" SITE "N15" ;
LOCATE COMP "LED[7]" SITE "P16" ;
LOCATE COMP "DIPSW[0]" SITE "N2" ;
LOCATE COMP "DIPSW[1]" SITE "P1" ;
LOCATE COMP "clk_x1" SITE "C8" ;
FREQUENCY PORT "clk_x1" 12.000000 MHz ;
IOBUF PORT "clk_x1" PULLMODE=NONE IO_TYPE=LVCMOS33 ;
IOBUF PORT "DIPSW[0]" PULLMODE=UP IO_TYPE=LVCMOS33 ;
IOBUF PORT "DIPSW[1]" PULLMODE=UP IO_TYPE=LVCMOS33 ;
```

```
IOBUF PORT "LED[0]" PULLMODE=UP IO_TYPE=LVCMOS33 ;
IOBUF PORT "LED[1]" PULLMODE=UP IO_TYPE=LVCMOS33 ;
IOBUF PORT "LED[2]" PULLMODE=UP IO_TYPE=LVCMOS33 ;
IOBUF PORT "LED[3]" PULLMODE=UP IO_TYPE=LVCMOS33 ;
IOBUF PORT "LED[4]" PULLMODE=UP IO_TYPE=LVCMOS33 ;
IOBUF PORT "LED[5]" PULLMODE=UP IO_TYPE=LVCMOS33 ;
IOBUF PORT "LED[6]" PULLMODE=UP IO_TYPE=LVCMOS33 ;
IOBUF PORT "LED[7]" PULLMODE=UP IO_TYPE=LVCMOS33 ;
SYSCONFIG MASTER_SPI_PORT=DISABLE CONFIGURATION=CFG ;
```

E Microsemi-Werkzeugkette »Libero SoC«

In diesem Kapitel wird die Verwendung des Werkzeugs »Libero SoC« von Microsemi vorgestellt.

Die Microsemi-FPGAs wurden ursprünglich von Actel entwickelt, im Jahr 2010 hat Microsemi Actel übernommen. Der Markenname »Actel« taucht nichtsdestotrotz noch auf FPGA-Chips und FPGA-Demo-Boards von Microsemi auf.

Zur Erläuterung des Entwicklungsablaufs mit Microsemi-FPGAs und dem Softwarepaket »Libero SoC« (Release v11.7SP1) wird das Beispielprojekt `fpga_basic` benutzt. Als Board kommt »AGLN-Nano-Kit« zum Einsatz; Details zum Board stehen in Abschnitt H.3.3.1.

Das FPGA auf diesem Board vom Typ »AGLN250« benutzt zum Speichern der Konfiguration Flash-Speicher (und nicht, wie viele andere FPGAs, SRAM).

Das Board »AGLN-Nano-Kit« weist im Vergleich zu anderen in diesem Buch vorgestellten Boards einige Besonderheiten auf:

- Die Core-Spannung des FPGA kann mit Jumper ›JP2‹ auf 1,2 oder 1,5 V eingestellt werden, die Default-Einstellung ist 1,2V.
- Mittels der Jumper JP5/JP8 kann jeweils die Spannung für die I/O-Bänke 0/1 eingestellt werden; die Default-Einstellung ist 3,3V.
- Die Spannung der I/O-Bänke 2 und 3 ist jeweils fest auf 3,3V gelegt und kann nicht per Jumper eingestellt werden.
- Auf dem Board ist *kein* Debug-Interface integriert; ein externes Interface (»LC Programmer«), das aufgesteckt wird, gehört jedoch zum Lieferumfang des Kits.
- Zum Speichern der Konfigurationsdaten verwendet das auf dem Board befindliche FPGA Flash-Technologie (anstatt SRAM); somit gehen die Konfigurationsdaten beim Abschalten der Versorgungsspannung nicht verloren.

Die folgende Beschreibung ist darauf ausgelegt, dass die Default-Einstellungen benutzt werden.

Tabelle C-1 listet Details zu den hier verwendeten Ressourcen dieses Boards auf.

Board: AGLN-Nano-Kit; FPGA: Igloo AGLN250 VQG100		
Ressource	*FPGA-Pin*	*I/O-Standard*
Quarz-Oszillator 20 MHz	15	3.3V
DIP Switch 1 (On = 0)	26	3.3V
DIP Switch 2 (On = 0)	28	3.3V
LED1	35 (Kathode)	3.3V
LED2	36 (Kathode)	3.3V
LED3	40 (Kathode)	3.3V

Tabelle E-1: `fpga_basic` auf AGLN-Nano-Kit, verwendete Ressourcen

E.1 Anlegen eines neuen Projekts

Nach dem Start von »Libero« wird unter ›Project‹ ›New Project‹ angeklickt (Abbildung E-1).

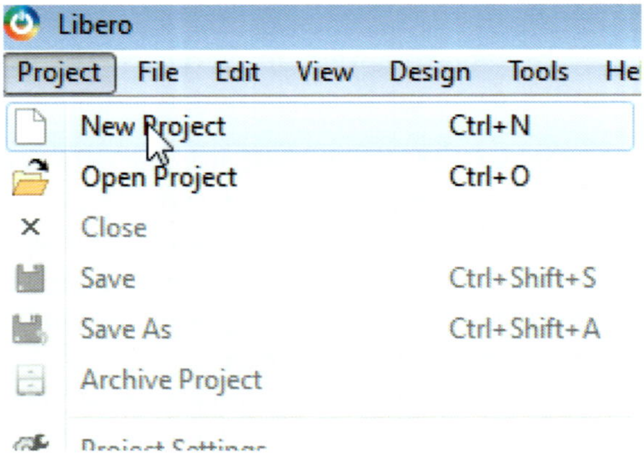

Abbildung E-1: Libero: Anlegen eines neuen Projekts

Es öffnet sich ein Dialogfenster, in welchem in mehreren Schritten Details über das neue Projekt eingetragen werden müssen (Abbildung E-2).

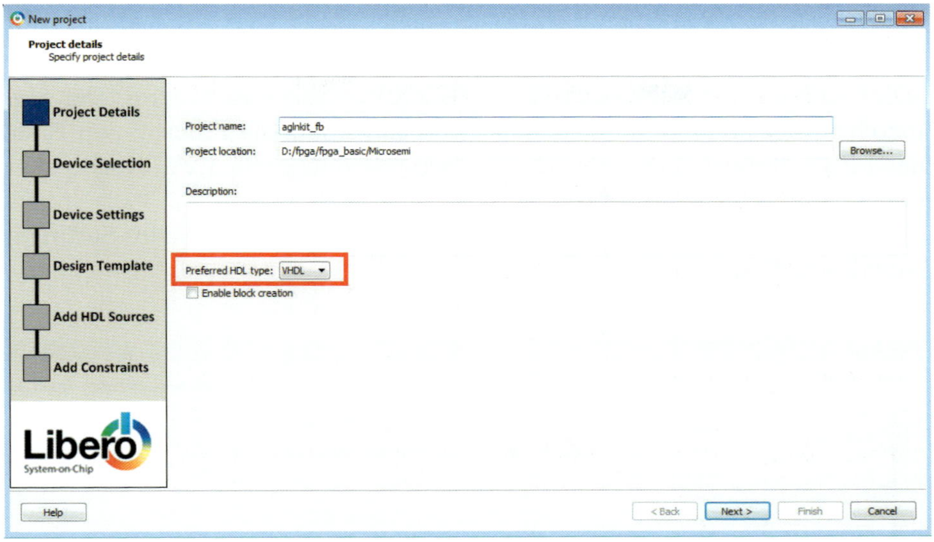

Abbildung E-2: Libero: Dialog »Neues Projekt«, Teil 1

Als Projektname wird hier »algnkit_fb« gewählt. Wichtig ist auch, »VHDL« als Beschreibungssprache auszuwählen. Mit »Next« geht es weiter.

In dem dann folgenden Schritt (Abbildung E-3) wird der FPGA-Typ eingegeben, der auf dem verwendeten Board verbaut ist.

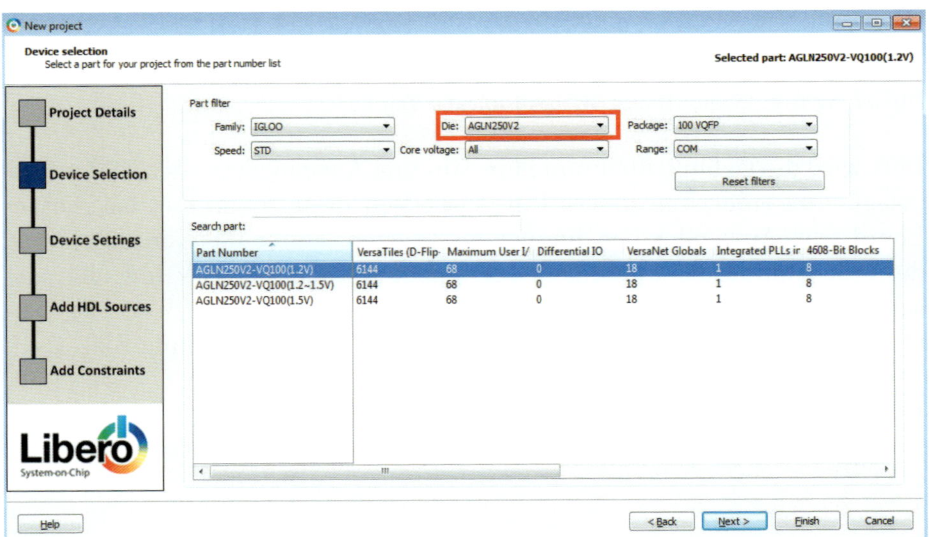

Abbildung E-3: Libero: Dialog »Neues Projekt«, Teil 2

Hier gilt es, sehr genau zu sein. Wenn man einen kleinen Fehler macht, funktioniert der Entwicklungsprozess zwar prima, der Download des Bitstreams auf das Board klappt aber nicht. Die größte Falle ist, dass unter »Die« anstelle von *»AGLN250V2«* »AGL250V2« ausgewählt wird. Der Unterschied liegt im ›N‹, welches hier erforderlich ist. Die Ziffer ›2‹ am Ende des FPGA-Bezeichners steht für die Core-Spannung von 1,2V, welche über einen Jumper festgelegt wird.

Mit »Next« erfolgt der Wechsel zum folgenden Schritt »Device Settings« (Abbildung E-4).

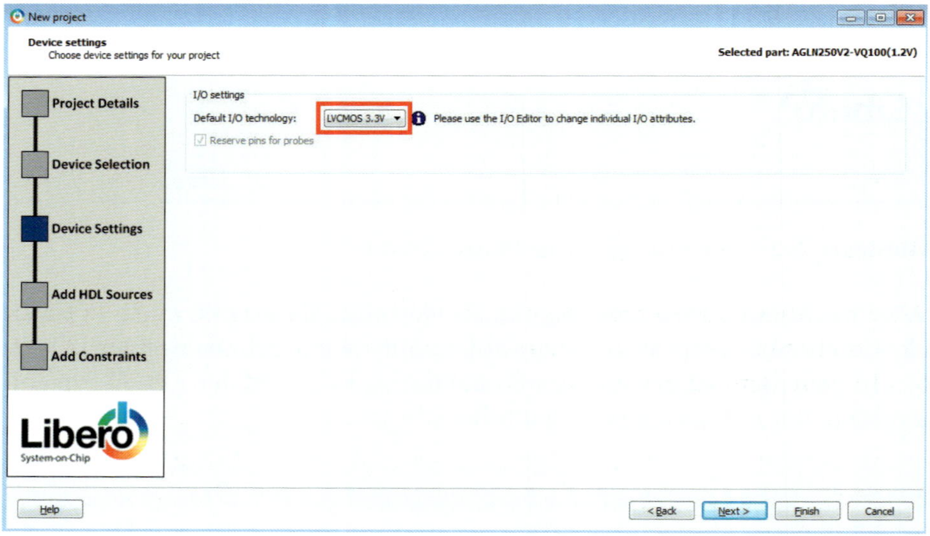

Abbildung E-4: Libero: Dialog »Neues Projekt«, Teil 3

Dort wird die Default-Spannung für Ein- und Ausgangspins des FPGA festgelegt. Für einen Teil dieser Pins lässt sich diese Spannung bei diesem Board vom Anwender per Jumper festgelegen. Unter der Voraussetzung, dass die Standardeinstellungen verwendet werden, ist 3,3V hier die passende Wahl.

Mit »Next« geht es weiter zum nächsten Schritt – Abbildung E-5.

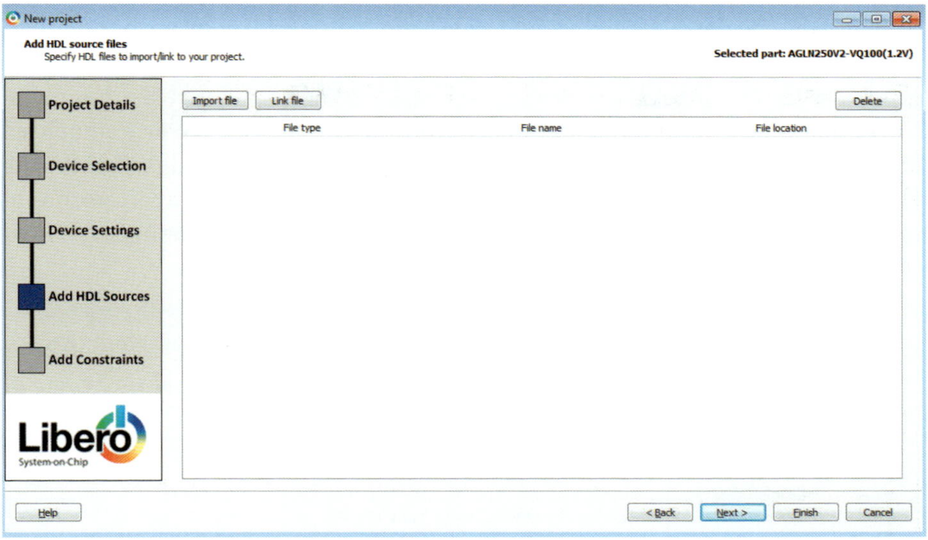

Abbildung E-5: Libero: Dialog »Neues Projekt«, Teil 4

Hier könnten schon vorhandene Sourcefiles dem Projekt hinzugefügt werden. In diesem Beispiel wird diese Möglichkeit nicht benutzt und mit »Next« geht es zum letzten Schritt (Abbildung E-6).

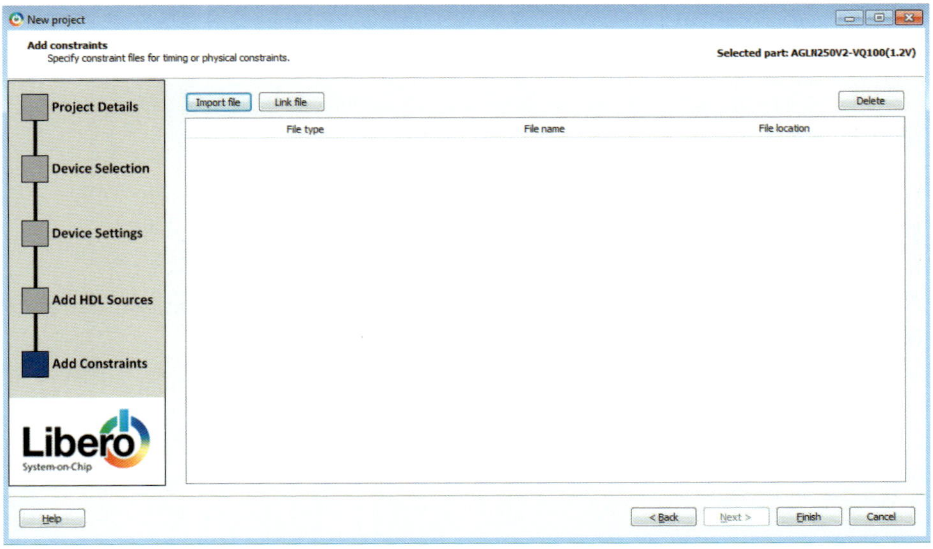

Abbildung E-6: Libero: Dialog »Neues Projekt«, Teil 5

Hier besteht die Mögllichkeit, schon vorhandene Constraints-Files einzubinden. Da für das Beispielprojekt solch ein File noch nicht vorhanden ist, wird diese Option nicht genutzt und der gesamte Vorgang mit »Finish« abgeschlossen.

»Libero« wechselt dann in den Hauptbildschirm. Die zuvor gemachten Eingaben werden in einem Report zusammengefasst angezeigt (Abbildung E-7). Man sollte die Gelegenheit nutzen, die gemachten Angaben noch einmal zu überprüfen (Änderungen ggf. über ›Project/Project Settings‹).

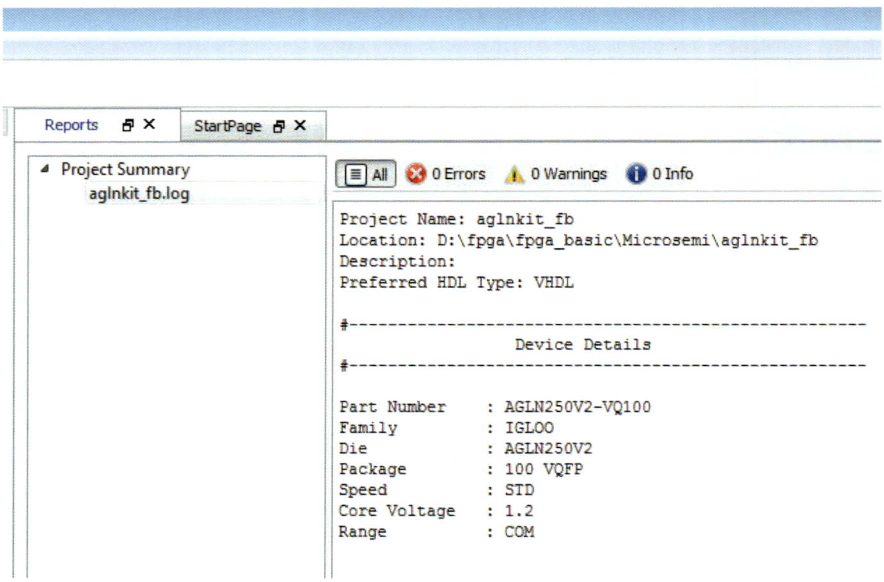

Abbildung E-7: Libero: Report der Projekteinstellungen

E.2 Anlegen eines neuen VHDL-Files

Auf der linken Seite des Hauptfensters der Libero-Entwicklungsumgebung befindet sich der Bereich »Design Flow« (Abbildung E-8).

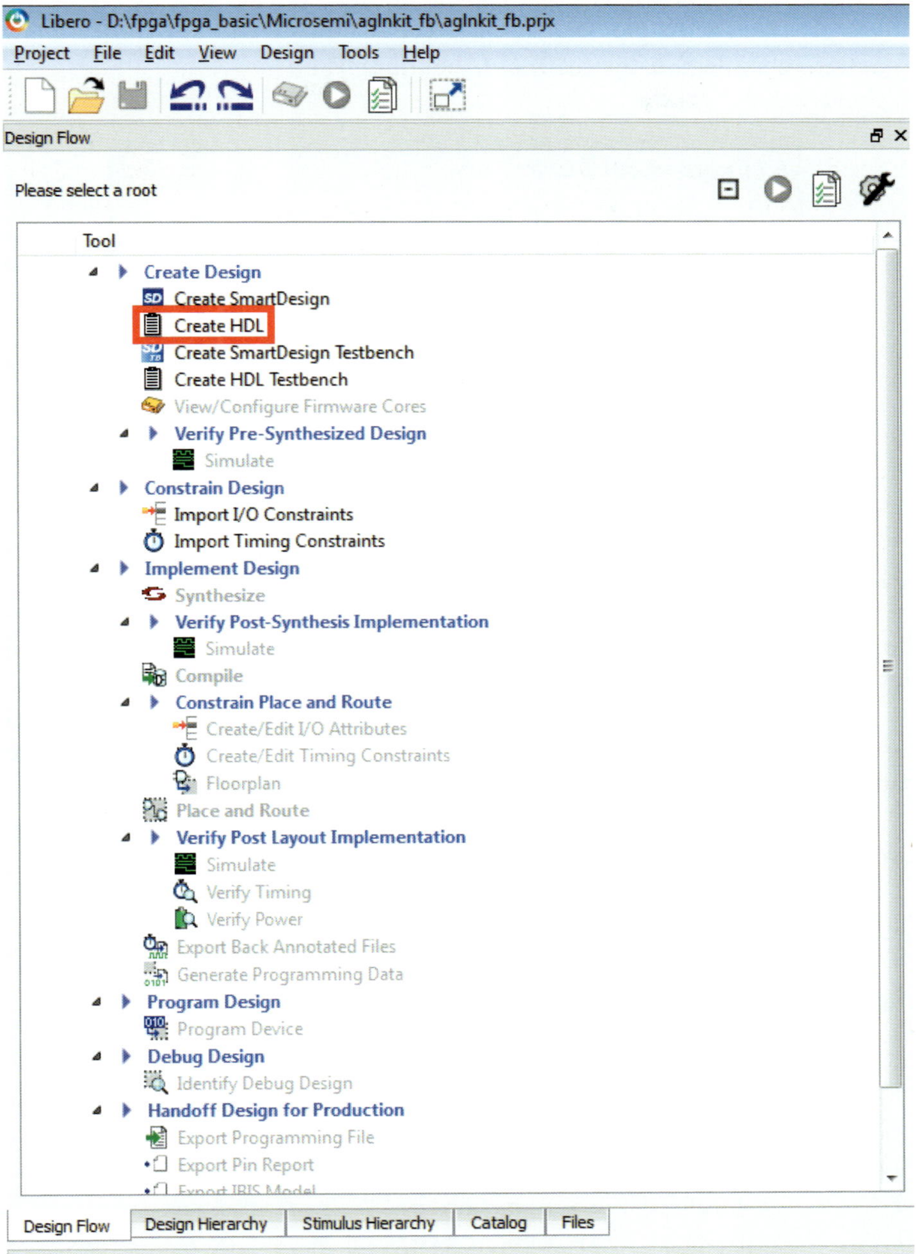

Abbildung E-8: Libero: Design-Flow-Fenster

Über dieses Interface können alle Entwicklungsaktivitäten gesteuert werden.

Zunächst wird ein neues VHDL-File mit dem Namen `aglnkit_fb.vhd` angelegt. Dazu wird per Doppelklick auf »Create HDL« im Design-Flow-Fenster ein Dialogfenster geöffnet (Abbildung E-9).

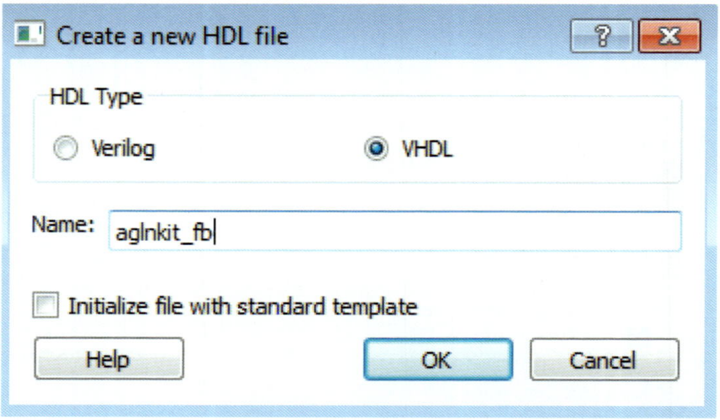

Abbildung E-9: Libero: Anlegen eines neuen VHDL-Files

Der gewünschte Filename wird eingegeben und der Dialog mit »OK« beendet.

Im rechten Bereich der Libero-Oberfläche öffnet sich daraufhin ein Editorfenster, dort wird der in Listing E-1 abgedruckte VHDL-Code eingegeben.

Listing E-1: Inhalt von `aglnkit_fb.vhd`

```
-- aglnkit_fb.vhd

library ieee;
use ieee.std_logic_1164.all;

entity aglnkit_fb is
  port
  (
    clk20 : in std_logic;
    dipsw0_n : in std_logic;
    dipsw1_n : in std_logic;
    led0_n : out std_logic;
    led1_n : out std_logic;
    led2_n : out std_logic
  );
end aglnkit_fb;

```

```
architecture impl of aglnkit_fb is
-- all logic consistently as positive logic
-- switches on board use negative logic and
-- leds are driven on cathodes
signal dipsw0 : std_logic;
signal dipsw1 : std_logic;
signal led_buf : std_logic_vector(2 downto 0);

component fpga_basic is
  port
  (
      clk : in std_logic; -- clock input
      in_1 : in std_logic; -- switch /pushbutton input
      in_2 : in std_logic;  -- switch /pushbutton input
      blink_o : out std_logic; -- output for alternating signal ( ~ 1Hz)
      and_o : out std_logic;  -- output for and operation
      or_o : out std_logic  -- output for or operation
  );
end component;



begin
  -- inversion operations
  dipsw0 <= not dipsw0_n;
  dipsw1 <= not dipsw1_n;

  fb : fpga_basic
  port map
  (
    clk => clk20,
    in_1 => dipsw0,
    in_2 => dipsw1,
    blink_o => led_buf(0),
    and_o => led_buf(1),
    or_o => led_buf(2)
  );

```

```
    led0_n <= not led_buf(0);
    led1_n <= not led_buf(1);
    led2_n <= not led_buf(2);
end impl;
```

Nach der Eingabe und dem Abspeichern wird `aglnkit_fb.vhd` sehr bequem durch Klicken auf die entsprechende Schaltfläche oben im Editorfenster auf syntaktische Korrektheit überprüft (Abbildung E-10).

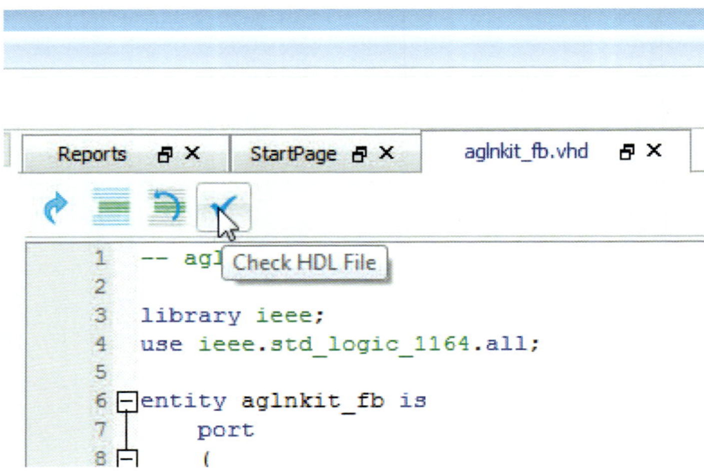

Abbildung E-10: Libero: HDL-Check

Eventuell vorhandene Fehler werden in dem »Message«-Fenster (unterer Bereich der Libero-Umgebung) angezeigt. Über die Hyperlinks können die Fehlerstellen im Quellfile schnell zum Korrigieren »angesprungen« werden.

Sobald `algnkit_fb.vhd` keine Syntaxfehler mehr aufweist, kann der nächste Schritt erfolgen. Das ist in diesem Fall das Einbinden der Quelldatei, welche die Komponente ›fpga_basic‹ enthält, die in `algnkit_fb.vhd` verwendet wird.

E.3 Einbinden eines schon vorhandenen VHDL-Files

Das Einbinden der Datei `fpga_basic.vhd` in das Projekt geschieht über das »File«-Menü, »Import/HDL Source Files« (Abbildung E-11).

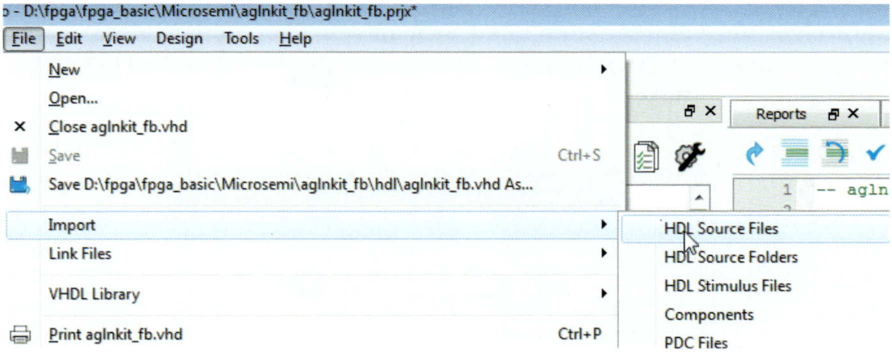

Abbildung E-11: Libero: File-Import

Darüber gelangt man zu einem Dialog, in welchem das gewünschte File ausgewählt wird (Abbildung E-12).

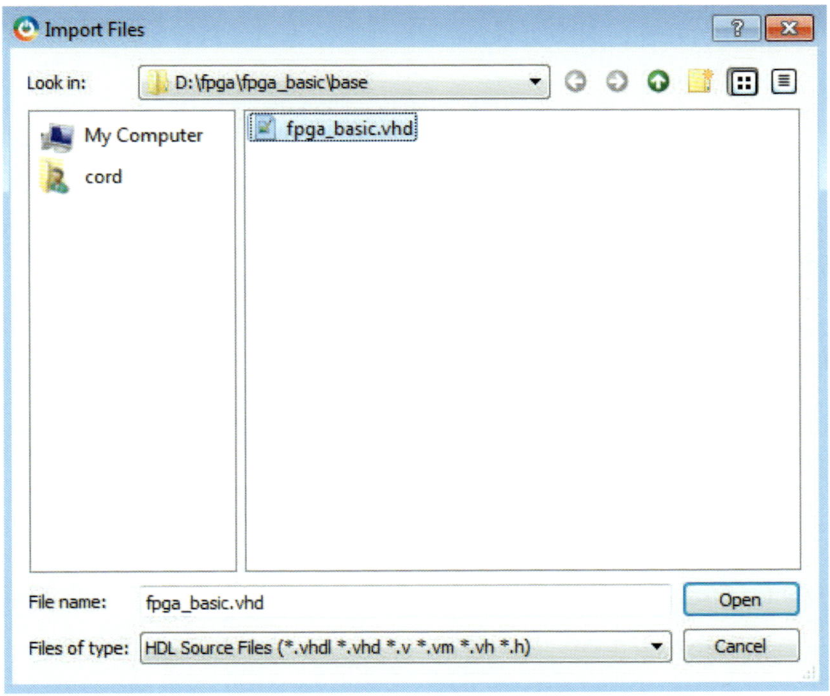

Abbildung E-12: Libero: Auswahl des zu importierenden Files

Wenn man den linken Bereich in »Libero« von »Design Flow« auf »Design Hierarchy« umschaltet, kann man sich davon überzeugen, dass die beiden gewünschten VHDL-Files nun Bestandteil des Projekts sind (Abbildung E-13).

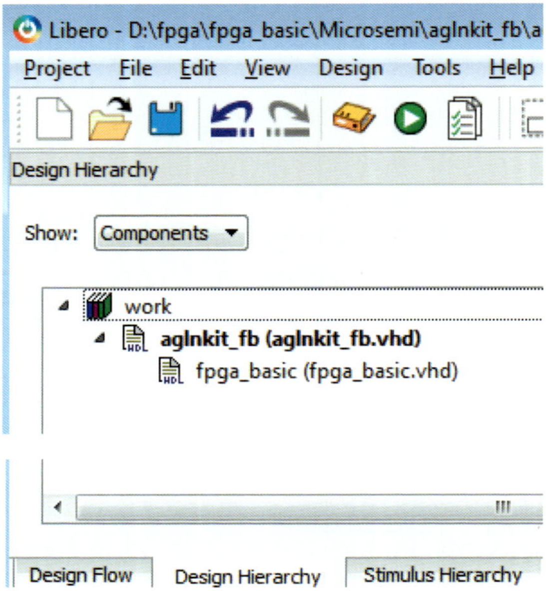

Abbildung E-13: Libero: Design Hierarchy

E.4 Synthese

Nun folgt die Synthesephase. Dazu wird wieder »Design Flow« aktiviert, ein Doppelklick auf »Synthesize« startet die Synthese (Abbildung E-14).

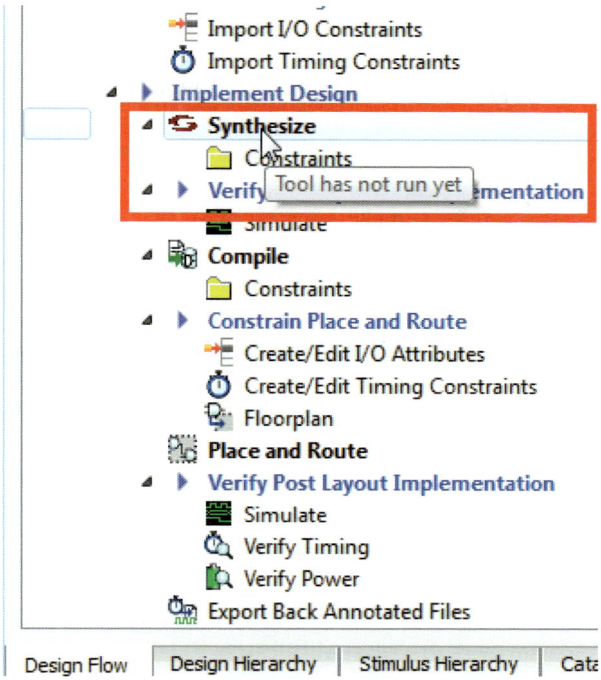

Abbildung E-14: Libero: Start der Synthese

Das »Messages«-Fenster gibt Auskunft darüber, ob in der Synthese alles funktioniert hat. Warnungen »Found inferred clock ...« werden für den Moment ignoriert[1].

Sofern die Synthese keine wirklichen Fehler ergeben hat, die beseitigt werden müssen, ist der richtige Zeitpunkt gekommen, um I/O-Constraints zu definieren.

E.5 Definition von I/O-Constraints

Zum Definieren der I/O-Constraints erfolgt im »Design Flow« ein Doppelklick auf »Create/Edit I/O Attributes« (Abbildung E-15).

[1] Sie rühren daher, dass für das Clock-Signal kein »timing constraint« vorhanden ist.

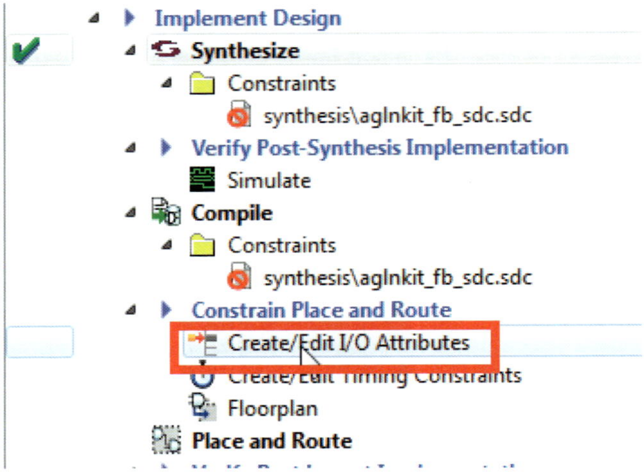

Abbildung E-15: Libero: Start des Anlegens von I/O-Constraints

Nun ist ein wenig Geduld gefragt, bis ein Tool namens »Multi View Navigator« gestartet wurde und darin wiederum ein Fenster mit der Bezeichnung »I/O Attribute Editor« erscheint – Abbildung E-16.

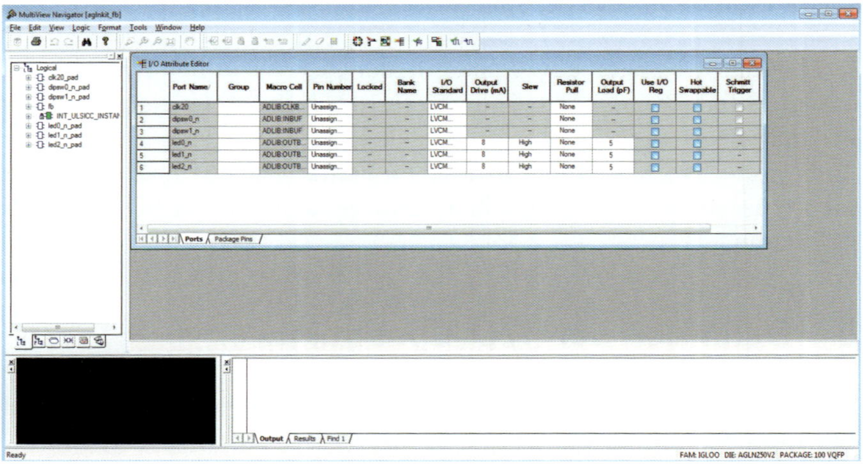

Abbildung E-16: Libero: MultiView Navigator mit I/O Attribute Editor

Im »I/O Attribute Editor« werden jetzt die Pinnummern entsprechend Tabelle E-1 eingetragen. Danach ergibt sich die in Abbildung E-17 gezeigte Situation.

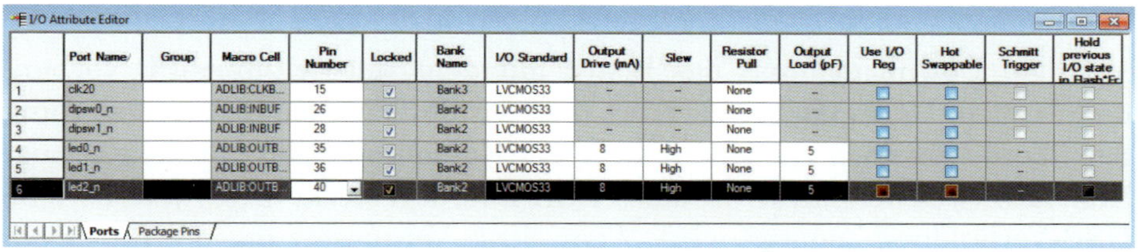

I/O Attribute Editor

	Port Name	Group	Macro Cell	Pin Number	Locked	Bank Name	I/O Standard	Output Drive (mA)	Slew	Resistor Pull	Output Load (pF)	Use I/O Reg	Hot Swappable	Schmitt Trigger	Hold previous I/O state in Flash*Fr
1	clk20		ADLIB:CLKB...	15	✓	Bank3	LVCMOS33	–	–	None	–				
2	dipsw0_n		ADLIB:INBUF	26	✓	Bank2	LVCMOS33	–	–	None	–				
3	dipsw1_n		ADLIB:INBUF	28	✓	Bank2	LVCMOS33	–	–	None	–				
4	led0_n		ADLIB:OUTB...	35	✓	Bank2	LVCMOS33	8	High	None	5			–	
5	led1_n		ADLIB:OUTB...	36	✓	Bank2	LVCMOS33	8	High	None	5			–	
6	led2_n		ADLIB:OUTB...	40	✓	Bank2	LVCMOS33	8	High	None	5			–	

Ports / Package Pins

Abbildung E-17: Libero: Komplettierte Eingabe im I/O Attribute Editor

Nun werden der »MultiViewEditor« und der (zuvor nicht erwähnte) »Designer« geschlossen und dabei wird jeweils das Sichern von Änderungen bestätigt.

E.6 Erzeugen der Konfigurationsdaten

Jetzt können die Daten zur Konfiguration des FPGA erzeugt werden. Dazu wird im »Design Flow« auf »Generate Programming Data« ein Doppelklick ausgeführt (Abbildung E-18).

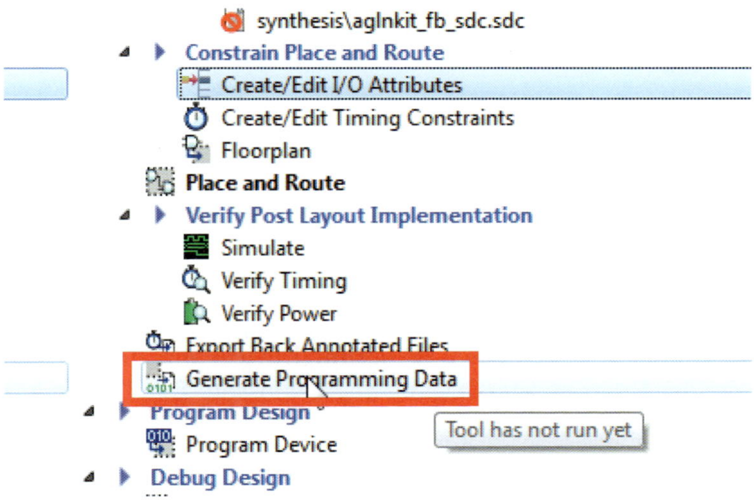

Abbildung E-18: Libero: Erzeugen der Konfigurationsdaten

Vorausgesetzt, die Generierung war erfolgreich (erkennbar an dem grünen Haken neben »Generate Programming Data«, Abbildung E-19), folgt der Download der Konfigurationsdaten.

E.7 Download

Vor dem Download muss das Board mit dem Entwicklungs-PC verbunden werden. Dabei ist zu beachten, dass sowohl zur Spannungsversorgung des Boards als auch zur Herstellung der Kommunikation mit dem Debug-Interface (welches zuvor an das FPGA-Board gesteckt wird) jeweils eine USB-Verbindung benötigt wird. Wenn diese Voraussetzungen erfüllt sind, kann der Download durch einen Doppelklick auf »Program Device« gestartet werden (Abbildung E-19).

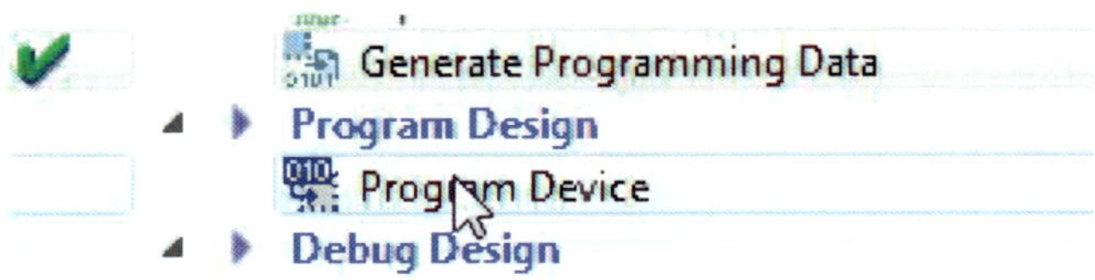

Abbildung E-19: Libero: Starten des Downloads

Es erscheint der in Abbildung E-20 gezeigte Hinweis, der auch unbedingt beachtet werden sollte.

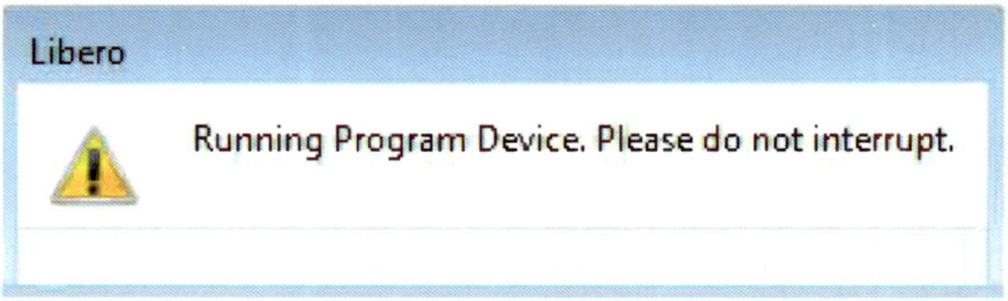

Abbildung E-20: Libero: Download läuft, Warnhinweis

Wenn nach einiger Zeit neben »Program Device« ein grüner Haken erscheint, ist der Programmiervorgang abgeschlossen. Das Design kann jetzt auf dem Board ausprobiert werden.

F Xilinx-Werkzeugkette »ISE«

Die Xilinx-Werkzeugkette »ISE« wird zusätzlich zur neueren, moderneren Werkzeugkette »Vivado« desselben Herstellers vorgestellt.

Der Grund dafür ist, dass zum Zeitpunkt der Drucklegung dieses Buchs die ältere FPGA-Familie »Spartan-6« immer noch das Low-Cost-Segment des Herstellers Xilinx abdeckt. Für die Familie »Spartan-6« kann Vivado nicht verwendet werden. Eine neue Low-Cost-Familie, die dann auch von Vivado unterstützt wird, ist zwar angekündigt, aber noch nicht am Markt verfügbar (geschweige denn für Maker interessante Boards mit diesen Chips). Für die Entwicklung für Spartan-6-FPGAs muss die ältere Xilinx-Umgebung »ISE« verwendet werden. ISE wurde im Oktober 2013 in der Version »14.7« »eingefroren«; eine aktive Entwicklung und Wartung dieses Software-Tools findet nicht mehr statt. Für neuere Windows-Versionen als »Windows 7 Professional« wurde ISE von Xilinx *nicht* qualifiziert[1].

Dennoch wird dieses Werkzeug hier vorgestellt, weil es einige im Maker-Bereich ganz gut etablierte Boards auf Basis eines Spartan-6-FPGA gibt. Falls solch ein Board schon vorhanden oder günstig zu bekommen ist, sollte man es ruhig für den Start verwenden. Steht eine Neuanschaffung zum regulären Preis an, sollte bedacht werden, dass in der gleichen Preiskategorie auch Boards verfügbar sind, für die aktuelle Entwicklungstools zur Verfügung stehen, die weiterentwickelt und gewartet werden.

Als typischer Vertreter der oben erwähnten Klasse von FPGA-Boards auf Basis eines Spartan-6 wird hier das Board »Papilio Pro« in Verbindung mit dem Ergänzungs-Board »LogicStart MegaWing« eingesetzt; Details zu diesen Boards stehen in Abschnitt H.3.4.1.

Verwendet wird das Beispiel `fpga_basic`. Tabelle F-1 listet Details zu den hier benutzten Ressourcen der zusammengesteckten Kombination Papilio Pro und LogicStart auf.

[1]Weitere Details, auch zu den unterstützten Linux-Versionen, können den Release-Notes des Herstellers Xilinx entnommen werden (`www.xilinx.com`).

Board: Papilio Pro; FPGA: Xilinx Spartan-6 XC6SLX9		
Ressource	*FPGA-Pin*	*I/O-Standard*
Quarz-Oszillator 32 MHz	P94	3.3V
DIP Switch 0	P114	3.3V
DIP Switch 1	P115	3.3V
LED0	P123 (Anode)	3.3V
LED1	P124 (Anode)	3.3V
LED2	P126 (Anode)	3.3V

Tabelle F-1: `fpga_basic` auf Papilio Pro/LogicStart, verwendete Ressourcen

F.1 Anlegen eines neuen Projekts

Gestartet wird »ISE« über den »ISE Project Navigator«. Man wählt je nach Betriebssystem die 32- oder 64-Bit-Version.

Das Anlegen eines neuen Projekts kann auf mehrere Art und Weisen initiiert werden. Hier wird der Weg über das »File«-Menü genommen, Abbildung F-1.

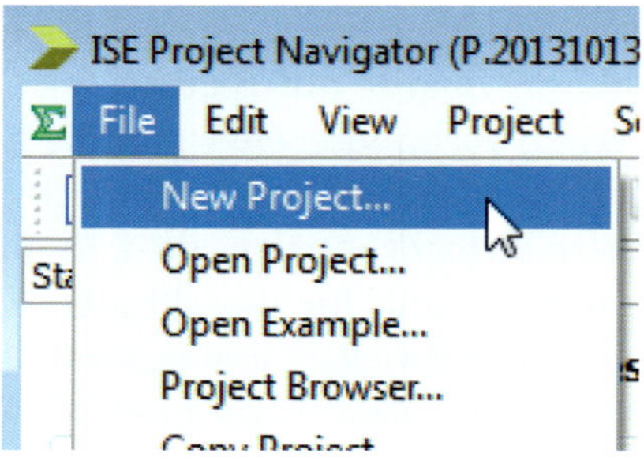

Abbildung F-1: Xilinx ISE: Anlegen eines neuen Projekts

In dem sich dann öffnenden Dialog werden für das neue Projekt der Projektname und das Projektverzeichnis festgelegt (Abbildung F-2).

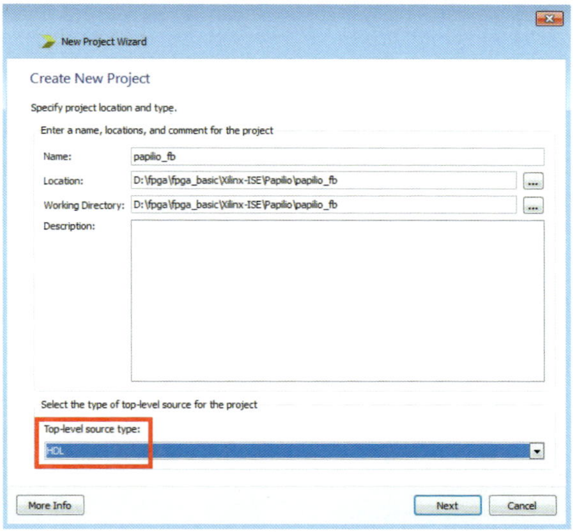

Abbildung F-2: Xilinx ISE: New Project Wizard

Wichtig ist hier auch, unten in dem Dialogfenster bei »Top-level source type« »HDL« auszuwählen.

Mit »Next« geht es weiter zum Dialog »Project Settings«, Abbildung F-3.

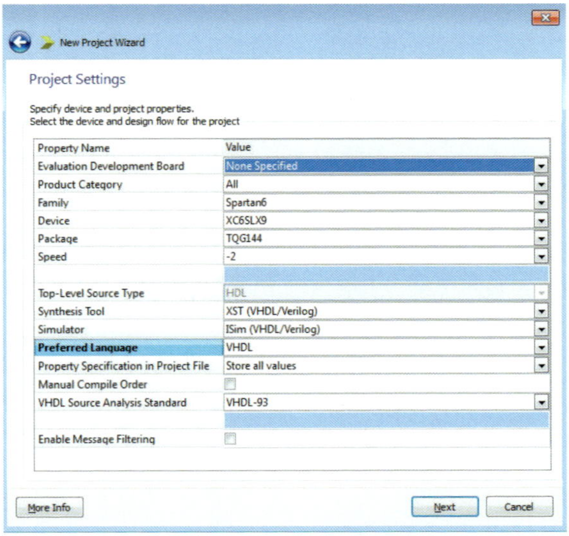

Abbildung F-3: Xilinx ISE: New Project Wizard; Projekteinstellungen

Im oberen Teil dieses Dialogs werden die Attribute des FPGA eingetragen. Sie können der Dokumentation entnommen werden oder man liest sie vom FPGA-Gehäuse ab.

Im unteren Teil der »Project Settings« werden Projektattribute wie die bevorzugte Hardwarebeschreibungssprache eingetragen, hier ist dies »VHDL«. Ein Klick auf »Next« führt zu einer Zusammenfassung aller bisher getätigten Projekteinstellungen (Abbildung F-4).

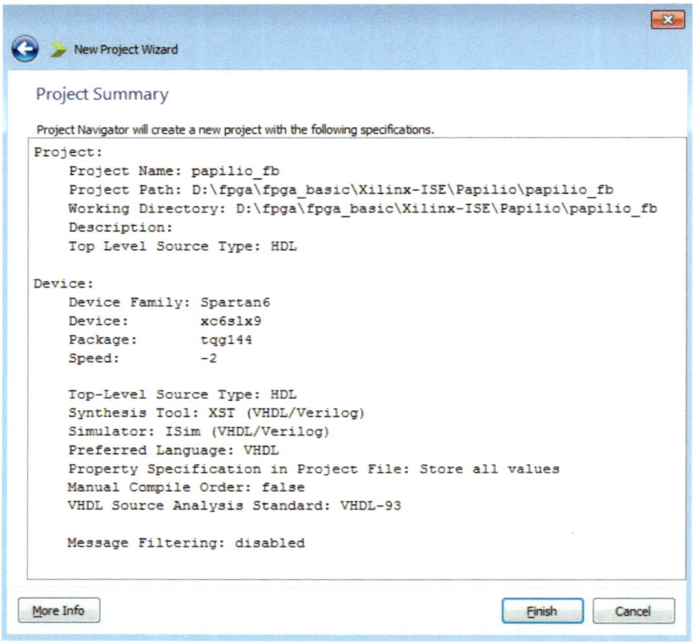

Abbildung F-4: Xilinx ISE: New Project Wizard; Zusammenfassung

Wenn alles passt, wird dieser Dialog mit »Finish« verlassen, worauf sich die gesamte Entwicklungsumgebung wie in Abbildung F-5 dargestellt präsentiert.

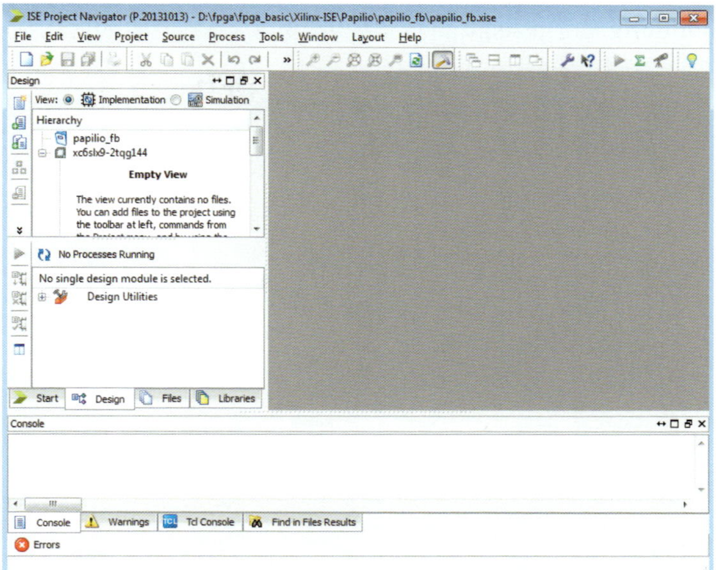

Abbildung F-5: Xilinx ISE: Gesamtansicht nach Anlegen des neuen Projekts `papilio_fb`

Damit ist der erste Schritt geschafft, es folgt das Anlegen eines neuen VHDL-Sourcefiles.

F.2 Anlegen eines neuen VHDL-Files

Zum Anlegen eines neuen Source-Files existiert im Menü »Project« der Eintrag »New Source...« (Abbildung F-6).

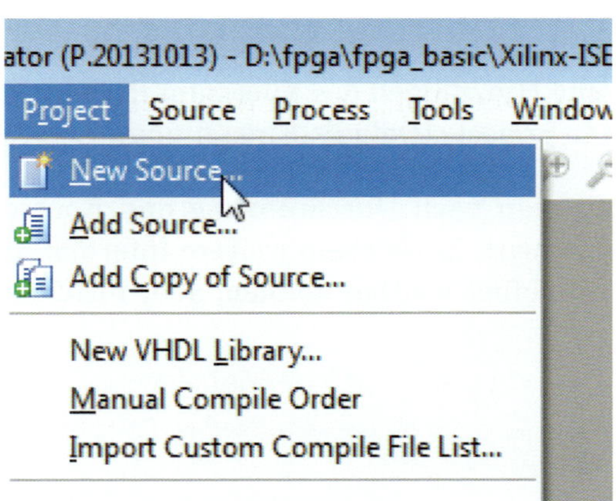

Abbildung F-6: Xilinx ISE: Anlegen eines neuen Source-Files

Die Auswahl dieses Eintrags führt zum Öffnen des »New Source Wizard«, wie in Abbildung F-7 gezeigt.

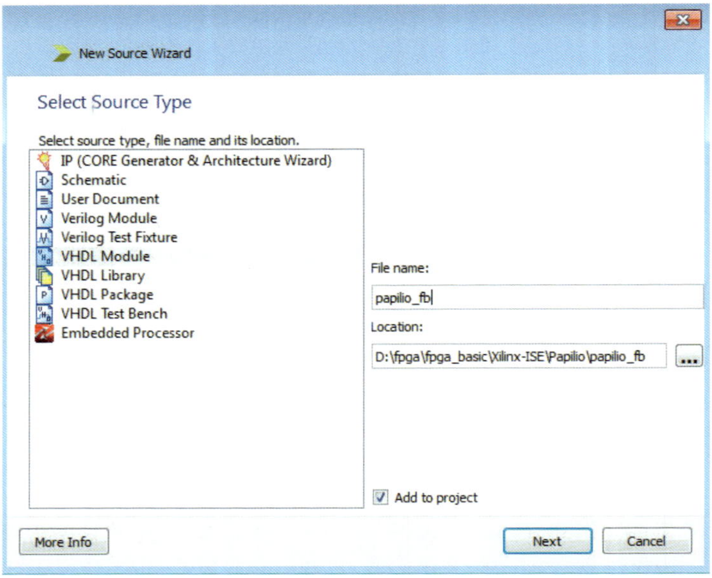

Abbildung F-7: Xilinx ISE: Assistent zum Anlegen eines Source-Files

Hier sind verschiedene Punkte zu beachten:

- Die Auswahl des Source-File-Typs: Hier ist es »VHDL Module«.
- Der Name des neuen Source-Files: In diesem Fall `papilio_fb`. Die »Extension« ›.vhd‹ wird automatisch angehängt; der Name kann beliebig gewählt werden.
- Der Speicherort für das File: Hier wird die Default-Einstellung übernommen.
- Das automatische Hinzufügen des Files zum Projekt: Durch die Aktivierung von »Add to project« (Default-Einstellung)

Mit »Next« gelangt man nach Durchführung und Kontrolle dieser Eingaben zum nächsten Schritt, in welchem weitere Informationen bezüglich des neuen Moduls hinzugefügt werden können, aber nicht müssen (Abbildung F-8).

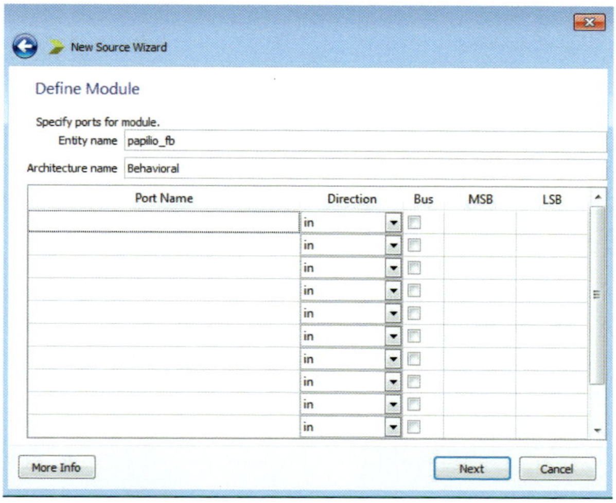

Abbildung F-8: Xilinx ISE: Dialog zum Hinzufügen von Modulinformationen

Dieser Dialog kann genutzt werden, um die Namen von `Entity` und `Architecture` anzugeben bzw. zu ändern sowie den `Port`-Teil des Moduls interaktiv einzugeben. Hier wird nur von der Möglichkeit Gebrauch gemacht, den `Architecture`-Namen zu ändern (Abbildung F-9).

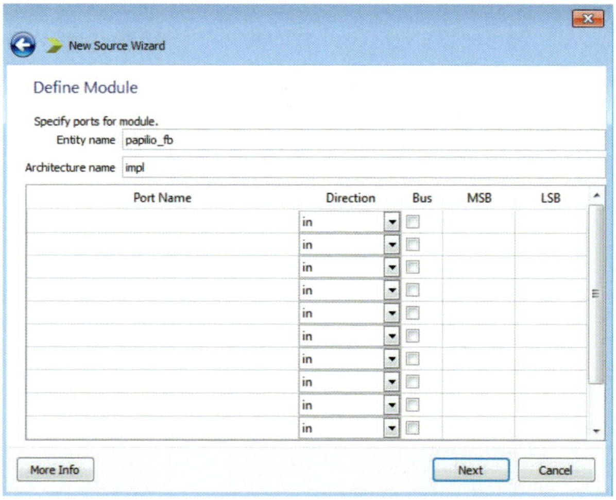

Abbildung F-9: Xilinx ISE: Dialog zum Hinzufügen von Modulinformationen; `Architecture`-Name geändert

Ein Klick auf »Next« führt zu einer Zusammenfassung, Abbildung F-10.

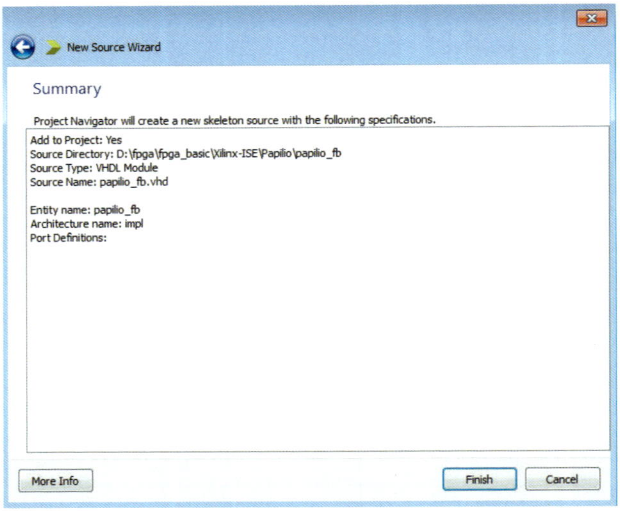

Abbildung F-10: Xilinx ISE: Anlegen eines neuen Source-Moduls, Zusammenfassung

»Finish« beendet das Anlegen des neuen Source-Files »papilio_fb.vhd«. Dieses File wird dadurch automatisch im Texteditor von »ISE« geöffnet, Abbildung F-11.

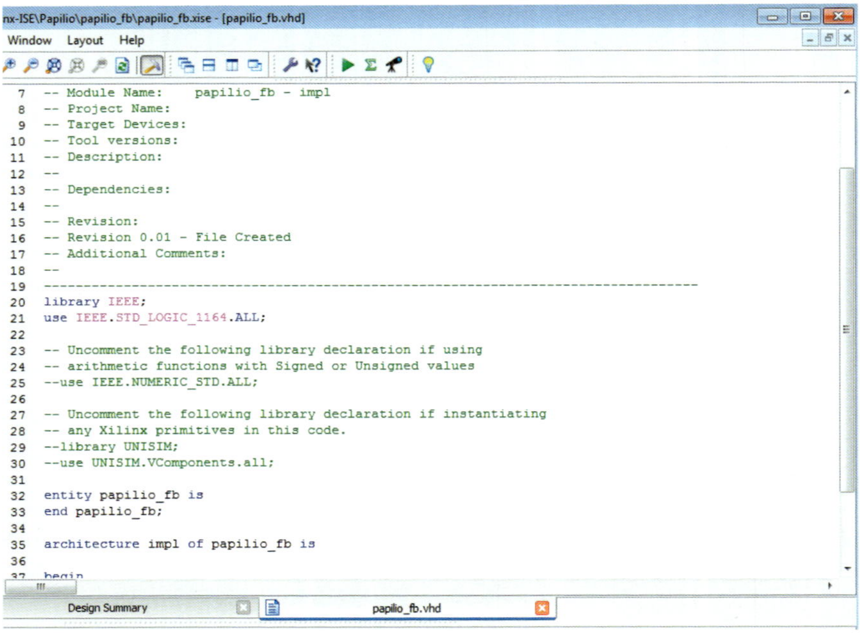

Abbildung F-11: Xilinx ISE: Neu angelegtes File »papilio_fb.vhd« im Editor

Der automatisch generierte Inhalt wird nun durch den in Listing F-1 angegebenen VHDL-Code ersetzt.

Listing F-1: Inhalt von papilio_fb.vhdl

```
-- papilio_fb.vhd

library ieee;
use ieee.std_logic_1164.all;

entity papilio_fb is
  port
  (
    clk32 : in std_logic;
    sw0 : in std_logic;
    sw1 : in std_logic;
    led0 : out std_logic;
    led1 : out std_logic;
    led2 : out std_logic
  );
end papilio_fb;

architecture impl of papilio_fb is
-- all logic consistently as positive logic
-- switches on board use positive logic and
-- leds are driven on anodes

component fpga_basic is
  port
  (
    clk : in std_logic; -- clock input
    in_1 : in std_logic; -- switch /pushbutton input
    in_2 : in std_logic;  -- switch /pushbutton
        input
    blink_o : out std_logic; -- output for
        alternating signal ( ~ 1Hz)
    and_o : out std_logic;  -- output for and
        operation
    or_o : out std_logic  -- output for or operation
  );
end component;

begin
  fb : fpga_basic
```

```
37      port map
38      (
39        clk => clk32,
40        in_1 => sw0,
41        in_2 => sw1,
42        blink_o => led0,
43        and_o => led1,
44        or_o => led2
45      );
46    end impl;
```

Der `port`-Teil in den Zeilen 7 bis 15 gibt an, wie die Verbindung des Moduls `papilio_fb` zur Außenwelt gestaltet ist. Tabelle F-1 enthält bereits die entsprechenden Pinnummern und I/O-Spannungen des FPGA, welche der online verfügbaren Dokumentation zu den beiden Boards »Papilio Pro« und »LogicStart« entnommen wurden. Mit diesen Informationen wird im nächsten Schritt ein sog. Constraints-File angelegt.

F.3 Anlegen von I/O-Constraints

Die Entwicklungsumgebung »ISE« verwendet Constraints-Files im ›ucf‹-Format. Dieses Format ist *nicht* mit dem ›xdc‹-Format der neueren Entwicklungsumgebung »Vivado« kompatibel[2].

Listing F-2 enthält das ucf-File für das Projekt »papilio_fb«.

Listing F-2: Inhalt von `papilio_fb.ucf`

```
# papilio_fb.ucf

NET clk32 LOC="P94"   | IOSTANDARD=LVTTL | PERIOD
    =31.25ns;

NET sw0   LOC="P114" | IOSTANDARD=LVTTL;
NET sw1   LOC="P115" | IOSTANDARD=LVTTL;

NET led0  LOC="P123" | IOSTANDARD=LVTTL;
NET led1  LOC="P124" | IOSTANDARD=LVTTL;
NET led2  LOC="P126" | IOSTANDARD=LVTTL;
```

Der Prozess zur Erstellung eines neuen Constraints-Files ähnelt sehr dem zuvor beschriebenen Verfahren zum Anlegen eines neuen Source-Files.

[2]Für Anwender, die einen »Umzug« von ISE-Projekten nach Vivado planen, gibt es von Xilinx ein Dokument mit der Kurzbezeichnung »UG911«, welches auch Informationen zum Konvertieren von ucf-Files in xdc-Files enthält.

Er beginnt wieder mit »Project / New Source...« (vgl. Abbildung F-6). Im anschließenden Dialog »Select Source Type« wird »Implemantation Constraints File« als Quellfiletyp gewählt, als Filename »papilio_fb«[3]; siehe Abbildung F-12.

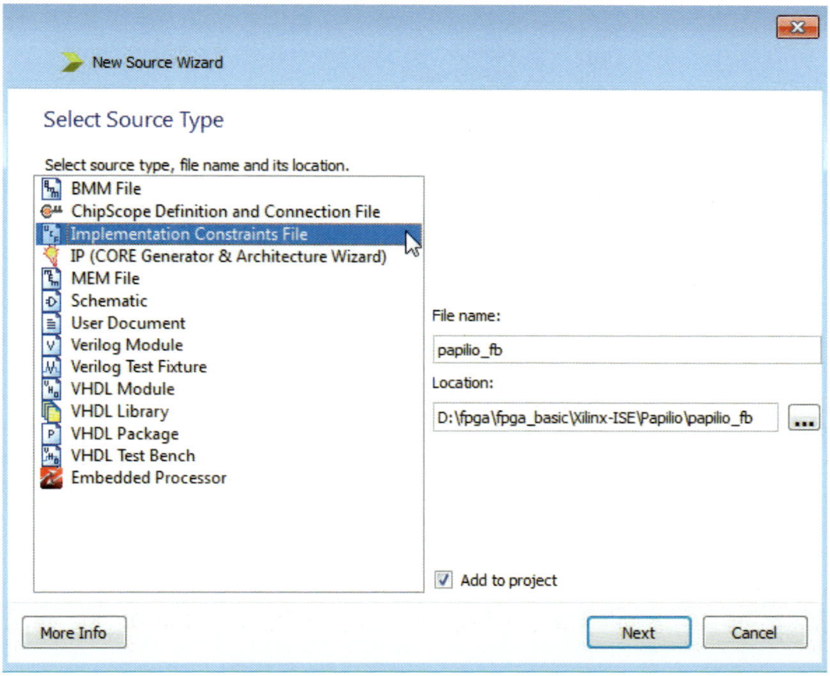

Abbildung F-12: Xilinx ISE: Anlegen eines Constraints-Files

Mit »Next« geht es weiter zu einem Dialogfenster mit einer Zusammenfassung, welches wiederum mit »Finish« verlassen wird.

In das sich dann automatisch öffnende Editorfenster mit der Datei `papilio_fb.ucf` wird der Inhalt von Listing F-2 übertragen und die Datei gesichert.

Im Project Navigator (links) ergibt sich eine Darstellung wie in Abbildung F-13 gezeigt.

[3]Wobei der Filename prinzipiell beliebig gewählt werden kann; die Dateierweiterung ›.ucf‹ wird automatisch angehängt.

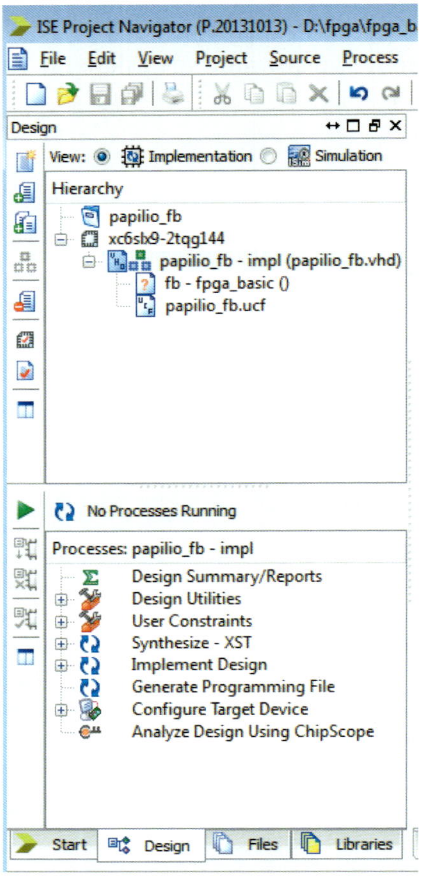

Abbildung F-13: Xilinx ISE: Project Navigator nach Anlegen eines Source- sowie ucf-Files

Im oberen Bereich »Hierarchy« ist – bei Auswahl der »Implentation«-Ansicht – zu erkennen, dass `papilio_fb` von der Komponente `fpga_basic` eine Instanz mit Namen `fb` benutzt (vgl. Zeile 36 in Listing F-1), diese Komponente jedoch noch nicht vollständig spezifiziert ist (erkennbar an dem orangefarbenen Fragezeichen links neben »fb - fpga_basic()«. Damit kommen wir zum nächsten Schritt, dem Einbinden des schon vorhandenen Source-Files »fpga_basic.vhd«, welches die Definition der Komponente `fpga_basic` enthält. Listing B-1 enthält den Quellcode.

F.4 Einbinden eines schon vorhandenen VHDL-Files

Jetzt führt der Weg über das Projekt-Menü und den Eintrag »Add Source ...«, Abbildung F-14.

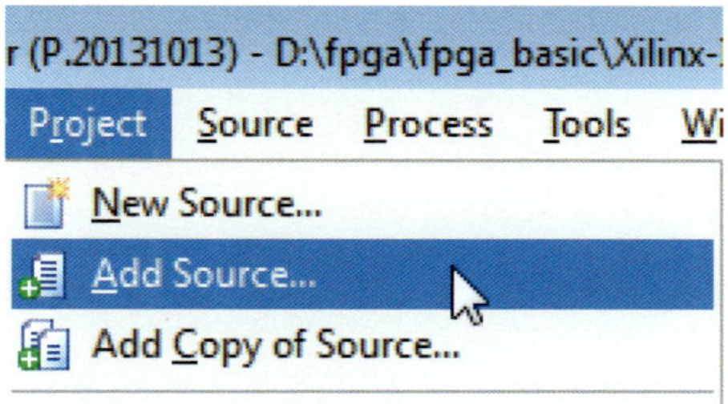

Abbildung F-14: Xilinx ISE: Hinzufügen eines schon vorhandenen Source-Files zum Projekt

Im folgenden Dialogfenster wird das gewünschte File `fpga_basic.vhd` ausgewählt (Abbildung F-12).

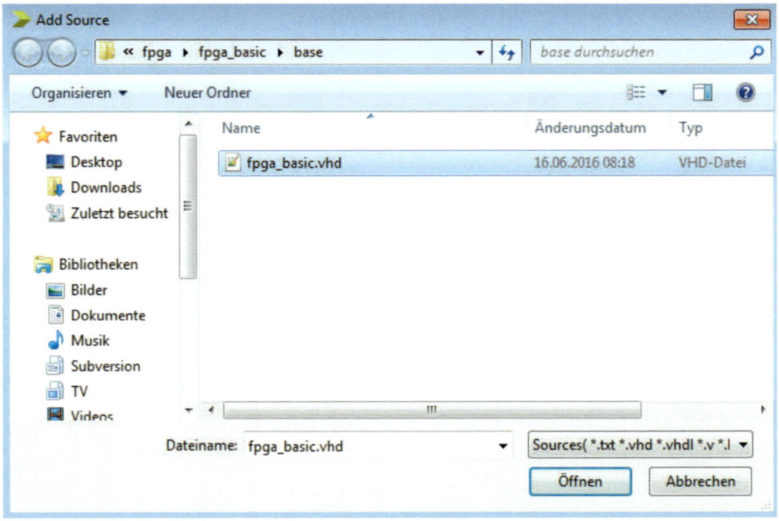

Abbildung F-15: Xilinx ISE: Auswahl des Files `fpga_basic.vhd`

Im daraufhin erscheinenden Dialogfenster werden alle Standardeinstellungen belassen und der Dialog wird mit »OK« abgeschlossen (Abbildung F-16).

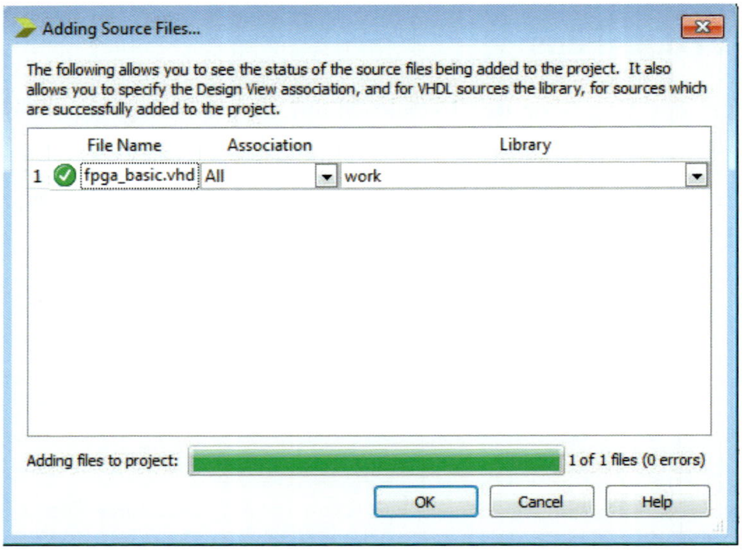

Abbildung F-16: Xilinx ISE: Hinzufügen von Source-Files, Attribut-Einstellungen

Damit ist das Projekt vollständig beschrieben, vgl. Abbildung F-17.

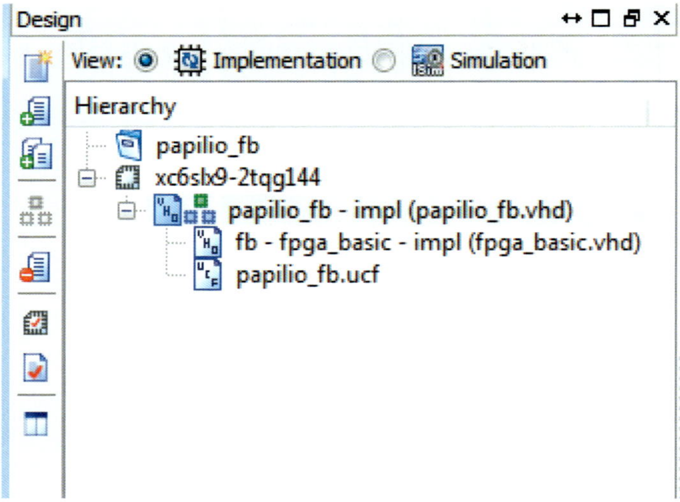

Abbildung F-17: Xilinx ISE: Project Navigator nach Vervollständigung des Projekts

Nun erfolgt die Umsetzung der Schaltungsbeschreibung in einen Bitstream.

F.5 Implementierung

Eine erste Analyse des VHDL-Codes erfolgte bereits automatisch durch den in die Entwicklungsumgebung integrierten Editor. Beim Speichern eines Source-Files mit Syntaxfehlern erscheinen im Fenster »Console« Fehlermeldungen.

Unter der Voraussetzung, dass dort keine Fehlermeldungen angezeigt werden, lässt sich nun die Implementierung durchführen, bestehend aus den Schritten »Synthesize« und »Implement Design«.

Ein Klick auf das grüne Dreieck im Prozessfenster (Abbildung F-18) löst die Ausführung dieser beiden Schritte aus.

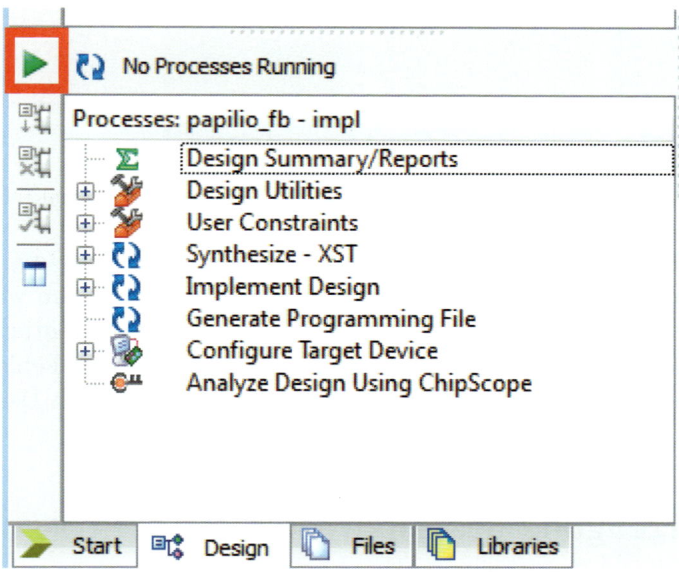

Abbildung F-18: Xilinx ISE: Prozessfenster

Nach einigen Sekunden (oder etlichen Minuten bei großen Projekten) ist der Prozess durchgelaufen und es ergibt sich ein Bild wie in Abbildung F-19 gezeigt.

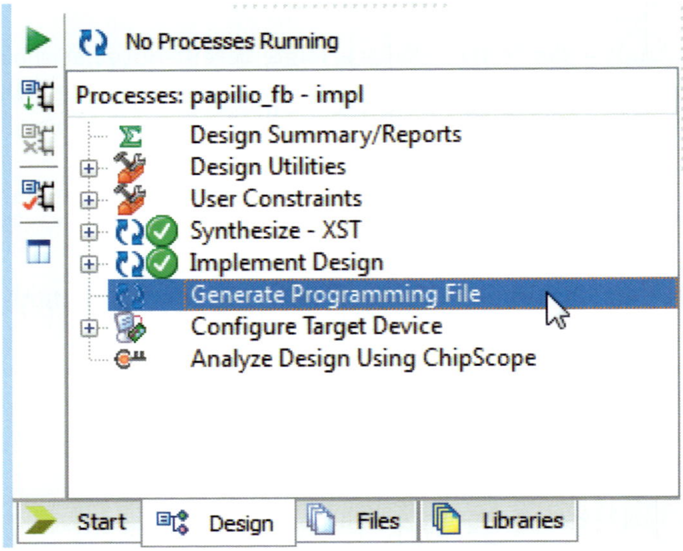

Abbildung F-19: Xilinx ISE: Prozessfenster nach erfolgreichem Implementierungslauf

Sofern neben den beiden oben genannten Prozessschritten grüne Haken dargestellt werden, kann zum nächsten Schritt übergegangen werden, der Generierung des Bitstreams. Waren Synthese und Implementierung nicht erfolgreich, sollte zuvor die Ursache anhand der Warn- bzw. Fehlermeldungen analysiert werden. Gegebenenfalls sind Änderungen am Design erforderlich.

F.6 Erzeugung des Bitstreams

Die Generierung des Bitstreams wird durch einen Doppelklick auf den Eintrag »Generate Programming File« im Prozessfenster gestartet (Abbildung F-19).

Nach erfolgreicher Generierung wird auch dieser Schritt im Prozessfenster entsprechend markiert (Abbildung F-20).

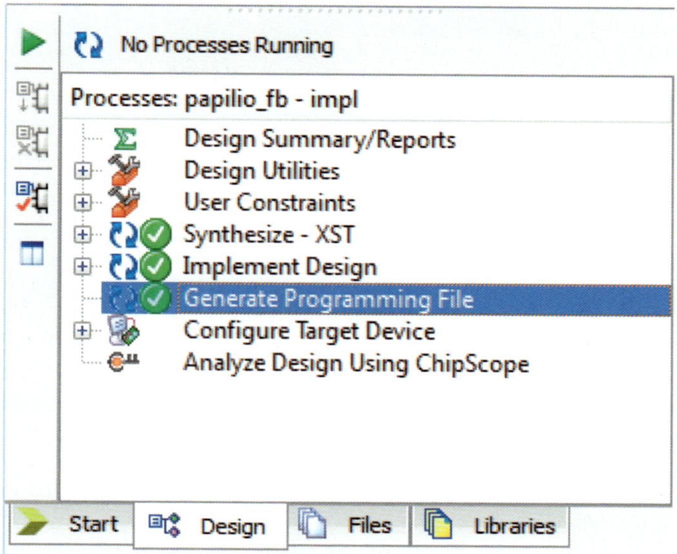

Abbildung F-20: Xilinx ISE: Prozessfenster nach erfolgreicher Bitstream-Generierung

Im letzten Schritt folgt der Download des generierten Bitstream-Files »papilio_fb.bit« auf das Papilio-Board.

F.7 Download

Die Entwicklungsumgebung »ISE« verfügt über ein Download-Utility mit dem Namen »impact«. Dieses Tool kann für viele Boards mit Xilinx-FPGAs verwendet werden und lässt sich über den Eintrag »Configure Target Device« des ISE-Prozessfensters aufrufen.

Im Fall des Boards »Papilio« kommt allerdings ein proprietäres Tool mit dem Namen »Papilio Loader« zum Einsatz, das kostenfrei vom Board-Hersteller zur Verfügung gestellt wird.

Das Board wird über USB mit dem Entwicklungs-PC verbunden, dann wird »Papilio Loader« gestartet. Das Benutzerinterface dieses Tools ist in Abbildung F-21 dargestellt.

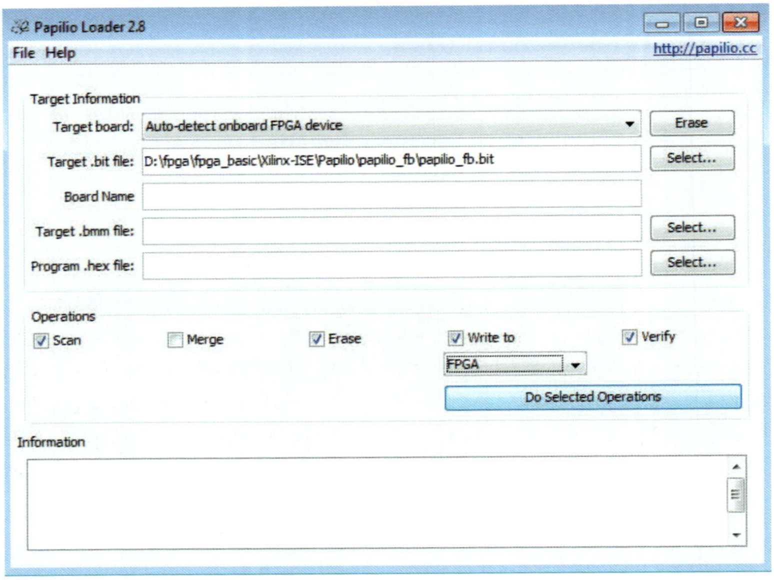

Abbildung F-21: Papilio Loader

Folgende Einstellungen müssen vor dem Download vorgenommen werden:

- Target Board: »Auto-detect onboard FPGA device«
- Target Bit File: Entsprechend der für das Projekt angelegten Verzeichnisstruktur. Wichtig ist, dass das richtige ›.bit‹-File ausgewählt wird.
- Write to: Hier sollte für den Anfang »FPGA« gewählt werden
- Weiterhin sollten aktiviert sein/werden: »Scan«, »Erase«, »Verify«

Ein Klick auf »Do Selected Operations« startet die Ausführung der zuvor gewählten Operationen. Danach sollte ›LED00‹ auf dem »LogicStart«-Erweiterungsboard blinken und »LED01« und »DED02« sollten sich entsprechend der Schalterstellungen von »SW0« und »SW1« verhalten.

G Vergleich der Werkzeugketten

Alle Werkzeugketten haben ihre Vor- und Nachteile, keine ist perfekt. Es gibt Unterschiede in den Ausstattungsmerkmalen und der Benutzerschnittstelle; viele davon sind für Maker-Anwendungen nicht wirklich bedeutsam.

Falls man bereits ein FPGA-Board besitzt und dieses nun benutzen möchte, ist die Entscheidung für eine bestimmte Werkzeugkette durch das FPGA auf dem Board quasi vorgegeben. Komplizierter ist es, wenn noch kein Board vorhanden ist. Dann kann es sinnvoll sein, die Werkzeugketten zunächst ohne FPGA-Board auszutesten. Der jeweilige Workflow vom Design-Entry über die Simulation bis hin zur Erzeugung eines Bitstreams für das Zielsystem kann komplett durchlaufen werden, lediglich der Download des Bitstreams auf die Hardware und das anschließende Testen mit der Hardware (zugegebenermaßen für die meisten wohl der spannendste Aspekt) entfallen.

Das subjektive Fazit des Autors ist dies: Das Lattice-Werkzeug »Diamond« bietet einen weitgehend unkomplizierten Einstieg. Das Werkzeug ist klar strukturiert und verfügt über eine vergleichsweise überschaubare Anzahl an Einstellmöglichkeiten. In Verbindung mit dem »MachXOLF Starter Kit« auf Basis eines MachLMXO3-FPGA kommt man sehr kostengünstig und schnell auf Touren. Einige wichtige I/O-Elemente wie ein Schalter und LEDs sind auf dem Board vorhanden. Weitere Peripherie wie ein Siebensegment-Display muss noch selbst ergänzt werden, zum Beispiel durch Erweiterungsboards zum »Anstecken«.

Die aus Sicht des Autors zur Zeit der Drucklegung am weitesten fortgeschrittene und umfangreichste Werkzeugkette ist »Vivado« von Xilinx. Damit steht sogar der Weg über C-Code als Mittel zur Beschreibung von Hardware (»HLS«) zusätzlich zum klassischen Ansatz über VHDL (oder (System) Verilog) kostenlos zur Verfügung. Auch die Möglichkeiten zum Erstellen, Einbinden und Managen von IP sind hier sehr ausgeprägt und komfortabel. In Verbindung mit einem Board wie »Arty« bieten sich so sehr viele Möglichkeiten. Wer mit dem Design von komplexeren »Systems on Chip« inklusive der Verwendung von Prozessor-Cores liebäugelt, kann sich mit »Vivado« richtig austoben. Leider unterstützt »Vivado« Spartan6-FPGAs nicht.

Aber auch mit den Tools von Altera und Microsemi lässt sich gut arbeiten, auch sie haben ihre Stärken. Bezüglich der Toolkomplexität ist ganz grob das Werkzeug von Microsemi mit dem von Lattice vergleichbar und das von Altera mit den Xilinx-Werkzeugen.

Je länger man mit einem Werkzeug arbeitet, desto besser lernt man es kennen, die »Ecken und Kanten« eingeschlossen. Letztendlich macht man als Maker mit keinem der hier angesprochenen Tools etwas verkehrt.

H FPGA-Boards für Maker

Der FPGA-interessierte Maker »lebt nicht von der Simulation allein«. Daher werden hier einige Bezugsquellen für FPGA-Boards genannt sowie Boards vorgestellt, mit denen die in diesem Buch vorgestellten Schaltungen realisiert werden können – mit der Gewähr, dass die Listen bestimmt *nicht* vollständig sind.

H.1 Einige Bezugsquellen

- `http://www.digikey.de`
- `http://www.digilentinc.com`
- `http://www.element14.com`
- `http://www.exp-tech.de`
- `http://www.mouser.de`
- `http://www.trenz-electronic.de`
- `http://www.terasic.com.tw/en/`
- `http://www.watterott.com`

H.2 Board-Übersicht

Die hier aufgeführten Boards wurden vom Autor bei der Entwicklung der in diesem Buch vorgestellten Schaltungen benutzt.

FPGA-Hersteller	Board-Bezeichnung	FPGA-Familie	FPGA-Typ	Anzahl Logik-Blöcke
Altera	DE0	Cylone III	EP3C16	15408
Altera	DE0-Nano	Cylone IV	EP4CE22	22320
Lattice	MachXO3LF Starter Kit	MachXO3	LMXO3LF-6900C	6900
Microsemi	AGLN-Nano-Kit	IGLOO nano	AGLN250V2	6144
Xilinx	PapilioPro	Spartan-6	XC6SLX9	9152
Xilinx	NEXYS3	Spartan-6	XC6SLX16	14579
Xilinx	ARTY	Artix-7	XC7A35T	33280
Xilinx	BASYS3	Artix-7	XC7A35T	33280
Xilinx	NEXYS4 DDR	Artix-7	XC7A100T	101440

Die folgenden Abschnitte enthalten zu jedem dieser Boards eine Abbildung und einen kurzen »Steckbrief«. Dort sind nur die wichtigsten Merkmale aufgeführt. Um eine vollständige Information zu dem jeweiligen Board zu erhalten, sollte die entsprechende Hersteller-Dokumentation konsultiert werden.

H.3 Boards, Boards, Boards

H.3.1 Altera

H.3.1.1 DE0

Abbildung H-1: DE0

Name	DE0
Hersteller	Terrasic.
FPGA	Altera Cyclone III EP3C16F484C6N
Programmierinterface	On-Board(USB)
On-Board Quarz-Oszillator	50MHz
Schiebeschalter	10
Taster	3
User-LEDs	10
RGB-LEDs	0
PMOD-Buchsen	0
GPIO (Stiftleiste o.Ä.)	72 Pins
Siebensegment-Digits	4
VGA-Interface	1
Ethernet	0
On-Board RAM	8MByte SDRAM
Sensoren	
Besonderheit	PS/2-Eingang; SD-Slot

H.3.1.2 DE0-Nano

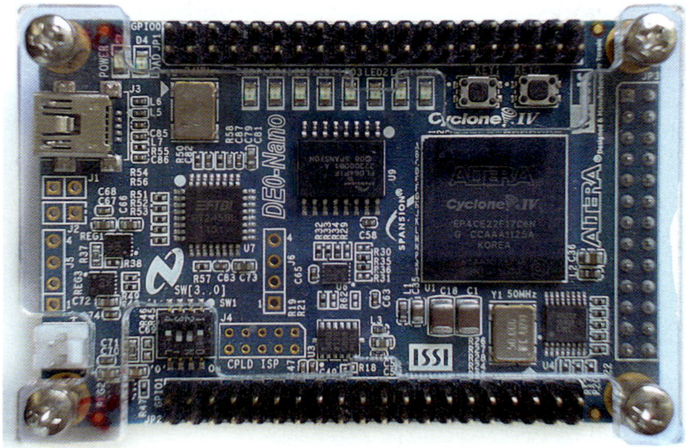

Abbildung H-2: DE0-Nano

Name	DE0-Nano
Hersteller	Terrasic.
FPGA	Altera Cyclone IV EP4CE22F17C6
Programmierinterface	On-Board(USB)
On-Board Quarz-Oszillator	50MHz
Schiebeschalter	4
Taster	2
User-LEDs	8
RGB-LEDs	0
PMOD-Buchsen	0
GPIO (Stiftleiste o.Ä.)	72 Pins
Siebensegment-Digits	0
VGA-Interface	0
Ethernet	0
On-Board RAM	32MByte SDRAM
Sensoren	G; A/D
Besonderheit	

H.3.2 Lattice

H.3.2.1 MachXO3LF StarterKit

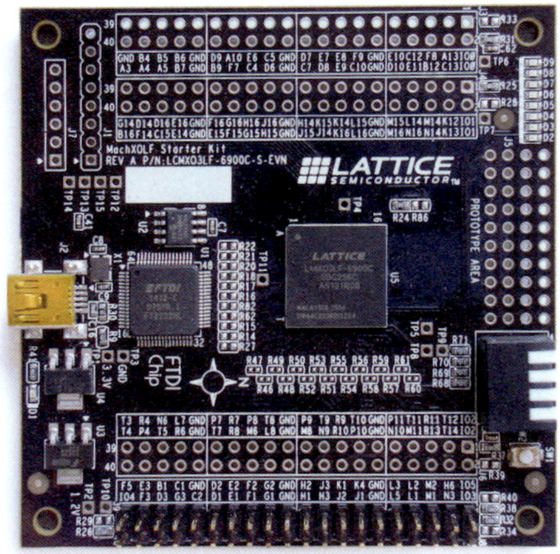

Abbildung H-3: MachXO3LF StarterKit

Name	MachXO3 LF Starter Kit
Hersteller	Lattice
FPGA	Lattice LCMXO4LF-6900C 5BG256C
Programmierinterface	On-Board(USB)
On-Board Quarz-Oszillator	12MHz
DIP-Switch	4
Taster	1 (Reset)
User-LEDs	8
RGB-LEDs	0
PMOD-Buchsen	0
GPIO (Stiftleiste o.Ä.)	4x32 Pins
Siebensegment-Digits	0
VGA-Interface	0
Ethernet	0
On-Board RAM	–
Sensoren	–
Besonderheit	

H.3.3 Microsemi

H.3.3.1 AGLN-Nano-Kit

Abbildung H-4: AGLN-Nano-Kit mit angestecktem LC Programmer

Name	AGLN-Nano-Kit
Hersteller	Microsemi
FPGA	Actel AGLN250 VQG100
Programmierinterface	Extern (LC Programmer)
On-Board Quarz-Oszillator	20MHz
DIP-Switch	8
Taster	4
User-LEDs	8
RGB-LEDs	0
PMOD-Buchsen	0
GPIO (Stiftleiste o.Ä.)	65 Pins (z.T. Doppelbelegung)
Siebensegment-Digits	0
VGA-Interface	0
Ethernet	0
On-Board RAM	–
Sensoren	–
Besonderheit	Jumper für Strommessungen

H.3.4 Xilinx

H.3.4.1 Papilio

Abbildung H-5: Papilio Pro

Name	Papilio Pro
Hersteller	Gadget Factory
FPGA	Xilinx Spartan-6 XC6SLX9 TQG144
Programmierinterface	On-Board(USB)
On-Board Quarz-Oszillator	32MHz
Schiebeschalter	0
Taster	0
User-LEDs	1
RGB-LEDs	0
PMOD-Buchsen	0
GPIO (Stiftleiste o.Ä.)	48 Pins
Siebensegment-Digits	0
VGA-Interface	0
Ethernet	0
On-Board RAM	64KByte usable SRAM
Sensoren	
Besonderheit	»Wing«-Erweiterungsplatinen

Abbildung H-6: Papilio LogicStart MegaWing

Name	LogicStart MegaWing
Hersteller	Gadget Factory
FPGA	keines; Erweiterungs-Board zu FPGA-Boards der Papilio-Familie
Programmierinterface	–
On-Board Quarz-Oszillator	–
Schiebeschalter	8
Taster	5 (*nicht* unabhängig; in Form eines Micro-Joysticks)
User-LEDs	8
RGB-LEDs	0
PMOD-Buchsen	0
GPIO (Stiftleiste o.Ä.)	8 A/D-Eingänge
Siebensegment-Digits	4
VGA-Interface	1
Ethernet	0
On-Board RAM	–
Sensoren	A/D; Audio (mono)
Besonderheit	

H.3.4.2 NEXYS3

Abbildung H-7: NEXYS3

Name	NEXYS3
Hersteller	Digilent Inc.
FPGA	Xilinx XC6SLX16CSG324C
Programmierinterface	On-Board(USB)
On-Board Quarz-Oszillator	100MHz
Schiebeschalter	8
Taster	5
User-LEDs	8
RGB-LEDs	0
PMOD-Buchsen	4
GPIO (Stiftleiste o.Ä.)	68-Pin-HighSpeed-Connector
Siebensegment-Digits	4
VGA-Interface	1
Ethernet	1
On-Board RAM	16 MByte
Sensoren	–
Besonderheit	USB HID

H.3.4.3 ARTY

Abbildung H-8: ARTY

Name	ARTY
Hersteller	Digilent Inc.
FPGA	Xilinx XC7A35T-CSG324A
Programmierinterface	On-Board(USB)
On-Board Quarz-Oszillator	100MHz
Schiebeschalter	4
Taster	4
User-LEDs	4
RGB-LEDs	4
PMOD-Buchsen	4
GPIO (Stiftleiste o.Ä.)	Arduino/chipKit shield connector
Siebensegment-Digits	0
VGA-Interface	0
Ethernet	1
On-Board RAM	256 MByte
Sensoren	A/D (auf dem FPGA, XADC)
Besonderheit	

H.3.4.4 BASYS3

Abbildung H-9: BASYS3

Name	BASYS3
Hersteller	Digilent Inc.
FPGA	Xilinx XC7A35T-CPG236
Programmierinterface	On-Board(USB)
On-Board Quarz-Oszillator	100MHz
Schiebeschalter	16
Taster	5
User-LEDs	16
RGB-LEDs	0
PMOD-Buchsen	3 + 1(XADC)
GPIO (Stiftleiste o.Ä.)	
Siebensegment-Digits	4
VGA-Interface	1
Ethernet	0
On-Board RAM	–
Sensoren	A/D (auf dem FPGA, XADC)
Besonderheit	

H.3.4.5 NEXYS4 DDR

Abbildung H-10: NEXYS4-DDR

Name	NEXYS4 DDR
Hersteller	Digilent Inc.
FPGA	Xilinx XC7A100T-1CSG324C
Programmierinterface	On-Board(USB)
On-Board Quarz-Oszillator	100MHz
Schiebeschalter	16
Taster	5
User-LEDs	16
RGB-LEDs	2
PMOD-Buchsen	4 + 1(XADC)
GPIO (Stiftleiste o.Ä.)	
Siebensegment-Digits	8
VGA-Interface	1
Ethernet	1
On-Board RAM	128MByte DDR2
Sensoren	A/D (auf dem FPGA, XADC); G; T; Mic
Besonderheit	SD-Micro-Slot; USB HID; Audio out

Glossar

ASIC Application Specific Integrated Circuit. ASICs sind integrierte Schaltungen, die für einen bestimmten Zweck in großen Stückzahlen hergestellt werden (z.B. der Controller für ein Festplattenlaufwerk). Ihre Entwicklung ist sehr teuer. Im Gegensatz zu FPGAs können die mit ASICs realisierten Schaltungen nach der Chip-Produktion nicht mehr geändert werden. Die Entwurfsmethodik für ein ASIC ist ähnlich wie bei einem FPGA. Allerdings sind die Hardwareeigenschaften eines ASICs anders; deswegen sollten manche Entwurfsmuster, die für ASICs gut sind, nicht auf FPGAs übertragen werden. FPGAs werden häufig für das Prototyping von ASICs eingesetzt.

Bitstream Wörtlich übersetzt »Bitstrom«; damit ist im FPGA-Kontext die Konfigurationsinformation gemeint, die (bei SRAM-basierten FPGAs) bei jedem Einschalten der Spannungsversorgung über ein meistens serielles Interface »Bit für Bit« in das FPGA übertragen wird.

Clock Takt; Flip-Flops und andere getaktete Bauelemente besitzen immer einen Clock-Eingang. Durch die steigende Flanke (manchmal auch die fallende Flanke) des Clock-Signals werden Aktionen ausgelöst, wie z.B. das Übernehmen des Eingangssignals auf den Ausgang bei einem Flip-Flop. FPGAs haben in der Regel mehrere dedizierte Clock-Eingangs-Pins. Außerdem verfügen sie über spezielle Infrastruktur zum Verteilen von Clock-Signalen auf dem Chip wie Zwischenverstärker, und besondere Leitungen mit niedriger Laufzeitverzögerung.

Clock-Enable Eingangssignal eines getakteten Bauelements wie z.B. eines Flip-Flops. Das Clock-Signal hat nur bei aktivem Clock-Enable-Signal Wirkung. Mit Hilfe eines Clock-Enable-Signals kann z.B. dafür gesorgt werden, dass ein Teil einer Digitalschaltung mit einer niedrigeren Taktfrequenz betrieben wird, als sie durch das Clock-Signal vorgegeben wird.

Die Damit ist das Innere eines elektronischen Bausteins gemeint, ein wenig vereinfacht formuliert der Chip ohne das Gehäuse. Wenn dieser Begriff in einem Konfigurationsdialog eines FPGA-Entwicklungswerkzeugs auftaucht, geht es darum, aus einer Menge von Varianten ein und desselben FPGA-Typs eine spezielle Variante auszuwählen. Dazu ist es oft erforderlich, Details wie z.B. die Spannung, mit welcher das Die betrieben wird (Core-Spannung), Unterlagen wie einem Schaltplan zu entnehmen.

DSP-Block »DSP« steht für »Digital Signal Processing«, also digitale Signalverarbeitung. In der digitalen Signalverarbeitung tauchen bestimmte Rechenoperationen häufig auf. Wenn sie schnell ausgeführt werden, kann z.B. ein hoher Datendurchsatz erreicht werden. Ein Beispiel für solch eine Rechenoperation ist »Multiply And Accumulate«, kurz MAC. Dabei werden mehrere Produkte aus jeweils zwei Werten berechnet und anschließend aufsummiert. Diese MAC-Operation ist z.B. das Kernelement von digitalen Filtern. DSP-Blöcke eines FPGA bieten eine optimierte Implementierung der MAC-Operation und noch weiterer Operationen in Hardware, die für die digitale Signalverarbeitung von Bedeutung sind. So lässt sich mit FPGAs auch auf dem Gebiet der digitalen Signalverarbeitung eine Performance erzielen, die sonst nur mit Spezialprozessoren vom Typ »Digital Signal Processor« erzielt werden kann.

EEPROM Electrical Erasable Programmable Read Only Memory. Dabei handelt es sich um einen Nur-Lese-Speicher, der elektrisch gelöscht werden kann. Im Gegensatz zu Flash-Speicher kann beim EEPROM jede Speicherzelle einzeln gelöscht werden.

Flip-Flop Logischer Grundbaustein für getaktete Schaltungen, speichert 1 Bit. Genauere Beschreibung in Kapitel 5.1.1.

FPGA Field Programmable Gate Array. Programmierbarer Logikbaustein mit relativ hoher Komplexität. Enthält viele Flip-Flops.

Gatter Hardwarerealisierung einer logischen Grundschaltung wie AND, OR, NOT etc.

I/O-Pegel oder auch I/O-Standard: Spannungsbereich, für den Ein- und Ausgänge eines Logikbausteins ausgelegt sind. Diskrete Logikbausteine wie die der 74HC-Serie sind immer für einen bestimmten Versorgungsspannungsbereich und auch festgelegte Spannungsbereiche für die zulässigen Low- und einen High-Pegel ausgelegt. FPGAs zeichnen sich dadurch aus, dass sie mehrere I/O-Pegel-Standards unterstützen; meistens muss dieser Wert für ein Gruppe von I/O-Pins (»Bank«) gemeinsam festgelegt werden.

IEEE Institute of Electrical and Electronics Engineers – der weltweit größte Berufsverband für Elektroingenieure. IEEE bringt unter anderem Standards heraus, z.B. auch den IEEE-Standard für VHDL.

IP IP steht hier für »Intellectual Property«. Damit sind vorgefertigte Schaltungsmodule gemeint, die vom Anwender in eigene Schaltungen integriert werden können. Der Aufwand zur Entwicklung von komplexen IP-Modulen ist zum Teil sehr groß, daher sind solche Module oft kostenpflichtig. Einfachere IP-Module (z.B. für das Clock-Management) werden mit den FPGA-Entwicklungsumgebungen ausgeliefert und können sofort benutzt werden, für ihre Verwendung fallen in der Regel keine weiteren Kosten an.

JTAG JTAG ist eine Abkürzung für »Joint Test Action Group«. Ein JTAG-Interface dient u.a. zum Testen, Debuggen und Programmieren von Hardware.

Library Eine Library, oder auf Deutsch Bibliothek, ist im VHDL-Kontext ein File oder eine Menge von mehreren Files mit Ergänzungen, die nicht im VHDL-Standard-Sprachumfang enthalten sind. Die Verwendung einer Library wird durch das `Library`-Statement eingeleitet (z.B. `library ieee;`), es folgen ein oder mehrere `use`-Statements, mit denen die Teile der Library ausgewählt werden, die im konkreten Fall benutzt werden soll (z.B. `use ieee.std_logic_1164.all;`).

Lookup-Table Ein Lookup-Table (Abkürzung: LUT) ist ein Bauelement, in dem wie in einer Wertetabelle feste Werte abgespeichert sind. Mit Hilfe von Eingangssignalen, die auch als Adresse interpretiert werden können, wird ein Tabelleneintrag ausgewählt, welcher auf den Ausgang des Lookup-Table gegeben wird.

Multiplexer Ein Multiplexer (Abkürzung: MUX) ist ein Bauelement, welches mehrere Eingänge und einen Ausgang hat. In Abhängigkeit von einem Steuersignal wird genau ein Eingang auf den Ausgang durchgeschaltet.

Package Ein Package ist ein VHDL-Konstrukt, mit dessen Hilfe Festlegungen (wie z.B. das Definieren einer Konstanten) für den Gültigkeitsbereich eines VHDL-Files hinaus getroffen werden können. Das Package wird dann von VHDL-Files, in denen die darin befindlichen Elemente genutzt werden sollen, eingebunden.

PLD Programmable Logic Device; programmierbarer Logikbaustein.

PLL Phased Locked Loop, Phasenregelkreis. Es handelt sich dabei um eine gemischt analog-digitale Schaltung, die auf FPGAs zur Erzeugung von Clock-Signalen benutzt wird.

Pmod Ein von der Firma Digilent Inc. definierter Standard für I/O-Module, die an FPGA-Boards angesteckt werden können und so deren Peripherie erweitern, z.B. um Siebensegment-Displays, Taster, A/D-Wandler etc. Die Pmod-Steckverbindung hat 12 Kontakte, die in zwei parallelen Reihen im 100 Mil Standard-Rastermaß angeordnet sind. Acht dieser Kontakte stehen für Daten zur Verfügung, zwei für Gnd und zwei für Vcc.

PWM Pulsweitenmodulation. Die Spannung eines pulsweitenmodulierten Signals wechselt zwischen Null und voller Spannnung. Es wird eine feste Frequenz verwendet und die Einschaltdauer des Signals variiert. Bei einer Einschaltdauer (oder auch einem Tastverhältnis, engl. »duty cycle«) von 50% ergibt sich ein symmetrisches Rechtecksignal. Über das Tastverhältnis wird der Mittelwert der Spannung eingestellt. PWM wird z.B. zum Dimmen von Leuchtdioden eingesetzt und zur Drehzahlbeeinflussung von elektrischen Motoren.

Reset Im allgemeinen Sinn das Rücksetzen einer Schaltung in einen definierten (Ursprungs-)Zustand. Im spezielleren Sinn ist der Reset-Eingang eines Flip-Flops gemeint, siehe Set.

Set Ein Set-Eingang, z.B. eines Flip-Flops, dient zum Setzen des Ausgangs (auf logisch ›1‹), ein Reset-Eingang entsprechend zum Rücksetzen (auf logisch ›0‹). Es wird unterschieden zwischen asynchronem und synchronem Set (bzw. Reset). Ein asynchrones Setzen kann jederzeit, unabhängig vom Clock-Signal auftreten, während ein synchroner Set-Eingang nur synchron mit dem Clock-Signal Wirkung hat (Set wird z.B. mit der steigenden Flanke des Clock-Signals »übernommen«).

SPI Serial Peripheral Interface. Synchrone serielle Schnittstelle, die nach dem Master-Slave-Prinzip arbeitet. Trotz des hohen Verbreitungsgrads existiert keine Norm, es handelt sich um einen Quasi-Standard. Es werden vier Signalleitungen benutzt: SCLK = Serial Clock (Takt); MOSI = Master Out, Slave In (Daten); MISO = Master In, Slave Out (Daten), SS = Slave Select.

SystemVerilog SystemVerilog ist der Nachfolger von Verilog.

Testbench Eine Testbench ist eine Testumgebung für ein Schaltungsmodul. In der Regel wird zur Erstellung der Testbench die gleiche Hardwarebeschreibungssprache wie für das zu testende Modul benutzt, in diesem Buch VHDL. Die Testbench bindet das zu testende Modul ein und stellt Stimuli für dessen Eingangssignale zur Verfügung. Die Testbench selbst wird von einem Simulator ausgeführt, die Simulationsergebnisse werden in der Regel grafisch dargestellt, vergleichbar der Anzeige eines Logic-Analyzer.

Verilog Eine andere Hardwarebeschreibungssprache. Verilog ist im Vergleich zu VHDL ein wenig »laxer«. Bei der Eingabe der Schaltungsbeschreibung muss der Anwender weniger genau (oder penibel) arbeiten als mit VHDL. Der Nachteil dabei ist, dass die dadurch bedingten »Unschärfen« erst wesentlich später auffallen können, z.B. bei der Simulation anstatt schon beim ersten Syntaxcheck. Die Zeit, die man durch die weniger strenge Syntax bei Verilog unter Umständen bei der Eingabe spart, bekommt man – evtl. mit ganz gewaltigen »Zinsen« – später mit einer gewissen Wahrscheinlichkeit wieder »aufgebrummt«.

Literaturverzeichnis

[1] Peter J. Ashenden. *Digital Design: An Embedded Systems Approach Using VHDL*. Morgan Kaufmann Publishers, Cop., Amsterdam, Boston, 2008.

[2] Peter J. Ashenden. *The designer's guide to VHDL; 3rd ed.* The Morgan Kaufmann Series in Systems on Silicon. Morgan and Kaufmann, Amsterdam, Boston, 2008.

[3] Klaus Beuth. *Digitaltechnik, 12., überarb. Aufl.* Vogel, Würzburg, 2003.

[4] Pong P. Chu. *RTL hardware design using VHDL*. Wiley, Hoboken NJ, 2006.

[5] Pong P. Chu. *FPGA prototyping by VHDL examples*. Wiley, Hoboken NJ, 2008.

[6] Pong P. Chu. *Embedded SoPC design with Nios II Processor and VHDL Examples*. Wiley, Hoboken NJ, 2011.

[7] David Money Harris und Sarah L. Harris. *Digital design and computer architecture; 2nd ed.* Morgan Kaufmann Publishers, Cop., Amsterdam, Boston, 2013.

[8] Steve Kilts. *Advanced FPGA design: Architecture, Implementation, and Optimization*. Wiley, Hoboken NJ, 2007.

[9] Hans Martin Lipp und Jürgen Becker. *Grundlagen der Digitaltechnik, 7., verb. Aufl.* Oldenbourg, München, 2011.

[10] Clive Maxfield. *The Design Warrior's Guide to FPGAs: Devices, Tools and Flows*. Newnes, Amsterdam, Boston, 2004.

[11] Volnei A. Pedroni. *Circuit Design and Simulation with VHDL; 2nd ed.* The MIT Press, Cambridge MA, London, 2010.

[12] Philip Andrew Simpson. *FPGA Design; 2nd ed.* Springer, Heidelberg, 2015.

[13] Evgeni Stavinov. *100 Power Tips for FPGA Designers*. CreateSpace, North Charleston SC, United States, 2011.

[14] Ulrich Tietze, Christoph Schenk und Eberhard Gamm. *Halbleiter-Schaltungstechnik; 13. Auflage*. Springer, Heidelberg, 2008.

[15] Gerd Wöstenkühler. *Grundlagen der Digitaltechnik: elementare Komponenten, Funktionen und Steuerungen*. Fachbuchverl. Leipzig im Carl-Hanser-Verlag, München, 2012.

Index